国家自然科学基金重点项目（41531176）
国家重点研发计划重点专项项目（2017YFA0604402）　资助

地理模拟系统：
元胞自动机与空间智能

黎　夏　叶嘉安　刘小平　李少英　杨青生　著

科学出版社

北　京

内 容 简 介

本书提出和阐述集成地理元胞自动机（CA）、多智能体系统（MAS）和群智能（SI）的地理模拟系统（Geographical Simulation System），以解决复杂的地理格局和过程模拟的问题。本书首先介绍地理模拟系统的基本概念和空间数据输入的基本方法；接着阐述将 CA 与 GIS 结合起来对复杂资源环境系统进行模拟的一般原理，总结地理模拟系统的多种智能式获取方法；然后论述 MAS 的基本原理，对 MAS 在空间决策行为模拟、土地格局演变与土地利用规划、城市就业空间模拟等方面的应用实例进行介绍；最后对 MAS 与 CA 以及 SI 的耦合研究进行深入探讨，进而提出地理模拟与优化系统（Geographical Simulation and Optimization System，GeoSOS）的框架体系和理论方法。

本书可作为高等院校地理信息系统、地理学、测绘学和计算机科学等相关专业的教学参考书，也可供相关领域科研技术人员参考。

审图号：GS（2020）534 号

图书在版编目（CIP）数据

地理模拟系统：元胞自动机与空间智能 / 黎夏等著. —北京：科学出版社，2020.8
ISBN 978-7-03-065130-3

Ⅰ.①地…　Ⅱ.①黎…　Ⅲ.①地理信息系统–自动机–环境模拟
Ⅳ. ①P208②TP23

中国版本图书馆 CIP 数据核字(2020)第 083591 号

责任编辑：杨帅英　赵　晶 / 责任校对：何艳萍
责任印制：吴兆东 / 封面设计：图阅社

科学出版社 出版
北京东黄城根北街 16 号
邮政编码：100717
http://www.sciencep.com

北京建宏印刷有限公司 印刷
科学出版社发行　各地新华书店经销

*

2020 年 8 月第 一 版　　开本：787×1092　1/16
2023 年 1 月第四次印刷　　印张：24 1/4
字数：580 000
定价：180.00 元
(如有印装质量问题，我社负责调换)

序

　　"数字城市"为城市规划、智能化交通、网格化管理和服务、基于位置的服务、城市安全应急响应等创造了条件，是信息时代城市和谐发展的重要手段。近年来，物联网、云计算、大数据与移动互联网等新一代信息技术的发展，使得"数字城市"向"智慧城市"转型。作为"智慧地球"的重要组成部分，"智慧城市"建设给城市空间、国土、交通等规划的智能化、精准化、协同化，以及城市应急、交通、环境和灾害等管理的精细化带来了新的机遇，同时也提出了新的挑战。城市规划与建设需要对城市空间动态演变过程及其驱动机制进行精细化建模，对城市复杂地理过程进行精准化模拟和预测，从而指导城市空间资源的优化配置与综合规划。随着全球数据爆发式增长，我们将面临数据海量、信息缺乏、知识难觅的局面。对海量空间信息进行智能挖掘与分析，并建立精细化的地理模拟模型将在城市规划与建设中发挥极为重要的作用，是"智慧城市"背景下地理信息科学的重要发展方向。

　　城市系统的发展和演变过程受自然、人文等多种复杂因素的影响，具有高度的非线性和复杂性。该书作者在国内较早提出了基于元胞自动机（CA）的地理模拟系统的理论框架，并发展了一系列的模拟方法与模型。所提出的地理模拟系统，是一种"自上而下"的虚拟实验和城市建模手段，试图从微观入手，对地理空间实体之间的复杂影响关系与过程进行建模，以探索和分析地理现象的空间格局及其演变过程，其是对城市和土地利用系统进行知识发现的有效工具，能够为资源环境评价、用地优化配置、国土空间规划等辅助空间规划决策提供强有力的技术手段。该书的作者黎夏教授及其团队近二十年来一直致力于地理模拟系统的研究，在 CA 模拟方面做出了在国际上有重要影响的工作，提出了多种数据挖掘技术与人工智能算法挖掘 CA 模型的转换规则，使得模型能适应快速变化的复杂资源环境及不同模拟对象的区域特征差异。在此基础上，他们提出集成 CA、多智能体系统（MAS）与人工智能算法的城市模拟系统框架，并开发了相关软件平台，包括地理模拟与优化系统（GeoSOS）和 FLUS 软件等。这些模型方法已被成功应用于城市、区域、国家等不同空间尺度的土地利用模拟应用中，以辅助地理国情分析、空间规划等决策问题。该书是对作者多年研究成果的介绍，理论与实践内容并重，既包括地理模拟系统的框架体系、主要的模拟模型、模型规则的智能式挖掘方法等，又包括这些模型方法的具体应用实例，为读者们深入学习 CA 和 MAS 等地理模拟方法提供了很好的理论基础和应用参考。该书还将作者近几年的一些最新研究成果归纳进来，包括大尺度城市模拟、基于矢量斑块的模拟、城市精细化模型，以及考虑未来人类活动和自然效应的多类土地利用变化模拟等。

随着高分辨率影像与大数据的出现，地理信息数据正朝着大信息量、高精度的方向发展。同时，随着城市物理空间与社会活动承载空间逐渐由二维转向三维，地理空间形态、结构、表达及人地交互关系变得更为复杂。在这样的背景下，模拟和预测技术的突破将是地理信息行业发展的重要挑战，对城市地理空间建模提出了精细化、实时化、智能化的更高要求，亟须构建精细化的地理模拟体系与方法。进一步将地理模拟系统与大数据及机器学习、深度学习等人工智能技术手段深度融合，将是当前地理模拟系统进一步发展的重要方向。希望该书作者及有兴趣开展地理模拟研究的学者们，通过后续的研究，将地理模拟系统逐步发展成为一个成熟的体系，有效推动"智慧城市"的发展。

李德仁

2019 年 10 月 28 日

前　言

　　人–地关系一直是地理学家长期关注的问题。地球表层系统构成要素众多，各要素之间的相互作用与反馈机制，特别是人类活动及其与自然要素之间的耦合关系无法单纯依靠观测、实验进行研究。传统地理学侧重刻画区域的稳定状态格局，对于人地关系时空复杂演化的表达和阐述较为缺乏。在方法上，传统地理学缺少有效的情景模拟与分析工具，难以及时响应和解决现实发展过程中的各种资源环境问题。在全球变化和快速城市化的背景下，我们正面临着日益复杂多变的资源环境问题。为了减缓人类活动对资源的压力，需要形成系列的针对资源环境的决策和解决方案。这些空间决策过程涉及处理和分析大量的空间信息，以及建立决策模型。尽管地理信息系统（GIS）方法已经用来协助解决这些资源环境问题，但常规空间方法有较大的局限性，很难对复杂的资源环境系统进行有效的分析，包括：①模拟复杂系统的涌现、无序到有序、波动等现象；②分析复杂的人–地关系；③探讨各子系统的协同作用；④挖掘演变的空间分异规律；⑤动态优化（基础设施选址和土地利用空间布局）。

　　自 20 世纪 60 年代第一个地理信息系统——加拿大地理信息系统（CGIS）提出以来，在过去几十年中，GIS 对与空间信息相关的各个学科产生了深刻的影响。GIS 能够比较方便地获取数据，但是如何把数据转化成实际应用中所需要的知识则是一大难题。GIS 作为一种计算平台，不仅能够完成数据输入、存储、管理、显示输出等功能，更重要的是具有空间分析功能。GIS 是现代地理学的一次重要革命，使地理学由定性描述转向定量观测和分析。

　　许多复杂动态系统的演变不仅仅涉及自然因素，还受到各种社会和人为因素的影响。微观空间个体相互作用在这些复杂系统的演变中扮演了重要的角色。如果我们从系统内部微观的层次出发，以一种进化的、涌现的角度来理解地理复杂系统的演化过程，也许能够为地理学的研究提供一个全新的视角。1948 年，数学家 von Neumann 和"现代计算机之父"Ulam 首次提出 CA 的概念，其目的主要是从计算的角度来设计出一种可自我复制的自动机。CA 具备构建通用计算机的潜力，与计算机的起源有密切的关系。由于 CA 有很强的模拟复杂系统的自组织现象的能力，其很快被应用于物理和化学复杂动态系统的模拟中，包括生物繁殖、晶体生长等自然现象的模拟。CA 的特点后来也引起了地理学、环境学、生物学、景观学等诸多地学学科学者的重视。目前，CA 已成功地应用到生物演化、环境变化、景观更替、交通流、林火扩散和城市系统等的模拟研究中，并取得了许多有意义的研究成果。

　　近年来，在计算机领域发展起来的多智能体（muli-agent）技术正是解决这些问题的重要工具。多智能体理论和技术是在复杂适应系统理论及分布式人工智能（DAI）技术的基础之上发展起来的，其自 20 世纪 70 年代末出现以来发展迅速，目前已经成为一种进行复杂系统分析与模拟的思想方法与工具。多智能体系统思想的核心就是微观个体的相互作用能够产生宏观格局。

　　提出和建立地理模拟系统的理论和方法，并使之成为地理学一种重要的虚拟实验手段，其意义十分重大。本书认为，CA 是地理模拟系统的核心，但将 CA 应用在解决地理学问题时，邻域函数如何具体化，如何与地理信息结合起来，过去这些问题没有得到很好的解决。在近二十年的研究中，作者团队一直致力于改善和发展地理 CA，探讨了一系列有关城市发展的问题，以及进行了资源空间优化的建模工作。本书在集成 CA、多智能体系统和 GIS 的基础上，提出了地理模拟系统的理论和方法，介绍了有关原理、方法和软件。地理模拟系统是通过耦合地理 CA 和空间智能，以模拟人–地相互作用下的复杂地理系统及其演变，并支撑人–地系统的协调与优化调控、资源环境评价和辅助决策的理论和方法。它是探索和分析地理现象的格局形成与演变过程及进行知识发现的有效工具。地理模拟系统试图从微观入手，探索地理微观空间实体之间相互作用形成宏观地理格局的动态过程，是对目前 GIS 在过程模型功能方面不足的重要拓展。通过对复杂地理现象进行模拟、预测、优化，为探索地理现象的格局、过程和演变提供重要的虚拟实验手段。通过其耦合地理过程模拟、空间多目标优化的能力，为地理国情信息的分析统计、制定和实施国家及区域发展战略与空间规划、优化国土空间开发格局等提供理论和技术支持。

　　本书重点总结了如何利用启发式方法来定义 CA 的转换规则，包括介绍了多准则判断方法、SLEUTH 模型和主成分分析等，对 CA 的纠正和参数自动获取进行了研究，如采用神经网络、遗传算法和数据挖掘等技术来改善 CA 的模拟效果，并尝试探讨 CA 的动态转换规则换取方法，使得模型能适应快速变化的复杂资源环境，还将一些最新发展的计算科学技术，如支持向量机和核学习机等，引进 CA 非线性转换规则的获取中。

　　本书共 15 章，内容主要来自作者以往的研究成果。内容分为两大部分：第一部分是关于 CA；第二部分是多智能体系统。希望通过有关研究，地理模拟系统可以作为地理信息系统的重要补充，逐步发展成一个较成熟的体系。

　　本书第一部分，第 1 章简单介绍了 CA 和空间多智能体系统在地理模拟中的研究意义；第 2 章提出了基于 CA 和多智能体系统的地理模拟系统，阐述了它在地理研究中的重要性及所包含的研究内容和技术手段；第 3 章介绍了地理模拟系统的空间数据获取的数据源及获取方法；第 4 章对 CA 在地理模拟中的基本原理进行了介绍，并列出了国际上地理 CA 的常用模型；第 5 章着重介绍了未来各类用地需求总量确定的原理和方法，包括马尔可夫链方法和系统动力学方法，以及 CA 局部转换规则获取的一些具体方法，包括基于多准则判断、基于 Logistic 回归、基于 SLEUTH 模型、基于"灰度"的转换规则、基于主成分分析，以及基于神经网络等方法；第 6 章进一步讨论了转换规则获取的智能式方法，包括数据挖掘、遗传算法、Fisher 判别函数、支持向量机、粗集、案例推理等，这些方法有助于从自然界复杂的关系中找出规律，获取模型所需要的转换规则，从而改善模拟的效果；第 7 章以城市复杂系统的模拟为例，显示了地理模拟系统在演变规律的探索、过程优化等方面的应用，它可以作为过程模拟与知识发现的工具，如进行城市形态的"基因"分析等；第 8 章进一步将 CA 应用到城市与区域规划中，将其作为辅助规划的有效工具；第 9 章介绍了基于神经网络的 CA 模拟和校正方法；第 10 章主要介绍了 CA 模型与大尺度模拟及城市精细化模拟。

本书第二部分介绍了多智能体系统的原理及其在地理模拟中的应用。其中，第 11 章介绍了多智能体的基本原理；第 12 章讨论了基于多智能体系统的空间决策行为及土地利用格局演变的模拟；第 13 章建立了基于 CA 和 MAS 结合的城市土地资源可持续发展的规划模型；第 14 章还讨论了利用 CA 和 MAS 结合对城市工业及基本就业空间增长过程进行微观模拟的方法。

本书第三部分（第 15 章）介绍了 GeoSOS 平台的框架体系、理论方法、应用案例及软件，并介绍了 GeoSOS-FLUS 软件及其应用例子。

本书部分工作来自于作者与其博士和博士后导师、香港大学叶嘉安院士多年合作研究的结果。其顺利出版还要感谢中山大学地理学院原来的多位学生，包括博士后、博士研究生和硕士研究生。之前出版的《地理模拟系统：元胞自动机与多智能体》有幸得到了大家的厚爱，2017 年荣获第二届全国优秀地理图书奖。应科学出版社的邀请，作者对原书进行了较大的更新，增加了作者团队的最新研究内容，如建模的新方法、大尺度全球土地变化、精细化城市模拟、GeoSOS 和 FLUS 软件，以及其在地理国情分析、空间规划、土地利用情景模拟等方面的应用。李少英在内容更新、格式修改和编排方面做了大量的工作。

黎　夏

2019 年 3 月于华东师范大学

目　　录

第1章 导　论

1.1　地理元胞自动机

元胞自动机（cellular automata，CA）具有强大的空间运算能力，常用于自组织系统演变过程的研究。它是一种时间、空间、状态都离散，空间相互作用和时间因果关系为局部的网格动力学模型，具有模拟复杂系统时空演化过程的能力（周成虎等，1999）。它这种"自下而上"的研究思路充分体现了复杂系统局部的个体行为产生全局、有秩序模式的理念。近年来，越来越多的学者利用 CA 来模拟城市系统（White and Engelen，1993；Batty and Xie，1994；Wu and Webster，1998；Li and Yeh，2000），并且取得了许多有意义的研究成果。这些研究成果表明，通过简单的局部转换规则可以模拟出复杂的城市空间结构，体现了"复杂系统来自简单子系统的相互作用"这一复杂性科学的精髓，为地理学等理论研究提供了可靠依据。

许多地理现象都属于典型的动态复杂系统，具有开放性、动态性、自组织性、非平衡性等耗散结构特征。例如，城市系统的发展变化受到自然、社会、经济、文化、政治、法律等多种因素的影响，因而其行为过程具有高度的复杂性。正是由于这种复杂性，城市 CA 必须考虑各种复杂因素带来的影响。CA 虽然可以模拟复杂城市系统的某些特征，但是单个类型的 CA 难以准确模拟复杂城市系统的所有特征，于是许多学者提出了一系列 CA 来模拟城市系统不同方面的特性。为更好地认识和了解 CA，可以将复杂的城市系统进行分解，用不同的 CA 从不同侧面模拟城市系统的众多特征。

早期的 CA 基本很少使用空间信息，无法与 GIS 结合。自 20 世纪 90 年代开始，学者们开始致力于将 CA 与 GIS 结合。CA 和 GIS 的结合能使 CA 模拟出与实际情况更为接近的模拟结果。例如，GIS 在城市模拟中发挥着相当重要的作用，它为 CA 城市模拟提供了大量的空间信息和强有力的空间数据处理平台。在过去几十年中，GIS 对与空间信息相关的各个学科产生了深刻的影响。例如，在土地利用、资源调查与评估等领域，GIS 在空间数据获取、存储、处理和分析中发挥了巨大的作用。世界上公认的第一个实用 GIS 系统是加拿大地理信息系统（CGIS）。该系统是 Tomlinson（1982）为加拿大农业部所设计的，1964 年正式投入使用。计算机技术的快速发展（CPU 运算速度得到极大的提高、内外存容量迅速扩大、软件技术不断发展）使现代 GIS 的功能更为强大，以前难以处理的海量空间数据的储存、运算和分析现在都得以方便地进行处理（Openshaw，1994）。

GIS 往往被用来解决传统模型中的复杂空间问题。这些模型的执行主要通过 GIS 操作来实现，如基于多要素的区位选址能方便地用 GIS 空间分析来完成。GIS 能通过大量的空间运算（如布尔运算等）寻找到适宜的位置。传统 GIS 模型能很好地解决部分空间相关问题，但对复杂的时空动态变化地理现象却难以模拟。GIS 在空间建模方面具有一定的局限性，它只是简单地提供了支持建模的计算环境（Batty and Longley，1996）。毫无疑问，GIS 能够满足我们在空间格局方面分析的需要，但是许多地理现象的时空动态变化过程往往比其最终形成的空间格局更为重要，如城市扩展、疾病扩散、火灾蔓延、人口迁移、经济发展等。时空动态模型对研究地理系统的复杂性具有非常重要的作用，GIS 与时空动态模型，特别是与 CA 模型的耦合将会极大地增强现有 GIS 分析复杂自然现象的能力。

时空动态模型面临的主要问题是多时态海量数据的获取和管理。GIS 能解决海量数据的获取、储存、更新等问题。例如，居民地、道路、土地利用等信息数据可方便地从 GIS 中获取和储存。处理复杂的空间关系时，现有 GIS 的功能有一定局限性，为更好地研究地理系统复杂的时空动态变化特征，需要在 GIS 中耦合动态模型，如 CA 或 multi-agent 模型。此外，在动态模型与 GIS 耦合的系统中需要开发专门的算法。

CA 具有强大的空间建模能力和运算能力，能模拟具有时空特征的复杂动态系统。CA 在物理学、化学、生物学中成功模拟了复杂系统的繁殖、自组织、进化等过程。与传统精确的数学模型相比，CA 能更清楚、准确、完整地模拟复杂的自然现象（Itami，1994）。CA 起源于计算科学，并且已经在许多领域得到了应用，主要是模拟自然现象的发展变化规律。CA 的起源可追溯到 von Neumann 对自繁殖现象的研究。他用 CA 演示了机器能够模拟自身的现象，并得到了这样的结论：如果机器能模拟出自身的动作，说明存在自繁殖的规律（Batty and Xie，1994）。CA 模拟中最有名的案例是"生命游戏"，它用最简单的局部规则模拟出全局的模式。CA 能够模拟出复杂系统中不可预测的行为，这对传统的基于方程式的模型来说是无能为力的。

城市地理学家在 20 世纪中后期发展了许多城市模型，这些模型主要源于社会经济理论，如输入、输出理论和空间相互作用理论（Wilson，1974）。劳利模型就是源自空间相互作用理论的城市发展模型。这些传统的城市模型在模拟城市系统时具有一定的局限性，因为此类模型是静态、解析性的模型，无法反映城市系统的动态变化及复杂性特征。同时，传统城市模型以较大的单元作为研究对象（如行政区等），缺乏详细的真实空间资料，模型的建立无法运用高分辨率的空间信息，模型也无法反映城市的微观结构特征和个体行为，这恰恰是造成城市动态性、自组织性、突变性等复杂特征的原因。此外，传统的基于方程式的城市模型因涉及的参数太多而往往难以求解。

CA 通过运用高分辨率空间信息克服了传统城市模型的局限。CA 的基本研究对象是元胞，元胞可以定义为高分辨率的格网，因此能十分方便地与高分辨率的遥感图像结合起来。城市 CA 的基本原理是通过局部规则模拟出全局的、复杂的城市发展模式。CA 具有强大的建模能力，能模拟出与实际非常接近的结果，它已被越来越多的学者运用到城市模拟中。许多学者的研究表明，CA 能用简单的局部规则模拟复杂系统。通过运用一般的 CA 结构，城市可以分解为各种可计算的模型。从严格的决定论到完全的随机性、从完全的可预测性到不可预见，CA 能模拟出城市各种不同的形态结构（Batty and Xie，1994；Batty，1997）。

简单的城市 CA 可以通过扩展 von Neumann、Ulam、Conway 和 Wolfram 等学者的

标准 CA 来形成（O'Sullivan and Torrens，2001）。标准 CA 主要考虑邻域的作用。邻域包括 von Neumann 邻域和 Moore 邻域：von Neumann 邻域由中心元胞相连的周围 4 个元胞组成（图 1-1），Moore 邻域则由中心元胞周围相邻的 8 个元胞组成（图 1-2）。标准 CA 的转换规则是在均质空间的元胞上定义，由邻域元胞的状态决定的，但元胞本身的自然属性不包含在转换规则中。转换规则是固定的，与空间位置无关（White and Engelen，1997）。

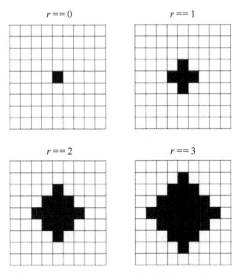

图 1-1　von Neumann 4 个元胞组成的邻域

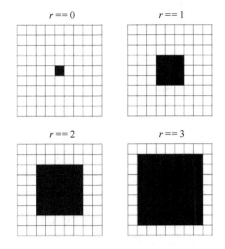

图 1-2　Moore 8 个元胞组成的邻域

　　如果对标准 CA 的限制条件适当放宽，如允许灵活和变化的转换规则，就可以更好地模拟出复杂的城市演变和土地利用动态过程。另外，在模拟过程中，标准 CA 几乎不使用空间数据。引入 GIS 的空间要素，包括引入各种距离变量因子，可使模拟结果比传统 CA 的模拟结果更接近实际。例如，黎夏和叶嘉安（1999）利用 CA 与 GIS 的结合研究了全局的、区域的、局部的约束条件对模拟过程的影响。再者，宏观要素的约束也会大大改善 CA 模拟的效果。White 和 Engelen（1997）的研究表明，不同城市用地的需求总量会影响 CA 模拟的结果。White 和 Engelen（1993）还将随机变量引入模型中，模拟出具有随机特征的城市形态。引入随机变量后，城市 CA 的模拟结果具有不确定性，并能模拟出城市分形等特征，这与真实的城市演变更为接近。

CA 能模拟虚拟城市，同样也适合模拟真实城市的发展。Couclelis（1985）通过对虚拟城市的模拟，得出了简单的局部规则能够形成复杂的空间格局的结论。她研究的目的并不是模拟真实城市的扩张过程，而是通过虚拟城市的模拟来说明简单的局部规则能够产生复杂的宏观格局。White 和 Engelen 提出的 CA 也是用虚拟城市来研究城市分形结构特征和城市演化过程。Clarke 和 Gaydos（1998）则以旧金山和华盛顿作为研究区，利用 CA 模拟了真实城市的发展过程，模型的参数校正是通过历史地图数据来实现的。

CA 还能够为城市规划提供科学依据，在 CA 中嵌入不同的约束条件可以模拟出不同规划情况下城市的发展格局（黎夏等，2006）。通过引入约束条件和影响因素，利用不同的转换规则可模拟出各种城市发展形态（Yeh and Li，2001）。CA 也可用来解决社会经济环境中的应用问题，如黎夏和叶嘉安研究了如何利用 CA 来自动形成农田保护区（Li and Yeh，2001）。Clarke 等（1995）研究了如何用 CA 模拟火灾的扩散和消失。Couclelis（1988）则提出了基于人口动态流动的 CA，模拟不同的人口平衡模式下，不同的人口时空分布和结构情况。

CA 模型可方便地回答 what-if 的问题，即按不同的假设条件模拟出不同的结果。在模型中嵌入不同假设条件，能形成相异的城市发展模式（Couclelis，1997）。将这些条件同时嵌入模型中，就可形成交替的城市发展模式。城市的自组织模式可通过不同要素的集聚作用形成。CA 的多次迭代运算能反映城市系统复杂的时空变化特征。因此，与传统城市模型相比，CA 能模拟出与实际更为接近的结果。在城市规划中，CA 也能比传统模型提供更科学的依据。

CA 和 GIS 的耦合使二者在时空建模方面相互补充。首先，CA 能增强 GIS 空间动态建模的功能，可作为 GIS 空间分析的引擎。尽管 GIS 在空间分析和空间决策方面得到了很好的应用，但在动态空间建模和操作方面有很大的局限性（Wagner，1997）。CA 具有强大的时间建模能力，从而能够丰富 GIS 现有的时空分析功能，而当前 GIS 软件则较难实现时空动态建模功能（Batty et al.，1999）。城市系统的模拟需要嵌入不确定的因素或者用户期望的因素，从而模拟出不确定性的城市系统或者用户所预期的城市形态。传统 GIS 在处理地理现象的时间过程中存在一定的局限性，而许多研究表明，CA 能更容易地模拟各种现象随时空变化的动态性，这是因为 CA 非常适合于复杂系统的模拟。因此，为了更好地模拟真实城市的发展，提高 CA 的模拟精度，许多学者把 CA 跟 GIS 相结合，用来模拟城市的发展（Wu and Webster，1998；Batty et al.，1999；Li and Yeh，2000）。

其次，GIS 能够为 CA 提供详细的空间信息，包括各种资源环境约束条件。GIS 提供的大量空间信息可以作为 CA 的主要输入，如各类空间变量和约束条件。资源环境约束条件数据可从 GIS 中获取，并可方便地导入 CA 中。CA 和 GIS 的耦合能获取空间变量与城市增长之间关系的信息。可操作的城市模型常常与土地利用、交通和其他经济、环境因素有关，GIS 适合提供这些变量的大量空间数据。

在过去的几十年里，卫星遥感为许多地理研究提供了海量的地表信息。最近，学者们也开始从遥感图像上获取 CA 建模重要的训练和检验数据（Li and Yeh，2004）。例如，卫星遥感图像可为 CA 提供模拟的初始土地利用信息。模拟的结果一般需要与实际情况进行对比。卫星遥感影像又是提供实际土地利用数据的主要来源。这些土地利用数据往往是通过对遥感图像进行分类而获得的。遥感数据属于栅格结构，因此它们可以很方便地作为 CA 的输入数据之一。

许多学者提出了各种 CA 来模拟城市复杂系统，由于城市系统具有自身的特殊性，城市 CA 需要对传统的标准 CA 进行一些改变，以达到模拟结果与真实情况更为接近的目的。城市系统受到社会因素和人类干预的影响很大，很多城市现象通过简单的局部规则无法解释，如交通的改变和政府决策可以改变城市发展的方向，这些外力或外部因素可作为模型的约束条件反映在转换规则中。城市 CA 用来模拟真实城市发展时将变得复杂，尤其是模拟不同土地利用类型变化时变得尤为复杂，需要考虑将更多的外部因素作为模型的约束条件。

传统 CA 的转换规则只考虑局部范围的相互作用。然而，最近的研究表明，在城市 CA 模拟中不同尺度的交互作用可产生更为理想的模拟结果（Wu and Webster，1998；Li and Yeh，2000）。CA 模拟中引入全局变量，运用区域空间变量和局部邻域的交互作用可以模拟出更复杂的空间模式。这些变量又受到社会、经济、政治等因素的影响。例如，区域总人口数和城市可利用资源在城市发展中起着重要的作用，这些影响无法作为局部的交互作用嵌入传统模型中。但如果在 CA 中嵌入这些变量，则能形成全局动态模式。GIS 获取的空间变量在 CA 中可以反映不同变量对城市发展的影响。越来越多的学者致力于研究 CA 和 GIS 的相互耦合，以产生与实际情况更为接近的模拟结果。

CA 还可以模拟多种土地利用类型间的转变及进行土地利用规划。区位竞争选址问题也可以通过相应的 CA 来解决。在每一次迭代过程中，土地利用的转变是通过所有转换函数的共同作用决定的。通过将规划目标嵌入转换函数中来控制土地利用的变化，如在 CA 中可以把保护区作为模型的约束条件嵌入。在某限定区约束条件可以约束、限制或放宽某种土地利用类型的转变，自动形成保护区。将规划目标嵌入模型中，研究城市可能的发展模式，从而可以评估规划政策对土地利用变化的影响。

因此，耦合 CA 和 GIS 的动态系统具有解决复杂地理模拟问题的以下一系列特征：

（1）计算邻域的动态影响；

（2）大量的迭代运算；

（3）确定与空间位置相关的具有指示性的因素；

（4）多层叠加要素信息的提取；

（5）通达性的动态变化；

（6）迭代过程中空间变量的更新；

（7）动态变化过程的可视化；

（8）模型的校正；

（9）将环境生态约束性、规划目标等嵌入模型；

（10）耦合社会、经济发展要素。

1.2 空间多智能体系统

多智能体系统（multi-agent systems，MAS）是在计算机学科里发展起来的一种全新的分布式计算技术。它自20世纪70年代末出现以来发展迅速（Weiss，1999），目前已经成为一种进行复杂系统分析与模拟的思想方法与工具。虽然单个Agent具备一定的功能，但对于现实中复杂的、大规模的问题，只靠单个Agent往往无法描述和解决。因此，一个应用系统往往包括多个Agent。多个Agent之间具有主动性、交互性、反应性、自主性等特点。它们能够相互协作，来达到共同的整体目标。因此，多智能体系统被定义为由多个可以相互交互的Agent计算单元所组成的系统。

多智能体系统特别适合于求解面向动态不可预测环境中的问题，目前已经在多智能体决策、规划、合作、对抗和学习技术的研究中显示出优势。多智能体系统采用从底层"自下而上"的建模思想，其与传统的"自上而下"的建模思想是不相同的。它的核心是通过反映个体结构功能的局部细节模型与全局表现之间的循环反馈和校正，来研究局部的细节变化如何突显出复杂的全局行为。

地理空间系统是一个典型的复杂系统，它的动态发展是基于微观空间个体相互作用的结果。传统的方法难以解释和描述地理空间系统的复杂性，如果从系统内部微观层次出发，以一种进化的、涌现的角度来理解地理复杂系统的演化过程，也许能够为地理学的研究提供一个全新的视角。多智能体系统思想的核心是微观个体的相互作用能够产生宏观全局的格局。当把多智能体系统引进地理模拟时，多智能体系统就带有空间属性和空间位置，其空间位置往往是变化的。这与传统的多智能体系统有明显的不同。

虽然CA也是采用"自下而上"的建模思想，但它在模拟过程中侧重的是自然环境要素，无法考虑复杂的空间决策行为及人文因素。处理复杂的人–地关系是地理学的研究重点之一，传统的CA在这方面局限性很大。因此，需要将CA与多智能体系统结合起来，将社会经济及行为等属性赋予多智能体，这样模型可以反映影响土地利用格局演变的人文因素。不同类型的多智能体之间存在相互影响、信息交流、合作和竞争的关系，以达到共同理解及采取一定的行动影响其所处环境。而环境层的变化也反馈于多智能体层，多智能体层根据环境层的变化采取相应的措施和行动，以谋求双方关系达到平衡，这与人地关系论不谋而合。利用GIS产生虚拟的地理环境，探讨不同情形下多智能体之间的合作行为所产生的效果。在模拟过程中，可以调整策略，以找到最佳的模拟效果。多智能体在相互作用过程中"学习"和"积累经验"，并根据经验改变自身的结构和行为，从而探讨微观个体的决策行为是如何形成复杂的宏观空间格局的。

参 考 文 献

黎夏, 叶嘉安. 1999. 约束性单元自动演化 CA 模型及可持续城市发展形态的模拟. 地理学报, 54(4): 289-298.

黎夏, 叶嘉安, 刘小平. 2006. 地理模拟系统在城市规划中的应用. 城市规划, 30(6): 69-74.

周成虎, 孙战利, 谢一春. 1999. 地理元胞自动机研究. 北京: 科学出版社.

Batty M. 1997. Cellular automata and urban form: a primer. Journal of the American Planning Association, 63(2): 266-274.

Batty M, Longley P. 1996. Analytical GIS: the future//Longley P, Batty M. Spatial Analysis: Modeling in a GIS Environment. Cambridge: GeoInformation International: 345-352.

Batty M, Xie Y. 1994. From cells to cities. Environment and Planning B: Planning and Design, 21: 531-548.

Batty M, Xie Y, Sun Z. 1999. Modeling urban dynamics through GIS-based cellular automata. Computers, Environment and Urban Systems, 23(3): 205-233.

Clarke K C, Gaydos L J. 1998. Loose-coupling a cellular automata model and GIS: long-term urban growth prediction for San Francisco and Washington/Baltimore. International Journal of Geographical Information Science, 12(7): 699-714.

Clarke K C, Riggan P, Brass J A. 1995. A cellular automata model for wildfire propagation and extinction. Photogrammetric Engineering & Remote Sensing, 60: 1355-1367.

Couclelis H. 1985. Cellular worlds: a framework for modelling micro-macro dynamics. Environment and Planning A, 17: 585-596.

Couclelis H. 1988. Of mice and men: what rodent populations can teach us about complex spatial dynamics. Environment and Planning A, 20: 99-109.

Couclelis H. 1997. From cellular automata to urban models: new principles for model development and implementation. Environment and Planning B: Planning and Design, 24: 165-174.

Itami R M. 1994. Simulating spatial dynamics: cellular automata theory. Landscape and Urban Planning, 30: 24-47.

Li X, Yeh A G O. 2000. Modeling sustainable urban development by the integration of constrained cellular automata and GIS. International Journal of Geographical Information Science, 14(2): 131-152.

Li X, Yeh A G O. 2001. Zoning for agricultural land protection by the integration of remote sensing, GIS and cellular automata. Photogrammetric Engineering & Remote Sensing, 67(4): 471-477.

Li X, Yeh A G O. 2004. Data mining of cellular automata's transition rules. International Journal of Geographical Information Science, 18(8): 723-744.

O'Sullivan D, Torrens P M. 2001. Cellular models of urban systems//Bandini S, Worsch T. Theoretical and Practical Issues on Cellular Automata. Berlin: Springer-Verlag: 108-116.

Openshaw S. 1994. Computational human geography: toward a research agenda. Environment and Planning A, 4: 499-505.

Tomlinson R F. 1982. Panel discussion: technology alternatives and technology transfer//Boyle D. Computer Assisted Cartography and Geographic Information Proceesing, Hope, Realism. Ottawa: Canadian Cartographic Association, Dept. of Geography, University of Ottawa: 65-71.

Wagner D F. 1997. Cellular automata and geographic information systems. Environment and Planning B: Planning and Design, 24: 219-234.

Weiss G. 1999. Multiagent Systems: A Modern Approach to Distributed Artificial Intelligence. Cambridge Mass: The MIT Press.

White R, Engelen G. 1993. Cellular automata and fractal urban form: a cellular modeling approach to the evolution of urban land-use patterns. Environment and Planning A, 25: 1175-1199.

White R, Engelen G. 1997. Cellular automata as the basis of integrated dynamic regional modeling. Environment and Planning B: Planning and Design, 24: 235-246.

Wilson A G. 1974. Urban and Regional Model Geography and Planning. London: Wiley.

Wu F, Webster C J. 1998. Simulation of land development through the integration of cellular automata and multicriteria evaluation. Environment and Planning B, 25: 103-126.

Yeh A G O, Li X. 2001. A constrained CA model for the simulation and planning of sustainable urban forms by using GIS, Environment and Planning B: Planning and Design, 28: 733-753.

第 2 章　地理模拟系统

2.1　地理学研究方法的回顾

长期以来，许多地理学家一直渴望提高地理研究的科学性，试图像许多具有坚实理论基础的学科一样，对地理学的一些理论及现象进行精密的实验、严谨的分析和推理，从而获得逻辑性较强的结论。然而，地理学研究的对象——地理系统是一个自然、社会、经济相互作用的复合和开放的复杂巨系统。这就决定了人们难以用数学方程式来解释自然界复杂的地理现象。由于缺乏有效的数学工具和系统的实验手段，将地理学变为像物理、化学等具有坚实的理论体系的学科困难重重。

古代地理学起源于农牧业社会，在大航海时代得到了发展，其中哥伦布的地理大发现对地理学的发展起到了至关重要的推动作用。这个时期地理学主要以描述的形式向人们介绍外部世界，对当时科学的启蒙发展有重要作用，故有人认为地理学是最古老的科学（刘盛佳，1990）。

19 世纪的近代地理学主要以洪堡、李特尔为代表，他们分别在自然地理和人文地理两大方面为地理学开创了新局面（刘盛佳，1990）。他们均重视对区域的分析，但前者的研究重点为地表自然要素，后者则认为人文是地理研究的重点。近代地理学主要以解释世界的形式启发人们对外部世界的理性认识。但是，近代地理学及古代地理学的研究方法属于个性记述的科学，在研究方法上主要以记录和描述的形式来表现地理空间的差异性（杨吾扬等，1996），对于具体问题的分析，也基本上按照归纳的思维方式进行研究。因此，在近代地理学及古代地理学中几乎没有关于规律、模型、定理等科学性和逻辑性强的理论产生。

20 世纪 50 年代，许多学者开始对地理学的传统思维方式进行反思和批判，认为地理学也应该是研究共性规律的科学。美国地理学家舍弗尔（Schaefer，1953）发表了一篇题为《地理学中的例外论》的文章，标榜地理学是关于空间秩序法则和命题的科学，认为地理学应该解释现象，而不应该仅仅罗列现象。解释现象就必须有法则和规律，应该把地理现象视为法则或者规律的实例。也就是说，地理学的研究目的与其他学科类似，都是追求法则、探索规律（徐建华，2002）。这个时期，地理学引入了数学和统计方法，地理学经历了激烈的计量革命，即计量地理学。但计量地理学只不过是以更为精确的数学语言或定量模型描述地表现象的形态法则，并没有从根本上改变经典地理学的认知模式和透视力度，它所刻画的地表模型仍然只是一个具有总体分布特征和简单相互关系的地理对象集合（杨开忠和沈体雁，1999）。

计算机的发明拉开了人类进入空间时代与信息社会的序幕，而地理信息则成为地理学研究的最重要的对象之一。20 世纪 60 年代中期，Tomlinson（1982）和他的同事们，为了应用计算机技术对自然资源进行管理和规划，发展了第一个地理信息系统——加拿大地理信息系统（CGIS）。此后，随着计算机技术的不断拓展和 GIS 本身的发展，GIS 进入复杂的空间分析阶段，能用来解决地理学传统模型中复杂的空间分析问题。GIS 的提出和发展是现代地理学的一次重要革命，是计算机技术和地理学方法相结合的产物，其使地理学由定性的描述转向定量的观测和分析。

20 世纪 90 年代，美国 Goodchild（1992a）教授提出地理信息科学的概念。他认为与 GIS 相比较，地理信息科学更加侧重于将地理信息视为一门科学，而不仅仅是一门技术实现。研究在应用计算机技术对地理信息进行处理、存储、提取，以及管理和分析过程中所提出的一系列基本理论问题和技术问题（Duckham et al.，2003）。

尽管 GIS 具有强大的空间分析功能，但这些功能主要集中在缓冲区分析、叠置分析、网络分析等。目前，GIS 在空间分析模型方面匮乏，在复杂空间系统建模和模拟时往往显得无能为力。现有的功能已经不能满足当前地理研究和应用的需要。地理空间系统是一个时空动态变化的复杂巨系统，GIS 虽然能较好地解决部分空间分析问题，但它往往只能提供静态的分析工具，对复杂的地理现象难以模拟和解释，较难完整地分析地理对象之间的相互影响。由于 GIS 主要提供支持建模的计算环境，在过程建模方面具有较大的局限性，因此地理学需要寻求一种新的理论和技术来开展对地理复杂空间系统过程的研究。

2.2　地理模拟系统的提出及定义

地理空间系统是一个由多要素共同作用的，自然、社会和经济复合的，整体开放的复杂巨系统。许多地理现象都具有非平衡性、多尺度性、不确定性、自相似性、层次性、随机性和交互性等复杂性现象的特征（Wilson，1981；陈述彭，1998；钱学森等，1990）。传统的地理学研究方法和技术手段已经不能有效地解释这些复杂性现象，因为传统的地理学理论基本上以线性的静态理论作为根本，关注的只是静态或比较静态的空间均衡问题，这与地理复杂现象是相悖的。此外，传统的地理学研究方法往往从宏观入手，强调地域性及综合性，极少从系统内部微观的层次出发，以一种进化的、涌现的角度来理解地理复杂系统的演化过程，而微观个体的行为可能恰好是造成整个空间系统复杂性的根源。

同时，地理空间系统作为一个时空动态复杂系统，其地理现象既包含空间上的性质，又包含时间上的特征。只有同时把时间及空间这两大范畴纳入某种统一的基础之中，才能真正认识地理学的本质规律（周成虎等，1999）。但在传统的地理学研究中，两者往往不能兼顾。如果强调了地理空间系统的时间内涵，则常常会忽视其空间内涵。例如，系统动力学模型并没有空间上的概念，只是将地理空间系统视为均质实体，研究实体各个属性在时间轴上的协调、反馈等相互作用，它从宏观动态性出发，将时间仅仅作为一个变量纳入方程中，忽略了时空的不可分割原则，这种模型实质上并不能算作真正的地理模型；另外，如果考虑了地理系统的空间内涵，强调地理现象的空间分异和空间结构，就忽视了地理现象发展的过程研究。例如，古典的杜能模型及近代的中心地理论均属于这种模型，该类模型主要考察系统稳定的状况，即静态的空间均衡问题，而不是着重研究系统达到这种状态的动态非平衡过程。这种在时间上静态的研究方法成为传统地理学研究的一个主要缺陷。正如乔莱在 1978 年所指出的：只有在地理过程研究的基础上，地理学才可能继续作出其特殊的贡献。因此，需要新的理论与技术来支撑和开展时空地理系统的研究（周成虎等，1999）。

虽然 20 世纪 60 年代中期提出和发展起来的 GIS 是现代地理学的一次重要革命，其使地理学由定性的描述转向定量的观测和分析，但是到目前为止，GIS 也仅仅以数字化方式描述地理实体和地理现象的空间分布关系，这种描述是静态的，不能完整地表示地理实体的时态信息和时空关系，它们在过程分析方面的能力非常弱（Goodchild，1992b；Batty，1993）。当然，GIS 能够用来解决传统地理模型所不能解决的复杂空间分析问题，如基于多要素的区位选址能方便地通过 GIS 空间分析来完成，以寻求最适宜的空间位置。GIS 模型虽然能较好地解决部分空间相关及分析问题，但对复杂的时空动态变化地理现象却难以模拟。因此，如何建立有效的时空动态分析模拟理论及方法是目前地理学亟待解决的一个问题。越来越多的研究表明，传统的地理学研究方法在复杂空间系统面前往往显得束手无策，难以揭示地理复杂现象及事物的演化规律。随着地理学的发展，对地理空间系统的研究不再仅仅局限于简单和静态的描述，更应该侧重于地理事物构成或地理现象产生的原因及演化过程。

基于前面的分析及讨论，对复杂的地理现象及其过程进行分析，亟须一种有别于传统的基于数学方程式的研究方法。地理复杂系统的构成要素众多，各要素之间的相互作用与反馈机制无法单纯依靠传统的观测、实验进行研究。传统的研究方法难以挖掘地理系统的复杂演变机制，其在模拟、应对未来发展与影响方面的能力较为薄弱，无法反馈和理解现实发展过程中的各种土地资源、环境生态问题，因此有必要建立一种基于复杂系统理论和 GIS 对地理现象进行研究的新范式。本书提出地理模拟系统的理论和方法，拟解决当前 GIS 对地理空间系统过程分析能力较弱的问题，帮助预测地理现象和事物的发展方向及演化过程。地理模拟系统的核心是建立地理模型，通过计算机虚拟模拟的手段来对复杂地理现象进行模拟和预测。从广义上讲，地理模拟系统可追溯到20 世纪 50 年代末的计量地理学，这是地理学首次引入计算科学的理论和方法。随着计算机技术的发展，Openshaw（1994）提出了地理计算的概念，引入了计算机技术来求解复杂的地理问题，其对整个地理学的理论和应用产生了深远的影响，强调利用计算机技术和计算科学来解决地理学所碰到的复杂性问题，其也为地理模拟系统的出现奠定了基础。但是，地理计算学并不能很好地解决地理空间系统的非线性复杂问题。首先，许多地理复杂问题并不能够通过计算科学或数学求得其解，甚至根本就没有解；其次，地理计算学并没有从复杂系统理论入手研究地理空间系统，这是它的一个缺陷。因为地理空间系统本身就是一个复合、开放的复杂巨系统，这就决定了必须用复杂系统理论来解决地理复杂问题。

本书所提出的地理模拟系统，是指在计算机软、硬件的支持下，以 CA、多智能体系统和群智能（SI）等为核心技术，通过模拟人–地系统相互作用下地理过程与格局的演变，来支撑复杂动态环境下的人–地系统优化调控、资源和环境评估与辅助决策。它是探索和分析地理现象格局形成、演变过程和进行知识发现的有效工具。地理模拟系统试图从微观入手，探索地理微观空间实体之间相互作用形成宏观地理格局的动态过程。

下面定义地理模拟系统的几个基本概念。

（1）微观空间实体（micro-spatial-entities，MSE）：微观空间实体是地理模拟系统的一个最基本的概念，也是地理模拟系统最基本的组成单元。传统地理模型的研究单元往往是宏观的区域，这些区域存在空间可分性，能通过不同的途径进行地理划分（Openshaw，1981；Torrens and Benenson，2005）。而在地理模拟系统中，有些微观空间实体，如家庭、汽车等却不能再分。微观空间实体对应于现实世界的空间个体或地理对象。它可以分为两类：一类是可以自由移动的活动空间实体，如车辆、居民等，用 ASE（activated-spatial-entities）表示；另一类是不可移动的固定空间实体，如道路、学校、公园等，用 FSE（fixed-spatial-entities）表示。微观空间实体可以用式（2-1）描述：

$$MSE = \begin{cases} x, y, \text{Env}, S, f & \text{if } \text{Type} = \text{FSE} \\ x, y, \text{Env}, S, f, M & \text{if } \text{Type} = \text{ASE} \end{cases} \tag{2-1}$$

式中，x, y 代表微观空间实体的空间位置；Type 代表微观空间实体的类型；Env 代表微观空间实体所处的周边环境；S 代表微观空间实体目前的状态；f 代表微观空间实体的转换规则；M 代表活动空间实体的移动规则。

（2）空间关系（spatial relation）：本书认为，地理模拟系统的空间关系主要是指微观空间实体交互作用，而传统的地理学模型中却缺乏这种交互作用。重力模型就是一个很典型的例子，地理区域之间只通过牛顿力学这种简单的相互影响产生交互作用，并且这种交互作用只是宏观区域之间静态的引力作用，缺乏微观空间实体主动的动态交互作用。地理模拟系统认为，微观空间实体主动行为产生的交互作用是形成宏观空间格局的主要动力，其为地理学的空间关系创造了一个更为宽广的局面。微观空间实体的交互作用最终表现为宏观的空间自组织性。地理模拟系统是建立在微观个体元素之上的，它给我们带来了一个有活力的"自下而上"的地理系统。微观空间实体的交互作用主要包括以下三类（图2-1）：①固定空间实体与固定空间实体的交互作用（$F \leftrightarrow F$）；②固定空间实体与活动空间实体的交互作用（$F \leftrightarrow A$）；③活动空间实体与活动空间实体的交互作用（$A \leftrightarrow A$）。

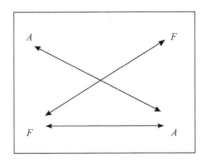

图 2-1　微观空间实体的交互作用类型

（3）时间（time）：地理系统随着时间的推移而发生动态变化，在不同的时间尺度上产生不同的地理现象。地理模拟系统处理时间的方法不是连续的，而是离散的，计算机也是建立在离散数学基础上的，这使得地理模拟系统非常利于用计算机来构建模型。

根据前面的几个基本概念，可以定义地理模拟系统的一般形式：

$$GSS_{t+1} \sim \left\{ MSE_t, SI_t, N_t \right\} \tag{2-2}$$

式中，MSE_t 代表 t 时刻地理模拟系统里面的微观空间实体，由式（2-1）所定义；SI_t 代表 t 时刻微观空间实体之间的交互作用，主要指前面所提及的 $F \leftrightarrow F$、$F \leftrightarrow A$ 及 $A \leftrightarrow A$；N_t 代表 t 时刻微观空间实体的邻域，不同类型的邻域，其影响作用是不一样的，邻域类型包括以下四类：①固定空间实体的固定空间实体邻居（N_{FF}）；②固定空间实体的活动空间实体邻居（N_{FA}）；③活动空间实体的固定空间实体邻居（N_{AF}）；④活动空间实体的活动空间实体邻居（N_{AA}）。

在地理模拟系统的概念中，本书提到了应用复杂系统理论来研究地理空间系统。实际上，早在 20 年前，就有学者意识到传统的牛顿力学理论并不适合研究复杂的地理空间系统，他们也试图用一些复杂性理论来解释地理现象和事物。例如，Allen、Batty 就多次强调应该将地理空间系统作为一个开放、复杂和非均衡的系统来看待，应该用复杂性理论重新审视地理现象及事物的演变过程。但是这些研究都比较分散和凌乱，尚缺乏从系统的角度更一般性地分析和论述地理空间系统演化的机制和过程。

地理模拟系统的核心是建立地理模型，通过模拟实验的手段来对复杂地理现象进行模拟和预测。科学研究有两种最基本的方法：理论方法和实验方法。理论方法是从最基本的原理出发，通过逻辑推理和数学推导，得出可用于指导实践的规律。传统的地理学研究方法即属于这种方法。实验方法则是通过设计适当的实际系统，从测量得到的结果中分析规律，得出结论。而实验方法又有两大类：一类是直接在真实的系统上进行；另一类是先建立模型，通过对模型的实验来代替或部分代替对真实系统的实验，即模拟实验。地理模拟系统正是采用模拟实验中数学模拟的方法，来探索地理现象的格局、过程和演变的，其主要基于以下几个原因。

（1）地理空间系统不可能在真实系统上进行实验，因为许多地理现象都具有不可逆的特性，并且地理空间系统是一个自然–社会–经济相互作用的复合、开放的复杂巨系统，现实世界很难找到完全相同的地理空间系统。

（2）模拟实验过程是一个动态过程，通过数学模拟，可以再现地理现象或地理事物发展的历程，从而可以有效地表达地理空间系统的时间动态性。

（3）计算机技术及 GIS 的发展，使得地理空间系统的模拟实验能够在计算机上得以实现，并且 GIS 能够较好地表达地理系统的空间性，从而实现地理空间系统的时空统一性及时空动态性。

（4）数学模拟能够对地理空间系统的未来发展进行有效的预测，为现实世界决策提供可靠的依据。例如，对自然灾害现象的模拟，能够对灾害发生的时间和地点进行预测，达到防患于未然的目的。

（5）通过对实验条件或参数的改变，可以组合不同实验条件下，地理空间系统的发展和变化，分析不同的数学模拟结果，从中选择最优的地理发展模式，从而对现实的地理空间系统进行优化或调控。

　　但是，如何建立合理的模型来表达地理空间系统是一个十分棘手的问题，20 世纪80 年代出现的复杂系统理论则为地理建模开拓了一片广阔的天地。复杂系统是指规模巨大、组分差异显著、层次多样、开放、组分之间相互作用、子系统或个体具有主动性、能够与外界进行交流、根据经验改变自身的系统。从复杂系统的定义来看，地理空间系统是一种典型的复杂系统，非常适合用复杂系统理论对它进行研究，因此，在对地理模拟系统的定义中明确指出，需要利用复杂系统理论建立地理模型。多智能体系统和 CA是研究复杂系统非常有效的方法。近年来，CA 在对地理学的研究中取得了许多重要成果，多智能体系统的方法也逐渐引起了地理学家的重视。但目前的研究还比较凌乱和分散，缺乏系统性和一般性，需要建立一个统一的地理复杂空间系统研究框架，为更好地理解地理现象的演化过程及机制提供有效的分析工具。

2.3　地理模拟系统有关的基础及其发展历史

　　从广义上来讲，地理模拟系统的基础可追溯到 20 世纪 50 年代末的计量地理学，只是受当时计算机技术落后及复杂理论缺乏等方面的限制，面对现实地理空间系统的特殊规模和复杂性，当时的地理模拟仅仅用了统计或其他数学方法，这是地理学首次引入计算科学的理论和方法。Openshaw（1994）提出了地理计算（geocomputation）的概念，定义为："利用不断发展中的高性能计算机和计算方法，为地理复杂问题求解。"1998年，在"Geocomputation 98"的会议公告中，则作出了进一步的定义（Unwin，1998；刘妙龙等，2000）："地理计算代表了计算科学、地理学、地理信息学、信息科学、数学和统计学的聚合和趋同。"地理计算学的出现与发展，对整个地理学的理论和应用产生了深远的影响，它强调利用计算机技术和计算科学来解决地理学所碰到的复杂性问题，这也为地理模拟系统的出现奠定了基础。但是，地理计算学并不能很好地解决地理空间系统的非线性复杂问题。

　　1948 年，数学家 von Neumann 首次提出 CA 的概念，并利用 CA 模拟了系列复杂动态系统，如生物繁殖、晶体生长等。CA 是一种时间、空间、状态都离散，（空间上的）相互作用和（时间上的）因果关系都为局部的网格动力学模型。Wolfram（1984）的研究对 CA 的发展起到了极大的推动作用，他对初等 CA 模型进行了详细而深入的研究，他的研究表明，尽管初等 CA 非常简单，但能够表现出各种各样高度复杂的空间形态，并且发现 CA 在自然系统建模方面有许多优点（Wolfram，1984）：

　　（1）在 CA 中，物理和计算过程之间的联系非常清晰；

　　（2）CA 能用比数学方程更为简单的局部规则产生更为复杂的结果；

　　（3）能用计算机对其进行建模，而无精度损失；

　　（4）它能模拟任何可能的自然系统行为；

　　（5）CA 不能再约简（Itami，1994）。

　　CA 是人工生命的重要研究工具和理论方法分支，也是研究复杂系统非常方便和有效的工具。它这种"自下而上"的研究思路、强大的复杂计算功能、固有的并行计算能力、高度动态特征及具有空间概念等特征，使得它在模拟空间复杂系统的时空演变方面具有很强的能力，在地理学研究中具有天然优势（周成虎等，1999）。Tobler（1979）在20世纪70年代就认识到CA在模拟地理复杂现象方面的优势，首次正式采用CA来模拟当时美国五大湖区底特律城市的扩展。Couclelis（1988）在80年代的研究工作引起了人们对运用CA开展地理模拟的极大兴趣。随后在90年代，Batty、Clarke、White、Wu、Li和Yeh等先后开展了相关的城市CA研究（Batty and Xie，1994；Clarke et al.，1994，1997；White and Engelen，1993；Wu，1998；Li and Yeh，2000），并取得了许多有意义的成果。毫不夸张地说，CA不仅为地理研究提供了模拟实验方法，也启发了全新的思维和分析方式。CA可以作为地理模拟系统最核心的技术。CA形成了一套基于系统演化微观规则、适合复杂系统模拟的概念框架，以及以算法为核心的数值模拟工具，其最基本的思想是由极其简单的运算法则可以发展为异常复杂的模型。因此，从地理空间系统的模拟来看，CA的研究和应用提供了一种从地理系统的微观出发，将自然与人文统一的地理模拟系统的新视角与新途径。

20世纪90年代美国圣塔菲研究所（SFI）提出了复杂适应系统理论，这一理论为研究复杂系统问题提供了一种新的视野。复杂适应系统理论提出了具有适应能力的、主动的个体可以根据环境的变化改变自己的行为规则，以求生存和发展。多智能体系统就是来源于复杂适应系统理论，由多个可以相互交互的Agent计算单元所组成的系统。Agent是指在虚拟环境中具有自主能力、可以进行有关决策的实体。一个Agent可以与其他Agent进行交互，这种交互不是简单地交换数据，而是参与某种社会行为，就像我们在每天的生活中发生的那样：合作、协作和协商等。基于多智能体系统的整体建模方法是在复杂适应系统（CAS）理论的指导下，应用计算机仿真技术来研究复杂系统的一种有效方法。因此，多智能体系统建模方法逐渐引起了地理学家的关注，目前国际上已经开展了多智能体系统在复杂空间系统模拟方面的研究。

多智能体应用在地理研究中就变为空间多智能体。多智能体系统方法根据微观的个体（cell）或智能体（agent）的相互作用来解析宏观空间格局的形成，这与现实地理世界非常接近，体现了复杂空间系统的突变性（emergence）。多智能体能根据局部环境条件的不同及变化，采取一定的对策和行动，从而影响和改变自然环境条件，其体现了复杂空间系统的进化性（evolution）。这些特性都是复杂系统的重要特性，因此多智能体系统方法特别适合于地理复杂系统的模拟。较之地理元胞自动机，地理多智能体系统在研究地理复杂空间系统的人文方面也许更具有优势，其是地理模拟系统的重要组成部分。可以预测，在继20世纪90年代开始引起注意的地理元胞自动机之后，具有进化性和适应性的地理多智能体系统将在21世纪也会成为地理模拟系统的主要工具之一。

近年来，空间信息技术的快速发展是地理模拟系统形成的重要保障。GIS和遥感（RS）为地理模拟系统提供了重要的信息源，面向对象的编程思想和方法则为地理模拟系统的计算实现提供了保障。地理复杂系统的模拟实验，要求将客观世界尽可能逼真地映射到模拟系统上，其映射过程相当复杂，传统的基于过程的编程技术难以满足要求。面向对象的思想和方法为地理复杂系统的模拟提供了简单有效的途径。面向对象不应仅仅是一种程序设计技术，更为重要的是一种新的思维方式。面向对象的主要特点是对象与对象及外部的通信，接收消息的响应情况，以及类和子类共享的继承性。面向对象把系统看作由相互作用的对象组成，对象与现实世界中真实的实体相映射，从而提高了模拟模型的可理解性、可扩充性和模块性，并且便于实现模拟与计算机图形及人工智能的结合（薛领，2002）。

2.4　地理模拟系统在地理研究中的重要性

在前面的分析中已经提到，许多地理现象都具有非平衡性、多尺度性、不确定性、自相似性、层次性、随机性和交互性等复杂性现象的特征。基于方程式的传统地理学模型在研究地理空间复杂系统时受到了前所未有的挑战，这是因为基于方程式的模型存在以下几点不足：一是模型的空间尺度多从宏观出发，无法反映地理系统的微观结构特征和个体行为，而这也许恰恰是造成地理复杂系统动态性、自组织性、突变性、进化性等复杂特征的原因；二是运用传统的基于方程式的模型来分析模拟包括自然、人文要素的复杂地理现象时，要么因涉及的参数太多而根本无法得到合适的方程式，要么因方程式本身极其复杂而难以求解。

此外，传统模型一般都是静态或线性模型，这并不适合于模拟复杂空间系统的演化。这些模型体现不出地理系统的时间动态性，并且难以与空间信息融合，因而经典的基于方程式的传统地理学模型受到严重的挑战。地理学家无法从系统演化服从的基本物理规律推求出系统的宏观行为，所以地理学需要一种新的理论和方法，帮助其开展地理复杂系统的研究。地理模拟系统则为地理过程的研究提供了非常有用的探索工具。

许多地理现象的时空动态发展过程往往比其最终形成的空间格局更为重要。时空动态模型对研究地理系统的复杂性具有非常重要的帮助。地理模拟系统则能够为地理研究提供十分有效的时空数据模型。许多全球资源、环境和大气模拟与预测模型都涉及地理区域发展空间格局演变信息的输入。例如，未来和不同情景下的土地利用类型是许多陆面模型重要的输入信息。传统的地理模型由于缺乏时空动态信息，难以满足这些模拟和预测模型对地理空间动态信息的输入需求。地理模拟系统能够模拟和预测地理空间系统的格局演变过程，具有较好的时空动态性，从而能够为资源、环境和大气等全球模型提供空间信息的输入。

地理模拟系统在自然资源管理方面有很好的应用前景，可以为自然资源的可持续利用提供决策依据。这是因为多智能体系统"与生俱来"的智能性、适应性、交互性、主动性特别适合模拟各种政策或者个人决策问题。其是地理多智能体系统应用较多的一个研究领域。例如，可运用多智能体系统来理解或者解决"公共池塘"（common-pool）的资源管理问题。其研究的焦点集中于何种政策会直接影响个体的决策行为并由此导致的整体收益变化问题。L. R. Izquierdo 提出了一个基于多智能体系统的水资源管理模型，这个模型结合经济学博弈论和多智能体系统，探讨了政府制定何种政策才能使水资源的使用达到效益最大化，模型中牵涉到社会经济与各种角色扮演者（政府、水资源使用者）的相互影响。

地理模拟系统可以模拟非线性复杂系统的突现、混沌、进化等特征，是模拟生态、环境、自然灾害等多种高度复杂的地理现象的有力工具，为现实世界决策提供了可靠的依据。例如，对自然灾害现象的模拟，能够对灾害发生的时间和地点进行预测，达到防患于未然的目的。地理模拟系统通过对实验条件或参数的改变，探索不同实验条件下，地理空间系统的可能发展和变化方向，并通过分析不同的模拟结果，从中选择最优的资源利用方式，从而对现实的地理空间系统进行优化。

与传统的地理模型比较，地理模拟系统则更为形象和直观，与现实世界更相符。概念模型与现实世界有着直接的联系，客观世界尽可能逼真地映射到模拟系统上。此外，地理模拟系统比传统地理模型更简单，简单的规则能形成复杂的空间格局，体现了复杂系统的精髓。地理模拟系统与传统的地理模型和社会经济理论模型等耦合，可以产生更为复杂的空间格局，能够模拟出与现实世界更为接近的模拟结果。例如，城市 CA 和社会经济理论模型结合后，模型的转换规则变得更为复杂。城市 CA 除与传统 CA 的局部规则有关外，还与社会经济因子有关。运用该类复杂模型的一个案例是在 CA 的转换规则中嵌入社会行为、劳利模型和系统动力学模型。在该类模型中，需要强调市场机制对城市土地利用转变的引导作用。这种复合模型既考虑了地理空间系统宏观驱动因素，又考虑了微观格局演化复杂性的特征，提高了地理模型模拟的可靠程度，为地理学研究提供了新的思路。

2.5　地理模拟系统的研究内容与手段

地理模拟系统是 GIS 的重要补充和扩展。作为具有时空特征的复杂动力学模型，地理模拟系统是分析和模拟地理动态现象的一次方法革命，特别适合模拟具有时空动态变化特征的地理复杂现象及其演化过程。地理模拟系统的研究内容包括以下高度复杂的地理现象及其应用：

（1）城市系统演变、土地利用变化；
（2）城市和土地利用规划；
（3）人口迁移、居民点变化、动植物群体动态变化；
（4）传染病传播、火灾蔓延；
（5）沙漠化、水土流失；
（6）环境管理、生态安全；
（7）资源的可持续利用；
（8）交通控制、紧急事件的疏散；
（9）犯罪与公共安全；
（10）公共设施动态选址；
（11）地理国情分析；
（12）空间规划与决策。

传统地理学方法难以解决这些复杂的空间动态问题。目前，地理模拟系统在研究复杂的地理现象方面取得了可喜的成绩，特别是 CA 模型（可以称为第一代地理模拟系统）在城市扩张、土地利用变化、疾病扩散、火灾蔓延、沙漠化、洪水淹没等具有空间自组织性的地理现象方面取得了十分有意义的研究成果，因此可将 CA、多智能体系统和生物群智能的集成作为第二代地理模拟系统。把 CA 与多智能体系统结合起来，使地理模拟系统既具有 CA 空间自组织性，又考虑了多智能体系统各主体的复杂空间决策行为，从而可以为地理复杂空间系统的模拟提供一个全新的思路和方法。地理模拟系统中进一步引进群智能，其可以解决复杂的动态环境资源空间优化问题。由于地理模拟系统具有适应性、交互性、主动性，在人口迁移、交通控制、紧急事件的地理疏散、环境资源管理、生态安全、公共设施动态选址、城市规划及可持续发展等涉及决策、政策等方面，其可以作为重要的分析和模拟工具之一。

　　地理模拟系统的核心是应用复杂系统理论和方法，结合地理学的内在规律，采用适当的研究方法，建立地理空间系统的科学模型。如果只是将复杂性科学概念和名词引入地理学中，而忽视利用复杂系统研究方法进行地理系统的科学建模工作，那么复杂性科学的理论和方法只会停留在地理学的表面和外围，而不会触动地理学的核心（周成虎等，1999）。因此，地理模拟系统需要结合复杂系统理论和地理学本质规律。在复杂系统理论中，CA 和多智能体系统最适合用来研究地理复杂现象。CA 作为具有时空特征的离散动力学模型，不仅可以用来模拟和分析一般的复杂系统，而且对于具有空间特征的地理复杂系统更加具有优势，Tobler（1979）则直接认为 CA 本身就是一种地理模型，这是因为 CA 是一个天然的时空动力学系统，首先，CA 在时间上是一个离散的无限集，它不但能够模拟和预测系统的长期趋势，也能够模拟系统的动态行为过程，这恰恰就是传统地理模型所缺乏的。其次，CA 的元胞空间可以看作是对现实地理空间的离散划分，其与 GIS 里面的栅格数据结构是完全一致的，能够较好地表达地理空间。尽管 CA 在模拟复杂空间系统时具有很多优势，但 CA 主要是基于地理现象发展的过程和模式进行模拟，而对社会环境及空间个体之间的相互作用缺乏有效的表达。

　　越来越多的研究表明，地理空间系统作为一个典型的复杂系统，它的动态发展是空间个体相互作用的结果。CA 只考虑周围的自然环境，并且这些元胞是不能移动的。CA几乎没有考虑到对地理空间系统变化起决定作用的动态社会环境及空间个体之间的相互作用。而多智能体系统方法则能够克服上述问题，多智能体系统方法根据微观的个体（cell）或智能体（agent）的相互作用来解析宏观格局的形成。智能体能根据局部环境条件的不同及变化，采取一定的对策和行动，从而影响和改变自然环境条件。多智能体系统方法的特点是具有一定智能的多智能体使得模拟更加具有灵活性，这些智能体具有一定的目标，如获得最大的效用（utility），每个智能体能够对环境变化和其他智能体有反应能力，而后者则包括能移动的各种空间个体，它们的复杂空间决策行为是影响地理空间系统发展和变化最根本的因素。因此，同属于复杂系统理论的 CA 和多智能体系统是地理模拟系统研究的主要手段。

　　地理模拟系统要更好地表达和模拟地理空间系统，还必须与 GIS、遥感、计算科学及计算机技术结合起来。CA 的元胞空间可以看作是二维地理空间，同样地，多智能体系统也可以看作是在二维地理空间中移动的个体，两者都能当作是对现实地理空间的离散化划分。这种划分与遥感影像及 GIS 的栅格数据结构在形式上是一致的。因此，地理模拟系统可以直接利用现有的遥感或栅格空间数据，其模拟的结果也可以直接转入空间数据库进行分析。此外，GIS 强大的图形显示功能也能够帮助地理模拟系统把模拟结果很好地展现出来。

　　地理模拟系统采取的是离散个体模型，计算机也是建立在离散数学基础上的，这使得地理模拟系统非常容易利用计算机来构建模型。计算科学的发展保障了地理模拟系统得以实现。计算科学里面面向对象的思想和方法为地理复杂系统的模拟提供了简单有效的途径。面向对象把系统看作是由相互作用的对象组成的，对象与现实世界中真实的实体相映射，提高了模拟模型的可理解性、可扩充性和模块性。

综合以上的分析，可以得出以下结论：地理模拟系统是以地理学理论、复杂系统理论、地理信息科学、CA、多智能体系统、生物群智能系统、GIS、遥感、计算机技术为一体的复杂空间动态模拟系统（图 2-2），将它用于地理复杂系统的研究不仅非常合理，而且还具备其他传统地理模型所不具有的优势。

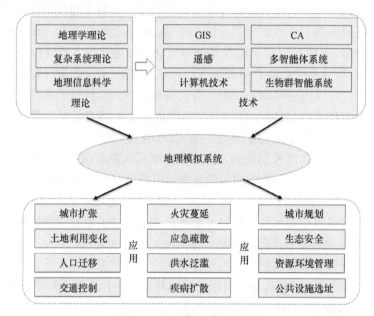

图 2-2　地理模拟系统架构图

2.6　地理模拟系统与 GIS 的关系

第一个地理信息系统——加拿大地理信息系统（CGIS），是 20 世纪 60 年代中期 Tomlinson 和他的同事们发展起来的。在过去几十年中，GIS 对与空间信息相关的各个学科产生了深刻的影响。例如，在土地利用、资源调查与评估等领域，GIS 在空间数据获取、存储、处理和分析中发挥了巨大的作用。GIS 能够比较方便地获取数据。但是，如何把数据转化成实际应用中所需要的知识则是一大难题。GIS 作为一种计算平台，不仅能够完成数据输入、存储、管理、显示输出等功能，更重要的是具有空间分析功能，如空间叠置（overlay）、缓冲区分析（buffer）、网络分析（network）、三维分析（3D analysis）等。

GIS 是现代地理学的一次重要革命，使地理学由定性的描述转向定量的观测和分析。但是，到目前为止，GIS 主要侧重于描述和处理静态的空间信息，难以有效地表达时空动态数据，缺乏时空过程的模拟和分析能力，对于动态时空信息的表达和分析，GIS 与地理过程模型的耦合显得力不从心。而地理复杂现象，如土地利用变化、城市发展、疾病扩散、火灾蔓延、人口迁移、环境演变、沙漠化等都表现为复杂的时空动态过程。这些地理现象的发展过程往往比其最终形成的空间格局更为重要。GIS 现有的空间分析功能受到了挑战，需要寻求新的理论和方法来解决地理学经常遭遇到的时空动态问题。

解决 GIS 缺乏时空过程模拟能力的问题，需要将 GIS 和传统的地理模型，如系统动力学模型、社会物理学模型等进行耦合。但是，传统的地理模型缺乏对时间的表达，通常从宏观动态性出发，将时间仅仅作为一个变量纳入方程中，忽略了时空不可分割原则。此外，GIS 中对时空的表达都是离散的，而传统的地理建模大都是基于微分方程的连续模型，因而很难将二者进行有效的耦合。地理模拟系统的出现能帮助解决地理学这种尴尬的境况。地理模拟系统是建立于复杂系统理论基础上的，复杂性科学一般都采用"自下而上"的研究方法，即微观离散的模拟方法，如 CA、多智能体系统、神经元网络等。复杂性科学认为，复杂系统的形成是因为简单个体或元素的相互作用，"复杂来自于简单"是复杂性科学的精髓。这种微观离散的研究方法恰好能与 GIS 相匹配，因为 GIS 对地理数据的时空表达也是离散的。

因此，地理模拟系统能够很好地与 GIS 进行耦合，并且这种耦合能够相互弥补各自的缺陷。一方面，GIS 能够为地理模拟系统提供丰富的空间信息，并作为其空间数据处理的平台。GIS 还可以及时显示和反馈地理模拟系统在各种情景下的模拟效果。更为重要的是，GIS 还能对模拟结果进行有关空间分析。另一方面，地理模拟系统则大大弥补了 GIS 过程模拟能力的不足。所以，在很大程度上，地理模拟系统是 GIS 的重要拓展。图 2-3 显示了地理模拟系统与 GIS 的关系。

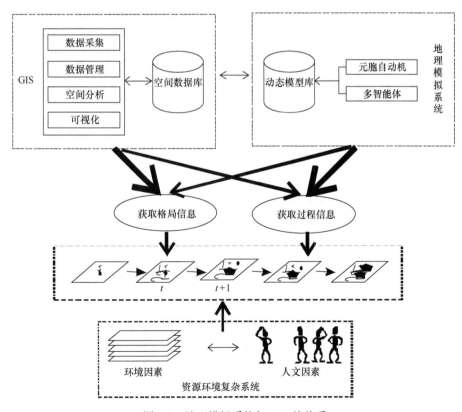

图 2-3　地理模拟系统与 GIS 的关系

2.7　地理模拟系统与多智能体系统的关系

　　多智能体系统是复杂适应系统理论、人工生命及分布式人工智能技术的融合，目前已经成为进行复杂系统分析与模拟的重要手段。Agent 是指在虚拟环境中具有自主能力、可以进行有关决策的实体。这些实体可以代表动物、人类或机构等。一个实体并不仅仅限于代表某个个体，也可以代表一群个体。每个 Agent 可以与其他 Agent 进行交互，这种交互不是简单地交换数据，而是参与某种社会行为，就像我们在每天的生活中发生的那样：合作、协作和协商等。Agent 具有自主性、交互性、反应性、主动性。基于 Agent 的整体建模方法是在复杂适应系统（CAS）理论的指导下，应用计算机仿真技术来研究复杂系统的一种有效方法。这是一种从底层"自下而上"的建模思想，与传统的"自上而下"的建模思想是完全不同的。

　　多智能体系统在经济学中得到了广泛应用，但在地理学的研究中还处于初始阶段，往往只限于理论上的探讨。这是因为多智能体系统往往缺乏空间信息，难以表达微观个体的空间相互作用，这需要地理模拟系统对其进行补充，从而使其能更好地为地理学研究服务。如果在地理模拟系统中融入多智能体，不但解决了多智能体系统缺乏空间信息的问题，也很好地解决了地理学中的人地关系。在基于多智能体的地理模拟系统中，除了自然、技术、经济和社会等客观条件影响地理事物的发展外，具有决策能力的人也在影响着地理事物的形成与演变，即各式各样的人群（如决策人、劳动者、消费者等）对地理空间系统感知后，采取相应的决策行为，微观个体的决策行为和相互作用形成宏观的地理格局，并影响和改变周围的地理环境条件。同样地，地理环境条件的改变也影响着微观个体的决策行为，它们之间相互的反馈作用恰恰体现了地理学研究的核心内容——人地关系。从以上分析可知，多智能体系统为地理模拟系统提供了对地理现象进行研究的复杂科学方法，地理模拟系统则为多智能体系统赋予了空间概念。

2.8　地理模拟系统与系统动力学的关系

　　系统动力学（system dynamics）是一门分析和研究反馈系统的学科，其特点是引入了系统分析的概念，强调信息的反馈作用，是系统论、信息论、控制论及决策论综合的产物。系统动力学比较适于研究复杂系统的结构、功能与行为之间的关系，也能够为决策者提供决策支持。因此，它在社会、经济、生态等复杂系统研究中的应用非常广泛，能够对实际复杂系统进行动态模拟。

　　系统动力学在地理学的研究中也具有较为广泛的实用性，它能比较形象、直观地处理地理学中某些复杂的非线性问题。但是系统动力学缺乏对空间问题的处理能力，难以刻画地理空间系统中各要素在空间上的相互作用和相互反馈关系（张新生，1997），限制了它在地理学中的应用。此外，系统动力学在地学建模时，不同的建模者对地理系统的认识不一样，造成模型具有个人主观性，从而影响模型的模拟结果。

　　地理模拟系统则弥补了系统动力学在地理学研究中的不足，使它不仅能较好地反映地理系统的复杂性，也能有效地表达地理现象的时空动态性。系统动力学和地理模拟系统都是研究复杂系统动态变化的有力工具，但二者有所区别：首先，系统动力学采用"自上而下"的研究思路，地理模拟系统则采用"自下而上"的研究思路。其次，系统动力学模型表现为系列连续的微分方程，地理模拟系统中的微观空间实体在时间、空间、状态上都表现为离散的，非常适合计算机模拟。最后，系统动力学主要考虑要素指标属性的关联关系，地理模拟系统则更多地考虑微观空间实体之间的空间相互作用。因此，系统动力学比较适合社会经济系统的模拟和预测，而地理模拟系统在研究空间系统的时空动态演化过程方面具有很大的优势。

2.9　地理模拟系统与空间信息网格的关系

空间信息网格（SIG）是一种汇集和共享空间信息资源，进行一体化获取、组织与处理，具有按需服务能力的空间信息基础设施。本质上，SIG 提供了一体化的空间信息获取、处理与应用服务的技术框架，以及智能化的空间信息处理平台和基本应用环境。SIG 强调网络环境下空间信息系统的一体化有效应用，是空间信息系统发展的高级阶段；以 SIG 为技术总线，才能系统地谋划空间信息获取、处理与应用体系的构建。

但是，目前 SIG 尚缺乏一种有效的工具实现它的设想。地理模拟系统可以通过提供实验模拟的方法帮助其实现目标，可以进一步将 CA 与空间信息网格技术相结合，探讨多级空间信息网格下的模拟技术及知识挖掘方法。研究空间信息多级网格的划分、网格属性确定等对 CA 模拟结果的影响，为建立适应于分析我国快速变化的资源环境的 SIG 提供参考依据。

参 考 文 献

陈述彭. 1998. 地球系统科学. 北京: 中国科学技术出版社.

刘妙龙, 李乔, 罗敏. 2000. 地理计算——数量地理学的新发展. 地球科学进展, 15(6): 679-683.

刘盛佳. 1990. 地理学思想史. 武汉: 华中师范大学出版社.

钱学森, 于景元, 戴汝为. 1990. 一个新的学科领域——开放的复杂巨系统及其方法论. 自然杂志, 1: 3-10.

徐建华. 2002. 现代地理学中的数学方法. 北京: 高等教育出版社.

薛领. 2002. 基于主体(multi-agent)的城市空间演化模拟研究. 北京大学博士学位论文.

杨开忠, 沈体雁. 1999. 试论地理信息科学. 地理研究, 18(3): 260-266.

杨吾扬, 张超, 徐建华. 1996. 谈谈现代地理学中的数量方法与理论模式(上). 地域研究与开发, 15(1): 4-7.

张新生. 1997. 城市空间动力学模型研究及其应用. 中国科学院地理科学与资源研究所博士学位论文.

周成虎, 孙战利, 谢一春. 1999. 地理元胞自动机研究. 北京: 科学出版社.

Batty M. 1993. Using Geographical Information Systems in Urban Planning and Policy Making. Geographical Information Systems: Spatial Modeling and Policy Evaluation. Berlin: Springer-Verlag.

Batty M, Xie Y. 1994. From cells to cities. Environment and Planning B, 21: 531-548.

Clarke K C, Brass J A, Riggan P J. 1994. A cellular automata model of wildfire propagation and extinction. Photogrammetric Engineering & Remote Sensing, 60: 1355-1367.

Clarke K C, Hoppen S, Gaydos L. 1997. A self-modifying cellular automaton model of historical urbanization in the San Francisco Bay area. Environment and Planning B: Planning and Design, 24: 247-261.

Couclelis H. 1988. Of mice and men: what rodent populations can teach us about complex spatial dynamics. Environment and Planning A, 20: 99-109.

Duckham M, Goodchild M F, Worboys M F. 2003. Foundation of Geographical Information Science. London: Taylor & Franics.

Goodchild M F. 1992a. Geographical information science. International Journal of Geographical Information Systems, 6: 31-47.

Goodchild M F. 1992b. Integrating GIS and spatial data analysis: problems and possibilities. International Journal of Geographical Information Systems, 6(5): 327-334.

Itami R M. 1994. Simulating spatial dynamics: cellular automata theory. Landscape and Urban Planning, 30: 24-47.

Izquierdo L R, Gotts N M. 2003. An agent-based model of river basin land use and water management. http://www.macaulay.ac.uk/fearlus.

Li X, Yeh A G O. 2000. Modelling sustainable urban development by the integration of constrained cellular automata and GIS. International Journal of Geographical Information Science, 14(2): 131-152.

Openshaw S. 1981. The Modifiable Areal Unit Problems. Norwich: GeoBooks.

Openshaw S. 1994. Computational human geography. Leeds Review, 37: 201-220.

Schaefer F K. 1953. Exceptionalism in geography: a methodological examination. Annals of the Association of American Geographers, 43: 226-249.

Tobler W R. 1979. Cellular geography//Gale S, Olsson G. Philosophy in Geography. Dordrecht: Reidel: 279-386.

Tomlinson R F. 1982. Panel discussion: technology alternatives and technology transfer//Boyle D. Computer Assisted Cartography and Geographic Information Proceesing, Hope, Realism. Ottawa: Canadian Cartographic Association, Dept. of Geography, University of Ottawa: 65-71.

Torrens P M, Benenson I. 2005. Geographical automata systems. International Journal of Geographical Information Science, 19(4): 385-412.

Unwin D. 1998. Computers, geoscience and geocomputation. Computers and Geosciences, 24: 297-298.

White R, Engelen G. 1993. Cellular automata and fractal urban form: a cellular modelling approach to the evolution of urban land-use patterns. Environment and Planning A, 25: 1175-1199.

Wilson A G. 1981. Geography and the Environment Systems Analytical Methods. Chichester: John Wiley & Sons, Ltd.

Wolfram S. 1984. Cellular automata as models of complexity. Nature, 31(4): 419-424.

Wu F. 1998. SimLand: a prototype to simulate land conversion through the integrated GIS and CA with AHP-derived transition rules. International Journal of Geographical Information Science, 12(1): 63-82.

第3章 地理模拟系统的空间数据获取

3.1 空间数据采集的一般方法

空间数据获取是地理模拟系统的重要部分。地理模拟系统的数据主要来自 GIS 和遥感数据。对于 GIS 应用来说，最基本的 GIS 数据是根据研究目标的性质不同而收集的，包括野外调查及测量数据、人口普查数据、社会经济调查数据和各种统计资料等；还包括地图（国家行政区划地图），区域的社会、经济等专题图和已有的一些与应用相关的数据资料。这些数据可分为第一手的原始数据和处理过的数据，也可以分为数字化的数据和非数字化的数据（表 3-1）。数据是 GIS 的基础和核心，通常情况下，一个 GIS 项目的资金分配为：硬件、软件、数据各占 10%、20%、70%。

表 3-1 GIS 包含的数据

数据	原始数据	转换数据
数字化数据	遥感数字图像、数字化仪器实测数据等	已建的各种数据库、现有的 GIS 数据
非数字化数据	野外文本记录、统计数据报表、社会经济、人口调查报告	纸制地图、专题图、统计图表

一般需要采集的 GIS 空间数据有以下几种：

（1）各类统计调查数据；

（2）野外调查测量数据，包括调查记录文本，全球定位系统（GPS）、全站仪等仪器所测得的数字化数据资料；

（3）已有地图（专题图）数字化；

（4）遥感数字图像；

（5）修改或转换已有数据库资料。

GIS 数据采集工作的主要任务是将现有的地图、外业观测成果、航空像片、遥感图片数据、文本资料等转换成 GIS 可以识别和处理的数字形式；数据添加到数据库之前进行验证、修改、编辑等处理，保证数据在内容和逻辑上的一致性；不同的数据来源需要进行数据转换和处理，便于 GIS 的分析和处理工作的进行，数据转换需要使用到不同的软件、设备和方法，数据处理包括生成拓扑关系、几何纠正、图像镶嵌和裁剪等。

图像数据是 GIS 空间数据的重要组成部分，图像数据的收集实际上就是数字化的过程，一般有扫描数字化和手扶跟踪数字化两种数字化方法。扫描数字化是使用扫描仪直接把图形（地形图、专题图等）和图像（航空像片、卫星像片等）扫描到计算机中，以像元信息进行存储和表示，然后通过矢量化软件从栅格图像上自动或半自动生成矢量数据；手扶跟踪数字化是使用手扶跟踪数字化仪，将已有图件作为底图，对某些需要的信息进行跟踪数字化。一般来讲，扫描数字化因其输入速度快、不受人为因素的影响、操作简单而越来越受到大家的欢迎，且随着计算机硬件的发展，计算机运算速度、存储容量的提高，扫描输入已成为图形数据输入的主要方法。

属性数据是记录和描述空间实体对象特征的数据。属性数据一般包括名称、等级、数量、代码等多种形式。属性数据有时单独存储在空间数据库中，形成专门的属性数据文件，有时则直接记录在空间数据文件中。往往需对属性数据进行编码处理，将各种属性数据变为计算机能有效存储和处理的形式。属性数据的编码一般需要基于以下三个原则：编码的系统性和科学性，编码方式必须满足科学的分类方法，以体现该类属性本身的自然性，容易识别和区分；编码的一致性，编码必须前后一致，所定义的专业属性必须是唯一的；编码的标准化和通用性，为便于信息交流和共享，所建立的编码系统必须尽可能地遵循标准方式。

3.2　利用各种 GIS 空间分析方法获取进一步的空间数据

GIS 数据库存储基础的空间数据，在具体的应用中往往需要利用各种 GIS 空间分析功能来获取进一步的空间数据。GIS 空间分析的一般方法包括以下几种。

1）空间查询和检索

用来查询、检索和定位空间对象，包括图形数据的查询、属性数据的查询及空间关系的查询几种方式。空间查询和检索是 GIS 的基本功能之一，也是进行其他空间分析的基础操作。

2）空间量算

空间量算主要是用一些简单的量测值来初步描述复杂的地理实体和地理现象。这些量测值包括点、线、面等空间实体对象的重心、长度、面积、体积、距离和形状等指标。

3）空间插值

空间插值用于将离散的测量数据值，按照某种数学关系转换为连续变化的数学曲面，以便与空间实体的实际分布模式进行比较，并可以推求出未知点和未知区域的数据值。

4）叠置分析

叠置分析是 GIS 空间分析中重要的分析方法之一。GIS 中使用分层方式来管理数据文件，叠置分析是将同一研究区的多个数据层集合为一个整体，对多个数据层进行交、并、差等逻辑运算，得到不同层空间数据的空间关系。叠置分析又包括矢量数据的叠置分析和栅格数据的叠置分析两种。

5）缓冲区分析

缓冲区分析是 GIS 空间分析中使用较多的分析方法之一。缓冲区分析就是对一个、一组或一类空间对象按照某一个缓冲距离建立其缓冲区多边形的过程，然后将原始图层与缓冲区图层相叠加，进而分析两个图层上空间对象的关系。从数学的角度来说，缓冲区就是空间对象的邻域，邻域的大小由邻域半径（即前面所说的缓冲距离）来确定。缓冲区分析与叠置分析不同，前者包括缓冲区图层的建立和叠加分析，而后者只是对现有的多个数据层进行叠加分析，并不生成新的图层参与分析。

3.3　利用 GIS 获取城市模拟的输入数据

城市模拟所需要的特定信息一般是通过执行 GIS 空间分析功能来获取的。通常将已有的 GIS 图层直接作为城市模拟的输入,但有时候在进行城市模拟时为了提取模型所需的特定信息,就需要执行地图操作。城市是一个非常复杂的巨系统,因此城市模拟通常要涉及许多空间变量。空间分析对于量化这些空间变量来说是至关重要的。最简单和传统的 GIS 空间分析是叠置分析。叠置分析的概念出自于传统的地图比较。在过去,因为每一幅地图包含的信息都不同,地理学家需要在不同的图层上进行地图比较。在 GIS 数据库中,空间变量是作为层存储的。

基于数字化地图的叠置分析比基于纸质地图的人工分析在实际应用中有更大的优势。GIS 叠置分析能方便找到在多个图层上满足一定条件的位置,在设施选址的问题上有许多十分成功的例子。例如,可利用 GIS 叠置分析查找放置放射性物质的合适位置。用于分析的地理要素包括人口、通达性和保护区等图层。GIS 叠置分析在层与层之间的操作非常方便。GIS 层通常包含点、线、面要素。通过对这些要素执行相交和合并操作,可以建立新的要素和新的空间关系。

缓冲区分析是另一种提取空间信息的普遍技术,这些空间信息与距离和邻近度(proximity)有关。邻近度是重要的空间决策因子。例如,在环境敏感源(饮用水)附近区域不适合建造污染工业。可利用 GIS 的缓冲区分析功能,在环境敏感源处建立一个缓冲区,代表这是问题区域。在大多数情况下,离源点越远,影响会越小。例如,当位置远离城市中心时,城市的吸引力会逐渐变小,可用一个负的指数函数来表达这种影响,如式(3-1)所示:

$$X_i = \mathrm{e}^{-\beta \, \mathrm{dist}_i} \tag{3-1}$$

在栅格的数据结构环境下,GIS 包提供了多种基本的算法运算功能,从而使得计算这种随距离而衰减的影响度变得十分容易。地图操作允许通过整合不同数据源的地图得到新的信息。大多数 GIS 包具有下列功能:

(1)算术运算;

(2)几何量算(如计算点、线和面的距离);

(3)叠置分析和缓冲区分析;

(4)统计分析(如执行包括各种空间变量的回归分析在内的一系列统计操作)。

在 GIS 中通过相交和合并功能可以方便地执行地图操作,可以在点、线、面等不同的 GIS 层执行这些功能,并产生新的要素层。例如,点和线的叠置帮助计算点和线的距离。叠置后地块和道路之间的距离容易计算,而且可以加上新的属性值。

3.3.1　进行城市模拟的空间变量的获取

GIS 数据库通常只存储最基本的空间信息,以避免数据冗余。一般的数据库能够支持许多应用，但对某一具体的应用，需要运用空间分析来获取与其具体应用相关的信息。GIS 为空间分析提供了从简单的叠置分析到缓冲区分析和与复杂问题相关的分析等强有力的工具。

1. 位置属性

对真实的城市进行模拟需要使用丰富的空间信息。城市模拟最重要的是空间位置每一点上有关的自然属性。GIS 通过提供丰富的空间信息提高了城市模拟的可行性。城市模拟需要详细的位置属性，包括居民点、地形、土壤、土地利用、交通、行政边界、河流和环境因素（图 3-1）。

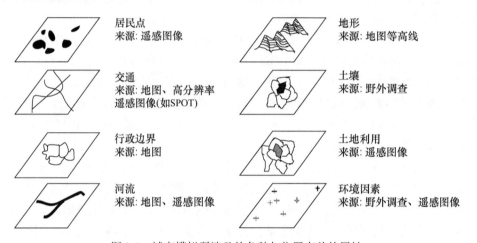

图 3-1　城市模拟所涉及的各种与位置有关的属性

为了获取各种类型的位置属性，应该采用数据分析技术。GIS 提供了强有力的空间分析功能，可为城市模拟提供大量的空间信息，可利用 GIS 的空间分析等功能来获取一系列位置属性，如距离和土地适宜性等。

2. 区位和通达性

Platt（1972）强调了区位对土地利用的重要性。土地利用空间分布模式引起了许多早期城市地理学家的注意。von Thunen 在 19 世纪运用区位理论来解释农业活动在空间上的分布（Platt，1972；Chisholm，1964）。他认为，农业活动会根据离市场的距离和交通费用在空间上自发地进行安排。

GIS 是利用地理坐标来表达区位信息的。一块土地的地理区位通常可以通过测量它和城市中心区的距离来判断，这种距离可以决定土地价值。通过测量两个地方的距离也可以估算土地的发展概率。在距离的计算中，采用费用距离比欧氏距离更能反映具体情况。由于交通的影响，往往利用网络距离而不是欧式距离来度量距离的影响。道路、高速公路和铁路的建设将提高通达性和土地发展概率，特别是连接农村的铁路和高速公路能让这些地方更容易得到开发。具有较好通达性和基础设施的土地在土地市场中的价格较高。一般的 GIS 提供了各种功能来计算成本距离，可以根据计算的成本找到最短成本路径。

3. 土壤类型

在做土地利用规划之前，土壤调查是识别和测量土地资源至关重要的一步（Manning，1988）。农作物的产量主要与土地质量有关，而土地质量主要由土壤特性来决定。某种类型的土壤也许仅仅适合于某一特定农作物的生长。在其他情况相同的条件下，土壤肥沃程度将决定农业生产的产量。

一般认为，从 Landsat 影像或航片上并不能直接解译出土壤特点。土壤调查仍然需要获取有关土地质量的信息。通过调查土壤地图可以识别哪些是最好的农业用地，且这些土地不应该被城市用地所侵占。

土壤调查的直接产品是土壤地图，它可以不是数字格式。但将土壤地图数字化成 GIS 的格式将有利于进一步的分析，可通过手扶跟踪数字化仪输入或扫描后自动识别这两种方法来获取土壤的矢量数据。数字化包括一系列乏味的工作，如添加属性、编辑、边界匹配、构建拓扑。但在 GIS 中使用数字地图可以方便地分析土壤特点。

4. 地形

地形是限制农业或城市活动的主要因素。地形图对于土地适宜性评价是有必要的，特别是在地貌特征复杂的区域。不平坦的地形阻止了城市发展和农业生产，地形分级可用于评价不同土地利用类型的适宜度。

既然地形特征往往是通过地图来表示的，那么第一步是数字化这些地形特征图。数字化等高线是劳动密集型工作。数字高程模型（DEM）通常从等高线中获得地形特征。数字高程模型在土地评价中非常有用。建立数字高程模型也可以用于进行可视域分析。

5. 土地利用

从野外调查获取的土地利用信息可以用于城市模拟模型的输入。在城市模拟中，城市系统是动态变化的，一系列自然和社会因素决定了土地利用变化情况。在许多发展中国家，从农业用地转换到城市用地是土地利用变化的主要趋势。城市模拟需要知道每一个元胞的初始土地利用情况，也需要知道一些训练数据来建立能反映真实城市演变的模型。这些训练数据能够用于校准和验证城市模拟模型。

土地利用和土地利用变化情况可以通过野外调查或遥感分类获得。野外调查提供详细精确的位置和土地利用类型信息。然而，通过野外调查收集土地利用信息可能是成本较高的方法，并且这种方法是劳动密集型的。最为重要的是，土地利用信息变化过快使得野外调查收集到的信息变得过时。遥感是获取土地利用信息一种方便的方法，特别是在大区域。土地利用分类主要是基于遥感光谱属性的。使用遥感数据有很多优点，遥感数据是栅格格式，能够直接用于 CA 的模拟。

3.3.2　城市形态和结构信息的获取

城市模拟和评价不仅仅注重空间位置每一点上有关城市的特征，也关心城市作为总体的特征，包括城市的形态和结构。获得城市的形态和结构信息需要进行一系列度量。

现有的 GIS 功能可以用来处理与传统的地图叠加等相关的基本操作。但是，这种简单的 GIS 功能并不能满足获取城市各种形态结构属性数据的需求，往往需要通过整合各种 GIS 功能才能获取这些城市的属性数据。

通过一系列属性可以描述城市的有关特征。城市形态信息在城市规划中扮演重要的角色。城市学家最关心的是城市发展与城市空间结构演变之间的关系。度量城市形态是许多城市分析的第一步。模式识别技术被用来测量微观城市形态（Webster，1995）。城市形态通常用形状、大小和城市环境的结构来度量。城市形态的测量可以包含以下一系列特征：单一质心或多质心、高/低发展密度、紧凑的或离散的发展等。目前还没有普遍的方法测量这些特征。以下是一些常用的与城市形态结构有关的度量指标。

1. 熵与城市扩散度

由于交通的改善、地价的上升和城市拥挤等，城市扩散是许多城市发展的普遍形式。可利用信息学中的熵来描述城市的扩散度。Shannon 的熵（H_n）通常被用来测量 n 个地区地理变量（x_i）的空间聚集或离散度（Theil，1967；Thomas，1981）。其计算公式如下：

$$H_n = \sum_i^n p_i \log(1/p_i) \tag{3-2}$$

式中，p_i 为这个地区事件发生的概率（ $p_i = x_i \Big/ \sum_i^n x_i$ ），x_i 为观察值，n 为总的地区数目。熵的范围从 0 到 log（n）。如果地理变量的分布具有最大聚集度，那么熵值可能是 0 或较小的值。相反地，地理变量的分布具有最大分散度，那么熵值可能是最大值 log（n）。

相对信息熵通常用来度量熵的相对值，它使得不同系统的信息熵易于比较，值的范围为 0～1。相对信息熵 H_n' 的计算公式如下（Thomas，1981）：

$$H_n' = \sum_i^n p_i \log(1/p_i) \Big/ \log(n) \tag{3-3}$$

因为熵值能用于测量地理现象的分布，所以在时间 t 和 $t+1$ 之间不同熵值的测量通常可以表示城市扩展变化的快慢：

$$\Delta H_n = H_n t + 1) - H_n(t) \tag{3-4}$$

熵值的改变通常用于识别土地发展是趋向于分散模式还是紧凑模式。城市发展空间模式的时间变化特点从熵值的变化中能很容易获得。熵值的增加表明城市扩展和发展趋向于分散。

2. 紧凑度与城市形态

测量地物形态信息的一个简单指标是面积和周长的比。面积和周长的比通常用来区别不同对象的形状。单个对象的紧凑度指数的计算公式如下：

$$\text{CI} = \sqrt{S}/P \tag{3-5}$$

式中，S 为对象的总面积；P 为对象的周长。

圆的紧凑度指数值最大 $\left[\text{CI} = 1/(2\sqrt{\pi}) > 0.25 \right]$。正方形紧凑度指数值是 0.25。线的紧

凑度指数值最小。紧凑度指数可用来度量土地利用的集聚程度，或用于表明城市发展的紧凑度。

一种土地利用类型往往有许多斑块，紧凑度指数可修改为（Li and Yeh，2004）

$$CI' = CI/n = \sum_j \frac{2\sqrt{S_j/\pi}}{P_j} \bigg/ n^2 \qquad (3\text{-}6)$$

式中，S_j 和 P_j 分别为斑块 j 的面积和周长。用 Arc/Info GRID 可以很容易地计算每一种土地利用类型的总面积和总周长。紧凑度指数值越大，表明该土地利用类型在空间的分布越紧凑。

3. 分形

分形理论在自然界的研究方面有许多的应用。分形已经被广泛用来研究自然界的自相似问题和不规则的对象。研究表明，城市形态在结构上是不规则的，分形是城市形态一个十分重要的特征（Batty and Longley，1984）。城市复杂系统在一定范围的尺度上显示了自相似特性。这些特点表明分形方法在测量城市复杂性方面是一个比较好的指标。

通过城市密度函数能够方便地计算分形指数。首先，人口密度的反距离衰减函数可以表达为（Batty and Kim，1992）

$$\rho(R) = HR^{-\alpha} \qquad (3\text{-}7)$$

式中，$\rho(R)$ 为人口密度；R 为离城市中心的距离；α 为控制城市分布的参数；H 为一个常数。

累积的人口函数是

$$N(R) = GR^{2-\alpha} \qquad (3\text{-}8)$$

很明显，面积也能通过离城市中心的距离 R 来定义：

$$A(R) = KR^2 \qquad (3\text{-}9)$$

参数 α 与分形指数 $D = 2-\alpha$ 相关，有

$$N(R) = GR^D \qquad (3\text{-}10)$$

式（3-10）和式（3-9）的比就是人口密度函数：

$$\rho(R) = \frac{GR^D}{KR^2} \propto R^{D-2} \qquad (3\text{-}11)$$

式（3-11）用人口密度和距离之间的关系估算分形指数，也可以用回归分析来估算。

3.3.3　土　地　评　价

有时候，我们通过执行一系列组合的 GIS 操作才能得到用于城市模拟的一些输入数据。例如，城市模拟需要使用针对某一目的的土地利用适宜度。这些土地利用适宜度在一般 GIS 数据库中是没有存储的，因为存储它们将导致数据冗余。而且，土地评价的方案可以根据不同的情况而发生变化。在许多应用中它们仅仅是中间产品。在数据库中永

久地保存它们是没有必要的。

土地评价是估计土地作为某种用途所具有的潜力的过程（Dent and Young，1981）。土地评价能决定某块土地是否适合于特定类型的土地利用。土地评价通常基于一系列的空间因子，如位置、通达性、土壤类型、地形、土地利用类型。

土地评价方法主要有两种，即分类系统法和参数法。前一种方法是根据特定的目的把土地分成几种类别。由于分类存在主观性，关于如何分类，学者们并没有达成一致的意见，但是分类系统法容易理解，操作和训练起来方便，所以被广泛应用（McRae and Burnham，1981）。参数法被认为是更加灵活和有用的方法，特别是当运用 GIS 时，其原因在于它采用连续的尺度。然而，最终还是要把参数值转换到分类等级，才可以获取有限的等级类别以便使用。这两种方法在土地评价中频繁使用。

土地评价需要考虑地形、气候、水文、植被和土壤等信息。但在许多情况下，一个地方的气候是相对不变的，故可以不考虑该因素。因此，在农业土地利用中，虽然土地评价涉及许多变量，但土壤属性中的地形和水文信息等要素是土地评价的主要要素。土地评价的主要产品是土地适宜图，它表示某种土地利用的潜力值。

在土地评价中结合各种不同评价因素需要涉及不同因子的权重设定。在土地评价中怎样确定这些权重是至关重要的。很明显，根据土地利用目的的不同，各种因子的权重也是不一样的。例如，用于农业目的的土地评价与土壤属性更有关。对于工业用地则正好相反，其土地评价主要基于交通条件、地形和离城市中心的距离。通常情况下，适合工业发展的地点也适合农业生产，但存在用地冲突的问题。通过土地评价所得到的信息可以用来发现和解决土地利用冲突的问题，因此有必要保证重要的农业用地及生态保护区不被城市用地所侵占。

多准则判断（MCE）技术被广泛用于处理决策中涉及的多准则问题。MCE 对于分析复杂性的平衡问题方面非常有用。它有三个主要的 MCE 技术：理想点分析法、层次分析法、一致/相异性分析等。但在栅格 GIS 中有大量的单元需要被评价。太复杂的 MCE 方法在 GIS 环境中并不适用。较为简单的线性权重组合因子方法被广泛使用。其计算公式如下：

$$S = \sum_i W_i X_i / \sum_i W_i \qquad (3\text{-}12)$$

式中，S 为适宜度；W_i 和 X_i 分别为权重和变量 i 的值。

3.4 利用遥感获取地理模拟的输入数据

3.4.1 遥感在城市模拟中的应用

从遥感获取土地利用变化的情况，不仅仅为城市模拟模型提供输入数据，也为建模提供主要的训练和验证数据。遥感已经被越来越多地使用于城市研究和城市规划中（Donnay et al.，2001；Ford，1979）。遥感在城市规划中的应用可以包括如下几个方面：

（1）为规划设计提供可视化服务，如背景图和三维模型；

（2）利用遥感监测的结果来检查规划方案的实施情况；

（3）来快速找到土地的非法使用情况；

（4）其他 GIS 数据进行叠加分析，直接为规划服务；

（5）将遥感获取的信息作为输入数据，与规划模型结合起来。

随着我国经济的迅速发展，以及人口剧增和城市化进程加快，土地资源开发利用进程加快，城市规模扩大。随之而来的问题是耕地减少、土地退化、资源短缺等。及时掌握土地资源的基本状况至关重要。传统的实地调查方法存在标准的不统一、数据量大、费时费力等缺点。遥感技术和计算机技术的迅速发展，为土地利用现状调查及变化监测提供了及时有效的技术手段。遥感技术的动态、宏观、快速及历史数据多等优点，弥补了传统土地利用变化监测的不足。

3.4.2　遥感动态变化监测的主要方法

遥感动态变化监测一般是将不同时相（至少两个时相）的遥感影像数据进行对比，从空间和数量上定量地分析其动态变化特征及未来发展趋势。它涉及获取变化类型、分布状况与变化数量，即需要确定变化前后的地面类型、界线与变化趋势。遥感动态变化监测是基于同一地点不同年份的图像间存在的光谱特征差异的原理，来识别地物状态或现象变化的过程。

遥感图像的获取过程中会受到一系列因素的影响，包括遥感系统本身的影响因素和成像环境的影响因素。在遥感动态变化监测过程中必须充分考虑这些因素在不同时间的具体情况下的影响，并采用一定的技术方法来消除这种影响，这样才能得到客观、可对比性较强的结果。

遥感系统本身的影响因素包括：时间分辨率、空间分辨率和辐射分辨率。根据被监测对象变化的时间来确定遥感图像成像时间，即时间分辨率。根据被监测对象的空间尺度的具体情况来确定遥感图像分辨率，即空间分辨率。根据被监测对象的光谱变化特征来确定遥感数据的辐射量特性，即辐射分辨率。

环境因素的影响包括遥感图像成像时刻的时间情况，即季节影响；还包括成像时刻的空间情况，即地面影响和大气影响。

通过多时相遥感数据动态分析地表变化过程需要进行一系列图像处理工作，包括数据源选择、几何配准处理、辐射处理与归一化、变化监测算法及应用等。根据所要监测的对象的具体情况来确定动态变化监测使用的遥感数据，包括遥感图像类型、成像时间、空间分辨率等；利用地面控制点数据对不同时相的遥感图像进行精确的几何校正，以及图像与图像之间的配准。不同时相遥感图像之间的配准精度非常重要，对于进行变化监测而言，图像之间的配准误差应小于半个像元；对应用于动态变化监测的不同时相的遥感图像之间需要进行辐射度匹配与归一化处理，即以其中一幅图像的直方图为基础，将其他图像的直方图与之匹配。其主要目的是保证不同时相遥感图像上像元亮度值之间的可比性。

动态变化监测是遥感的重要研究领域。国际上许多学者已经进行了许多深入的研究（Howarth and Wickware，1981；Howarth，1986；Martin，1986，1989；Fung and LeDrew，

1987，1988；Fung and Zhang，1989；Campbell，1987；Richards，1993）。动态变化监测的方法主要有如下几种。

1. 逐个像元对比法（pixel-to-pixel comparison）

这一种方法首先是对同一区域不同时相影像系列的光谱特征差异进行比较，确定被监测对象发生变化的位置。主要有以下几种对比方法。

1）图像差值法

图像差值法是遥感中检测动态变化最简单的方法。首先对两个影像进行配准，然后对这两个配准后的影像进行逐个像元的相减运算（图3-2）。在差值运算中，既可以得到正值也可以得到负值，正值和负值都代表着变化的像元。在理想情况下，两个时相中没有变化的像元应该具有相同的亮度值。因此，没有变化的像元在差值图像上的期望值应该是0。因为噪声和许多不确定性因素的影响，没有变化的像元几乎不可能在两个时相的图像上具有相同的值。在直方图上需要确定一个阈值，以区分变化的和没有变化的像元。

图 3-2　图像差值法

图像差值法的一个不足是过分依赖于图像配准纠正的精确性。因为几何误差的存在，所以几乎不可能对两个时相的图像的同一像元进行完全精确的配准。在图像配准几何纠正过程中的重采样也导致了混合像元的存在。图像差值法的另一个不足是简单的差值计算往往会使信息丢失，因为绝对值不同的数值相减可能会产生同样大小的差值。

2）图像比值法

图像比值法也是一种比较简单的检测两个时相图像变化的方法。将时相Ⅰ图像的像元值与时相Ⅱ图像对应的像元值相除（图3-3），首先两个图像要一同配准纠正，然后才可以进行波段与波段之间的除法运算。比值为1或接近1表示未发生变化，其他则表示发生变化。图像比值法可以消除部分阴影的影响，突出某些地物间的反差，具有一定的图像增强作用。

图 3-3　图像比值法

图像比值法能改善图像差值法的一些不足。图像差值法假设相同的差值反映了相同的变化量，这可能与事实不符。Todd 在 1977 年应用两个时相的 Landsat MSS 近红外波段的比值监测 Atlanta 的变化。他发现图像差值法中相同的差值在高数值和低数值所反映的情况是不同的。同一差值量有可能对应不同的变化量（表3-2）。

表 3-2　同一差值量有可能对应不同的变化量

像元	亮度值（时相 I）	亮度值（时相 II）	差值	比值
像元 1	6	1	5	6.0
像元 2	25	20	5	1.25

图像比值法运算简单、速度快，被认为是一种快速可行的检测变化的方法，但也有不足的地方，除了纠正误差和存在混合像元对结果的影响外，图像比值法还受两幅图像大小不一致的影响。例如，一幅图像比另一幅图像的范围小，这样多余的部分在进行比值的时候会有问题。另外，作为分母的图像不能有零值，否则无法进行除法运算。比值图像的非正态分布也是一个弱点。

为了从差值或者比值图像勾画出明显变化的区域，需要设定一个阈值，将差值或者比值图像转换为简单的变化/无变化图像，以反映变化的大小和分布。阈值的选择必须由区域研究对象及周围环境的特点来定。不同区域、不同时间、不同图像上采用的阈值会有所不同。通常，通过差值或比值图像的直方图来选择阈值边界，并需要经过反复实验。以上两种方法可统称为图像代数变化监测算法。

3）回归分析法

遥感图像在采集过程中会受到太阳光、太阳高度角、大气等的影响。这些影响对于不同时相的遥感数据来说是不相同的。如果没有消除或者降低这些影响，将会导致变化监测的误差。由于误差的存在，两个时相图像上的同一物体会呈现不同的灰度值，这对图像差值法和图像比值法的监测精度的影响是很大的。

采用回归分析法（图 3-4）可以去掉或降低这些不确定因素的影响。在回归分析中，假定时相 T_1 的像元值是另一时相 T_2 像元值的一个线性函数，需要通过最小二乘法来进行回归。经过回归处理后的遥感数据在一定程度上类似于进行了辐射水准的相对校正，因而能减弱多时相数据中大气条件和太阳高度角的不同所带来的不利影响。如果没有变化，这两个时相的图像将呈很好的线性关系。时相 T_2 的图像可以准确地由时相 T_1 的图像反演出来。理论上，在没有发生变化的情况下，所有的像元都会落在设定的回归线之内。如果有变化，则变化的像元就会远离回归线，也可采用阈值来分离变化和不变化的像元。

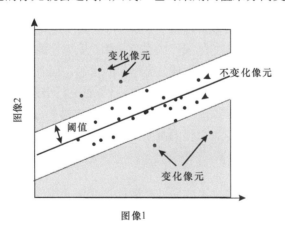

图 3-4　回归分析法

4）矢量分析法

该方法描述两个时相数据上同一地点地物变化的大小和方向。根据灰度值，计算出两个时相的遥感图像上同一地方的像元欧氏距离（图 3-5）：

$$D = \sqrt{\sum_{i=1}^{n} \left[\mathrm{band}_i(T_2) - \mathrm{band}_i(T_1) \right]} \qquad (3\text{-}13)$$

式中，n 为波段数，如果这个距离超过了一个设定的阈值，就认为发生了变化，反之则认为没有发生变化。变化的方向反映了变化的类型，如从森林到砍伐。其计算公式如下：

$$\alpha = \arctan\left\{ \left[\mathrm{band}_2(T_2) - \mathrm{band}_2(T_1) \right] / \left[\mathrm{band}_1(T_2) - \mathrm{band}_1(T_1) \right] \right\} \qquad (3\text{-}14)$$

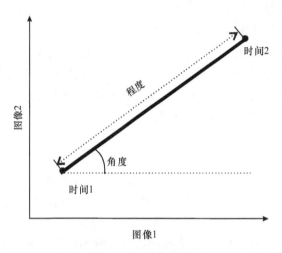

图 3-5　矢量分析法

2. 分类后对比法（post classification comparison）

分类后对比法是最直接的检测变化的方法。对经过几何配准的多个不同时相的遥感图像分别做分类处理后，获得分类图像，并对每个像元进行逐一的对比，以生成变化图像，进而确定地物变化的类型和位置。这种方法首先要求对多时相的图像要进行独立分类，监督分类和非监督分类都可以采用，把两个分类结果叠加，很容易就得到变化矩阵。如果每个分类有 n 个类别，最多可以得到（$n \times n$）个变化类别。

根据变化检测矩阵确定各变化像元的变化类型。该方法的优点在于除了确定变化的空间位置外，还可以提供关于变化性质（类型）的信息，而且可以回避逐个像元对比法所要求的影像成像时间、成像日期一致的条件，以及影像间辐射校正、几何纠正、辐射度匹配等问题。其缺点在于必须进行两次图像分类，容易把分类误差带进变化信息中，而图像分类的可靠性严重影响着变化的准确性，往往存在夸大变化程度的现象。

3. 掩膜法

研究表明，分类后对比法往往容易过高地估计变化的程度，这主要是由分类方法不统一造成的。Pilon 等（1988）提出了采用掩膜法来改善分类后对比法的不足。该方法能较有效地综合图像差值法和分类后对比法这两种方法的优点。

　　掩膜法首先把变化的像元和没有变化的像元区分出来。第一步是对第五波段进行增强,把没有变化的像元剔除出去,将变化最明显的地方作为训练区,然后使用最大相似性进行分类。掩膜法能取得比较满意的变化检测精度。

4. 主成分分析法

　　当对多于两个时相的遥感数据进行动态变化检测时,采用以上方法会碰到困难。主成分分析法(PCA)可以用来对多光谱和多时相遥感数据进行分析,以获取动态变化信息。对经过几何纠正处理的多时相遥感图像进行主成分分析,形成新的互不相关的主成分分量,并直接对各个主成分分量进行对比。主成分分析法在多时相数据应用中可以明显地减少数据量,并增强局部变化的信息。使用变化后的成分来代替原来的多光谱图像,可以比较容易地发现变化。

　　主成分分析法的优点是能够分离信息、减小相关性,从而突出不同的地物目标;另外,它对辐射差异具有自动校正的功能,因此无须再做辐射归一化处理。不足之处在于其基于纯粹的统计关系,产生的分量的物理意义有时并不明确,而且应用于不同状况时,还会发生变化,并且只能反映变化的分布和大小,难以确定变化的类型。

　　遥感动态变化监测的方法有很多,其各有优缺点,在具体应用中要根据被监测对象的具体情况来选择不同的监测算法。总的来说,逐个像元对比法中的图像差值法、图像比值法、回归分析法、矢量分析法,还有主成分分析法等都是以获取变化的大小和分布为目的,但不能获取变化的类型。而且逐个像元对比法还需要严格的辐射校正和几何纠正,只有尽量降低对遥感系统影响因素和环境因素的影响,才能得到精度较高的变化/未变化的结果。分类后对比法对多时相遥感图像同时分析,可以获得变化的类型。这种方法通过单独分类后叠加,可以直接获取变化的类型、面积和分布。由于受到分类精度即人为干扰等的综合影响,其精度没有逐个像元对比法高。遥感分类方法的提高一直是遥感技术方法研究的重要领域。新的分类算法的使用,人为干扰的减少,必定会大大提高分类后对比法的精度。就土地利用变化动态监测而言,主成分分析法、分类后对比法是两个比较合适的方法。土地利用变化监测必定范围广、时相多,且需要了解具体的变化类型。主成分分析法能明显地减少数据量,需要使用多于两个时相的遥感监测。而分类后对比法也随着遥感技术的发展、分类算法的改进、遥感信息源的日益丰富、从定性分析到定量计算的要求等,成为土地利用动态监测一种行之有效的方法(赵英时等,2003;梅安新等,2001;徐美等,2000;何春阳等,2001;杨贵军等,2003;沙志刚,1999)。

参 考 文 献

何春阳, 陈晋, 陈云浩, 等. 2001. 土地利用/覆盖变化混合动态监测方法研究. 自然资源学报, 16(3): 255-262.

梅安新, 彭望琭, 秦其明, 等. 2001. 遥感导论. 北京: 高等教育出版社.

沙志刚. 1999. 数字遥感技术在土地利用动态监测中的应用概述. 国土资源遥感, (2): 7-11.

徐美, 黄诗峰, 黄绚. 2000. 遥感用于土地利用变化动态监测中的若干问题探讨. 遥感技术与应用, 15(4): 252-255.

杨贵军, 武文波, 陈步尚, 等. 2003. 土地利用动态遥感监测中变化信息的提取方法. 东北测绘, 26(1): 18-21.

赵英时, 等. 2003. 遥感应用分析原理与方法. 北京: 科学出版社.

Batty M, Kim K S. 1992. Form follows function: reformulating urban population density functions. Urban Studies, 29: 1043-1070.

Batty M, Longley P. 1984. Fractal Cities. London and San Diego: Academic Press.

Campbell J B. 1987. Introduction to Remote Sensing. New York: The Guilford Press.

Chisholm M. 1964. Rural Settlement and Land Use. New York: John Wiley.

Dent D, Young A. 1981. Soil Survey and Land Evaluation. Londres: Allen and Unwin.

Donnay J P, Barnsley M J, Longley P A. 2001. Remote Sensing and Urban Analysis. London: Taylor & Francis.

Ford K. 1979. Remote Sensing for Planners. New Brunswick, N. J. : Center for Urban Policy Research.

Fung T, LeDrew E. 1987. Application of principal components analysis change detection. Photogrammetric Engineering and Remote Sensing, 53(12): 1649-1658.

Fung T, LeDrew E. 1988. The determination of optimal threshold levels for change detection using various accuracy indices. Photogrammetric Engineering and Remote Sensing, 54(10): 1449-1454.

Fung T, Zhang Q. 1989. Land use change detection and identification with landsat digital data in the kitchener-waterloo area//Bryant C R, LeDrew E F, Marois C, et al. Remote Sensing and Methodologies of Land Use Change Analysis. Waterloo: University of Waterloo: 135-153.

Howarth P J. 1986. Landsat digital enhancements for change detection in urban environment. Remote Sensing of Environment, 13: 149-160.

Howarth P J, Wickware G M. 1981. Procedures for change detection using landsat digital data. International Journal of Remote Sensing, 2(3): 277-291.

Li X, Yeh A G O. 2004. Analyzing spatial restructuring of land use patterns in a fast growing region using remote sensing and GIS. Landscape and Urban Planning, 69(4): 335-354.

Manning E W. 1988. Sustainable land use in Canada//Kosinski L A, Swell W R D, Wu C J. Land and Water Management: Chinese and Canadian Perspectives. Edmonton, Alberta: Department of Geography, University of Alberta: 37-62.

Martin L R G. 1986. Change detection in the urban fringe employing Landsat satellite imagery. Plan Canada, 26(7): 182-190.

Martin L R G. 1989. An evaluation of landsat-based change detection methods applied to the rural-urban fringe//Bryant C R, LeDrew E F, Marois C, et al. Remote Sensing and Methodologies of Land Use Change Analysis. Waterloo: University of Waterloo: 101-116.

McRae S G, Burnham C P. 1981. Land Evaluation. Oxford: Monogr Soil Survey, Clarendon Press.

Pilon P G, Howarth P J, Bullock R A. 1988. An enhanced classification approach to change detection in semi-arid environments. Photogrammetric Engineering and Remote Sensing, 54(12): 1709-1716.

Platt R H. 1972. The Open Space Decision Process: Spatial Allocation of Costs and Benefits. Chicago: the University of Chicago Research Paper, No. 142.

Richards J A. 1993. Remote Sensing Digital Image Analysis: An Introduction. New York: Springer-Verlag.

Theil H. 1967. Economics and Information Theory. Amsterdam: North-Holland.

Thomas R W. 1981. Information Statistics in Geography. Norwich: Geo Abstracts, University of East Anglia.

Webster C J. 1995. Urban morphological fingerprints. Environment and Planning B, 22: 279-297.

第4章　基于元胞自动机的城市及地理模拟

4.1　元胞自动机的发展历史

4.1.1　元胞自动机与计算科学的发展

CA 与计算科学的发展有密切的关系，CA 的出现为早期计算机的设计提供了依据。CA 的起源可以追溯到 20 世纪 50 年代，美国数学家 von Neumann 根据同事 Ulam 的建议，开始考虑自我复制机的可能性。他用 CA 演示了机器能够模拟自身的现象，并得到了这样的结论：如果机器能模拟出自身的动作，说明存在自繁殖的规律（Batty and Xie，1994）。von Neumann 创造了第一个二维的 CA。因为当时这种结构的 CA 需要巨大的计算能力，所以没能被广为研究，直到数字计算机的广泛使用。

CA 具有强大的空间建模能力和运算能力，能模拟具有时空特征的复杂动态系统。CA 在物理、化学、生物学中成功模拟了复杂系统的繁殖、自组织、进化等过程，如生物繁殖、晶体生长等。与传统精确的数学模型相比，CA 能更清楚、准确、完整地模拟复杂的自然现象（Itami，1994）。CA 能够模拟出复杂系统中不可预测的行为，而传统的基于方程式的模型对于这类问题是无能为力的。

数学家 Conway 对 CA 进行了发展，开发出了典型的"生命游戏"（Gardner，1971；Portugali，2000），"生命游戏"被认为是 CA 的典型代表，尽管模拟中只用简单的局部规则，但能形成复杂的行为和全局的结构。Wolfram（1984）的研究对 CA 的发展起到了极大的推动作用，他提出了 CA 的 5 个基本特征：

（1）元胞分布在按照一定规则划分的离散的元胞空间上；

（2）系统的演化按照等间隔时间分步进行，时间变量取等步长的时刻点；

（3）每个元胞都有明确的状态，并且元胞的状态只能取有限个离散值；

（4）元胞下一时刻演化的状态值由确定的转换规则所决定；

（5）每个元胞的转换规则只由局部邻域内的元胞状态所决定。

Wolfram（1984）通过对 CA 进行详细而深入的研究，发现 CA 在自然系统建模方面有以下优点：

（1）在 CA 中，物理和计算过程之间的联系是非常清晰的；

（2）CA 能用比数学方程更为简单的局部规则产生更为复杂的结果；

（3）能用计算机对其进行建模，而无精度损失；

（4）它能模拟任何可能的自然系统行为；

（5）CA 不能再约简（Itami，1994）。

在 CA 研究早期，一维 CA 得到了极大的关注，研究者对一维 CA 的具体行为进行了大量细致的研究。一维 CA 有严格的定义，它由一行元胞组成，每个元胞在某离散时刻 t 有确定的状态值 a_i，即 a_i 为 0 或 1，用邻域元胞状态的函数决定元胞在下一个离散时刻的状态：

$$a_i^{t+1} = \phi[a_{i-r}^t, a_{i-r+1}^t, \cdots, a_{i+r}^t] \tag{4-1}$$

式中，a_i 为元胞 i 的状态；r 为元胞邻域的大小（$r = 1$ 或 2）；ϕ 为邻域元胞状态的函数。

转换规则对 CA 模拟是非常关键的，在表 4-1 的一维 CA 中，当 $r = 1$，$a_i = 0$（死）或 $a_i = 1$（活）时，这种 CA 总共有 $2^8 = 256$ 种可能的转换规则。表 4-1 是其中一部分转换规则集。例如，一个活元胞（$a_i = 1$），如果两个邻域是活的，则下一时刻它变为死元胞（$a_i = 0$），如果环绕它的邻近范围有一个是活的，而另外一个是死的，则下一时刻它还是活元胞（$a_i = 1$）。

表 4-1　一维 CA 的转换规则（$a_i = 0$ 或 1；$r = 1$）

t	111	110	101	100	011	010	001	000
$t+1$	0	1	0	0	1	1	0	0

Wolfram（1984）发现这种规则能产生非常复杂的空间模式，这些模式出现在成千上万种自然现象的模拟中，可概括为四类行为模式：

（1）空间同质状态；

（2）顺序结构或周期循环结构；

（3）非周期混沌行为；

（4）复杂局部结构，自繁殖作用。

Wolfram 研究发现，所有的 CA，不管其内部结构和进化规则如何，都表现出相似的行为，从可能的初始设置开始，CA 能形成某种特定的组织结构及自组织行为。CA 的这种通用性可用来对具有相似特征的系统进行建模。

4.1.2　元胞自动机与复杂系统的模拟

CA 已越来越多地被用来模拟如生物繁殖、化学自组织系统、繁殖现象、人类移居、城市发展等复杂系统。种群的动态模拟是 CA 具有模拟复杂自然系统能力的良好例证。Couclelis（1988）用简单的一维 CA 成功地模拟种群移动的各种不同时空动态结构。她的研究表明，通过简单的 CA 很容易模拟出种群移动所造成的复杂、奇妙的格局。有些野鼠种群在开始的几年里有规律地循环移动，然后毫无规律地转变成随机移动。在其他地方，同样的物种，在相同的环境条件下，开始也是有规律地周期循环移动，随后就转变成无规律地移动。Couclelis 的 CA 能很好地解释这些无规律的移动，而她对这些无规律移动现象的模拟则是通过简单的"总和"规则实现的，即下一时刻元胞的状态是它的邻域元胞和其自身在该时刻状态总和的简单函数。

Itami（1994）用二维 CA 对种群的复杂动态行为进行了模拟。二维 CA 也是通过简单的"总和"规则实现的，元胞具有 4 个状态，即 0（空闲状态）、1（低密度状态）、2（中密度状态）、3（高密度状态），转换函数为邻域元胞状态的总和。模拟的结果与 Coucelis 的一维 CA 相比较，效果更为明显，而且二维 CA 具有对称性、信息转移、边缘效应、局部循环模式和混沌平衡等一维 CA 所不具备的一些特征。

事实上，Hägerstrand 的空间扩展模型可以认为是最早的类似 CA 的地理模拟模型。这是因为他的模型考虑了邻域的影响。Hägerstrand 运用蒙特卡罗（Monte Carlo）方法模拟了城市的扩展。该模型主要是根据人口历史数据，通过运用距离变量的引力作用来模拟城市人口的迁移。该模型使用预先定义的简单规则来说明微观的个体行为是如何形成宏观的空间格局的。Tobler（1979）首次认识到 CA 在解决地理问题上具有许多优势。在他的 CA 空间模型中，元胞的状态由邻域的元胞状态集按照统一的局部规则决定，这类模型的基本原理是用元胞空间来描述地理空间的动态变化。

自 20 世纪 80 年代以来，城市 CA 的研究取得了可喜的成果，城市地理学家们发表了大量的论文（Deadman et al.，1993；Batty and Xie，1994，1997；Coucelis，1997；White and Engelen，1997；Wu and Webster，1998；Li and Yeh，2000，2002）。城市的发展在空间上表现为二维空间，因此用二维 CA 模拟城市的发展更为方便、直观，CA 在模拟城市发展方面具有非常大的潜力。同时，通过预定义转换规则，CA 可以产生更优的城市发展格局，这对城市规划有着重要的意义。

城市 CA 跟传统的 Wolfram（1984）的 CA 有很大不同，为使城市 CA 能够更好地模拟城市发展，需要将传统 CA 严格的限制条件适当放宽，如传统 CA 中采用的元胞总数较少，元胞空间都是同质的，循环的时间也很少（Batty and Xie，1994；Wu and Webster，1998）。城市 CA 采用了异质元胞空间，循环的时间较长。另外，城市 CA 与传统的物理、化学、生物、人工生命 CA 也有较大的差异。

Coucelis（1985，1988，1989）较早使用 CA 来模拟城市的发展，她试图研究复杂系统理论和城市动态变化之间的联系，并尝试将 CA 用于城市规划中（White and Engelen，1993）。她演示了复杂动态变化行为可从简单的 CA 中得到解释（Coucelis，1988），她的研究表明，CA 同样可以用来研究各种不同的城市动态格局是如何形成的。

Batty 和 Xie 在城市 CA 方面做了大量的早期研究（Batty and Xie，1994，1997；Batty et al.，1999）。他们早期使用与 CA 非常类似的技术——扩散限制–凝聚模型（diffusion-limited aggregation，DLA）来模拟建成区的扩张过程（Batty et al.，1999）。该模型与 CA 非常类似，它也能通过简单的计算模拟出复杂的模式。后来，他们从生物学的 CA 中得到启发，提出了早期的城市 CA（Batty and Xie，1994）。早期的 CA 与"生命游戏" CA 非常相似，每个元胞只有"死"或"活"两种状态。然而，这个早期的 CA 与其他 CA 有显著的区别。首先，t 时刻某元胞的状态是随机计算的，模拟的 CA 结果是非决定性的。其次，通过实际存活率控制系统的整体模式。另外，用 9×9 邻近范围决定实际区域生长率。模拟结果表明，微观的过程能形成聚集的宏观发展模式。

CA 可以模拟虚拟的城市，主要用来检验城市发展的一系列理论。当 CA 用来模拟虚拟城市的发展时，这些模型侧重于检验城市理论，但没有使用丰富的空间信息（Coucelis，1997；Batty et al.，1999；White et al.，1997）。在这些城市 CA 中，绝大多数模型通过研究城市增长的机制来检验城市地理学的理论，主要研究城市发展模式和城市系统进化等基本城市问题（White and Engelen，1993；Couclelis，1997）。它们在研究局部交互作用如何形成全局格局方面是非常有用的。

利用 CA 还能模拟实际的城市演变，并进一步产生优化的城市形态。CA 能模拟出与实际城市非常接近的一些特征（White and Engelen，1993；White et al.，1997）。近年来，越来越多的学者用城市 CA 来模拟真实城市，这些研究表明，CA 可以形成实际、复杂的城市格局。这些研究主要集中在城市分形结构、高分辨率的数据源、非均一城市空间、城市结构和城市可持续发展等方面。城市分形维被认为是城市几何体的重要特征。在城市 CA 模拟中，分形维可以有效地评价 CA 的模拟精度（Wu，1998）。研究表明，在城市 CA 中，城市分形特征的模拟可以通过嵌入随机扰动变量来形成（White and Engelen，1993）。CA 在模拟真实城市方面，许多学者做了大量的研究。例如，Batty 和 Xie 用 CA 模拟了布法罗市阿姆斯特镇郊区的城镇扩张；White 等（1997）用 CA 模拟了俄亥俄州辛辛那提土地利用的模式；Clarke 和 Gaydos（1998）用 CA 模拟和预测了美国东部加利福尼亚旧金山海湾地区和华盛顿/巴尔的摩走廊的城市扩张。

除了模拟现有的城市格局外，CA 还可以用来设计结构更优化的城市格局。GIS 可以为 CA 的模拟提供区域的自然、社会经济数据。此外，CA 与 GIS 的耦合可以使其为规划提供科学的依据。最近的 CA 常常与 GIS 耦合，这种 CA 定义在非均一的元胞空间上，它的转换规则在某种意义上是与位置特征相关的。CA 与遥感和 GIS 的一体化可以为 CA 模拟真实的城市提供详细的土地利用数据和空间特征数据（Li and Yeh，2000）。

有些学者尝试用 CA 来为城市规划提供服务，在 CA 的转换规则中，嵌入规划目标，可以模拟出相应的城市发展格局（Li and Yeh，2000；Ward et al.，2000；Yeh and Li，2001）。规划者在做出决策前，根据不同的规划情景，用 CA 模拟出相异的城市发展格局，选择相应最优的城市发展模式，为城市的可持续发展提供科学依据。根据模型的结构和输入的数据，CA 可以模拟出各具特色的城市发展格局。CA 作为城市规划的工具，关键是要正确定义模型的结构，以及在模型中嵌入合理的规划目标。

Li 和 Yeh（2000）用约束性 CA 和 GIS 研究了可持续的城市发展模式。约束性 CA 能够控制农业用地的流失，促进城市发展的紧凑性，以避免浪费宝贵的土地资源（Li and Yeh，2000）。约束性 CA 还可以研究城市发展模式和城市能量消耗之间的关系，为选择不同的发展模式提供依据（Yeh and Li，2001）。Ward 等（2000）用约束性 CA 模拟了澳大利亚东部海岸旧金山湾的城市扩张。这些学者在 CA 中嵌入可持续发展指标来模拟不同规划情景下城市的发展，并与真实的城市扩张作了对比。研究表明，在 CA 中嵌入社会经济因素、自然因素和政府控制因素能改变、约束和控制城市的扩张（Ward et al.，2000）。

4.2 元胞自动机进行城市与地理模拟的原理及方法

4.2.1 基于"生命游戏"规则的 CA

最经典的 CA 是 John Horton Conway 设计的"生命游戏"模型。Martin（1970，

1971）将"生命游戏"规则引入数字游戏中。该游戏通过分布在二维空间网格上的细胞来发挥作用。每个细胞只以一种状态存在（0 或者 1），并且在下个时刻的状态由当前状态及与它最近的 8 个邻居的状态共同决定。本书定义了如下 3 种转换规则：

（1）生存规则，周围有 2 或者 3 个活着的邻居细胞，该活着的细胞将在下一时刻继续生存；

（2）死亡规则，周围活着的细胞有 3 个以上，或者少于 2 个，该活着的细胞将在下一时刻死亡；

（3）繁殖规则，周围存活邻居细胞达到 3 个，该死亡细胞将在下一时刻被激活。

尽管它的规则看上去很简单，但是该模型能够产生丰富的、有趣的动态图案和动态结构的 CA 模型。在游戏中，以上规则将被应用到元胞空间中的每个细胞。当每个细胞更新之后，结果将以图形的形式显示在屏幕上。"生命游戏"规则引人注目的一面是它的行为从三条简单规则演化的巨大可变性与复杂性。计算机执行游戏的速度足够快，细胞随时间和空间演化的模式将产生迷人的动画效果。克隆的细胞或许以规则的或者混乱的方式成长，它们或许会灭亡，或许会像 von Neumann 思考的原始结构一样自我复制。

"生命游戏"模型已在多方面得到应用（图 4-1）。该规则近似地描述了生物群体的生存繁殖规律：当生命密度过小（相邻元胞数<2）时，由于孤单、缺乏配种繁殖机会、缺乏互助也会出现生存危机，元胞状态值由 1 变为 0；当生命密度过大（相邻元胞数>3）时，由于环境恶化、资源短缺及相互竞争也会出现生存危机，元胞状态值由 1 变为 0；只有处于个体数目适中（相邻元胞数为 2 或 3）的位置，生物才能生存（保持元胞的状态值为 1）和繁衍后代（元胞状态值由 0 变为 1）。正由于它能够模拟生命活动中的生存、灭绝、竞争等复杂现象，因而得名"生命游戏"。Conway 还证明，这个 CA 具有通用图灵机的计算能力（谢惠民，1996；李才伟，1997），与图灵机等价。也就是说，给定适当的初始条件，"生命游戏"模型能够模拟任何一种计算机，从而为计算机的设计提供理论基础。

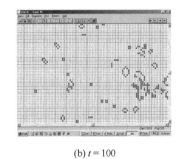
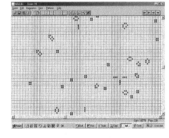

(a) $t = 0$(初始)　　　　　　(b) $t = 100$　　　　　　(c) $t = 200$(稳定)

图 4-1　"生命游戏"模型

从数学模型的角度看，该模型将平面划分成方格棋盘，每个方格代表一个元胞。元胞状态：0-死亡，1-活着；邻域半径：1；邻域类型：Moore 型；演化规则：

（1）若 $S^t = 1$，则 $S^{t+1} = \begin{cases} 1, S = 2,3 \\ 0, S \neq 2,3 \end{cases}$

（2）若 $S^t = 0$，则 $S^{t+1} = \begin{cases} 1, S = 3 \\ 0, S \neq 3 \end{cases}$

式中，S^t 为 t 时刻元胞的状态；S 为 8 个相邻元胞中活着的元胞数。

4.2.2　地理元胞自动机

CA 具有强大的空间运算能力，常用于自组织系统演变过程的研究。它是一种时间、空间、状态都离散，空间相互作用和时间因果关系都为局部的网格动力学模型，具有模拟复杂系统时空演化过程的能力。它这种"自下而上"的研究思路充分体现了复杂系统局部的个体行为产生全局、有秩序模式的理念。近年来，越来越多的学者利用 CA 来模拟城市系统（Batty and Xie，1994；White and Engelen，1993；Wu and Webster，1998；Li and Yeh，2000），并且取得了许多有意义的研究成果。这些研究表明，通过简单的局部转换规则可以模拟出复杂的城市空间结构，体现了"复杂系统来自简单子系统的相互作用"这一复杂性科学的精髓，为城市发展理论提供了可靠依据。

城市是一个典型的动态空间复杂系统，具有开放性、动态性、自组织性、非平衡性等耗散结构特征；城市的发展变化受到自然、社会、经济、文化、政治、法律等多种因素的影响，因而其行为过程具有高度的复杂性。正是由于这种复杂性，城市 CA 必须考虑各种复杂因素的影响，可以将复杂的城市系统进行分解，用不同的 CA 模拟城市系统的不同特征。

城市 CA 的一个主要特征是 CA 与 GIS 的耦合。CA 和 GIS 的耦合能使城市 CA 模拟出与实际情况更为接近的模拟结果。GIS 在城市模拟中发挥着相当重要的作用，它为城市模拟提供了丰富的空间信息和强有力的空间数据处理平台。过去几十年中，GIS 对与空间信息相关的各个学科产生了深刻的影响。

4.2.3　地理元胞自动机与转换规则

CA 有四个基本要素：元胞、状态、邻域和转换规则。城市 CA 是在二维元胞空间上运行的。很多情况下，城市 CA 将模拟空间分成统一的规则格网。某时刻 t 元胞的状态只可能是有限状态中的一种，但是有时也用"灰度"或"模糊集"来表示元胞的状态（Li and Yeh，2000）。在绝大多数情况下，城市元胞只有两种状态：城市用地和非城市用地。元胞的邻域结构决定元胞的转换状态。最常用的邻域结构有 von Neumann 邻域和 Moore 邻域。然而，也有其他一些邻域用来模拟城市环境，如圆形邻域（Li and Yeh，2000）和随距离衰减的邻域（Batty and Xie，1994）。离中心元胞距离越近的邻域元胞，在转换规则中对中心元胞状态转换的影响也就越大。城市 CA 的转换规则往往是由邻域函数的表达式来反映的，在模拟过程中需要动态迭代计算邻域的变化，同时需要引入随机变量，以突出城市系统的不确定性。

由于城市系统的不确定性，有些学者更倾向于用概率转换规则代替确定性的转换规则。城市 CA 和传统 CA 在转换规则上有很大的差异。学者们提出了各种各样的转换规则以满足他们研究的需要。这些转换规则与传统 CA 的转换规则有一定的区别，往往对传统 CA 的限制条件进行了适当放宽。

CA 的核心是定义转换规则。然而，目前 CA 的转换规则有多种形式，根据不同的应用目的需要定义不同的转换规则。传统 CA 的转换规则只考虑 von Neumann 邻域或 Moore 邻域的影响，其函数表达式如下：

$$S_{ij}^{t+1} = f_N(S_{ij}^t) \tag{4-2}$$

式中，S 代表元胞 ij 的状态；N 为元胞的邻域，作为转换函数的一个输入变量；f 为转换函数，定义元胞从时刻 t 到下一时刻 $t+1$ 状态的转换。

CA 的执行需要可操作性的转换规则。最为著名的转换规则是"生命游戏"里的转换规则，这种转换规则极其简单：如果某一时刻一个元胞的状态为"死"，且其相邻元胞中恰好有三个元胞的状态为"生"，则在下一时刻该元胞"复活"；如果某一时刻一个元胞的状态为"生"，且其相邻元胞中有 2～3 个元胞的状态为"生"，则下一时刻该元胞继续保持"生"的状态；如果一个"生"元胞处于孤立的状态（其相邻元胞中的"生"元胞少于 2 个）或者处于过饱和状态（其相邻元胞中的"生"元胞多于 3 个），那么该元胞下一时刻的状态为"死"。这种简单的规则能形成令人惊奇的复杂模式，意想不到的复杂现象均可由简单的局部规则产生，而且经过多次迭代后模式趋于稳定。

城市 CA 转换规则的定义是非常松散的。模型的转换规则常常通过转换概率或转换潜力来表示。一个简单的城市 CA 的表达式如下（Batty，1997）：

IF　cell $\{x \pm 1, y \pm 1\}$ 已经发展为城市用地

THEN　$P_d\{x,y\} = \sum_{ij} \in P_d\{i,j\}/8$

&

IF　$P_d\{x,y\}$ > 确定的阈值

THEN cell$\{x,y\}$发展为城市用地

式中，$P_d\{x,y\}$ 为 cell $\{x,y\}$ 的城市发展概率；cell $\{i,j\}$ 为 Moore 邻近范围 Ω 下的所有元胞，包括中心元胞本身。

转换潜力也可以通过一系列因素联合计算。White 和 Engelen（1997）用三个因素来计算模型的转换潜力：①元胞本身的适宜性；②元胞邻域的集聚影响；③随机扰动因素，可用式（4-3）和式（4-4）表示：

$$P_z = S_z N_z + \varepsilon_z \tag{4-3}$$

$$N_z = \sum_{d,i} I_{d,i} W_{z,y,d} \tag{4-4}$$

式中，P_z 代表转换到状态 z 的潜力；S_z 代表元胞进行 z 活动的适宜性，$S_z \in [0,1]$；N_z 代表邻近范围的影响；$W_{z,y,d}$ 代表离中心元胞距离为 d、状态为 y 时的权重；I 代表在距离范围 d 中元胞的指数；ε_z 为随机变量。

$$I_{d,i} = \begin{cases} 1, & \text{如果元胞} i \text{在距离} d \text{范围内，并且状态为} y \\ 0, & \text{其他} \end{cases}$$

Clarke 等（1997）运用 5 个因素控制城市的模拟。这 5 个因素包括聚集、繁殖、扩散、坡度限制和道路的影响。模型的转换规则通过这 5 个因素来定义，这些因素影响城市随机转换的数量，各个因素值的确定作为模型校正的一部分可以在模型运行时进行设定。

Wu 和 Webster（1998）提出了基于 MCE 的 CA 城市模型，主要是运用 MCE 方法计算 CA 的城市转换概率。MCE 用来获取不同发展模式下的参数。元胞的城市发展概率通过评估分和离散变量的非线性转换求得，其公式如下：

$$p_{ij} = \phi(r_{ij}) = \exp\left[\alpha\left(\frac{r_{ij}}{r_{\max}} - 1\right) \right] \tag{4-5}$$

式中，α 为离散程度的变量，取值 0～1；r_{ij} 为元胞 ij 的评估分；$r_{\max}$ 为 r_{ij} 的最大值。

评估分由下列线性方程计算得到：

$$r_{ij} = (\beta_1 \text{CENTRE} + \beta_2 \text{INDUSTRL} + \beta_3 \text{NEWRAILS}$$
$$+ \beta_4 \text{HIGHWAY} + \beta_5 \text{NEIGHBOR}) \text{RESTRICT} \tag{4-6}$$

式中，$\beta_1, \cdots, \beta_5$ 为从 MCE 的层次分析法获取的权重；CENTRE、INDUSTRL、NEWRAILS、HIGHWAY、NEIGHBOR 为空间发展变量；RESTRICT 为绝对约束性因子的总评价分。

在转换规则中定义灰度值，可以反映转换概率的"模糊性"（Li and Yeh，2000；Yeh and Li，2001）。土地利用的转变是一个渐进的过程，元胞转变概率的灰度值可以表示一个元胞城市化的程度。灰度值按式（4-7）迭代：

$$G_{xy}^{t+1} = G_{xy}^{t} + \Delta G_{xy}^{t} \tag{4-7}$$

式中，G 为城市发展的灰度值，为 0～1；xy 为元胞的位置。当灰度值达到 1 时元胞转换为城市元胞，ΔG^t 为每次迭代后元胞灰度值的增加值，是通过邻域的影响和约束条件动态计算所得到的。

Batty 和 Xie（1994）则以生命循环模式为基础，用 CA 研究了城市的演变。他们认为，不同的生产活动要在有限的空间单元上占有一定的用地，生命力弱的生产活动所占的单元会被生命力强的生产活动代替。在该类城市 CA 中，城市活动可以定义为新生的、成熟的、消亡的住房用地、工业用地和商业用地。

CA 和社会经济理论模型结合后，模型的转换规则变得更为复杂。城市 CA 除与传统 CA 的局部规则有关外，还与社会经济因子有关（Semboloni，1997）。运用该类组合模型的一个例子就是在 CA 的转换规则中嵌入社会行为、劳利模型和系统动力学模型。在该类模型中，需要强调市场机制对城市土地利用转变的引导作用。Semboloni 提出了一个与劳利模型非常接近的 CA。与简单的 CA 相比，这个模型更加复杂。White 和 Engelen（1997）也提出了另外的一个类似的模型，他们用 CA 与宏观模型相结合，宏观模型用来表示人口、经济和资源环境在非局部范围的动态变化。Webster 和 Wu（1999）则在 CA 中引入行为规则，通过混合的经济平衡模型和 CA 案例定义转换规则。这种转换规则是基于经济行为理论的而不是基于启发式的，元胞的城市发展潜力由货币价值表示。

CA 与传统的城市模型结合后，模型将会变得相当复杂，如何保持 CA 原有的简洁性是我们必须面对的一个问题。因为 CA 过于复杂，其局部规则就不起太大的作用，也不再具有其原来简单的特性。此外，如何定义复杂 CA 结构及确定模型参数同样也是一个问题，当 CA 使用了太多的变量而变得过于复杂时，对模型参数的校正几乎就变得不可能了。传统的 Logistic 回归等简单的统计方法是无法校正复杂模型参数的，因为只有当自变量和因变量之间的关系为简单线性关系时，这些方法才有效。而城市模拟中自变量和因变量之间的关系往往是复杂非线性的。

在城市 CA 中，定义模型结构和确定模型参数值一直是城市模拟的瓶颈。由于城市系统的复杂性，目前对城市模型校正方面的研究非常有限。Li 和 Yeh（2002）提出利用人工神经网络方法简化 CA 结构及对模型参数进行自动校正。人工神经网络方法的最大优点是能反映变量之间复杂的非线性关系，而这种复杂的非线性关系则可以通过简单的网络结构建模来实现，模型的参数值可以通过 BP 后向传播算法进行自动校正。

4.3　常用的 CA 模拟软件

对 CA 的研究也涌现出了许多免费软件，有大量的网站提供了有关 CA 的各种信息，以及对 Conway "生命游戏" 的模拟。基于 Windows 的 CA 软件 WINLIFE 可以在下面这个网站下载：http://psoup.math.wisc.edu/sink.html，该软件可以执行 Conway 的 "生命游戏"，通过特定的游戏规则可以产生特定的格局，图 4-1 是 WINLIFE 模拟的结果。

转换规则对 CA 模拟结果具有较大的影响，定义不同的转换规则能够形成不同的格局，从而可以通过观察格局的变化来研究转换规则对模拟结果所产生的影响。CelLab 软件可以帮助我们研究转换规则对 CA 模拟结果所产生的影响，该软件可从下列网站下载：http://www.fourmilab.ch/cellab/，而且有完整的 250 页联机帮助手册。CelLab 软件可在 MS-DOS 或 Windows 系统中运行，能够在个人计算机上开发 CA，用户可用 Java、C、BASIC、Pascal 语言定义自己的转换规则，建立元胞模板和颜色模板，然后运行规则，观察演化结果。第一版 CelLab 开发的时间是 1988 年和 1989 年，是由 Rudy Rucker 和 John Walker 在 Autodesk 研究室工作时所设计的，这个软件包是 "Autodesk Science Series" 系列的第一个软件，它用计算机模拟来研究自然科学和数学方面的问题。

MCell 也是免费软件，它可用来研究现存的 CA 转换规则和模式，同时也可用来创建新的 CA 转换规则和模式，该软件包可在下面的网站下载：http://psoup.math.wisc.edu/mcell/download.html。该软件包有许多一维 CA 和二维 CA，主要包括 12 类不同的 CA 游戏："生命游戏" "后代进化游戏" "有利的生命" "生命投票" "规则表" "迭代 CA" "一维二进制 CA" "一维总和 CA" " Neumann 二进制 CA" "生命扩展 CA" "用户动态库 CA" "专业规则 CA"。MCell 软件用户界面友好、预先定义了不同游戏的规则，使用非常方便，而且用户可用软件的语言或用 Windows 编辑器编写特定的转换规则。

CA 与 GIS 的耦合是城市 CA 的特点之一。许多 CA 往往跟一些商业 GIS 软件耦合，以 GIS 软件为集成平台，用 GIS 软件提供的二次开发宏语言来开发城市 CA，如用 Arc/Info

GRID 模块开发城市 CA（Wu and Webster，1998；Li and Yeh，2000；Yeh and Li，2001）。城市 CA 与 GIS 的结合便于直接运用 GIS 软件的空间分析功能，将各种空间要素及对城市增长具有影响的因素嵌入模型中，同时使在 GIS 平台下更新 GIS 信息非常方便、迅速。另外，由于 GIS 软件包提供了强有力的空间信息处理功能，因此 CA 的运算法则可以更为方便地执行，模拟结果在 GIS 平台下可视化程度也更高。

　　IDRISI 32 Release 2GIS 软件首次嵌入了 CA，CELLATOM 模块就是用来为动态模型建模服务的，转换规则通过 filter 文件和 reclass 文件管理，可以让用户定义模型执行的迭代次数。

参 考 文 献

李才伟. 1997. 元胞自动机及复杂系统的时空演化模拟. 华中理工大学博士学位论文.

谢惠民. 1996. 非线性科学丛书: 复杂性与动力系统. 上海: 上海科技教育出版社.

Batty M. 1997. Cellular automata and urban form: a primer. Journal of the American Planning Association, 63(2): 266-274.

Batty M, Longley P. 1996. Analytical GIS: the Future//Longley P, Batty M. Spatial Analysis: Modeling in a GIS Environment. Cambridge: GeoInformation International: 345-352.

Batty M, Xie Y. 1994. From cells to cities. Environment and Planning B: Planning and Design, 21: 531-548.

Batty M, Xie Y. 1997. Possible urban automata. Environment and Planning B: Planning and Design, 24(2): 175-192.

Batty M, Xie Y, Sun Z. 1999. Modeling urban dynamics through GIS-based cellular automata. Computers, Environment and Urban Systems, 23(3): 205-233.

Clarke K C, Gaydos L J. 1998. Loose-coupling a cellular automata model and GIS: long-term urban growth prediction for San Francisco and Washington/Baltimore. International Journal of Geographical Information Science, 12(7): 699-714.

Clarke K C, Hoppen S, Gaydos L. 1997. A self-modifying cellular automaton model of historical urbanization in the San Francisco Bay area. Environment and Planning B: Planning and Design, 24: 247-261.

Clarke K C, Riggan P, Brass J A. 1995. A cellular automata model for wildfire propagation and extinction. Photogrammetric Engineering & Remote Sensing, 60: 1355-1367.

Couclelis H. 1985. Cellular worlds: a framework for modelling micro-macro dynamics. Environment and Planning A, 17: 585-596.

Couclelis H. 1988. Of mice and men: what rodent populations can teach us about complex spatial dynamics. Environment and Planning A, 20: 99-109.

Couclelis H. 1989. Macrostructure and microbehavior in metropolitan area. Environment and Planning B: Planning and Design, 16: 141-154.

Couclelis H. 1997. From cellular automata to urban models: new principles for model development and implementation. Environment and Planning B: Planning and Design, 24: 165-174.

Deadman P, Brown R D, Gimblett P. 1993. Modelling rural residential settlement patterns with cellular automata. Journal of Environmental Management, 37: 147-160.

Gardner M. 1971. On cellular automata, self-reproduction, the Garden of Eden and the game "life". Scientific American, 224: 112-117.

Itami R M. 1994. Simulating spatial dynamics: cellular automata theory. Landscape and Urban Planning, 30: 24-47.

Li X, Yeh A G O. 2000. Modelling sustainable urban development by the integration of constrained cellular automata and GIS. International Journal of Geographical Information Science, 14(2): 131-152.

Li X, Yeh A G O. 2001. Zoning for agricultural land protection by the integration of remote sensing, GIS and cellular automata. Photogrammetric Engineering & Remote Sensing, 67(4): 471-477.

Li X, Yeh A G O. 2002. Neural-network-based cellular automata for simulating multiple land use changes using GIS. International Journal of Geographical Information Science, 16(4): 323-343.

Martin G. 1970. The fantastic combinations of John Conway's new solitaire game life. Scientific American, 223: 120-123.

Martin G. 1971. On cellular automata, self-reproduction, the Garden of Eden and the game life. Scientific American, 224: 112-117.

O'Sullivan D, Torrens P M. 2001. Cellular models of urban systems//Bandini S, Worsch T. Theoretical and Practical Issues on Cellular Automata. Berlin: Springer-Verlag: 108-116.

Openshaw S. 1994. Computational human geography: toward a research agenda. Environment and Planning A, 4: 499-505.

Portugali J. 2000. Self-Organization and the City. Berlin: Springer.

Semboloni S. 1997. An urban and regional model based on cellular automata. Environment and Planning B: Planning and Design, 24: 589-612.

Tobler W R. 1979. Cellular geography//Gale S, Olsson G. Philosophy in Geography. Dordrecht: Reidel: 279-386.

Wagner D F. 1997. Cellular automata and geographic information systems. Environment and Planning B: Planning and Design, 24: 219-234.

Ward D P, Murray A T, Phinn S R. 2000. A stochastically constrained cellular model of urban growth. Computers, Environment and Urban Systems, 24: 539-558.

Webster C J, Wu F. 1999. Regulation, land-use mix, and urban performance. Part2: simulation. Environment and Planning A, 31: 1529-1545.

White R, Engelen G. 1993. Cellular automata and fractal urban form: a cellular modelling approach to the evolution of urban land-use patterns. Environment and Planning A, 25: 1175-1199.

White R, Engelen G. 1997. Cellular automata as the basis of integrated dynamic regional modeling. Environment and Planning B: Planning and Design, 24: 235-246.

White R, Engelen G, Uijee I. 1997. The use of constrained cellular automata for high-resolution modelling of urban land-use dynamics. Environment and Planning B: Planning and Design, 24: 323-343.

Wilson A G. 1974. Urban and Regional Models in Geography and Planning. London: Wiley.

Wolfram S. 1984. Cellular automata as models of complexity. Nature, 31(4): 419-424.

Wu F. 1998. SimLand: a prototype to simulate land conversion through the integrated GIS and CA with AHP-derived transition rules. International Journal of Geographical Information Science, 12(1): 63-82.

Wu F, Webster C J. 1998. Simulation of land development through the integration of cellular automata and multicriteria evaluation. Environment and Planning B: Planning and Design, 25: 103-126.

Yeh A G O, Li X. 2001. A constrained CA model for the simulation and planning of sustainable urban forms by using GIS. Environment and Planning B: Planning and Design, 28: 733-753.

第5章　CA建模以及转换规则获取的方法

利用 CA 进行城市和土地利用变化空间模拟时，往往需要先预测区域土地利用变化总需求量和土地利用结构。马尔可夫链（Markov chain）方法和系统动力学（system dynamics，SD）方法是确定区域用地变化或各类用地需求量的常见方法。马尔可夫链方法是基于转移概率的模型，可利用土地利用的现状和动向去预测未来的土地利用数量和变化趋势。系统动力学方法具有"自顶向下"的特点，能够科学地预测出不同规划政策与发展条件下未来的土地利用需求量，实现对未来目标年份在设定情景下土地利用变化数量的预测。本章将在 5.1 节中分别介绍基于马尔可夫链方法的土地利用结构预测，以及基于系统动力学方法的多情景下城市规模预测。

此外，利用 CA 进行土地利用空间模拟时，最核心的部分就是定义转换规则。CA 的整个模拟过程完全是受转换规则控制的。每一元胞从 t 时刻到 $t+1$ 时刻的状态转变是由转换规则来决定的。Wolfram 等所使用的 CA 转换规则有严格的定义，每条规则有较清晰的演变机制。例如，Wolfram（2002）的 110 规则可以实现从简单的初始条件产生出复杂的图形模式。很复杂的交通流问题也可以由 Wolfram 的 184 规则来模拟（汪秉宏等，2002；Wolfram，1986）。当 CA 应用在地理等领域时，传统严格定义的转换规则往往不太适应复杂的自然系统，需要根据应用的不同来调整转换规则。采用比较随意（relaxed）的方式来定义转换规则（Batty and Xie，1994），包括采用启发式（heuristic）的方法。例如，城市的扩张与一系列空间变量（离市中心距离、离交通网络距离等）有关，因此每一元胞状态的转变可以由这些空间变量的函数来决定。虽然定义这些转换规则的方式目前还没有统一的方法，但其目的是要尽量使得模拟结果更接近真实，并能揭示被模拟对象的内在规律。转换规则中的参数对模拟结果有着重要的影响（Wu，2002），如何有效地定义或获取这些参数是模拟真实对象演变的关键。本章将在 5.2 节中介绍 CA 转换规则获取的一些具体方法。

5.1　未来各类用地需求总量确定的原理及方法

5.1.1　马尔可夫链方法

马尔可夫链方法是利用某一变量的现状和动向去预测未来的状态及动向的一种分析手段，其在国内外广泛应用于社会和自然领域。马尔可夫模型是一种基于转移概率的数学统计模型，是根据当前的状态和发展趋向预测未来状态的常用方法。经研究，土地利用的变化特征也有较为明显的马尔可夫特征（杨清可等，2018），可以将土地利用变化过程视为马尔可夫过程，将某一时刻的土地利用类型对应于马尔可夫过程中可能的状

态，它只与其前一时刻的土地利用类型相关，而土地利用类型之间相互转换的面积数量
或比例即状态转移概率（刘鹏华等，2018）。

马尔可夫模型的表达公式如下：

$$S_{(t+1)} = P_{ij} \times S_{(t)} \tag{5-1}$$

$$P_{ij} = \begin{bmatrix} P_{11}, & P_{12}, & \cdots & ,P_{1n} \\ P_{21}, & P_{22}, & \cdots & ,P_{2n} \\ \vdots & \vdots & \vdots & \vdots \\ P_{n1}, & P_{n2}, & \cdots & ,P_{nn} \end{bmatrix}$$

$$P_{ij} \in [0,\ 1],\ \sum_{n=1}^{n} P_{ij} = 1\ (i,\ j=1,\ 2,\ 3,\ \cdots,\ n)$$

式中，$S_{(t+1)}$、$S_{(t)}$ 分别为 $t+1$、t 时刻的土地利用状态；P_{ij} 为状态转移矩阵；n 则为土地
利用的类型。

该模型只适用于具有马尔可夫性的时间序列，且各时刻的状态转移概率保持稳定。
若时间序列的状态转移概率随不同的时刻在变化，则不宜用该方法。如果随机过程 $S_{(t)}$ 在
时刻 $t+1$ 状态的概率分布只与时刻 t 的状态有关，而与 t 以前的状态无关，则称随机过
程 $S_{(t)}$ 为一个马尔可夫链，记条件概率 $p\{S_{(t+1)} = j | S_{(t)} = i\} = P_{ij(t)}$（$P_{ij(t)}$ 为时刻 t 的一步
转移概率）。如果随机过程的状态空间是有限的（即 $I=\{0,\ 1,\ 2,\ 3,\ \cdots,\ t\}$），则称该
随机过程为有限马尔可夫链。在固定时刻 t，由一步转移概率 $P_{ij(t)}$ 构成的一步转移概率
矩阵为

$$P_{ij} = \begin{bmatrix} P_{11}, & P_{12}, & \cdots & ,P_{1n} \\ P_{21}, & P_{22}, & \cdots & ,P_{2n} \\ \vdots & \vdots & \vdots & \vdots \\ P_{n1}, & P_{n2}, & \cdots & ,P_{nn} \end{bmatrix} \tag{5-2}$$

该矩阵满足需要以下两个条件：

（1）$\sum_{n=1}^{n} P_{ij} = 1$（$i,\ j=1,\ 2,\ 3,\ \cdots,\ n$），矩阵每行元素之和等于 1；

（2）$0 \leqslant P_{ij} \leqslant 1$，（$i,\ j=0,\ 1,\ \cdots,\ N$），矩阵每个元素都非负。

如果马尔可夫链的转移概率 $P_{ij(t)}$ 与 t 无关（即无论在任何时刻 t，从状态 i 经过一步
转移到达状态 j 的转移概率矩阵都相等），则称该链为齐次马尔可夫链。通常研究的马尔
可夫链都具有无后效性和齐次两个特征，满足式（5-3）：

$$S_{(t+1)} = P_{ij} \times S_{(t)} \tag{5-3}$$

构建齐次马尔可夫链可应用于土地利用结构预测，但是其应满足 3 个条件：

（1）转移概率矩阵 P 必须逐期保持不变。例如，1994 年起我国对国民经济实施宏
观调控，经济发展比较稳定，没有出现大起大落的现象。同时，1997 年以后我国实施了

严格的土地管理政策，耕地得到了严格的保护，建设用地侵占导致的耕地减少得到了有效的控制。目前，我国的宏观调控进入中长周期，国民经济将在未来很长一段时间内保持平稳发展，因此 2009～2020 年土地利用结构的年度转移概率比较稳定，符合构建马尔可夫模型的要求。

（2）在所讨论的时期内，系统状态的个数保持不变。土地利用结构具有相对稳定性，土地利用的几种类型不会发生大的改变，如某一种地类突然消失或者突然出现。例如，广东省的土地目前有农用地、建设用地、未利用地三种类型（土地利用结构三大类），并且在未来相当长的时间内仍保持着七种地类不变。

（3）状态转移仅受前一时间的影响，而与前一时间以前的状态无关，这一点用于土地利用结构变化是适合的，因此广东省土地利用结构的变化情况符合构建齐次马尔可夫链的要求。

土地利用转移概率矩阵的确定见表 5-1 和表 5-2。

表 5-1　某县 2009～2014 年土地利用转移概率矩阵　　（单位：像元）

土地利用类型	农用地	建设用地	未利用地
农用地	84328433	342174	9
建设用地	105	2503900	1
未利用地	34584	62837	3416799

表 5-2　某县 2009～2014 年土地利用转移概率矩阵　　（步长：5）

土地利用类型	农用地	建设用地	未利用地
农用地	0.9960	0.0040	0.0000
建设用地	0.0000	1.0000	0.0000
未利用地	0.0098	0.0179	0.9723

为验证马尔可夫链预测的精度，以某县 2010 年的土地利用结构为基数，经过一步转移，模拟得到 2015 年某县的土地利用结构状态（表 5-3）。

表 5-3　2015 年某县的土地利用结构状态

	农用地	建设用地	未利用地
模拟数值（hm²）	210856.64	7449.79	8413.88
模拟比例（%）	93.003	3.286	3.711
实际数值（hm²）	210884.469	7404.052929	8433.5831
实际比例（%）	93.015	3.266	3.720
比例差值（%）	−0.012	0.020	−0.009

由表 5-3 可知，2015 年某县土地利用模拟数值和实际数值十分接近。在土地利用类型三大类中，建设用地的结构比例差值较大，但也只有 0.02%，可见精度较高。

5.1.2　系统动力学方法

系统动力学是一种方法论和数学建模技术，系统动力学模型通过利用积极和消极反馈、构造模型变量间的交互、控制时间延迟等来解决复杂的模拟问题。系统动力学能够处理具有非线性和时变现象的系统问题，并能对长期、动态、战略性的定量仿真进行分析与研究（王其藩，1995）。系统动力学认为，系统的内部结构和反馈作用决定了系统的行为和性质，内外动力共同推动系统的发展变化。系统方法论、反馈控制理论、信息论、非线性系统理论是系统动力学的基本方法论，在利用系统动力学分析具体问题时，除了借助计算机辅助技术外，还涉及该应用领域中的有关学科，如系统动力学应用到经济系统中，对该系统来说，经济基础理论等也成为该系统的一部分学科基础。

系统动力学的主要特点如下（王其藩，1995；张波和袁永根，2010）：①广泛性，系统动力学是能够用于研究社会经济、工业、生态等非线性、高阶、多反馈的复杂学科，可以在宏观和微观上对复杂系统和简单系统进行综合模拟研究；②整体性，系统动力学的主要研究对象是开放系统，强调系统的整体性，认为系统的行为及特性主要来源于其内部系统的动态变化与反馈；③规范性，系统动力学自创立以来，不断发展完善，规范模型，更便于研究者清晰构思，对系统中存在的问题和实验进行假设，还可以更加方便地处理复杂的问题；④综合性，系统动力学模拟过程中，让建模人员、决策人员及专家群众三者更好地结合，可以方便地运用各种数据资料及经验知识，方便地融合其他学科的理论，从而更好地进行分析研究。系统动力学的研究对象可以被划分为相互联系影响的多个子系统。从整体出发，对各个子系统之间存在的因果关系进行分析研究，能够更好地解决复杂系统的问题。

系统内部行为和机制之间存在的相互依存关系就是系统结构，系统动力学正是通过对这种关系的梳理来分析系统变化的因果关系（郁亚娟等，2007）。完整地构建一个系统动力学模型需要包含以下步骤（王其藩，1995），如图 5-1 所示。

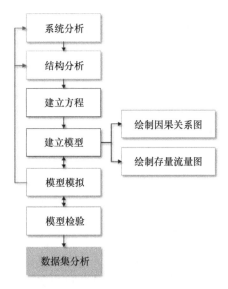

图 5-1　系统动力学模型构建步骤

系统分析：明确系统动力学建模目的，分析系统需要解决的问题，分析系统存在的主要问题和主要矛盾，确定系统变量，划定边界；结构分析：分析系统结构，明晰各组分，分析整体及局部反馈机制，确定系统变量间的关系，确定回路及反馈关系；建立方程：基于以上分析，建立规范的数学方程；建立模型：绘制因果回路图和存量流量图；模型模拟和模型检验：在绘制存量流量图的基础上，把所建立的方程输入模型中，设定模拟时长和模拟步长进行模拟。在模拟过程中，通过灵敏度检验及有效性检验等检验方法对系统进行反复修改调试，在模拟出结果后，还需要对模拟结果进行历史检验；数据集分析，建立好模型且通过检验完善模型后，可以开始利用模型进行系统模拟，得出所需的模拟结果和数据集。

在系统动力学模型中，一个问题或者是一个系统（如生态系统或者机械系统）常常可以用因果关系图来表示，因果关系图是一种包含一个系统中所有组成成分及相互作用的系统简化图。因果关系图通过描述系统中各个组成成分的相互作用，来揭示系统的结构，通过对系统结构的了解，来确定系统在一个确定模拟时段的行为变化［图 5-2（a）］。因果关系图有助于帮助研究者更容易地了解系统的结构及行为。为了进行详细的定量分析，需要把因果关系图转换为存量流量图［图 5-2（b）］，存量流量图是指在因果关系图的基础上，更进一步区分系统各个要素的属性，明确要素之间的关系，使用约定俗成的更加直观的符号对系统进行描述，存量流量图的构建通常需要计算机软件进行辅助建模。存量流量图中主要包括状态变量、速率变量、辅助变量及部分常量。状态变量（level variable）：反映一种累积作用，它的取值是系统从初始到特定时刻的物质流动或信息流动积累的结果。速率变量（rate variable）：是描述系统的累计效应变化快慢的变量。速率变量所对应的是速率方程，找到适当的方程来描述速率或者变化率是构建系统动力学模型的一个重要任务。辅助变量（auxiliary variable）是表达决策过程的变量，所有信息最后都可以追溯到系统的内在状态变量。常量（constant）是系统中不变或变化相对较小的一类量，在实际应用中一般代表某一种具体的标准。复杂系统动力学模型的构建过程是一个不断反馈、不断修改和调整的过程，通过对假设变量的检验和排除，得到最后的系统动力学模型。

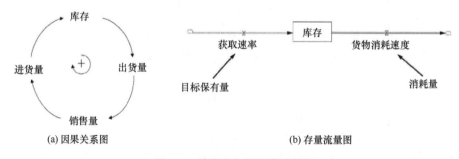

(a) 因果关系图　　　　　　　　　　　(b) 存量流量图

图 5-2　系统动力学建模示意图

系统动力学模型是建立在控制论、系统论和信息论基础上研究反馈系统结构、功能和动态行为的一类模型，其通过不同模块和变量之间的交流与回馈来模拟复杂系统的行为（何春阳等，2005）。系统动力学模型具有"自顶向下"的特点，其能够科学地预测出不同规划政策与发展条件下未来的城市用地变化。相关研究表明，系统动力学模型能够从宏观上反映土地系统的复杂行为，是进行土地系统情景模拟的良好工具（Liu et al.,

2013；Li and Simonovic，2002）。本节在综合考虑人口、经济、社会等多方面历史统计数据的基础上，建立长春市城市发展的各个要素（人口、产业投资、人均消费、人均住宅面积等）与城市发展规模之间的联动、反馈关系，利用构建的系统动力学模型测算不同规划政策、不同发展状况下，未来长春市土地利用数量的变化。

区域土地利用变化是自然和人文因素综合作用的结果，在较短的时间尺度内，人类活动对区域土地利用变化的影响往往居于主导地位。因此，在长春市土地利用情景变化系统动力学模型中，将人文因素作为土地利用变化的主要驱动因素，其基本目的是模拟不同社会经济情景下未来的土地需求特征。该模型把模拟区域看成一个相对独立的系统。根据影响土地需求的各种因素特点，将土地需求系统分为两大子系统：①人口增长对土地需求子系统；②经济发展对土地需求子系统。以系统动力学模型为基础，将人口增长、经济发展等作为驱动因子模拟不同情景下土地资源的需求变化。在对土地需求系统影响因子分析的基础上，经过多次模拟实验，确定变量间的状态方程及参数，将模型量化为具有预测功能的定量模型。图 5-3 为系统动力学模型的存量流量图。

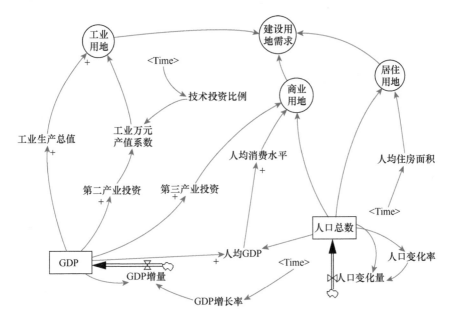

图 5-3　系统动力学模型存量流量图

该模型中有 2 个状态变量、2 个速率变量及多个辅助变量。

（1）状态变量（level variable）：是描述系统的积累效应的变量，其反映物质、能量、信息等对时间的积累，它的取值是系统从初始时刻到特定时刻的物质流动或信息流动积累的结果。因此，在系统中其值可以在任何瞬间被观测（时点数）。在某个时间间隔内积累变动量等于这个时间间隔与输入流速和输出流速差的积，如图 5-3 中的"GDP 增量"及"人口变化量"即输入流，由于 GDP 和人口的特性，不存在输出流。

（2）速率变量（rate variable）：是描述系统的累计效应变化快慢的变量。速率变量描述了状态变量的时间变化，反映了系统的变化速度或决策幅度的大小，是数学意义上的导数，因此在系统中其值不能在瞬间被观测，而可以观测它在一段时间内的取值（区间数）。

（3）辅助变量（auxiliary variable）：是表达决策过程的中间变量。

确定好模型的存流量结构之后，需要进一步确定模块与节点之间的函数关系，才能进行模型的仿真模拟。

系统动态变化关系在两个模块内及模块之间进行。它们分别是系统中的人口模块和经济模块。通过设定不同的人口增长率和经济增长率，系统动力学内部通过相互作用，将会输出不同人口和经济增长率下的城市规模发展轨迹，也就是城市发展的情景。该模型时间界限为 2010～2030 年，取步长与数据输出间隔时间均为 1 年。2010～2015 年为模型模拟阶段，运用历史数据对模型进行参数设定、模型调整及模型检验。2015～2030年为不同情景预测阶段，主要在不同的设定方案上确定参数，对基准情景、快速发展情景、慢速发展情景三种不同情景下城市规模需求进行预测，表 5-4 为预测结果。

表 5-4　三种不同情景下未来城市规模预测结果

情景（2015～2030 年）	系统动力学参数	情景参数	预测未来城市规模（km²）
基准情景	人口增长率（‰）	4～5	1254.01
	GDP 增长率（%）	7～16	
快速发展情景	人口增长率（‰）	>6	1432.34
	GDP 增长率（%）	>16	
慢速发展情景	人口增长率（‰）	3～4	1139.30
	GDP 增长率（%）	<7	

5.2　CA 转换规则确定的一般方法

上述的马尔可夫链方法和系统动力学方法只能确定区域用地变化或各类用地需求量。这些量可以作为 CA 模型约束或者模型运行终止的关键条件。其作用就是使得 CA 的区域模拟能满足区域社会经济和人口发展的宏观规律。这是"自顶向下"的区域约束。但模型怎么运行，还得取决于 CA 的"自下而上"的核心模型，即局部作用或者转换规则。通过这二十多年的发展，CA 模型已经逐步发展了一系列的模型来确定转换规则。本节和第 6 章将介绍这些确定 CA 转换规则的一般和智能化的方法。首先，介绍CA 转换规则确定的一般方法。

5.2.1　基于多准则判断的方法

该模型最早由 Wu 和 Webster（1998）提出。CA 模拟方法已经成为探索各种各样自组织系统演化的有效工具。然而，在 CA 的几个重要的特性中，如何获取转换规则是首要的问题。多准则判断方法与 CA 结合的特点是其方法简单，容易实现。下面具体介绍基于多准则判断的 CA（Wu and Webster，1998）。

首先，一个元胞在 $t+1$ 时刻的状态是由它和它的邻居在 t 时刻的状态及对应的转换规则决定的。其描述如下：

$$S_{ij}^{\,t+1} = f(S_{ij}^{\,t}, \Omega_{ij}^{\,t}, T) \qquad (5\text{-}4)$$

式中，$S_{ij}^{\,t+1}$ 和 $S_{ij}^{\,t}$ 代表在 ij 位置，$t+1$ 时刻和 t 时刻各自的土地利用状态；$\Omega_{ij}^{\,t}$ 为 ij 位置邻居空间的发展状况；T 为一系列的转换规则。

这个方程表明，在一个自组织的城市系统中，土地开发（land development）是一个历史依赖过程。在这个过程中，过去的土地开发通过地块（land parcel）之间的交互作用来影响未来的土地开发。在模拟中，通过一个移动的 3×3 窗口来捕捉土地开发之间的交互作用。将该移动窗口应用到每个像元，同时返回一个值指示它的八个邻居在状态 $S_{ij}^{\,t}$ 被开发的比例。这些局部和动态的信息用一系列全局变量（global variables）来反映，具体是通过相加的方法（additive evaluation）来得到综合的评价分，从而决定位置 ij 在 $t+1$ 时刻状态的转变概率。

利用概率的方法可以灵活地定义转化规则。$t+1$ 时刻的状态可以由概率来决定：

$$S_{ij}^{\,t+1} = f(P_{ij}^{\,t}) \qquad (5\text{-}5)$$

式中，$P_{ij}^{\,t}$ 为在位置 ij 状态 S 可能的转换概率，一般记为

$$P_{ij}^{\,t} = \phi(r_{ij}^{\,t}) = \phi\left[\omega(F_{ijk}^{\,t}, W_k)\right] \qquad (5\text{-}6)$$

式中，$r_{ij}^{\,t}$ 评估状态 S 在位置 ij 转化的适宜性；$F_{ijk}^{\,t}$ 为发展因子 k 在位置 ij 的评分，包括邻居元胞在状态 t 开发的比例；W_k 为对每个发展因子赋予的相关重要性（权重）；ω 为用于计算发展权重得分的联合函数；ϕ 为用于将合成的适宜性得分转化为概率的函数。

式（5-6）的简化形式也可以表达为

$$p_{ij}^{\,t} = \phi(r_{ij}^{\,t}) = \exp\left[\alpha\left(\frac{r_{ij}^{\,t}}{r_{\max}} - 1\right)\right] \qquad (5\text{-}7)$$

式中，α 代表离散程度的变量，取值 0～1；$r_{\max}$ 为 r_{ij} 的最大值。

式（5-6）中 ω 的规范或 r_{ij} 可以由式（5-8）估算：

$$r_{ij}^{\,t} = \left(\sum_{k=1}^{m} F_{ijk}^{\,t} W_k\right) \prod_{k=m+1}^{n} F_{ijk}^{\,t} \qquad (5\text{-}8)$$

式中，$1 \leqslant k \leqslant m$ 为非限制性约束（nonrestrictive constraints）因子；$m < k \leqslant n$ 为限制性约束（restrictive constraints）因子。例如，河流、水库可以作为限制性约束性因子，其开发为城市用地的概率几乎为 0。

$r_{ij}^{\,t}$ 的简单表达形式如下：

$$r_{ij}^{\,t} = (\beta_1 d_{\text{centre}} + \beta_2 d_{\text{industrial}} + \beta_3 d_{\text{railway}} + \beta_4 d_{\text{road}} + \beta_5 d_{\text{neighbor}})\,\text{RESTRICT} \qquad (5\text{-}9)$$

式中，$\beta_1, \cdots, \beta_5$ 为从 MCE 的层次分析法获取的权重；d_{centre}、$d_{\text{industrial}}$、d_{railway}、d_{road} 分别为离市中心、工业中心、铁路、公路的空间距离；d_{neighbor} 为窗口内的开发强度；

RESTRICT 为绝对约束性因子的总评价分。

在多准则转换规则确定后，获取权重为下一个步骤。在此可以应用层次分析法确定转换规则。层次分析法应用成对的比较来获取优先级，从总的准则下降到次级准则。每次仅仅比较一对的准则就能够做出有效的决定。比较应用了 9 点刻度来衡量一对准则的优先级，矩阵 A 确定如下：$A(w_i/w_j)$，其中 w_i 为矢量 W 的权重，$W=(w_i)^{\mathrm{T}}$，从 1 到 9 分布；同时 a_{ij} 从 1/9 到 9 分布。

很明显，$a_{ij}>0$，$a_{ij}=1/a_{ji}$，同时 $a_{ii}=1$。当主要的特征向量 A 常态化时，其反映了决策者的优先权。描述如下：$AW(w_i/w_j)\cdot(w_i)^{\mathrm{T}}=\lambda^{\max}W$。在一致性的情形下，当 $a_{ij}\cdot a_{jk}=n$ 时，主要的特征向量 A 等价于 A 的维度，这就是说，$\lambda^{\max}=n$。

CA 模拟是由若干循环来完成的。为了表达城市演化的不确定性，在每次循环中，往往需要将转变为城市用地的概率 p_{ij}^t 与预先给定的阈值 $p_{\mathrm{threshold}}$ 进行比较，确定该元胞是否发生状态的转变，即

$$\begin{cases} p_{ij}^t \geqslant p_{\mathrm{threshold}} & \text{转变为城市用地} \\ p_{ij}^t < p_{\mathrm{threshold}} & \text{不转变为城市用地} \end{cases} \tag{5-10}$$

5.2.2　基于 Logistic 回归的 CA

通常来讲，在城市土地利用发展模拟中，具有较高发展适宜性的元胞相应有较高的发展概率。发展适宜性可以根据一系列因子来度量。这些因子包括交通条件、水文、地形及经济指标等。可采用多准则判断方法来获得发展适宜性。该模型假设一个区位的发展概率是一系列独立变量，如离市中心的距离、离高速公路的距离、地形高程和坡度等，所构成的函数。但在实际应用中，因变量是二项分类常量，即将土地利用分为已发展的（developed）与未发展的（undeveloped），其不满足正态分布的条件，这时可用 Logistic 回归分析，利用 Logistic 回归技术对 CA 的转换规则进行校正（Wu，2002）（图 5-4）。

在一般的多元回归中，若以 P（概率）为因变量，则方程为 $P=b_0+b_1x_1+b_2x_2+\cdots+b_kx_k$，但用该方程计算时，常会出现 $P>1$ 或 $P<0$ 的不合理情形。为此，对 P 作对数单位转换，即 $\mathrm{logit}P=\ln(P/1-P)$。通过 Logistic 回归模型，一个区位的土地开发适宜性可以由式（5-11）来概括：

$$P_g(s_{ij}=\mathrm{urban})=\frac{\exp(z_{ij})}{1+\exp(z)}=\frac{1}{1+\exp(-z_{ij})} \tag{5-11}$$

式中，P_g 为全局性的开发概率（开发适宜性）；s_{ij} 代表单元 (i,j) 的状态；z 代表描述单元 (i,j) 开发特征的向量：

$$z=a+\sum_k b_kx_k \tag{5-12}$$

式中，a 为一个常量；b_k 为 Logistic 回归模型的系数；x_k 为一组空间距离变量。

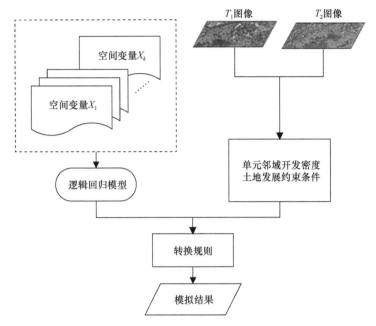

图 5-4　利用 Logistic 回归的自动生成地理元胞自动机的转换规则

把一系列约束性条件和随机变量加到模型中，式（5-12）可修改为

$$p_{d,ij}^t = \left[1 + (-\ln\gamma)^\alpha\right] \times \frac{1}{1 + \exp(-z_{ij})} \times \mathrm{con}(s_{ij}^t) \times \Omega_{ij}^t \qquad (5\text{-}13)$$

式中，Ω_{ij}^t 为 t 时刻元胞（ij）的 3×3 窗口内的开发强度；con() 为总约束条件，则值为 0～1。

利用 Logistic 回归技术对 CA 进行校正，第一步是采集样本数据。其最方便的方法是在两个年份的遥感影像中通过随机采样，获取一定样本量的关于空间变量与土地利用变化的经验数据，利用 Logistic 回归对 CA 进行校正，可以得到模型合适的参数。

抽样数目（样本量）的确定一般取决于被调查事物总体之间的差异程度和容许误差大小。被调查事物总体中各个体之间的差异程度越大，越不均衡，需要抽取来调查的样本数目也就越多；反之，需要抽取调查的样本数目越小。对于误差问题，若容许误差越小，则抽样数目应当越多；相反，抽样数目也应当越小。这里，考虑到整个样本的采集和分析流程都由计算机自动执行，对于较高性能的 PC 机通常能够很快完成整个计算过程。所以，可以适当选取较大的样本量，以提高 Logistic 回归模型的精度。这里可按照总体数据 20%的样本量来采集数据。

5.2.3　基于 5 个因子的 SLEUTH 模型

SLEUTH 模型的正式名称是 Clarke 城市增长元胞自动机模型，由一系列循环嵌套的增长规则组成，这些规则都是预先定义好并被应用在地理格网空间（Clarke et al.，1997；Clarke and Gaydos，1998）。该模型由加利福尼亚大学圣巴巴拉分校的 Keith Clarke 教授开发，能够应用于可变尺度和全局尺度的研究。SLEUTH 模型是输入变量图层首字母的组合：Slope，Landuse，Exclusion，UrbanExtent，Transportation 和 Hillshade。它是一种用于模拟和预测城市增长的 CA，其特点是以均质单元点阵空间（grid space）为工作基础，相邻有 4 个单元格，每个单元格被赋予两种属性（城市/非城市），并通过定义 5 项转换规则应用于时间序列数据的动态研究。其最为重要的特点就是通过自我修改规则来获悉地方的历史状态并进行相应的模拟。

SLEUTH 中需要输入的五种图层分别是：城市化图层、交通图层、城市化外围地区、坡度及山体阴影（Clarke et al.，1997；Clarke and Gaydos，1998）。该模型要求输入层具有相同的行与列，以及正确的地理坐标（geo-referenced）。该模型至少需要输入 4 个城市化图层），两个不同年份的包含道路等级的交通图层，一个含有地形坡度百分比的图层，以及城市化外围区域图层。

每个元胞状态的变化是由相邻元胞的状态来决定的。基本上由 5 种因子控制着 CA 的行为，其能够产生 4 种增长类型。这 5 种因子如下：①扩散因子（diffusion），决定着地理区域分布的总体分散性；②繁衍系数（breed），决定着一个新产生的分离定居点在多大程度上开始它自己的增长周期；③蔓延系数（spread），控制城市在系统里的自组织繁衍；④坡度阻碍因子（slope resistance），影响定居点在陡峭坡度上扩张的可能性；⑤道路引力因子（road gravity），吸引新定居点接近已有的道路，使得新定居点在离道路给定范围内。

5 种因子控制着 CA 的行为，城市化区域的增长有 4 种类型：①自发的邻近增长，它模拟区域增长，这些区域有适宜的坡度在蔓延系数的控制下开发；②扩散增长和创造新的增长中心（图 5-5）；③自组织增长，在城市的周围和空隙复制城市的增长规律；④道路影响型增长，借助于沿道路发生的增长来表达道路引力和道路密度的重要性（图 5-6）。

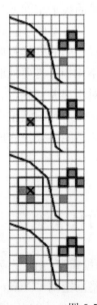

```
New Spreading Center Growth:
F(breed_coefficient, slope_coefficient)
{
    if (random_integer < breed_coefficient)
        if (two neighborhood pixels are available
            for urbanization)
            (i,j) neighbors = urban
} end new spreading center growth
```

图 5-5　新的增长中心（Clarke et al.，1997）

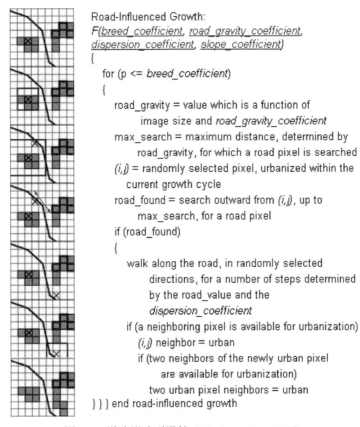

```
Road-Influenced Growth:
F(breed_coefficient, road_gravity_coefficient,
dispersion_coefficient, slope_coefficient)
{
  for (p <= breed_coefficient)
  {
    road_gravity = value which is a function of
        image size and road_gravity_coefficient
    max_search = maximum distance, determined by
        road_gravity, for which a road pixel is searched
    (i,j) = randomly selected pixel, urbanized within the
        current growth cycle
    road_found = search outward from (i,j), up to
        max_search, for a road pixel
    if (road_found)
    {
      walk along the road, in randomly selected
          directions, for a number of steps determined
          by the road_value and the
          dispersion_coefficient
        if (a neighboring pixel is available for urbanization)
          (i,j) neighbor = urban
          if (two neighbors of the newly urban pixel
            are available for urbanization)
            two urban pixel neighbors = urban
} } } end road-influenced growth
```

图 5-6　道路影响型增长（Clarke et al.，1997）

　　除了最初的增长规则，在该模型中定义第二层次的行为规则。该模型在记录快速增长、微量增长或无增长的状态变量的同时，不断调整自己，以便适应新的环境。在快速增长的案例中，该模型借助多于一个的增效器，综合增长控制参数。微增长和无增长导致综合控制参数的值少于一个。在有很多元胞能够城市化时的最初增长周期，参数值的增长非常迅速；同时，参数随着扩张水平的降低和增长率的减退减少到临界值以下。没有模型自我调整，该模型将仅仅产生线性和指数增长。增长规则和自我调整规则都是该模型的核心，它们反映了对城市化过程的全局性理解，但是为了能够成功的应用，它们必须限定在局部范围内。

　　SLEUTH 模型运行步骤如下所示。

　　第一步：自发城市化。

　　在 SLEUTH 模型中，每个属于城市化图层目前未被城市化的元胞能够被城市化。其是否能够被转化为城市状态的潜力由元胞所处的坡度决定。如果坡度为 21%或者更高，则设定城市化的概率为 0；但是对于较低值的坡度，城市化的概率反而较高。

　　第二步：产生新的扩散中心。

　　每个元胞在自发的城市化过程中都有成为新的扩散中心的可能。其转换条件为：当元胞周围有 2 个或 2 个以上未被城市化的邻接元胞，并且邻接元胞带有一个 3×3 的 Moore 邻居时，该元胞能够产生中心扩散，其结果是元胞成为一个新的扩散中心，同时它的两个邻居被城市化的概率也就相对固定（作为模型的一个参数）。

第三步：在城市化边缘区域扩散。

已经存在的扩散中心，包括在第二步新产生的和早期已经确定的扩散中心，能够在它们的边缘继续增长。但是增长概率受到非城市化和坡度条件的限制，如果处于扩散边缘的元胞被三个或三个以上已经城市化且带有 3×3 Moore 邻居的元胞包围，则其被城市化的概率也比较固定（同样被作为模型的一个参数）。

第四步：道路影响型扩散。

另外，除了自身条件和邻居内在条件的影响外，元胞能否被城市化还受到交通基础设施等的辐射影响。交通通达性、交通辐射强度的影响相对前几个来说要复杂很多，往往越靠近道路交通的元胞就越容易被开发，也越容易被城市化。发展的概率往往随着道路的延伸发生传递，直至道路的末端或者概率极小的位置。

这个过程包含三个附加的阶段。

（1）选择一个靠近公路的元胞来作为新的扩散中心。

假定每个已经城市化的元胞总是接近于给定概率（模型的参数），并且在给定半径的邻域内可以搜索得到公路旁边分布（也是模型的一个参数）。如果一条道路被找到，那么一个传送中心被放在最近的公路元胞位置。

（2）模拟扩散中心沿道路传送。

临时的中心确定了一个阶段，用来引导沿着公路在随机选择的方向行进，并确定扩散的长度（模型的一个参数）。

（3）在目的地确定扩散中心。

如果非城市化图层和坡度图层在中心的最终位置容许元胞城市化，从终点位置邻近元胞中随机选择两个连接的元胞，同时设置其为城市状态；否则，中心消失。

如果模型的参数在建立模型的时期保持固定，那么上面的规则对反映真实城市区域的增长来说过于简单。为了克服这个问题和使模型有模拟真实城市的能力，Clarke等（1997）在城市聚类增长的速率和在模型四个阶段的每个参数间引入正向反馈关系。当聚类增长的速率超过了一个给定的门槛时，自发城市增长的概率和所有扩张的速率加快，被乘上一个大于 1 的系数。为了阻止爆炸式增长，加速度被限制，乘数随着聚类的阶段呈线性降低。类似的方式，当聚类增长的速率降低到另一个门槛以下时，增长和扩散的速率降得更低，被乘上一个小于 1 的系数。再一次，为了阻止崩溃，这些参数随着聚类的过程呈线性增加。

5.2.4 基于"灰度"的转换规则

一般的 CA 的状态只有 0 或 1（发展或不发展），不能反映连续变化的值。Li 和 Yeh（2000）定义了"灰度"值 $G_d^t\{x,y\}$ 来反映单元 $\{x,y\}$ 状态的连续变化。当"灰度"值 $G_d^t\{x,y\}$ 从 0 逐渐变为 1 时，表示该单元最终转变为城市用地。

在该模型中，发展程度（灰度）的增加 $\Delta G_d^t\{x,y\}$ 与发展概率和总约束性系数值成正比（Li and Yeh，2000）。

$$\Delta G_d^{\,t}\{x,y\}=P_d^{\,t}\{x,y\}\times\mathrm{CONS}_d^{\,t}\{x,y\} \tag{5-14}$$

这里发展概率由常规的 CA 来计算：

$$P_d^{\,t}\{x,y\}=f\left(S\{x,y\}^t,N\right) \tag{5-15}$$

利用迭代运算来预测某时刻 $t+1$ 的 $G_d^{\,t+1}\{x,y\}$ 值：

$$G_d^{\,t+1}\{x,y\}=G_d^{\,t}\{x,y\}+\Delta G_d^{\,t}\{x,y\}\qquad G_d\{x,y\}\in(0,1) \tag{5-16}$$

在 $t+1$ 时刻单元 $\{x,y\}$ 的状态为

$$S^{t+1}\{x,y\}=\begin{cases}发展 & (G_d^{\,t}\{x,y\}=1)\\ 部分发展 & (0<G_d^{\,t}\{x,y\}<1)\\ S^t\{x,y\} & (G_d^{\,t}\{x,y\}=0)\end{cases} \tag{5-17}$$

5.2.5　基于主成分分析的元胞自动机

当准则较多时，确定各个准则的权重将很困难。而且，当准则之间有较大的相关性时，所选取的权重也会不准确。引进 PCA 方法可以有效地解决这个问题（Li and Yeh，2001）。PCA 方法是通过正交旋转变换的方法来消除原数据中的相关性或冗余度。其正交旋转的公式如下（Gonzalez and Wintz，1997）：

$$\mathrm{pc}_{ij}=\sum_{k=1}^{n}X_{ik}E_{kj} \tag{5-18}$$

式中，pc_{ij} 为像元 i 的第 j 个主成分的值；X_{ik} 为对应于像元 i 的第 k 个准则；E_{kj} 为对应于第 k 行第 j 列的特征向量矩阵。

特征向量和特征值可以由下列方程来求解：

$$E\mathrm{Cov}E^{\mathrm{T}}=V \tag{5-19}$$

式中，Cov 为协方差阵；V 为以特征值为对角值的矩阵；E 为特征向量矩阵；T 代表转置。

利用 PCA 可以生成一系列独立不相关的新变量（主成分）。将新变量代替原变量用于 CA 模拟中，摆脱 MCE 权重不合理性的弊端，并能方便地使用更广泛的空间变量，以改善模型的精度。以下介绍如何将 PCA 引进 CA 中的方法。一般的 CA 可以表达归纳为如下形式：

$$S^{t+1}=f\left(S^t,N\right) \tag{5-20}$$

式中，S 为状态；f 为邻近函数；N 为邻近范围；t 为迭代运算时间。CA 的特点是 $t+1$ 时刻的状态取决于 t 时刻邻近范围内的状态。

CA 的状态一般是离散的。在城市模拟中，不同的状态用来反映不同的土地利用类型。由此可以利用 CA 来模拟土地利用变化和城市的发展过程。一般的 CA 是用一个二进制的数来表达不同状态转换的过程：1 为转换，0 为不转换。该方法有一定的局限性，

不能反映状态转换的连续过程。PCA 采用灰度（G）来表达状态的连续变化过程。当灰度值从 0 逐渐变为 1 时，表示该单元最终完成状态的转变。例如，由农业用地转换为城市用地。该 CA 的迭代公式如下：

$$G_i^{t+1} = G_i^t + \Delta G_i^t \qquad G_i \in (0,\ 1) \tag{5-21}$$

灰度的增加值由两个方面决定：邻近函数和相似度。邻近函数反映了周围像元状态对中心像元状态转换的影响。例如，在时刻 t 邻近范围已经转变为城市用地的像元越多，其中心像元在时刻 $t+1$ 转变为城市用地的概率越高，它们越成正比（Batty，1997）。除此之外，该模型还提出相似度来度量中心像元与"理想点"在各项属性方面的差异，由此来确定灰度的增加值。"理想点"是指最适合于某一土地利用用途（例如城市用地）的点，它能获得最大理论收益值。例如，根据土地适宜性评价，可以获得每个像元对不同准则关于城市发展适宜性的一系列值（Yeh and Li，1998）。"理想点"就是具有所有准则最大值的点。在 CA 模拟中，某个像元其属性越接近"理想点"，其灰度的增加速度越快。

图 5-7 显示了由最大准则值来确定"理想点"的方法。"理想点"可以表达如下：

$$\xi = (S_1^{\max}, S_2^{\max}, S_3^{\max}, \cdots, S_j^{\max}, \cdots, S_K^{\max}) \tag{5-22}$$

式中，$S_j^{\max}$ 为第 j 个准则的最大值。

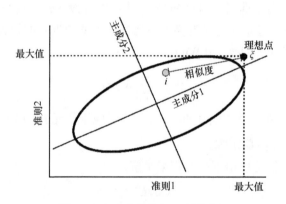

图 5-7　主成分变换与"理想点"

事实上，这个"理想点"是一个虚拟点。可以通过主成分变换求出其变换后对应的主成分值。通过"理想点"的方法，可以把一系列环境和可持续发展要素引进 CA 中，以形成合理的城市形态。可持续发展的"理想点"应该保证能获得这些准则的最大值。由于这些准则往往是相关的，因此需要消除它们的相关性。通过主成分变换，把反映各种经济、环境和资源等要素的空间变量作为像元的属性。由此可以计算某个像元与"理想点"的相似度。其公式如下：

$$d_{i\xi} = \sqrt{\sum_{j}^{m} w_j^2 (\mathrm{pc}_{ij} - \mathrm{pc}_j^0)^2} \tag{5-23}$$

式中，$d_{i\xi}$ 为像元 i 与"理想点"ξ 之间的相似度；pc_{ij} 为像元 i 的第 j 个主成分的值；pc_j^0

为"理想点"的第 j 个主成分值；w_j 为第 j 个主成分在计算相似度时的权重。

可将相似度进行标准化，使得其值在 $0\sim1$。标准化的相似度（SIM）为

$$\text{SIM} = 1 - \frac{d_{i\xi}}{d_{i\xi}^{\max}} \qquad (5\text{-}24)$$

式中，$d_{i\xi}^{\max}$ 为 $d_{i\xi}$ 的最大值。

由此，灰度的增加值应该与邻近函数和标准化的相似度成比例关系，有

$$\Delta G_i^t = f_i(q^t, N) \times \text{SIM}^t = \frac{q^t}{\pi l^2} \times (1 - \frac{d_{i\xi}^t}{d_{i\xi}^{\max}})^k \qquad (5\text{-}25)$$

式中，q^t 为在时刻 t 邻近范围内已经转变为城市用地的像元数；l 为邻近范围的半径；k 为非线性指数变换的参数。

通过非线性变换及对参数 k 的选择，可以有效地产生不同的模拟形态（Wu and Webster，1998；黎夏和叶嘉安，1999），可以把随机变量引进 CA 中，使得模拟效果更接近现实（White et al.，1997）。随机变量项可以由式（5-26）表达：

$$\text{RA} = 1 + (-\ln\gamma)^\alpha \qquad (5\text{-}26)$$

式中，γ 为值在 $\{0,1\}$ 的随机数；α 为控制随机变量影响大小的参数。

式（5-25）引进随机变量项后变为

$$\Delta G_i^t = \text{RA} \times \frac{q^t}{\pi l^2} \times (1 - \frac{d_{i\xi}^t}{d_{i\xi}^{\max}})^k = \left[1 + (-\ln\gamma)^\alpha\right] \times \frac{q^t}{\pi l^2} \times (1 - \frac{d_{i\xi}^t}{d_{i\xi}^{\max}})^k \qquad (5\text{-}27)$$

式（5-27）决定像元状态的转变。在 CA 的每次迭代运算过程中，如果某一像元的"灰度"变为 1 时，该像元就转变为城市用地。不断提高 CA 的迭代运算，可以模拟出城市这个复杂系统的演变及其优化形态。

5.2.6　基于神经网络的元胞自动机

Li 和 Yeh（2002）提出了一种利用神经网络进行 CA 模拟的新方法。其特点是该方法简单，无须人为地确定模型的结构、转换规则及模型参数。利用神经网络代替转换规则，并通过对神经网络进行训练，来自动获取模型参数。由于使用了神经网络，该模型可以有效地反映空间变量之间的复杂关系。

人工神经网络（简称神经网络）是通过模仿人类大脑的功能来进行运算和模拟的。神经网络由一系列神经元组织而成，有进行复杂并行运算的强大的能力。神经网络已被广泛应用于模拟许多高难度的地理现象（Openshaw，1998）。神经网络能有效处理带有噪声、冗余或不完整的数据，特别适用于处理非线性或无法用数学来描述的复杂系统。

神经网络 CA（ANN-CA）由简单的网络组成（图 5-8）。该模型包含两大相对独立的模块：模型纠正（训练）和模拟。这两个模块使用同一神经网络。在模型纠正模块中，利用训练数据自动获取模型的参数；然后该参数被输入模拟模块进行模拟运算。整个模

型的结构十分简单，用户不用自己定义转换规则及参数，其适用于模拟复杂的土地利用系统。网络只有 3 层：第 1 层是输入层，其各个神经元分别对应于影响土地利用变化的各个变量；第 2 层是隐藏层；第 3 层是输出层，它由多个（N）神经元组成，输出 N 种土地利用类型之间转换的概率。

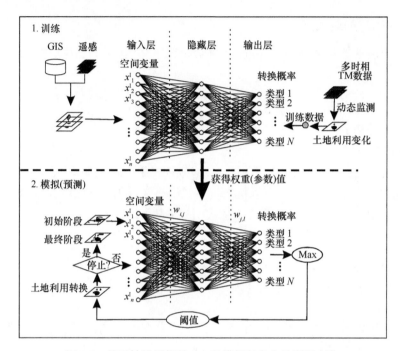

图 5-8　基于神经网络的 CA 及模拟复杂土地利用变化

ANN-CA 第一步是确定神经网络的输入。对于每一个模拟单元（cell），有 n 个属性（变量）。这些变量分别对应于神经网络第 1 层的 n 个神经元，它们决定了每个单元在时刻 t 的土地利用转换的概率。它们可以表达为

$$X(k,t) = \left[x_1(k,t), x_2(k,t), x_3(k,t), \cdots, x_n(k,t) \right]^{\mathrm{T}} \tag{5-28}$$

式中，$x_i(k,t)$ 为单元 k 在模拟时刻 t 的第 i 个变量；T 代表转置。

神经网络的输入一般都要进行标准化处理，使它们的值落入[0,1]的范围内。可以利用最大值（max）和最小值（min）进行标准化，于是有

$$x_i(k,t) = \left[x_i(k,t) - \min \right] / (\max - \min) \tag{5-29}$$

输入层接收这些标准化的信号（signal）后，将它们输出到隐藏层。隐藏层第 j 个神经元所收到的信号为

$$\mathrm{net}_j(k,t) = \sum_i w_{i,j} x_i'(k,t) \tag{5-30}$$

式中，$\mathrm{net}_j(k,t)$ 为隐藏层第 j 个神经元所收到的信号；$w_{i,j}$ 为输入层和隐藏层之间的参数（权重值）。

隐藏层会对这些信号产生一定的响应值，并输出到下一层，即最后的输出层。其响

应的函数为

$$\frac{1}{1+e^{-net_j(k,t)}} \tag{5-31}$$

输出层所输出的值，即转换概率为

$$P(k,t,l)=\sum_j w_{j,l}\frac{1}{1+e^{-net_j(k,t)}} \tag{5-32}$$

式中，$P(k,t,l)$ 为单元 k 在模拟时刻 t 从现类别到第 l 类别土地利用的转换概率；$w_{j,l}$ 为隐藏层和输出层之间的参数（权重值）。

将随机变量引进 CA 中，可以使得模拟结果更接近实际情况（White and Engelen，1993），随机项可以表达为

$$RA=1+(-\ln\gamma)^{\alpha} \tag{5-33}$$

式中，γ 为落在[0,1]的随机数；α 为控制随机变量大小的参数。

式（5-32）变为

$$P(k,t,l)=RA\times\sum_j w_{j,l}\frac{1}{1+e^{-net_j(k,t)}}=\left[1+(-\ln\gamma)^{\alpha}\right]\times\sum_j w_{j,l}\frac{1}{1+e^{-net_j(k,t)}} \tag{5-34}$$

在每次循环运算中，神经网络的输出层计算出对应 N 种不同土地利用类型的转换概率。比较这些转换概率的大小，可以确定土地利用的转换类型。对于某一单元，在时刻 t，只能转换为某一土地利用类型，可以根据转换概率的最大值来确定其转变的类型。当其转变的类型与原来的类型一样时，即该单元没有发生土地利用变化。在每次循环中，土地利用的变化往往只占较小的比例，因此可以引进阈值来控制变化的规模。该阈值在 [0,1]的范围内，其值越大，在每次循环中转变的单元数越少。

参 考 文 献

何春阳, 史培军, 陈晋, 等. 2005. 基于系统动力学模型和元胞自动机模型的土地利用情景模型研究. 中国科学(D 辑: 地球科学), 35(5): 464-473.

黎夏, 叶嘉安. 1999. 约束性单元自动演化 CA 模型及可持续城市发展形态的模拟. 地理学报, 54(4): 289-298.

刘鹏华, 刘小平, 姚尧, 等. 2018. 耦合约束动态地块分裂和矢量元胞自动机的城市扩张模拟. 地理与地理信息科学, 34(4): 74-82.

汪秉宏, 毛丹, 王雷, 等. 2002. 交通流中的自组织临界性研究. 广西师范大学学报(自然科学版), 20(1): 45-51.

王其藩. 1995. 系统动力学. 北京: 清华大学出版社.

杨清可, 段学军, 王磊, 等. 2018. 基于"三生空间"的土地利用转型与生态环境效应. 地理科学, 38(1): 97-108.

郁亚娟, 郭怀成, 刘永, 等. 2007. 城市生态系统的动力学演化模型研究进展. 生态学报, 6: 2603-2614.

张波, 袁永根. 2010. 系统思考和系统动力学的理论与实践: 科学决策的思想、方法和工具. 北京: 中国环境科学出版社.

Batty M. 1997. Cellular automata and urban form: a primer. Journal of the American Planning Association, 63(2): 266-274.

Batty M, Xie Y C. 1994. From cells to cities. Environment and Planning B: Planning and Design, 21: 531-548.

Clarke K C, Gaydos L J. 1998. Loose-coupling a cellular automata model and GIS: long-term urban growth prediction for San Francisco and Washington/Baltimore. International Journal of Geographical Information Science, 12(7): 699-714.

Clarke K C, Hoppen S, Gaydos L. 1997. A self-modifying cellular automaton model of historical urbanization in the San Francisco Bay area. Environment and Planning B: Planning and Design, 24: 247-261.

Gonzalez R C, Wintz P. 1997. Digital Image Processing. Massachusetts: Addison-Wesley Publishing Company.

Li L, Simonovic S P. 2002. System dynamics model for predicting floods from snowmelt in North American prairie watersheds. Hydrological Processes, 16(13): 2645-2666.

Li X, Yeh A G O. 2000. Modelling sustainable urban development by the integration of constrained cellular automata and GIS. International Journal of Geographical Information Science, 14(2): 131-152.

Li X, Yeh A G O. 2001. Zoning for agricultural land protection by the integration of remote sensing, GIS and cellular automata. Photogrammetric Engineering & Remote Sensing, 67(4): 471-477.

Li X, Yeh A G O. 2002. Neural-network-based cellular automata for simulating multiple land use changes using GIS. International Journal of Geographical Information Science, 16(4): 323-343.

Liu X, Ou J, Li X, et al. 2013. Combining system dynamics and hybrid particle swarm optimization for land use allocation. Ecological Modeling, 257(2): 11-24.

Openshaw S. 1998. Neural network, genetic, and fuzzy logic models of spatial interaction. Environment and Planning A, 30: 1857-1872.

White R, Engelen G. 1993. Cellular automata and fractal urban form: a cellular modeling approach to the evolution of urban land-use patterns. Environment and Planning A, 25: 1175-1199.

White R, Engelen G, Uijee I. 1997. The use of constrained cellular automata for high-resolution modelling of urban land-use dynamics. Environment and Planning B, 24: 323-343.

Wolfram S. 1986. Theory and Application of Cellular Automata. Singapore: World Scientific.

Wolfram S. 2002. A New Kind of Science. Champaign: Wolfram Media.

Wu F. 2002. Calibration of stochastic cellular automata: the application to rural-urban land conversions. International Journal of Geographical Information Science, 16(8): 795-818.

Wu F, Webster C J. 1998. Simulation of land development through the integration of cellular automata and multicriteria evaluation. Environment and Planning B, 25: 103-126.

Yeh A G O, Li X. 1998. Sustainable land development model for rapid growth areas using GIS. International Journal of Geographical Information Science, 12(2): 169-189.

第6章　转换规则获取的智能式方法

CA 的特点是通过一些十分简单的局部转换规则，来模拟出十分复杂的空间结构。但在模拟真实的城市或地理现象时，CA 需要使用很多空间变量，这些变量往往对应着许多参数。这些参数值反映了不同变量对模型的"贡献"程度。研究表明，CA 的模拟结果受模型参数的影响很大（Wu and Webster，1998）。对 CA 进行校正，可以获得合适的参数值，使得 CA 能产生真实的模拟结果。

当 CA 仅仅用来检验不同的假设及进行有关城市理论的探讨时，该类模拟往往不涉及具体的城市及使用真实的数据，一般不需要对模型进行校正（White and Engelen，1993）。但当 CA 用于模拟真实的城市时，需要对模型进行校正（calibration），以获得合适的参数值。可惜，目前有关对 CA 进行校正的研究不多，所提出的方法有一定的局限性。例如，Wu 和 Webster（1998）提出了利用多准则判断方法来反映不同空间变量对城市模拟的影响，但该方法对模型的参数的确定随意性较大；Clarke 等（1997）提出了利用肉眼判断的粗略方法来获得模型参数。该方法是固定其他参数，改动某一参数值，反复进行，直到找到较佳的模拟结果。该方法可靠程度有限，而且参数数量较多时，基本无法运用上述方法。复杂系统的模拟往往涉及上百至上千个之多（White et al.，1997）。Clarke 和 Gaydos（1998）最近提出了一种用肉眼判断进行改进的方法。该方法是利用计算机反复计算不同参数组合所产生的模拟结果与实际情况的吻合度，以找到"最佳"参数组合。由于参数的组合方案很多，该方法十分耗费机时。他们的实验需要利用高性能的工作站对 3000 种组合进行几百小时的运算。随着参数数量的增加，所耗的机时会呈几何级数增加。

本章将介绍 CA 转换规则获取的一些智能式的方法，以方便、快速、有效地建立CA。这些智能式方法包括数据挖掘、遗传算法、Fisher 判别、非线性核学习机、支持向量机、粗集、案例推理等。这些方法有助于从自然界复杂的关系中找出规律，获取模型所需要的转换规则，从而改善模拟的效果。

6.1　数据挖掘及转换规则

本节将介绍利用数据挖掘（data mining）技术来自动获取 CA 转换规则的新方法。数据挖掘技术已经被应用于遥感专家系统的分类中，它能解决专家知识获取的瓶颈，提高遥感的分类效率。最近，有些学者也开始利用数据挖掘技术从 GIS 数据库中获取知识，包括进行土壤分类的研究（Moran and Bui，2002）。CA 在地理学领域应用时往往涉及大量的空间数据，使用知识挖掘技术将能大大提高 CA 的模拟能力。所获得的转换规则无须通过数学公式来表达，便能方便和准确地描述自然界中的复杂关系。目前还没有利用数据挖掘技术来建立 CA 的研究报道。

数据挖掘是从数据库中发现知识的技术。它是针对知识获取的困难和不确定性而提出来的，可以自动地从海量数据中挖掘出知识。具体的知识获取过程是借助机器学习的算法来实现的。常用的机器学习的算法有：ID3，C4.5，CART，IB1，IB2，MPIL1 和 MPIL2。其中，Quinlan（1993）所提出的 C4.5 算法使用最为广泛。目前 C4.5 最新的版本为 See5/C5.0，分别对应于 Windows 和 Unix 这两个不同的操作平台。

C4.5 系列是根据"信息增加的比值"来决定整个决策树的生成（Quinlan，1993）。首先，假设有一训练数据集 S，它的任意一样品 s 隶属于类别 C_j。数据集 S 的平均信息量（熵）根据式（6-1）计算：

$$\text{info}(S) = -\sum_{j=1}^{k} \frac{\text{freq}(C_j, S)}{|S|} \times \log_2 \frac{\text{freq}(C_j, S)}{|S|} \qquad (6\text{-}1)$$

式中，$\text{freq}(C_j, S)$ 为 S 中属于类别 C_j 的样品数目；$|S|$ 为样品总数目。

假设把 S 分解（split）为 n 个 S_i 的子集。分解后的平均信息量为

$$\text{info}_x(S) = \sum_{i=1}^{n} \frac{|S_i|}{|S|} \times \text{info}(S_i) \qquad (6\text{-}2)$$

分解后信息增加值为

$$\text{gain}(X) = \text{info}(S) - \text{info}_x(S) \qquad (6\text{-}3)$$

为了防止产生过多的分解数目，要用 split info (X) 对 gain(X) 进行标准化。split_info (X) 的计算公式如下：

$$\text{split\_info}(X) = -\sum_{i=1}^{n} \frac{|S_i|}{|S|} \times \log_2 \left(\frac{|S_i|}{|S|} \right) \qquad (6\text{-}4)$$

最后有

$$\text{gain\_ratio}(X) = \text{gain}(X) / \text{split\_info}(X) \qquad (6\text{-}5)$$

分类树在每个节点的分解必须满足熵的减少值达到最大的条件。根据上面的算法，利用计算机递归的方法，反复寻找最佳的分解，从而生成决策树。利用这个算法，可以从训练数据中自动获得规则。

数据挖掘技术能有效地从 GIS 数据库中挖取出地理知识，包括空间分布规律等。将数据挖掘技术与地理元胞自动机结合，可以自动从观察数据中生成模拟所需要的转换规则，并同时完成模型的纠正过程。CA 的转换规则决定每个单元（cell）状态的转换，如从农业用地变为城市用地。大多数的 CA 是采用数学表达式（如线性方程或 Logistic 公式等）来隐含地代表转换规则的，确定公式中的参数往往很困难。而采用数据挖掘的方法则能获取明确（explicit）的转换规则（图 6-1）。例如，

规则 1：

　　假如　　　　土地利用类型为森林或湿地

　　则　　　　　禁止土地开发（置信度为 0.85）

规则 2：

　　假如　　　　土地利用类型为粮田

离市中心距离 ＜10 km

邻近范围城市用地的单元（cell）数目 ＞16

则　　　　　　　该中心单元转变为城市用地（置信度为 0.95）

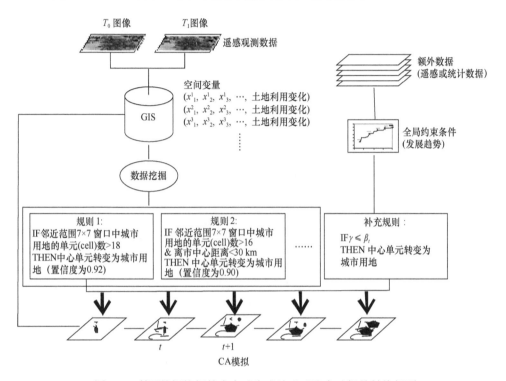

图 6-1　利用数据挖掘技术自动生成地理元胞自动机的转换规则

6.2　遗传算法与 CA 的参数选择

遗传算法是一种基于自然选择和遗传变异等生物进化机制的全局性概率搜索算法。与基于导数的解析方法和其他启发式搜索方法（如爬山方法、模拟退火算法、Monte Carlo 方法）一样，进化算法在形式上是一种迭代方法。从选定的初始解出发，通过不断迭代逐步改进当前解，直到最后搜索到最优解或满意解。在进化计算中，迭代计算过程采用了模拟生物体的进化机制，从一组解（群体）出发，采用类似于自然选择和有性繁殖的方式，在继承原有优良基因的基础上，生成具有更好性能指标的下一代解（群体）（李敏强等，2002；Hyun and Jong-Hwan，1996；Booker et al.，1989）。

遗传算法以编码空间代替问题的参数空间，以适应度函数为评价依据，以编码群体为进化基础，以对群体中个体位串的遗传操作实现选择和遗传机制，从而建立起一个迭代过程。在这一过程中，通过随机重组编码位串中重要的基因，使新一代的位串集合优于老一代的位串集合，群体的个体不断进化，逐渐达到最优解，最终达到求解问题的目的。其中，参数编码、初始群体的设定、适应度函数的设计、遗传操作的设计和控制参数的设定是遗传算法的五大要素。遗传算法优化问题求解的流程图如图 6-2 所示。

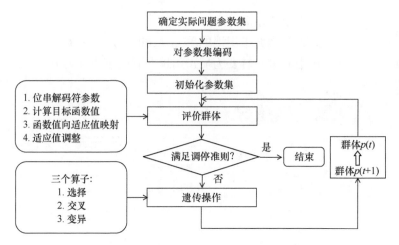

图 6-2　遗传算法优化问题求解流程图

运用遗传算法优化问题求解的步骤如下：

（1）选择编码策略，把参数集合 X 和域转换为位串结构空间 S；

（2）定义适应度函数 $f(x)$；

（3）确定遗传策略，包括选择群体大小 n，选择、交叉、变异方法，以及确定交叉概率 p_c、变异概率 p_m 等遗传参数；

（4）随机初始化形成群体 p；

（5）计算群体中个体位串解码后的适应值 $f(X)$；

（6）按照遗传策略，将选择、交叉和变异算子作用于群体，形成下一代群体；

（7）判断群体性能是否满足某一指标，或者已经完成预定迭代次数，不满足则返回步骤（6），或者修改遗传策略再返回步骤（6）。

以城市扩展的 CA 为例，介绍利用遗传算法自动寻找模型最佳参数的过程。常用的城市 CA 如下，某元胞 $t+1$ 时刻发展为城市用地的概率 $p_{d,ij}^{t+1}$ 为

$$p_{d,ij}^{t+1} = \mathrm{RA} \times P_{c,ij}^{t+1} = \left[1 + (-\ln\gamma)^\alpha\right] \times \frac{1}{1+\exp(-z_{ij})} \times \mathrm{con}(s_{ij}^t) \times \Omega_{ij}^t \qquad (6\text{-}6)$$

式中，$z_{ij} = a_0 + a_1 x_1 + a_2 x_2 + \cdots + a_m x_m$，其中，$a_0$，$a_1$，$\cdots$，$a_m$ 为空间变量的权重，x_1，x_2，$\cdots$，x_m 为空间变量，如离公路的最短距离，离铁路的最短距离，离商业中心、居住中心的最短距离等；Ω_{ij}^t 为 t 时刻 i，j 元胞的 3×3 邻域影响值；con（）为条件函数，若元胞满足条件，则值为 1，否则为 0。

Ω_{ij}^t、$\mathrm{con}(s_{ij}^t)$ 随着时间 t 的变化而动态计算。在每次循环中，将该发展概率与预先给定的阈值 $p_{\mathrm{threshold}}$ 进行比较，确定该元胞是否发生状态的转变。

利用遗传算法可以方便自动搜索 CA 的最佳参数，首先要对染色体进行编码。将需要求解的 CA 的参数 a_0，a_1，$\cdots$，a_m（m 为自变量个数）定义为染色体。染色体（CM）可表达为

$$CM=[\ a_0\quad a_1\dots a_m\ ] \tag{6-7}$$

式中，$0<a_0<1$；$-0.1<a_1$，$\cdots$，$a_m<-0.0001$；染色体采用实数编码。

适应度函数定义如下：

$$f(x) = \sum_{i=1}^{n}(\hat{f_i} - f_i)^2 \tag{6-8}$$

$$\hat{f_i}(x_1, x_2, \cdots, x_m) = \frac{1}{1 + \exp\left[-(a_0 + a_1 x_1 + a_2 x_2 + \cdots + a_m x_m)\right]} \tag{6-9}$$

初始种群的产生。用遗传算法优化 CA 的参数时，产生 50 个种群，通过进化可以得到比较理想的结果。遗传操作和控制参数的设计：本节将 a_0 的初始值设为 0.5，其他染色体的初始值设为 -0.01。运用选择、交叉、突变等遗传算子模拟进化，其中交叉率为 0.9，突变率为 0.01。进化时，运用精英选择（elitist selection）策略和多样性操作算子（diversity opera）。当最佳适应值在 50 代内不发生变化时，进化终止。运用遗传算法寻找 CA 最佳参数的流程如图 6-3 所示。

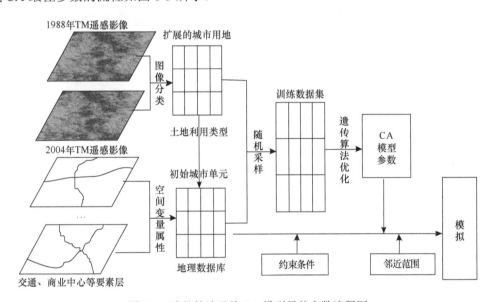

图 6-3 遗传算法寻找 CA 模型最佳参数流程图

6.3 基于 Fisher 判别和离散选择的 CA

Fisher 准则是类间均值与类内方差总和之比为极大的决策规则。它的基本思想是投影，即把 G 类的 m 维数据投影到某一个方向，使得变换后的数据，相同类别的点尽可能集聚在一起，不同类别的点尽可能分离，以达到分类的目的。图 6-4 是最简单的 Fisher 二维变量线性判别原理图。在图 6-4 中，有两类数据 Class_1、Class_2，它们在 X_1 轴和 X_2 轴方向上的投影都有不同程度的重叠，因此彼此并不能较好地区分开来。Fisher 线性判别就是找到一条直线 Y 为坐标轴，使得两类数据 Class_1、Class_2 的中心在直线 Y 轴上的

投影点间距 Y_1Y_2 最大，两类数据在 Y 轴上投影的重叠部分达到最小，这样通过 Y_1Y_2 中点的垂线就能把两类数据 Class_1、Class_2 较好地区分开来。该垂线即线性判别函数，其表达式如下：

$$Y = a_1X_1 + a_2X_2 \qquad (6\text{-}10)$$

式中，X_1、X_2 为变量；a_1、a_2 为变量系数。确定变量系数 a_1、a_2 的原则应使 Class_1、Class_2 两类数据的 Y 值有最大的差别，使同类之间的 Y 值具有最大的离散度。建立判别函数后，还需要计算变量中心投影连线的中点值，并将其作为判别的依据。普遍的做法是首先采样训练，再以训练样本计算两类平均判别函数值，其表达式如下：

$$Y_0 = \frac{1}{n_1+n_2}(\sum_{i=1}^{n_1} Y_{\text{Class}_1} + \sum_{i=1}^{n_2} Y_{\text{Class}_2}) \qquad (6\text{-}11)$$

式中，n_1、n_2 分别为两类变量 Class_1、Class_2 训练样本的个数；$\sum_{i=1}^{n_1} Y_{\text{Class}_1}$ 为训练样本中 Class_1 的判别函数值之和；$\sum_{i=1}^{n_2} Y_{\text{Class}_2}$ 为训练样本中 Class_2 的判别函数值之和；Y_0 为判别阈值，$Y > Y_0$ 时为一类，$Y < Y_0$ 时则为另一类。

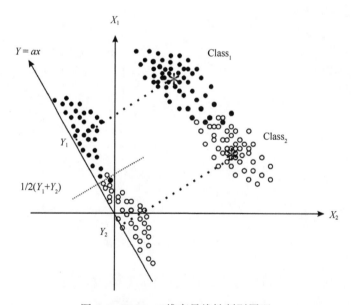

图 6-4　Fisher 二维变量线性判别原理

在实际应用中，若有 G 类的 m 维数据需要区分，则根据训练数据建立 G 组判别函数：

$$\begin{cases} Y_1 = a_{01} + a_{11}X_1 + a_{21}X_2 + \cdots + a_{m1}X_m \\ Y_2 = a_{02} + a_{12}X_1 + a_{22}X_2 + \cdots + a_{m2}X_m \\ \cdots \\ Y_G = a_{0G} + a_{1G}X_1 + a_{2G}X_2 + \cdots + a_{mG}X_m \end{cases} \qquad (6\text{-}12)$$

对于待判别的数据 i，也对应有 G 组判别函数值，数据 i 所属的类别 $Class_j$ 可由式（6-13）给出：

$$if \quad Max(Y_{1i}, Y_{2i}, \cdots, Y_{Gi}) = Y_j \quad then \quad i \in Class_j \quad (6-13)$$

式中，$Y_{1i}, Y_{2i}, \cdots, Y_{Gi}$ 分别为数据 i 对应的判别函数值，判别分析过程如图 6-5 所示。

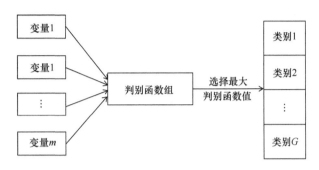

图 6-5 Fisher 判别过程示意图

本节将 Fisher 判别分析应用在地理元胞自动机中，自动从训练数据获取 CA 所需的模型参数值，并结合离散选择模型对 Fisher 判别分析法进行改进，改进后的判别分析法直接用于生成 CA 的转换规则。以城市模拟为例，结合判别分析和离散选择模型，从 GIS 和遥感数据中自动挖掘 CA 的转换规则（图 6-6）。

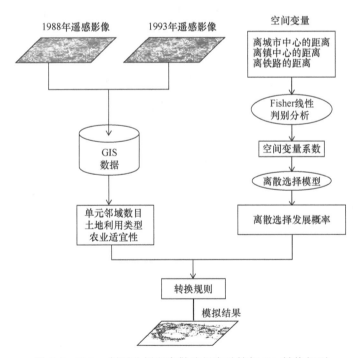

图 6-6 Fisher 判别分析和离散选择自动挖掘 CA 转换规则

从图 6-5 可以看出，判别分析是通过布尔规则来确定类别的边界。许多研究表明，地理复杂现象具有一定的不确定性，利用布尔规则来判别复杂的地理现象结果并不理想。为此，有必要把模糊概念引入地理现象的判别过程中，用概率的形式来确定所属类别，这样更符合选择逻辑，可以减少判断过程的误差。本节结合离散选择模型来求取判别分析的选择概率。

离散选择模型是一种复杂、非线性的多元统计分析方法，主要用于测量消费者根据自己的偏好（效用函数）在不同产品中进行选择的概率。在 Fisher 判别分析过程中，对于数据 i，对应有 G 组判别函数，可以把这 G 组判别函数视为离散选择的效用函数，为了使选择结果更接近现实，把随机变量引进判别函数中：

$$U_j = a_{0j} + a_{1j}X_1 + a_{2j}X_2 + \cdots + a_{mj}X_m + \varepsilon_j \tag{6-14}$$

式中，U_j 为判别函数，可视为离散选择的效用函数；ε_j 为随机变量。根据 McFadden（1974）的证明，数据 i 属于 j 类的条件概率为

$$P_j = \frac{\exp(U_j)}{\sum\limits_{k=1}^{G} \exp(U_k)} \tag{6-15}$$

在用 CA 模拟城市发展时，单元（cell）只有两种状态：发展和不发展。因此，利用 Fisher 线性判别分析后会得到两个判别函数：

$$\begin{cases} U_{\text{dev}} = a_{0\text{dev}} + a_{1\text{dev}}X_1 + a_{2\text{dev}}X_2 + \cdots + a_{m\text{dev}}X_m + \varepsilon_{\text{dev}} \\ U_{\text{undev}} = a_{0\text{nodev}} + a_{1\text{nodev}}X_1 + a_{2\text{nodev}}X_2 + \cdots + a_{m\text{nodev}}X_m + \varepsilon_{\text{nodev}} \end{cases} \tag{6-16}$$

式中，U_{dev}、U_{undev} 分别为发展和不发展的判别函数；$X_1, X_2, \cdots, X_m$ 为所选取的空间变量，如到城市中心、到镇中心的距离，到公路、铁路、高速公路的距离等空间距离变量，$a_{1\text{dev}}, a_{2\text{dev}}, \cdots, a_{m\text{dev}}$ 和 $a_{1\text{nodev}}, a_{2\text{nodev}}, \cdots, a_{m\text{nodev}}$ 分别为发展和不发展的空间变量的系数。根据离散选择模型计算单元转化为城市的发展概率，可由式（6-17）表示：

$$P_{\text{dev}}(ij) = \frac{\exp[U_{\text{dev}}(ij)]}{\exp[U_{\text{dev}}(ij)] + \exp[U_{\text{undev}}(ij)]} \tag{6-17}$$

由式（6-17）所计算的单元发展概率只考虑到空间距离变量对其转化的影响，而 CA 的邻域影响是一个非常重要的因素，因此还需要重新考虑邻域对中心单元的影响。在前面进行判别分析时，没有考虑邻域的影响，是因为邻域内的城市单元数目是动态变化的，需要单独考虑其对中心单元的影响，选择 3×3 作为邻域窗口，定义 $t-1$ 时刻的邻域影响值为

$$\Omega_{t-1}(ij) = \frac{\sum\limits_{3 \times 3} N[\text{urban}(ij)]}{3 \times 3 - 1} \tag{6-18}$$

式中，$\sum\limits_{3 \times 3} N[\text{urban}(ij)]$ 为 3×3 邻域窗口内城市化像元数。

同时，还需要考虑外部的约束条件，如道路、河流、陡峭的山地、优质的农田等发展为城市用地的概率较小。综合考虑局部邻域范围、单元约束条件及空间距离的影响，某单元在 t 时刻发展为城市用地的概率可由式（6-19）表达：

$$P_t(ij) = A \cdot P_{\text{dev}}(ij) \cdot \text{con}[\text{suit}(ij)] \cdot \Omega_{t-1}(ij) \tag{6-19}$$

式中，$\text{con}[\text{suit}(ij)]$ 为单元约束条件总值，其值为 0~1；A 为模型调整参数；$\Omega_{t-1}(ij)$ 为 $t-1$ 时刻的邻域影响值。求出单元发展概率后，还需要判断该单元是否发展，传统的做法是给定一个阈值（0~1），比较单元发展概率和阈值的大小。其公式表达如下：

$$S_{t+1}(ij) = \begin{cases} \text{Development}, P_t(ij) > P_{\text{threshold}} \\ \text{UnDevelopment}, P_t(ij) \leqslant P_{\text{threshold}} \end{cases} \tag{6-20}$$

式中，$S_{t+1}(ij)$ 代表单元在 $t+1$ 时刻的状态；$P_{\text{threshold}}$ 为发展概率阈值。这种方法是硬分法，为了使模拟结果与实际结果更为相符，本书采用软分法，即 Monte Carlo 的方法进行判断，其公式表达如下：

$$S_{t+1}(ij) = \begin{cases} \text{Development}, P_t(ij) > \text{Rand}_t(ij) \\ \text{UnDevelopment}, P_t(ij) \leqslant \text{Rand}_t(ij) \end{cases} \tag{6-21}$$

式中，$\text{Rand}_t(ij)$ 为 0~1 的随机变量，它随时间 t 的变化而不断随机改变。这种方法更能体现城市发展的不确定性，与现实相符。

6.4 基于非线性核学习机自动提取地理元胞自动机的转换规则

核学习机是指在通过核函数产生隐含的高维特征空间中，利用线性技术设计出非线性的信息处理算法，其为解决复杂非线性问题提供了一个简单有效的方法。目前，基于核化原理的方法已成为机器学习的研究热点，并在许多领域中都得到了成功的应用，而国内对这方面的研究还刚刚起步。核学习机主要包括核 Fisher 非线性判别、支持向量机及核主成分分析，许多研究表明（Mika et al.，1999；Liu et al.，2004），核 Fisher 判别的性能要优于支持向量机及核主成分分析。本节选取核 Fisher 判别方法来自动提取地理元胞自动机的转换规则。

对于线性可分问题，传统的线性 Fisher 判别方法的判别能力得到了普遍认可。但地理现象属于复杂的非线性问题，简单的线性判别分析无法有效地区分不同特征的样本。在这种情况下，构造判别函数时可以采用复杂的非线性判别函数，但具体实现时却很困难（Shen，1998）。针对这种情况，Mika 等在 1999 年提出核 Fisher 判别方法，其基本思路是通过某一非线性变换把属性空间的向量映射到高维特征空间，并在高维特征空间中利用 Fisher 线性判别找出一个最优投影方向，这样就隐含地实现了原输入空间的非线性判别，其基本原理如图 6-7 所示。

假设数据 X 包含 N 个 d 维样本，即 $X=\{x_1,x_2,\cdots,x_N\}$，其中 N_1 个属于 w_1 类的样本记为 $X_1=\{x_1^1,x_2^1,\cdots,x_{N_1}^1\}$，$N_2$ 个属于 w_2 类的样本记为 $X_2=\{x_1^2,x_2^2,\cdots,x_{N_2}^2\}$，为了实现非线性判别，将输入空间的样本数据 $x \in R^d$ 通过非线性映射 Φ 变换到高维特征空间 F 中，其表达式如下：

$$\Phi: R^d \to F, x \to \Phi(x) \tag{6-22}$$

这样在特征空间 F 中，就可以利用线性 Fisher 进行判别。根据线性 Fisher 判别函数的定义，特征空间 F 中 $\Phi(x)$ 的 Fisher 判别分析函数为

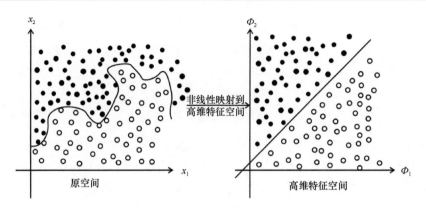

图 6-7 投影到高维空间的核 Fisher 非线性判别

$$J(w) = \frac{w^{\mathrm{T}} S_b^{\varPhi} w}{w^{\mathrm{T}} S_w^{\varPhi} w} \quad (w \in F) \tag{6-23}$$

式（6-23）就是数学物理方法中著名的广义 Rayleigh 熵，$S_b^{\varPhi}$、$S_w^{\varPhi}$ 为特征空间 F 中的相应矩阵，即

$$S_b^{\varPhi} = (m_1^{\varPhi} - m_2^{\varPhi})(m_1^{\varPhi} - m_2^{\varPhi})^{\mathrm{T}} \tag{6-24}$$

$$S_w^{\varPhi} = \sum_{j=1}^{2} \sum_{i=1}^{N_j} \left[\varPhi(x_i^j) - m_j^{\varPhi} \right] \left[\varPhi(x_i^j) - m_j^{\varPhi} \right]^{\mathrm{T}} \tag{6-25}$$

式中，$m_j^{\varPhi} = \frac{1}{N_j} \sum_{i=1}^{N_j} \varPhi(x_i^j); j = 1,2$。

为了求解特征空间中的 Fisher 线性判别，需要引入满足 Mercer 条件的核函数 $K(x_k, x_i^j) = \varPhi^{\mathrm{T}}(x_k) \varPhi(x_i^j)$，核函数是由非线性映射函数构成的内积函数。引入核函数可以大大减少计算量，从而达到简单方便的目的。因为利用了满足 Mercer 条件的核函数，所以不需要知道非线性变换的具体形式。但对于原始属性空间来说，这一投影方向却是非线性的。根据式（6-23），特征空间 F 中线性 Fisher 判别函数可以转化为（Mika et al.，1999）

$$J(a) = \frac{a^{\mathrm{T}} P a}{a^{\mathrm{T}} Q a} \tag{6-26}$$

式中，P、Q 为特征空间 F 中经过核函数转化后的相应矩阵，即

$$P = (P_1 - P_2)(P_1 - P_2)^{\mathrm{T}} \tag{6-27}$$

$$Q = \sum_{j=1}^{2} \sum_{i=1}^{N_j} (K_i^j - P_j)(K_i^j - P_j)^{\mathrm{T}} \tag{6-28}$$

式中，$P_j = (P_{jk})_{k=1,2,\cdots,N}, P_{jk} = \frac{1}{N_j} \sum_{i=1}^{N_j} K(x_k, x_i^j)$；$K_i^j = K(x_k, x_i^j)$。式（6-26）为核 Fisher 判别函数。使式（6-26）取极大值时的特征向量 a_{opt} 就是所寻找的最佳投影方向，即

$$a_{\text{opt}} = \arg\max\left[J(a)\right] = Q^{-1}(P_1 - P_2) \tag{6-29}$$

值得注意的是，式（6-29）在具体求解时可能无解，因为数值问题会导致矩阵 Q 非正定，此外，也需要在特征空间 F 采取某种方法控制 Q，在这里，有必要对 Q 做正则化处理（Liu et al.，2004）：

$$Q_\mu = Q + \mu I \tag{6-30}$$

式中，μ 为正常数；I 为单位矩阵。任意一个测试样本 x 在最佳投影方向 a_{opt} 上所求取的特征向量值为

$$G(x) = \sum_{i=1}^{N} a_{\text{opt}} K(x_i, x) \tag{6-31}$$

决策函数为

$$F(x) = \text{sign}\left[G(x) - b\right] \tag{6-32}$$

其中，$b = a_{\text{opt}} \dfrac{(P_1 + P_2)}{2}$，决策规则为

$$F(x) \begin{cases} > 0 \\ < 0 \end{cases} \to x \in \begin{cases} w_1(\text{类}) \\ w_2(\text{类}) \end{cases} \tag{6-33}$$

如果高维特征空间 F 所包含的特征信息足够丰富，将会在很大程度上增加特征空间 F 中映射数据线性可分的可能性，特征空间 F 中的线性方向对应于输入空间的非线性方向。由于引入了核函数，只需选择适当的核函数，不必直接考虑非线性映射，这样大大简化了运算。常用的核函数有如下几种。

（1）多项式内积核函数：$K(x, y) = (x \cdot y + 1)^d$

（2）径向基内积核函数：$K(x, y) = \exp\left(-\dfrac{|x - y|^2}{\sigma^2}\right)$

（3）Sigmoid 内积核函数：$K(x, y) = \left[k(x \cdot y) + \theta\right]$

核学习机能够有效地解决非线性问题，特别适合于地理复杂现象。本节将核 Fisher 判别应用在地理元胞自动机中，自动从训练数据中获取 CA 转换规则，并同时完成模型的纠正过程。以城市模拟为例，利用两年的遥感图像监测城市的增长，通过核 Fisher 判别方法，从 GIS 和遥感数据中自动挖掘地理元胞自动机的转换规则（图 6-8）。

城市发展的概率往往取决于一系列的空间距离变量、邻近现有城市用地的数量和单元的自然属性等（Batty and Xie，1994；Wu and Webster，1998）。本节在运用核 Fisher 进行判别时，先只考虑各个空间变量，这是因为邻域内的城市单元数目是动态变化的，需要单独考虑其对中心单元的影响，单元的自然属性可以作为外部的约束条件来考虑。

影响城市发展的空间距离变量往往是复杂非线性的，如果利用核 Fisher 判别规则来获取转换规则可以有效地解决这个问题。核 Fisher 判别把系列空间变量从低维特征空间中映射到高维空间中，并在高维特征空间中把系列空间变量投影到某一个方向，使得变换后的数据，相同类别的点尽可能集聚在一起，不同类别的点尽可能分离。依据类间均

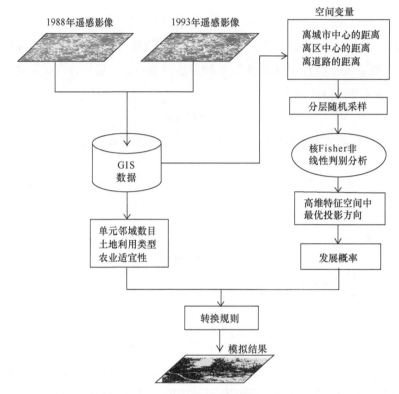

图 6-8　核 Fisher 判别分析自动挖掘 CA 转换规则

值与类内方差总和之比为极大的决策规则来确定城市是否发展，由于高维特征空间所包含的特征信息足够丰富，这将会在很大程度上增强识别城市是否发展的能力，转换规则也能够充分反映城市发展的复杂性。那么，转换规则所代表的实际意义就是把在低维特征空间中线性不可分的地理复杂现象（如城市发展）映射到高维特征空间中，以达到线性可分的目的。

从式（6-33）可以看出，核 Fisher 判别是通过布尔规则来确定类别的边界。研究表明（黎夏等，2004），地理复杂现象具有一定的不确定性，利用布尔规则来判别复杂的地理现象，结果并不理想。为此，有必要把模糊概念引入地理现象的判别过程中，对核 Fisher 判别规则进行改进，用概率的形式来确定所属类别。本书采用 Logistic 函数对核 Fisher 判别规则进行改进，使其发展概率的取值在[0,1]，结合式（6-33），则单元发展概率可用式（6-34）表示：

$$P_{dev}(ij) = \frac{1}{a_0 + b_0 \cdot \exp\left\{-c_0 \cdot \left[G(x_{ij}) - b\right]\right\}} \tag{6-34}$$

式中，a_0、b_0、c_0 为 Logistic 模型的参数；$G(x_{ij})$ 为单元在最佳投影方向 a_{opt} 上所求取的特征向量值；$b = a_{opt}\dfrac{(P_1 + P_2)}{2}$。由式（6-34）所计算的单元发展概率只考虑到空间距离变量对其转化的影响，而 CA 的邻域影响是一个非常重要的因素，因此，还需要重新

考虑邻域对中心单元的影响。选择 3×3 作为邻域窗口，定义 $t-1$ 时刻的邻域影响值为

$$\Omega_{t-1}(ij) = \frac{\sum\limits_{3\times3} N[\text{urban}(ij)]}{3\times3-1} \tag{6-35}$$

式中，$\sum\limits_{3\times3} N[\text{urban}(ij)]$ 为 3×3 邻域窗口内城市化像元数。

同时，还需要考虑外部的约束条件，如道路、河流、陡峭的山地、优质的农田等发展为城市用地的概率较小。综合考虑局部邻域范围、单元约束条件及空间距离的影响，某单元在 t 时刻发展为城市用地的概率可由式（6-36）表达：

$$P_t(ij) = A \cdot P_{\text{dev}}(ij) \cdot \text{con}[\text{suit}(ij)] \cdot \Omega_{t-1}(ij) \tag{6-36}$$

式中，$\text{con}[\text{suit}(ij)]$ 为单元约束条件总值，其值为 $0\sim1$；A 为模型调整参数；$\Omega_{t-1}(ij)$ 为 $t-1$ 时刻的邻域影响值。求出单元发展概率后，还需要判断该单元是否发展，为了使模拟结果与实际结果更为相符，采用 Monte Carlo 方法进行判断，其公式表达如下：

$$S_{t+1}(ij) = \begin{cases} \text{Development,} P_t(ij) > \text{Rand}_t(ij) \\ \text{UnDevelopment,} P_t(ij) \leqslant \text{Rand}_t(ij) \end{cases} \tag{6-37}$$

式中，$\text{Rand}_t(ij)$ 为 $0\sim1$ 的随机变量，它随时间 t 的变化而不断随机改变。这种方法更能体现城市发展的不确定性，与现实相符。

6.5　基于支持向量机的元胞自动机

本节介绍采用支持向量机（support vector machine，SVM）来确定 CA 非线性转换规则的方法。CA 在模拟复杂地理现象时，需要采用非线性转换规则。目前，CA 主要采用线性方法来获取转换规则，其在反映复杂的非线性地理现象时有一定的局限性。本节以模拟城市扩张为例，将模拟城市系统的主要特征变量映射到 Hilbert 空间后，通过支持向量机建立最优分割超平面，分割超平面的分类决策函数由径向基核（radial basis kernel）构造。利用历史遥感数据校正超平面的决策函数，确定城市 CA 的非线性转换规则，从而计算出城市发展概率。

支持向量机通过度量待分向量与训练数据中的支持向量间的相似程度对待分向量进行分类。这种相似程度的度量是通过向量的内积实现的（邓乃扬和田英杰，2004）。如果两个向量分别为 $x = ([x]_1,[x]_2,\cdots,[x]_n)^{\text{T}}$ 和 $x' = ([x']_1,[x']_2,\cdots,[x']_n)^{\text{T}}$，则它们的内积 $(x \cdot x')$ 为

$$(x \cdot x') = \sum_{i=1}^{n} [x]_i [x']_i \tag{6-38}$$

当判断待分向量属于哪个类别时，用距离进行的度量可转换为用向量内积度量。已知 x_+ 属于正类，x_- 属于负类，判断 x 的归属时，运用距离进行度量的方法如下：若 $\|x-x_+\| < \|x-x_-\|$，则 $x \in x_+$，否则，$x \in x_-$。若令 $\omega = (x_+ - x_-), m = (x_+ + x_-)/2$，则 $\|x-x_+\| > \|x-x_-\|$ 等价于 ω 和 $x-m$ 呈钝角。据此，可得到决策函数：

$$y = \text{sgn}\left[(x-m)\cdot\omega\right] \tag{6-39}$$

式（6-39）中，

$$
\begin{aligned}
(x-m)\cdot\omega &= (x - x_+/2 - x_-/2)\cdot(x_+ - x_-)\\
&= (x\cdot x_+) - \frac{1}{2}(x_+\cdot x_+) - \frac{1}{2}(x_-\cdot x_+)\\
&\quad - (x\cdot x_-) + \frac{1}{2}(x_+\cdot x_-) + \frac{1}{2}(x_-\cdot x_-)
\end{aligned}
\tag{6-40}
$$

式（6-40）表明，式（6-39）仅仅依赖于式（6-40）中的 x_+、x_-、x 之间的内积，即这些内积决定了 x 的类别归属问题。

支持向量机以结构风险最小化准则和最大分类间隔为基本原则，依据"核"函数的内积，对向量进行分类（Cherkassky and Ma，2004；Chang and Lin，2001）。具体分类方法如下：

（1）设已知训练集 $T = \left\{(x_1,y_1),(x_2,y_2),\cdots,(x_l,y_l)\right\} \in (x\times y)^l$，其中 $x_i \in x = R^n, y_i \in y = \{1,-1\}, i = 1,\cdots,l$；

（2）当训练数据线性可分及近似线性可分时[图 6-9（a），适合多准则判断方法]，选择适当的惩罚参数（松弛变量）$c>0$，构造并求解最优化问题：

$$\min_a \frac{1}{2}\sum_{i=1}^{l}\sum_{j=1}^{l} y_i y_j a_i a_j (x_i\cdot x_j) - \sum_{j=1}^{l} a_j \qquad \text{s.t.}\sum_{i=1}^{l} y_i a_i = 0 \tag{6-41}$$

式中，$0 \leqslant a_i \leqslant c, i = 1,\cdots,l$，$a_i$ 为拉格朗日系数，从而得最优解 $a^* = (a_1^*,\cdots,a_l^*)^{\mathrm{T}}$；

（3）计算 $\omega^* = \sum_{i=1}^{l} y_i a_i^* x_i$，选择 a_i^* 的一个小于 c 的正分量 a_j^*，并据此计算：$b^* = y_i - \sum_{i=1}^{l} y_i a_i^* (x_i\cdot x_j)$

（4）构造分化超平面 $(\omega^*\cdot x) + b^* = 0$，由此求得决策函数：

$$f(x) = \text{sgn}\left[(\omega^*\cdot x) + b^*\right] \tag{6-42}$$

式（6-41）的最优化问题可由标准拉格朗日乘子法求解，决策函数式（6-42）可由原向量及内积表示，即

$$f(x) = \text{sgn}\left[\sum_{i=1}^{l} y_i a_i^* (x_i, x) + b^*\right] \tag{6-43}$$

式中，与每个非零 a_i^* 对应的向量均为支持向量。

当训练数据线性不可分时，可通过映射 $\phi(x)$ 将线性不可分的特征空间 x 转换到更高维的线性可分的 Hilbert 特征空间 X 中[图 6-9（b）和图 6-9（c）]。在 Hilbert 特征空间 X 中，选择适当的惩罚参数 $c>0$，构造并求解最优化问题：

$$\min_a \frac{1}{2}\sum_{i=1}^{l}\sum_{j=1}^{l} y_i y_j a_i a_j \left[\phi(x_i)\cdot\phi(x_j)\right] - \sum_{j=1}^{l} a_j \qquad \text{s.t.}\sum_{i=1}^{l} y_i a_i = 0 \tag{6-44}$$

式中，$0 \leqslant a_i \leqslant c, i = 1, \cdots, l$，$a_i$ 为拉格朗日系数。

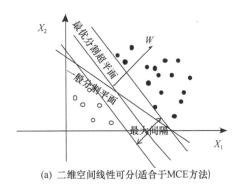

(a) 二维空间线性可分(适合于MCE方法)

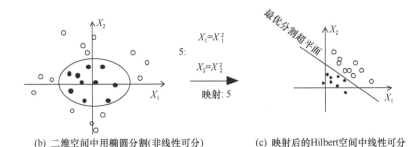

(b) 二维空间中用椭圆分割(非线性可分)　　　　(c) 映射后的Hilbert空间中线性可分

图 6-9　二维线性可分、非线性可分及映射后的线性可分示意图

计算 $\omega^* = \sum\limits_{i=1}^{l} y_i a_i^* \phi(x_i)$，选择 a_i^* 的一个小于 c 的正分量 a_j^*，并据此计算：

$$b^* = y_i - \sum_{i=1}^{l} y_i a_i^* \left[\phi(x_i) \cdot \phi(x_j) \right] \qquad (6\text{-}45)$$

构造分化超平面 $\left[\omega^* \cdot \phi(x) \right] + b^* = 0$，由此求得决策函数：

$$f(x) = \text{sgn}\left\{ \left[\omega^* \cdot \phi(x) \right] + b^* \right\} \qquad (6\text{-}46)$$

在实际运用中，映射函数 $\phi(x)$ 可能非常复杂，较难实现。但最优化的目标函数[式 (6-44)]和决策函数[式 (6-46)]都只涉及映射后向量的点积运算，即 $\left[\phi(x_i) \cdot \phi(x_j) \right]$ 的形式。如果存在"核"函数 $k(\cdot)$，使

$$k(x_i, x_j) = \left[\phi(x_i) \cdot \phi(x_j) \right] \qquad (6\text{-}47)$$

那么，就能用原空间中的特征变量来实现 Hilbert 空间中的点积运算，从而绕开映射 $\phi(x)$ 的具体形式。

根据泛函分析中的有关理论，只要核函数 $k(\cdot)$ 满足 Mercer 条件，它就对应于某一变换空间中的点积，也就是说，存在映射 $\phi(x)$，使得式（6-47）成立（邓乃扬和田英杰，

2004）。常见的满足 Mercer 条件的核函数有多项式核函数：$k(x,y)=(x\cdot y+1)^p$，径向基函数：$k(x,y)=\mathrm{e}^{-(x-y)^2/2\sigma^2}$ 和 Sigmoid 函数：$k(x,y)=\tanh(kx\cdot y-\delta)$。此时，支持向量分类机构造选择核函数 $k(\cdot)$ 和惩罚参数 c，并求解最优化问题：

$$\min_a \frac{1}{2}\sum_{i=1}^{l}\sum_{j=1}^{l} y_i y_j a_i a_j k(x_i,x_j) - \sum_{j=1}^{l} a_j \qquad \text{s.t.}\sum_{i=1}^{l} y_i a_i = 0 \qquad （6\text{-}48）$$

式中，$0 \leqslant a_i \leqslant c, i=1,\cdots,l$，$a_i$ 为拉格朗日系数。

选择 a_i^* 的一个小于 c 的正分量 a_j^*，并据此计算：

$$b^* = y_i - \sum_{i=1}^{l} y_i a_i^* k(x_i,x_j) \qquad （6\text{-}49）$$

求得决策函数：

$$f(x) = \mathrm{sgn}\left[\sum_{i=1}^{l} y_i a_i^* k(x_i,x) + b^*\right] \qquad （6\text{-}50）$$

式中，x_i 为第 i 个支持向量；y_i 为第 i 个支持向量的分类变量；a_i^* 为对应支持向量的拉格朗日系数；b^* 为最优分割面的截距（常量）；x 为待分类元胞的向量。

其中，

$$f(x) = \begin{cases} 1, & \sum_{i=1}^{l} y_i a_i^* k(x_i,x) + b^* > 0 \\ -1, & \sum_{i=1}^{l} y_i a_i^* k(x_i,x) + b^* \leqslant 0 \end{cases} \qquad （6\text{-}51）$$

城市是复杂的非线性系统。在城市演变模拟时，采用非线性的转换规则更能反映城市系统复杂的特征。在许多情况下，城市演变中转变和不转变的边界是十分复杂的，无法用简单的线性边界来区分。图 6-10 显示了从遥感数据获得的深圳城市扩张的转变和不转变的边界所具有的非线性特点。因此，如果采用常用的多准则判断及 Logistic 回归模型是有较大弊端的。

本节提出了基于支持向量机的方法来解决 CA 模型的非线性边界问题。运用支持向量机确定城市 CA 的非线性转换规则时，通过支持向量机计算区域空间变量（离市中心的距离、离商业中心的距离、离各类道路的距离等）对每个元胞的城市发展概率的贡献。如果直接运用支持向量机的硬分类结果，无法在 CA 中动态计算邻近范围的城市元胞对中心元胞城市发展概率的影响，按照 Wu 和 Webster（1998）提出的 CA 的城市发展概率计算方法，借鉴支持向量机分类的概率输出方法，运用决策函数 $f(x) = \sum_{i=1}^{l} y_i a_i^* k(x_i,x) + b^*$ 直接计算每个元胞到最优超平面的距离，对硬分类超平面软化，计算每个元胞的城市发展概率。每个元胞转变为城市用地的概率如下：

$$p_r = \cfrac{1}{1 + \exp\left\{-\left[\sum_{i=1}^{l} y_i a_i^* k(x_i, x) + b^*\right]\right\}} \tag{6-52}$$

式中，p_r 为区域变量作用下元胞的城市发展概率；y_i、a_i^*、x_i、x、b^* 的含义同式（6-50）。核函数 $k(\cdot)$ 选用高斯径向基核，即 $k(x, x_i) = \mathrm{e}^{-\|x - x_i\|^2 / 2\sigma^2}$。

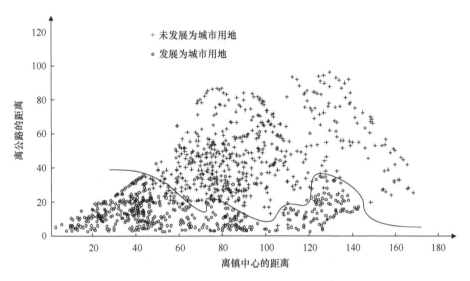

图 6-10　城市模拟中常碰到的非线性边界（单位：m）

考虑到元胞邻近范围的影响、不确定性因素的影响及约束性条件的影响，元胞的城市发展概率修改为

$$p_{t,k} = \left[1 + (-\ln r)^a\right] \times \cfrac{1}{1 + \exp\left[-\left(\sum_{i=1}^{l} y_i a_i^* \mathrm{e}^{-\|x_k - x_i\|^2 / 2\sigma^2} + b^*\right)\right]} \times \Omega_{3\times3,k}^t \times \prod_{i=1}^{m} c_{i,k} \tag{6-53}$$

式中，r 为 0～1 的随机数；a 为控制离散变量大小的参数，一般取 5；$\Omega_{3\times3,k}^t$ 为第 K 个元胞 3×3 邻近范围已城市化的数目，在每次模拟过程中迭代计算；$\prod_{i=1}^{m} c_{i,k}$ 为第 K 个元胞的约束条件；c_i 为约束要素。

$$\|x_k - x_i\|^2 = (x_k - x_i)^\mathrm{T} \cdot (x_k - x_i), \quad x_k = (x_{k1}, x_{k2}, \cdots, x_{km},)^\mathrm{T} \tag{6-54}$$

每次迭代运算中，计算出每个元胞发展为城市的概率后，将其与预先设定的阈值 $P_{\text{threshold}}$ 进行比较，如果元胞的城市发展概率大于等于该阈值，则该元胞转换为城市用地；否则，该元胞不转换为城市用地，其用公式表示如下：

$$\begin{cases} p_t \geqslant p_{\text{threshold}}, & \text{转变为城市用地} \\ p_t < p_{\text{threshold}}, & \text{不转变为城市用地} \end{cases} \tag{6-55}$$

运用支持向量机确定 CA 的转换规则，并模拟城市系统的流程，如图 6-11 所示。

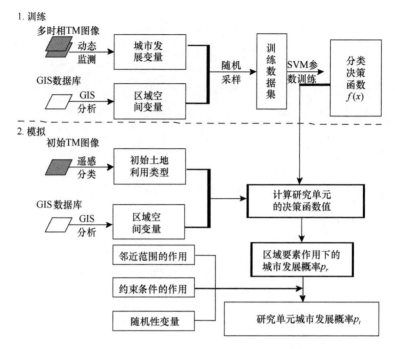

图 6-11　基于 SVM-CA 模拟城市系统流程图

6.6　基于粗集的知识发现与地理模拟

本节提出用粗集（rough sets）理论来自动获取不确定性 CA 转换规则的新方法。粗集是一种新的处理不确定性问题和含糊性问题的数学工具（李雄飞和李军，2003）。相对于概率统计、证据理论、模糊集等处理不确定性问题的数学工具而言，粗集理论不需要关于数据的任何预备或者额外的知识，而统计学需要概率分布，证据理论需要基本概率赋值，模糊集理论需要隶属函数。粗集理论的这些优点使它应用于知识发现、机器学习、模式识别、专家系统、归纳推理等领域（Pawalk，1996；Gao et al.，2005a；Hassan and Tazaki，2005；Jiang et al.，2005；Gao et al，2005b）。

本节以城市演变模拟中的不确定性动态知识挖掘为例。根据粗集理论，以不可分辨关系和近似空间为基础，获取模拟中不精确数据间的关系。通过确定决策系统中的分辨矩阵和分辨函数，发现对象和属性间的依赖关系。经过知识约简去除冗余数据后形成核，从核中归纳出约简的 CA 决策规则。所获得的规则能方便和准确地描述城市系统扩张的复杂关系，能准确地反映城市系统的动态性和不确定性。目前，国内外还没有开展利用粗集理论对地理模拟中不确定知识挖掘的研究。

6.6.1　粗集和约简的决策规则

粗集理论是波兰数学家 Z. Pawlak 于 1982 年提出的，是一种新的处理含糊性和不确定性问题的数学工具（Pawlak，1992）。粗集理论将分类方法看成知识，分类方法的集合就是知识库。知识库中对对象的分类方法与粗集中相应的等价关系对应。假定我们具有关于论域的某种知识，并使用属性和相应的值来描述论域中的对象。例如，空间物体集合 U 具有"颜色""形状""大小"这 3 种属性，"颜色"的属性值取黑、灰、白，"形状"的属性值取方、圆、三角形，而"大小"的属性值取大和小。从离散数学的观点来看，"颜色""形状""大小"构成了集合 U 上的一族等价关系。U 中的物体按照"颜色"这一等价关系，可以划分为"黑色的物体""灰色的物体""白色的物体"等集合；按照"形状"这一等价关系，可以划分为"方的物体""圆的物体""三角形的物体"等集合；按照"大小"这一等价关系，可以划分为"大的物体""小的物体"；按照"颜色+形状"这一合成等价关系，又可以划分为"黑色的圆物体""灰色的方物体""白色的三角形物体"等集合。如果两个物体同属于"黑色的圆物体"这一集合，而它们的"大小"属性没有明确的话，那么根据现有的知识，它们之间属于不可分辨的关系。粗集通过不可分辨的关系反映论域知识的粒度，而缺少了的"大小"属性则作为分辨这一不可分辨关系的关键属性（吴顺祥等，2004）。

粗集理论中的不确定性以不可分辨关系为基础，通过近似空间来表达。每一个不确定概念由近似空间中的上近似和下近似的精确概念来表示：设给定知识库 $K=(U,R)$，其中，U 为论域，R 为等价关系，对于每个子集 $X\in U$ 和一个等价关系 $R\in \mathrm{IND}(K)$，可以根据 R 的基本集合描述来划分集合 X。集合 X 关于 R 的下近似定义为

$$\underline{R}X=\{x\,|\,x\in U\qquad \text{且}[x]_R\in X\} \tag{6-56}$$

集合 X 关于 R 的上近似定义为

$$\overline{R}X=\{x\,|\,x\in U,\qquad \text{且}[x]_R\bigcap X\neq\phi\} \tag{6-57}$$

集合 X 的边界域定义为

$$\mathrm{BN}_R=\overline{R}X-\underline{R}X \tag{6-58}$$

$\underline{R}X$ 实际上是由那些根据已有知识判断肯定属于 X 的对象所组成的最大的集合，也称为 X 的正域，记作 $\mathrm{POS}(X)$。由根据已有知识判断肯定不属于 X 的对象组成的集合称为 X 的负域，记作 $\mathrm{NEG}(X)$。$\overline{R}X$ 是所有与 X 相交非空的 $[x]_R$ 等价类的并集，是那些可能属于 X 的对象组成的最小集合。$\mathrm{BN}(X)$ 为集合的上近似与下近似之差。如果 $\mathrm{BN}(X)$ 是空集，则称 X 关于 R 是精确的；反之，如果 $\mathrm{BN}(X)$ 不是空集，则称集合 X 为关于 R 的粗集（图 6-12）。知识 R 表示集合 X 的完全程度可由 X 的近似精度 $\alpha_R(X)$ 表示：

$$\alpha_R(X)=\frac{|\underline{R}X|}{|\overline{R}X|} \tag{6-59}$$

显然，$0\leqslant\alpha_R(X)\leqslant 1$，当 $\alpha_R(X)=1$ 时，X 为 R 的精确集；当 $0\leqslant\alpha_R(X)<1$ 时，X 为 R 的粗集。粗集中的近似度是通过现有的知识库中两个集合的精确定义自动获取的。集合 X 为等价关系 R 的粗集时，R 等价关系表达的知识不能完全定义 X 中的所有元素。如果集合 X 是 R 粗集时，集合 X 中的元素 x_i 隶属于 R 的程度用 R 粗集隶属度函数 $\mu_X^R(x)$ 确定：

$$\mu_X^R(x) = \frac{\left|[x]_R \cap X\right|}{\left|[x]_R\right|} \tag{6-60}$$

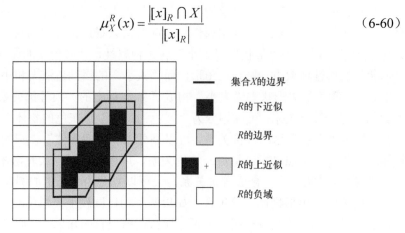

集合 X 的边界

R 的下近似

R 的边界

R 的上近似

R 的负域

图 6-12　粗集概念示意图

粗集从决策表中获取约简的决策规则时，首先建立决策表的分辨矩阵和分辨函数对决策表进行约简。设 $S = (U, V, A, f)$ 为决策属性表，$A = C \cup D$，其中，C 为条件属性集，D 为决策属性集。决策表的分辨矩阵是一个 n 阶方阵，其元素定义如下：

$$m_{ij}^* = \begin{cases} \{a \mid a \in C \quad \text{且} \quad f(x_i, a) \neq f(x_j, a)\} & (x_i, x_j) \notin \mathrm{IND}(D) \\ \phi & (x_i, x_j) \in \mathrm{IND}(D) \end{cases} \tag{6-61}$$

决策表的分辨矩阵表示，只有在 x_i、x_j 不属于同一个决策类的前提下，m_{ij}^* 是可以区分 x_i、x_j 的所有属性的集合；若 x_i、x_j 属于同一个决策类，则 $m_{ij}^* = \phi$。一个决策表可能同时存在几个约简，这些约简的交集定义为决策表的核，核中的属性是影响分类的重要属性。C 的 D 核是分辨矩阵中所有单个元素的 m_{ij}^* 的并集，即

$$\mathrm{CORE}_D(C) = \{a \in C \mid m_{ij}^* = \{a\} \quad 1 \leqslant i, j \leqslant n\} \tag{6-62}$$

决策表的分辨函数如下：

$$\rho^* = \wedge\{\vee m_{ij}^*\} \tag{6-63}$$

函数 ρ^* 的极小析取范式中各个析取式分别对应 C 的 D 约简。

令 X_i，Y_i 分别表示条件类和决策类。$\mathrm{Des}(X_i)$ 表示条件类 X_i 的描述，定义如下：

$$\mathrm{Des}(X_i) = \{(a, v_a) \mid f(x, a) = v_a, \forall_a \in C\} \tag{6-64}$$

$\mathrm{Des}(Y_i)$ 表示决策类 Y_i 的描述，定义如下：

$$\mathrm{Des}(Y_i) = \{(a, v_a) \mid f(x, a) = v_a, \forall_a \in D\} \tag{6-65}$$

决策规则定义为

$$T_{ij} : \mathrm{Des}(X_i) \to \mathrm{Des}(Y_i) \quad X_i \cap Y_i \neq \phi \tag{6-66}$$

规则的确定性因子用隶属函数从规则中自动获取，确定性因子如下：

$$\mu(X_i, Y_i) = \frac{\left| Y_j \bigcap X_i \right|}{\left| X_i \right|} \tag{6-67}$$

当 $\mu(X_i, Y_i)$ =1 时，T_{ij} 是确定的规则；当 0< $\mu(X_i, Y_i)$ <1 时，$\mu(X_i, Y_i)$ 反映 X_i 中的对象可分类到 Y_i 中的比例。生成决策规则后，利用决策 Logistic 算法求出极小化的决策规则。

6.6.2　基于粗集的 CA（RS-CA）

粗集能很好地处理不确定性问题。将粗集与地理元胞自动机结合，可以有效地从地理数据库中获取 CA 的转换规则。与传统的 CA 转换规则相比，粗集获取的规则是不确定性的，具有明确的意义。同时，粗集生成决策规则时，通过建立分辨矩阵和分辨函数对知识约简，将具有相同特征的对象聚为一类，生成对应的规则，CA 应用这种规则时，在不同地理环境条件下采用不同的转换规则。同时，对 CA 的变量进行选择，选取关键的变量作为模型的输入变量。

本节以城市模拟为例，利用粗集从 GIS 和 RS 中自动获取不确定性动态转换规则（图 6-13）。RS-CA 由两部分组成：规则获取和模拟。规则获取独立于模型进行，由专门的粗集处理软件 Rosetta 从训练数据中获取规则。模拟部分由 VB 联合 ArcObjects 开发的方式构成。ArcObjects 管理 GIS 数据库，并直接应用 GIS 的功能动态计算距离变量和邻近范围已城市化的元胞数，模拟时用 Rosetta 从训练数据中获取的转换规则按迭代次数动态运算。训练数据从两个不同观测时段的遥感图像中监测城市发展的区域，空间变量和其他变量从地理数据库中得到。Rosetta 从训练数据中获取的规则反映了这两个时间段城市用地的发展状况。遥感图像的观测时间往往比 CA 模拟的迭代间隔大很多。只有获取规则的遥感图像时间间隔（ΔT_{rule}）和迭代间隔（Δt_{CA}）完全一样时，获取的转换

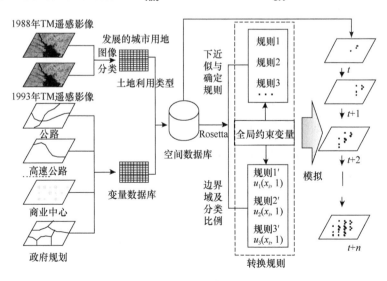

图 6-13　基于粗集的 CA

规则才能直接作为 CA 的转换规则（图 6-14）。为此，需要对原始规则作出调整。首先，确定 CA 在模拟时间段内的迭代次数（K）：

$$K = \Delta T_{\text{rule}} / \Delta t_{\text{CA}} \qquad\qquad (6\text{-}68)$$

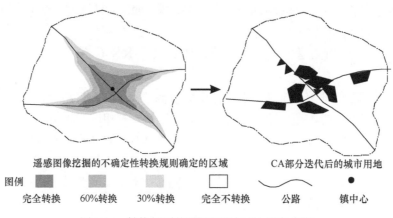

遥感图像挖掘的不确定性转换规则确定的区域　　　　　　CA部分迭代后的城市用地

图例　　■　　　　　■　　　　　■　　　　　□　　　　　～～～　　　　　●

完全转换　　60%转换　　30%转换　　完全不转换　　公路　　镇中心

图 6-14　转换规则的时间间隔与 CA 迭代间隔

其次，从遥感图像可以确定观测间隔 ΔT_{rule} 内的土地转换量 ΔQ_0，由于 $\Delta T_{\text{rule}} > \Delta t_{\text{CA}}$，在 CA 的每次迭代过程中，只有一部分土地的状态发生了变化（黎夏和叶嘉安，2004）。CA 在每次迭代内的土地转换量为

$$\Delta q_0 = \Delta Q_0 / K \qquad\qquad (6\text{-}69)$$

因此，采用全局约束性条件控制 CA 每次迭代过程中发生状态转变的量。

假如，根据原始规则判断单元 $x(i,j)$ 可转变为城市用地，$x(i,j)$ 在迭代 $t-1$ 为非城市用地，且 $\gamma < \beta_0 \times \mu(X_i, 1)$，则单元 $x(i,j)$ 转变为城市用地。

其中，$x(i,j)$ 为对应位置 (i,j) 的单元，γ 为随机变量，$\mu(X_i, 1)$ 为原始规则中转变为城市用地规则的确定性因子，β_0 公式如下所示：

$$\beta_0 = \frac{\Delta Q_0}{\Delta q_0} = \frac{1}{K} \qquad\qquad (6\text{-}70)$$

为反映不同时间段城市发展的速度，用多个时间段的观测数据获得城市增长量的变化（ΔQ_t）。假如，根据原始规则判断单元 $x(i,j)$ 可转变为城市用地，$x(i,j)$ 在迭代 $t-1$ 时为非城市用地，且 $\gamma < \beta_t \times \mu(X_i, 1)$，则单元 $x(i,j)$ 转变为城市用地。

其中，

$$\beta_t = \beta_0 \times \frac{\Delta Q_t}{\Delta Q_0} \qquad\qquad (6\text{-}71)$$

定性是通过转换比例 $\mu(X_i, 1)$ 动态地体现在模型的转换规则中。该方法可以有效地反映地理模拟所遇到的复杂关系及不确定性。

6.7　基于案例推理元胞自动机的地理模拟

6.7.1　基于规则（rule-based）的地理元胞自动机

传统地理元胞自动机模型是基于规则的，是通过转换规则来确定元胞下一时刻状态的转变，由此来模拟复杂地理现象的演变过程。有多种方法可以确定 CA 的转换规则，包括多准则判断（Wu and Webster，1998）、神经网络（Li and Yeh，2002）和数据挖掘（Li and Yeh，2004）等方法。最常用定义转换规则的方法是利用多准则判断来决定状态转变的概率。例如，Wu 和 Webster（1998）利用多准则判断（MCE）来建立城市扩张的 CA：

$$P(i) = \sum_{l=1}^{n} w_l a_l(i) \tag{6-72}$$

式中，$P(i)$ 为位置 i 转变为城市用地的概率；$a_l(i)$ 为位置 i 第 l 个属性（变量）；w_l 为该属性的权重。

该 MCE-CA 中权重的确定是通过专家知识来确定的，有一定的不确定性，可以进一步利用 Logistic 回归方法来解决该方法权重确定的问题（Wu，2002）：

$$P(i) = \frac{\exp[z(i)]}{1 + \exp[z(i)]} = \frac{1}{1 + \exp[-z(i)]} \tag{6-73}$$

式中，$z(i) = w_0 + w_1 a_1(i) + w_2 a_2(i) + \cdots + w_n a_n(i)$

6.7.2　基于案例（case-based）的地理元胞自动机

影响地理现象演变的因素有很多，它们之间的关系也比较复杂，往往无法用经验公式或规则来表达。采用在时空上固定的转换规则来反映这些复杂关系也是很困难的。但通过离散的地理案例，可以避免获取具体知识（规则）的困难，从而有效地解决自然界一些复杂推理问题。CBR 是专家系统的一种类型，它参考过去解决问题的经验（主要是通过案例）来解决新问题。

本节将以城市模拟为例，尝试把 CBR 引进地理元胞自动机中，自动从案例库中获取知识来反映 CA 的动态转换规则。与基于规则的 CA 不同，该模型是由案例来决定元胞的状态转变。该模型包括 4 个主要部分，即建立案例库、检索相似案例、获取问题的解决方案、更新案例库。图 6-15 是基于案例推理的 CA 的具体流程。

1. 建立案例库

该方法第一步是建立 CA 的案例库。这些案例可以反映某元胞的状态转变（土地利用变化）与空间变量等因素的复杂关系。例如，某元胞土地利用变化的概率往往取决于一系列的距离空间变量、邻近现有城市用地量和元胞的自然属性等（Batty and Xie，1994；Wu and Webster，1998）。本节在建立案例库时，先只考虑各空间变量，把其作为案例的特征属性，而把邻近现有城市用地量和元胞的自然属性作为外部的约束条件来考虑。

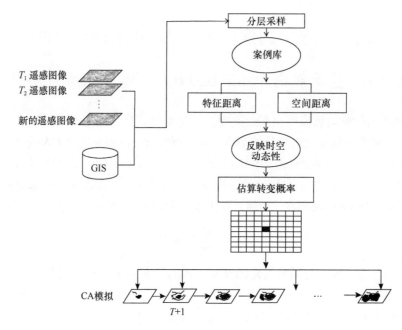

图 6-15　基于案例推理的 CA

　　在案例库中，每个案例由两部分组成：问题的描述（案例属性）和问题的解决（决定元胞的状态转变）。在这里，问题的描述为一系列空间距离变量，问题的解决为该元胞是否转变为城市用地。一个案例具体表达如下：

$$I = [a_1(i), a_2(i), \cdots, a_N(i); s] \tag{6-74}$$

式中，$a_1(i), a_2(i), \cdots, a_N(i)$ 为案例 i 所对应的一系列空间距离变量，即特征向量；s 为一布尔变量，转变为城市用地为 1，不转变为 0。

2. 利用改善的 k 最近邻算法（k-NN）反映 CA 动态转换规则

　　该方法的特点是用案例来隐含表达 CA 的转换规则，具体是在案例库中搜索最接近的案例来决定元胞的状态转变。案例搜索主要是基于 k 最近邻算法（k-NN）来进行的，可以利用下面的欧式距离公式来计算待查询案例（i）与案例库中某一已知案例（j）的相似度：

$$d(i, j) = \sqrt{\sum_{l=1}^{n} \left[a_l(i) - a_l(j) \right]^2} \tag{6-75}$$

式中，$a_l(i)$ 为某案例的第 l 个特征（属性）。

　　欧式距离越小，表示两个案例之间的相似度越高，可以进一步把权重引进相似度的计算中，以反映不同的特征对相似度计算所作的贡献，其公式修改为

$$d(i, j) = \sqrt{\sum_{l=1}^{n} w_l^2 \left[a_l(i) - a_l(j) \right]^2} \tag{6-76}$$

式中，w_l 为第 l 个特征（属性）所对应的权重。

有许多方法来确定这些权重。本书采用熵的方法来确定各属性的权重（Xu，2004）。在确定各属性权重前，需要对这些变量进行归一化，使它们的数值落在[0,1]。熵的计算公式如下所示（Theil，1967）：

$$H_n = \sum_{i=1}^{n} p_i \log(1/p_i)/\log(n) \qquad (6-77)$$

式中，$p_i = a(i)/\sum_{i=1}^{n} a(i)$；$n$ 为总样本数。

可以用熵值来判断案例某个特征的离散程度。对于某个特征，若各个案例的值没有太大区别，则该特征离散程度较小，在综合分析中所起的作用不大，对案例相似度计算的"贡献"较小；反之，若对某个特征而言，各个案例的值有很大的波动，即该特征的离散程度很大，则这个特征对综合分析有很重要的"贡献"。第 l 个特征（属性）所对应的权重可以由式（6-78）表示：

$$w_l = w_l^0 \cdot \phi_l / \sum_{i=1}^{N} w_i^0 \cdot \phi_i \qquad (6-78)$$

式中，$\phi_l = \dfrac{1 - H_{nl}}{n - \sum\limits_{i=1}^{n} H_{nl}}$；$N$ 为总特征数目。

案例推理的实质是通过相似度的计算来寻找与待查询案例（i）最接近的已知案例（j），从而把已知案例的目标函数 $f(j)$（问题的解，即是否发生状态转变）赋给待查询案例。目标函数值可以是离散的，也可以是连续的。在本 CA 中，目标函数值即元胞的状态是离散的。在实际应用中，是通过寻找与待查询案例最接近的 k 个最近邻来实现的，即采用 k 最近邻算法（Dasarathy，1991）。该方法可以有效消除噪声。因此，对于离散的目标函数值，其 k 最近邻算法公式表达如下：

$$\hat{f}(i) \leftarrow \arg\max_{s \in S} \sum_{j=1}^{k} \delta[s, f(j)] \qquad (6-79)$$

其中，$\begin{cases} \delta[s, f(j)] = 1, & \text{if } s = f(j) \\ \delta[s, f(j)] = 0, & \text{if } s \neq f(j) \end{cases}$

式中，s 为元胞的状态，为城市用地（$s=1$）或否（$s=0$）。

式（6-79）假定这 k 个最近邻具有同样的贡献。对 k 最近邻算法的一个改进是根据特征空间的反距离来确定它们的贡献，即在特征空间中距离越近，所起的作用越大，因此把较大的权重赋给较近的近邻，则式（6-79）可修改为

$$\hat{f}(i) \leftarrow \arg\max_{s \in S} \sum_{j=1}^{k} w_{fj} \cdot \delta[s, f(j)] \qquad (6-80)$$

其中，特征距离权重 w_{fj} 的计算公式为

$$w_{fj} = \frac{1}{d(i, j)^2} \qquad (6-81)$$

式中，$\hat{f}(i) = f(j)$ if $d(i, j) = 0$。

目前，k 最近邻算法是在特征空间中查询的，无法反映案例随空间变化的特征，其在应用中有一定的缺陷。为了获取 CA 转换规则随空间变化的特征，有必要将空间距离也引进相似度的计算中。由此，需要把案例的空间位置也作为案例属性的一部分，即把案例的空间坐标也放在式（6-74）中。其空间距离权重 w_{sj} 可以表达为

$$w_{sj} = \frac{1}{\sqrt{(x_i - x_j)^2 + (y_i - y_j)^2}}$$　　　　（6-82）

式中，x，y 分别为案例 i 的横坐标和纵坐标，

最后，式（6-79）修改为

$$\hat{f}(i) \leftarrow \arg\max_{s \in S} \sum_{\xi=j}^{k} w_{fj} w_{sj} \cdot \delta[s, f(j)]$$　　　　（6-83）

或

$$\hat{f}(i) \leftarrow \arg\max_{s \in S} \sum_{j=1}^{k} W_j \cdot \delta[s, f(j)]$$　　　　（6-84）

式中，$W_j = w_{fj} w_{sj}$。

3. 基于 CBR 的 CA

式（6-84）通过布尔规则来确定查询案例所属类别，从而确定元胞状态的转变。但地理复杂现象具有一定的不确定性，利用布尔规则来计算效果并不理想。实际的 CA 应用中往往利用概率的形式来确定元胞状态的转变（Wu，2002）。因此，根据式（6-84），元胞 i 转变为城市用地的概率可由式（6-85）表示：

$$P_{\text{proximity}}(i) = K_1 \frac{\sum_{j=1}^{k} W_j \cdot \delta[1, f(j)]}{\sum_{j=1}^{k} W_j \cdot \delta[1, f(j)] + \sum_{j=1}^{k} W_j \cdot \delta[0, f(j)]}$$　　　　（6-85）

式中，$P_{\text{proximity}}(i)$ 为元胞 i 由距离变量所引起的转变为城市用地的概率；K_1 为参数。

除了距离变量影响元胞状态的转变外，邻近元胞的状态也是十分重要的。在城市扩张模型中，一个元胞的周围有较多的元胞转变为城市用地，从而使得该元胞转变为城市用地的概率提高。由邻域影响所引起的转变为城市用地的概率表达为

$$P_{\text{neigh}}(i) = K_2 \sum_{\Omega} N(i)$$　　　　（6-86）

式中，城市用地 $N(i) = 1$，非城市用地 $N(i) = 0$；Ω 为邻域窗口大小。

最后，转变为城市用地的概率由 $P_{\text{proximity}}(i)$ 和 $P_{\text{neigh}}(i)$ 的联合概率构成，并乘以一些约束因子。这些约束因子包括地形和土地利用规划等，它们对转变为城市用地的概率也起到很大的约束作用。例如，在河流、陡峭的山地、生态用地和农田保护区的地方转变

为城市用地的概率会大大减少。可以定义约束函数 $\delta_r(i)$ 来反映它们的影响，其最大值为 1 时反映约束最大，禁止转变为城市用地。而最小值为 0 时则反映约束条件不起作用。

因此，转变为城市用地的联合概率可以用式（6-87）来表达：

$$P(i) = P_{\text{proximity}}(i) \times P_{\text{neigh}}(i) \times \left[1 - \sum_r \delta_r(i) \right]$$

$$= K \frac{\sum_{j=1}^{k} W_j \cdot \delta[1, f(j)]}{\sum_{j=1}^{k} W_j \cdot \delta[1, f(j)] + \sum_{j=1}^{k} W_j \cdot \delta[0, f(j)]} \times \sum_{\Omega} N(i) \times \left[1 - \sum_r \delta_r(i) \right] \quad （6\text{-}87）$$

式中，K 为参数；$\delta_r(i)$ 为约束条件值，其值为 0～1。

复杂系统的演变往往受到一些不确定因素的影响，可以用 Monte Carlo 方法来反映这种不确定性，使得模拟更加合理。用式（6-88）来最终决定每一个元胞状态的转变：

$$S_{t+1}(i) = \begin{cases} \text{转变为城市用地，当} P(i) > \text{Rand}() \\ \text{不转变，当} P(i) \leqslant \text{Rand}() \end{cases} \quad （6\text{-}88）$$

式中，$S_{t+1}(i)$ 为元胞在 $t+1$ 时刻的状态；Rand() 为 0～1 的随机变量。

利用该模型可以模拟某时期的城市扩张过程，其主要原理就是利用案例推理来决定元胞状态的转变，即从非城市用地转变为城市用地的过程。对 k 最近邻算法进行了改进，将空间距离也引进相似度的计算中，使得案例推理能隐含地反映随空间而变化的动态转换规则。而且，由于在模拟过程中将新的遥感数据加入案例库中，所得的案例库也是动态更新的，因此其可以反映随时间而变化的动态转换规则。

参 考 文 献

邓乃扬, 田英杰. 2004. 数据挖掘中的新方法——支持向量机. 北京: 科学出版社.

黎夏, 叶嘉安. 2004. 知识发现及地理元胞自动机. 中国科学(D 辑: 地球科学), 34(9): 865-872.

黎夏, 叶嘉安, 廖其芳. 2004. 利用案例推理 CBR 方法对雷达图像进行土地利用分类. 遥感学报, 8(3): 246-253.

李敏强, 寇纪淞, 林丹, 等. 2002. 遗传算法的基本理论与应用. 北京: 科学出版社.

李雄飞, 李军. 2003. 数据挖掘与知识发现. 北京: 高等教育出版社.

吴顺祥, 刘思峰, 辜建德. 2004. 基于粗集理论的一种规则提取方法. 厦门大学学报(自然科学版), 43(5): 604-608.

Batty M, Xie Y. 1994. From cells to cities. Environment and Planning B, 21: 531-548.

Booker L B, Goldberg D E, Holland J H. 1989. Classifier systems and genetic algorithms. Artifical Intelligence, 40(1-3): 235-282.

Chang C C, Lin C J. 2001. Training v-support vector classifiers: theory and algorithms. Neural Computation, 13(9): 2119-2147.

Cherkassky V, Ma Y. 2004. Practical selection of SVM parameters and noise estimation for SVM regression. Neural Networks, 17: 113-126.

Clarke K C, Gaydos L J. 1998. Loose-coupling a cellular automata model and GIS: long-term urban growth prediction for San Francisco and Washington/Baltimore. International Journal of Geographical Information Science, 12(7): 699-714.

Clarke K C, Hoppen S, Gaydos L. 1997. A self-modifying cellular automaton model of historical urbanization in the San Francisco Bay area. Environment and Planning B: Planning and Design, 24: 247-261.

Dasarathy B V. 1991. Nearest Neighbor (NN) Norms: NN Pattern Classification Techniques. Los Alamitos, CA: IEEE Computer Society Press.

Gao K, Chen K X, Liu M Q, et al. 2005a. Rough set based data mining tasks scheduling on knowledge grid. Lecture Notes In Computer Science, 3528: 150-155.

Gao K, Ji Y Q, Liu M Q, et al. 2005b. Rough set based computation times estimation on knowledge grid. Lecture Notes In Computer Science, 3470: 557-566.

Hassan Y, Tazaki E. 2005. Emergent rough set data analysis. Kybernetes, 34(5-6): 869-887.

Hyun M, Jong-Hwan K. 1996. Hybrid evolutionary programming for heavily constrained problems. Biosystems, 38: 29-43.

Jiang J S, Wu C X, Chen D G. 2005. The product struct of fuzzy rough sets on a group and rough T-fuzzy group. Information Sciences, 175(1-2): 97-107.

Li X, Yeh A G O. 2002. Neural-network-based cellular automata for simulating multiple land use changes using GIS. International Journal of Geographical Information Science, 16(4): 323-343.

Li X, Yeh A G O. 2004. Data mining of cellular automata's transition rules. International Journal of Geographical Information Science, 18(8): 723-744.

Liu Q S, Lu H Q, Ma S D. 2004. Improving kernel fisher discriminant analysis for face recognition. IEEE Transactions on Circuits and Systems for Video Technology, 14(1): 42-49.

McFadden D. 1974. Conditional logit analysis of qualitative choice behavior//Zarembka P. Frontiers in Econometrics. New York: Academic Press: 105-142.

Mika S, Ratsch G, Weston J. 1999. Fisher Discriminant Analysis with Kernels. Neural Networks for Signal Processing IX. New York: IEEE Press.

Moran C J, Bui E N. 2002. Spatial data mining for enhanced soil map modeling. International Journal of Geographical Information Science, 16(6): 533-549.

Pawlak Z. 1992. Rough Sets: Theoretical Aspects of Reasoning About Data. Norwell MA USA: Kluwer Academic Publishers.

Pawalk Z. 1996. Why Rough Sets Fuzzy Systems. Proceedings of the Fifth IEEE International Conference on Data Mining. Warsaw: ACTA Press.

Quinlan J R. 1993. C4.5: Programs for Machine Learning. San Mateo: Morgan Kaufmann.

Shen X T. 1998. Proportional odds regression and sieve maximum likelihood estimation. Biometriika, 85: 165-177.

Theil H. 1967. Economics and Information Theory. NorthHolland: Amsterdam.

White R, Engelen G, Uijee I. 1997. The use of constrained cellular automata for high-resolution modelling of urban land-use dynamics. Environment and Planning B, 24: 323-343.

White R, Engelen G. 1993. Cellular automata and fractal urban form: a cellular modelling approach to the evolution of urban land-use patterns. Environment and Planning A, 25: 1175-1199.

Wu F. 2002. Calibration of stochastic cellular automata: the application to rural-urban land conversions. International Journal of Geographical Information Science, 16(8): 795-818.

Wu F, Webster C J. 1998. Simulation of land development through the integration of cellular automata and multicriteria evaluation. Environment and Planning B, 25: 103-126.

Xu X Z. 2004. A note on the subjective and objective integrated approach to determine attribute weights. European Journal of Operation Research, 156: 530-532.

第7章 元胞自动机：过程模拟与知识发现的工具

GIS储存了大量的空间数据，隐藏了许多有用的信息。从GIS数据库挖掘出的空间分布及演变等知识，对地理学等领域有很大的理论意义和应用价值。同样地，通过地理模拟的方法来预测未来土地利用变化，并获取土地利用变化的有关规律，对制定土地利用有关政策和评估有关生态环境效应非常重要。通过地理模拟的方法来挖掘与土地利用及变化有关的知识，这些知识的主要类型包括以下几种：

（1）一般知识（数量、大小、形态、位置和距离特征等）；

（2）空间聚类规则（指特征相近的空间目标聚成一类，可用于GIS的空间概括和综合）；

（3）空间分布规律（如不同区域农作物的差异、植被沿高程带分布的规律、植被沿坡度坡向分布的规律、经济发展的东西差异等）；

（4）空间关联规律（土地利用变化与交通的关系）；

（5）空间演变规则（空间目标依时间的变化）。

获取地理现象的演变规律有较高的理论意义。许多地理现象的时空动态发展过程往往比其最终形成的空间格局更为重要，如城市扩展、疾病扩散、火灾蔓延、人口迁移、经济发展、沙漠化、洪水淹没等，只有清楚地了解了地理事物的发展过程，才能够对其演化机制进行深层次的剖析，才能获取地理现象变化的规律，因此，时空动态模型对研究地理系统的复杂性具有非常重要的作用，地理模拟系统能够为地理研究提供一种十分有效的过程分析模型。下面以城市复杂系统的模拟为例，介绍了地理模拟系统在演变规律的探索、过程优化等方面的应用。

7.1 利用逻辑回归模型进行城市模拟

本节利用基于Logistic回归的CA对城市的演变进行了模拟。首先，准备用于挖掘转换规则的空间数据，包括从遥感和GIS获得的各种空间变量。遥感数据包括广东省东莞市1988年12月10日、1993年12月24日这两个时相的TM图像。前面已经提到，全局的开发概率由各个空间变量建立Logistic回归模型来计算。因变量是一个二元值，表示土地利用在1988年和1993年之间是否发生转变，自变量定义见表7-1。按照Logistic回归的要求，必须对TM图像进行遥感分类，再通过GIS叠加分析，识别出"开发的"和"未开发的"两种状态的土地利用分布情况，如图7-1所示。

表 7-1　Logistic 回归模型挖掘转换规则所需要的空间变量

空间变量	意义	获取方法
目标变量		
城市用地	1988～1993 年内转变为城市用地	遥感分类、叠加分析
距离变量		
DisProp	离市中心距离	
DisTown	离镇中心距离	
DisRoad	离公路距离	Arc/Info GRID Eucdistance 命令
DisExpress	离高速公路距离	
DisRail	离铁路距离	

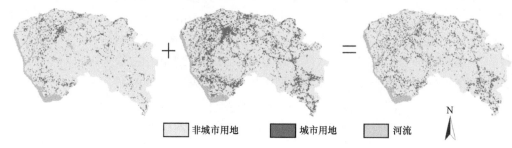

　　非城市用地　　　城市用地　　　河流

图 7-1　从多时相分类遥感图像上获取土地利用变化

　　其次，采用随机采样的方法在目标变量和距离变量中获取样本数据。可以使用 ArcInfo Workstation 的 GRID 模块所提供的 SAMPLE（）函数来得到采样数据。SAMPLE（）函数的基本用法包括两种。

　　（1）SAMPLE（<mask_grid>，{grid，…，grid}）

　　其中，<mask_grid>为一个用于定义需要被采样的单元格的 GRID 文件；{grid，…，grid}则表示将被采样的一个或者多个 GRID 文件。

　　（2）SAMPLE（<* | point_file>，{grid，…，grid}，{NEAREST|BILINEAR|CUBIC}）

　　其中，<*>允许通过交互式的图形界面输入来得到采样点。<point_file>是一个包含采样点空间坐标的 ASCII 文本。{NEAREST | BILINEAR | CUBIC}参数定义所采用的重采样算法。{grid，…，grid}则表示将被采样的一个或者多个 GRID 文件。

　　本书采用第二种方法，随机的采样点坐标信息通过 Visual Basic 等语言提供的随机函数 Rnd（）编程得到，并保存为 ASCII 格式的文本。

　　最后，将得到的样本数据导入 SPSS 统计软件，执行 Logistic 回归模型。Logistic 回归运算的结果在表 7-2 中列出。Logistic 回归函数 z 表示如下：

$$z = 1.509 + 0.001 \times \text{DisProp} - 0.016 \times \text{DisTown} - 0.088 \times \text{DisRoad}$$
$$- 0.003 \times \text{DisExpress} - 0.002 \times \text{DisRail}$$

表 7-2　Logistic 回归运算结果

空间变量	DisTown	DisRoad	DisRail	DisProp	DisExpress	Constant
系数	−0.016	−0.088	−0.002	0.001	−0.003	1.509
标准差	0.001	0.003	0.000	0.000	0.001	0.073

建立 Logistic 回归模型后，就可以将回归模型的系数导入 CA 中进行模拟运算。值得注意的是，概率 P_g 是从两幅相隔一段较长时间（比 CA 一次迭代所代表的时间段长的多）的土地利用模式中估算出来的，且在模拟过程中保持不变。单元发展概率 P_g 只考虑到各种空间距离变量对其转化的影响，而 CA 的邻域影响是一个非常重要的因素，因此，还需要考虑邻域对中心单元的影响，在 CA 中增加了使土地利用趋向于紧凑的动态模块，防止出现空间布局凌乱的现象。邻域函数通过一个 3×3 的核计算土地利用在空间上的相互影响，其定义如下：

$$\Omega_{ij}^t = \frac{\sum\limits_{3\times3}\mathrm{con}(s_{ij}=\mathrm{urban})}{3\times3-1} \tag{7-1}$$

式中，Ω_{ij}^t 为邻域函数，这里表示 3×3 邻域中的土地开发密度；con() 为一个条件函数，如果单元状态 s_{ij} 是城市用地，则返回真，否则返回假。另外，与概率不同的是，Ω_{ij}^t 标有时间符号 t，表示邻域的土地开发密度在 CA 迭代过程中是不断变化的。

同时，还必须考虑客观的单元约束条件，如道路、水体、山地、优质农田和规划限制区等发展为城市用地的可能性一般较低。因此，有必要引入单元的约束条件到 CA 中。综合考虑全部发展概率、局部邻域范围和单元约束条件的影响，任意单元在 t 时刻发展为城市用地的概率可由式（7-2）表达：

$$p_c^t = p_g\mathrm{con}(s_{ij}^t=\mathrm{suitable})\Omega_{ij}^t \tag{7-2}$$

从理论上来讲，可以使用一个土地适宜性的评估值（0～1）来代替二元值（适宜或不适宜），以便提高 CA 的科学性和真实性。这里，为了简化计算量，把研究重点放在 CA 的构建上，所以式（7-2）利用函数 con() 将土地适宜性转换成二元值 (0,1)。

城市空间扩展过程中存在各种政治因素、人为因素、随机因素和偶然事件的影响和干预，特别是人的参入，使其更为复杂（郭鹏等，2004）。因此，为了使模型的运算结果更接近实际情况，反映出城市系统所存在的不确定性，在改进的约束性 GeoCA 中引进了随机项。该随机项可表达为（White and Engelen，1993）

$$\mathrm{RA} = 1 + (-\ln\gamma)^\alpha \tag{7-3}$$

式中，γ 为值在 (0,1) 范围内的随机数；α 为控制随机变量影响大小的参数，取值范围为 1～10 的整数。因此，最终的发展概率表达式如下：

$$p^t = p_c^t \times \mathrm{RA} \tag{7-4}$$

求出单元发展概率后，还需要判断该单元是否发展，一般的做法是给定一个阈值（0～1），比较单元发展概率和阈值的大小。其公式表达如下：

$$S_{t+1}(ij) = \begin{cases} \mathrm{Developed}, & p^t(ij) > p_{\mathrm{threshold}} \\ \mathrm{UnDeveloped}, & p^t(ij) \leqslant p_{\mathrm{threshold}} \end{cases} \tag{7-5}$$

式中，$S_{t+1}(ij)$ 为单元在 $t+1$ 时刻的状态，$p_{\mathrm{threshold}}$ 为发展概率阈值。

另外，利用两年的遥感图像来监测城市增长的情况，转换规则主要是从这两年的遥感图像上挖掘出来的。遥感图像的观测间隔（ΔT）往往比 GeoCA 模拟的迭代间隔（Δt）大很多。将从 ΔT 间隔内获得的转换规则应用于每次 GeoCA 的迭代运算中时，需要做一些调整（黎夏和叶嘉安，2004）：

$$\text{if } p^t(ij) > p_{\text{threshold}} \ \& \ S_t(ij) = \text{UnDeveloped} \ \& \ \gamma \leqslant \beta \text{ then } S_{t+1}(ij) = \text{Developed} \qquad (7\text{-}6)$$

式中，$x(i, j)$ 为对应位置 (i, j) 的单元；γ 为随机变量；$\beta = 1/K$，K 为迭代次数。

　　以 1988 年东莞市的土地利用遥感图像为起点，利用本节提出的 CA 对 1993 年的土地利用变化进行模拟。本书进行 100 次迭代运算，迭代的具体过程如图 7-2（a）所示（T=10～90）。图 7-2（b）（T=100）是最终的模拟结果和根据 TM 遥感图像分类所获得的 1993 年东莞市的实际发展结果对比图。可以看出，进入 20 世纪 90 年代以来，东莞市工业化兴起，工业迅速增长并成为主导产业，市中心的轴向扩散带动了其他小城镇的发展，逐渐形成了以市中心、部分重点镇为发展极，沿交通要道分布的工业区为发展轴的点–轴系统。但同时也意识到，该地区主要是沿公路进行土地开发，没有形成紧凑式的城市形态。这种松散式的城市发展形态会大大地增加能源的消耗，并造成土地资源浪费。

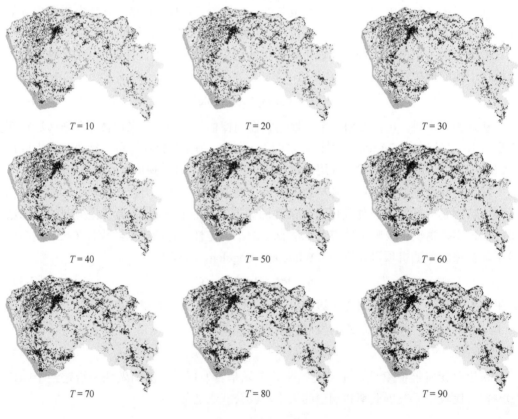

$T = 10$　　　　$T = 20$　　　　$T = 30$

$T = 40$　　　　$T = 50$　　　　$T = 60$

$T = 70$　　　　$T = 80$　　　　$T = 90$

(a) GeoCA 模拟迭代过程

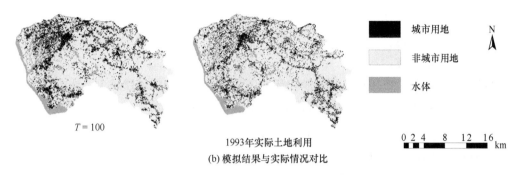

$T = 100$

1993年实际土地利用

(b) 模拟结果与实际情况对比

图 7-2 东莞市城市扩张模拟与实际对比

7.2 基于主成分分析的 CA 与城市模拟

地理模拟需要使用许多空间变量，这些空间变量往往是相关的，有必要采用主成分分析技术。将主成分分析的 CA 应用在深圳市和东莞市城市发展的空间模拟中。首先，需要对影响城市发展的空间因素进行度量。这些空间变量的影响往往由一系列距离函数来度量。例如，转变为居民点的概率取决于一系列基础设施，包括学校、医院、交通和公园等。可以用距离的梯度函数来表达这些因素对城市发展的影响（Batty et al.，1999）。这些影响可以是正面或负面的。例如，越接近交通要道、城市中心，城市发展所得到的"收益"越大；反之，越接近一些环境和生态脆弱或保护地区，城市发展所得到的"收益"就越小（或"代价"越高）。"收益"的具体大小可以由距离的梯度函数来表达，并作为决策判断的准则。利用遥感和 GIS 可以方便地获得这些空间判断准则。本书的研究所采用的正面空间判断因子如下：

（1）离市中心的距离；

（2）离镇中心的距离；

（3）离铁路的距离；

（4）离高速公路的距离；

（5）离公路的距离；

（6）离河流的距离。

对于这些正面影响，城市发展所获得的"收益"，即进行空间决策判断的准则，可以由下面梯度函数来表达：

$$X_j = e^{-\beta_j \text{dist}_j} \qquad (7\text{-}7)$$

式中，X_j 为变量 j 的准则值；dist_j 为离开目标物的距离；β_j 为衰减系数。准则值大小为 $0 \sim 1$。

所采用的负面空间变量如下：

（1）离耕地的距离；

（2）离果园的距离；

（3）离菜地的距离；

（4）离鱼塘的距离；

（5）离水库的距离；

（6）离森林的距离；

（7）离湿地的距离。

离这些目标物的距离越近，给资源和环境所带来的干扰和破坏就越大，城市发展得到的"收益"就越小。"收益"的梯度函数可以由式（7-8）来表达：

$$X_j = 1 - e^{-\beta_j \text{dist}_j} \tag{7-8}$$

这些空间判断准则是进行一般 GIS 选址及城市模拟的主要依据。这些空间变量往往是相关的，直接利用多准则判断存在着一定的问题。而且，有时空间判断所使用的准则达几十个及上百个之多（Bauer and Wegener, 1977），更无法给出合适的权重值。为了使模拟结果更加合理，本书将 PCA 方法引进 CA 模拟中，消除原数据中的冗余度。

表 7-3 是深圳市和东莞市各个空间变量的主成分分析的结果。由表 7-3 可以看到，前 5 个主成分已经包含了原始 13 个变量中高达 90%以上的信息（深圳市 93.8%，东莞市 92%）。即使前 3 个主成分也已经包含了原始数据中 80%以上的信息（深圳市 88.7%，东莞市 81.4%）。这说明原始数据中的冗余度还是相当高的，变量之间有很高的相关性，不能直接使用多准则判断的方法。

表 7-3　主成分分析的结果

主成分	深圳市		东莞市	
	特征值	信息量（%）	特征值	信息量（%）
Ⅰ	90.4	64.1	62.9	44.4
Ⅱ	25.9	18.4	38.9	27.5
Ⅲ	8.8	6.2	13.5	9.5
Ⅳ	3.7	2.6	8.5	6.0
Ⅴ	3.6	2.5	6.5	4.6
Ⅵ	3.1	2.2	3.2	2.3
Ⅶ	1.8	1.3	2.6	1.9
Ⅷ	1.2	0.9	19	1.4
Ⅸ	1.0	0.7	1.7	1.2
Ⅹ	0.5	0.4	0.9	0.7
Ⅺ	0.5	0.4	0.5	0.3
Ⅻ	0.4	0.3	0.3	0.2
ⅩⅢ	0.1	0.1	0.1	0.1

表 7-4 仅显示了东莞市每个主成分包含原来的 13 个变量的信息承载量（loading）情况。主成分所对应的系数值越大，包含原变量的成分越高。由此可以具体分析各个主成分的组成。例如，主成分Ⅰ集中反映了原变量中农业和生态的有关成分，主要包含了菜地、鱼塘、湿地和果园等信息；主成分Ⅱ则基本反映了交通的信息，主要包含了公路、高速公路等信息；主成分Ⅲ主要反映了离市中心和镇中心距离的空间信息。可以看到，PCA 变换可以有效地将相似（相关）的空间变量放到相同的主成分上。因此，基于 PCA

的模拟比基于 MCE 的模拟能获得更合理的结果。因为当准则之间相关时，MCE 所给出的权重就不准确，会导致重复使用某些准则。

表 7-4 各个主成分的信息承载量

距离变量	主成分												
	I 农业和生态	II 交通	III 城市中心	IV 河流	V 高速公路	VI 耕地	VII	VIII	IX	X	XI	XII	XIII
市中心	−0.10	0.07	0.47	−0.50	0.02	0.04	−0.03	−0.07	0.06	0.07	−0.07	−0.17	−0.69
镇中心	−0.15	0.05	0.45	−0.52	−0.06	−0.05	0.01	−0.11	−0.04	−0.03	0.06	0.15	0.67
铁路	0.16	0.17	−0.07	−0.15	−0.72	0.15	0.27	0.53	−0.04	0.04	0.00	−0.13	0.01
高速公路	−0.26	0.62	−0.11	−0.09	0.51	0.03	0.09	0.50	−0.10	−0.05	0.03	0.05	0.01
公路	−0.07	0.64	−0.34	−0.08	−0.29	−0.07	−0.10	−0.59	0.07	0.00	−0.02	−0.01	−0.02
河流	−0.43	0.21	0.54	0.63	−0.24	0.11	−0.05	0.00	0.07	−0.06	−0.02	0.01	0.00
耕地	0.18	0.06	0.06	0.03	0.11	0.74	0.05	−0.22	−0.58	0.05	−0.01	−0.07	0.03
果园	0.23	0.10	0.15	0.11	0.18	0.00	0.85	−0.22	0.30	0.03	0.06	−0.01	0.02
菜地	0.49	0.20	0.17	0.05	0.07	0.01	−0.18	0.06	0.16	−0.32	−0.71	0.07	0.08
鱼塘	0.48	0.19	0.05	0.05	0.03	0.10	−0.31	0.05	0.25	−0.25	0.68	0.03	−0.03
水库	0.21	0.09	0.14	0.08	−0.10	−0.34	0.08	−0.45	0.14	0.06	0.71	−0.21
森林	0.16	0.09	0.15	0.10	0.02	−0.52	0.06	−0.05	−0.49	−0.17	0.07	−0.62	0.06
湿地	0.25	0.12	0.15	0.11	0.11	−0.06	−0.19	0.09	0.12	0.87	−0.06	−0.17	0.14

本书提出了使用"理想点"的方法来将反映经济、环境和资源的要素放进 CA 中。为了消除数据的冗余度，各个要素最后用主成分来表达。城市用地的"理想点"应具有最大的准则值，其主成分变换前的坐标值为（1，1，1，1，1，1，1，1，1，1，1，1，1）。为了取得最大的经济及环境保护的"收益"，应该首先选取最接近该"理想点"的像元进行城市发展，从而获得城市形态的 CA 优化模拟结果。

由于大部分信息已经包含在前面几个主成分上，这里可以仅用前 6 个主成分来计算相似度。主成分变换后的"理想点"坐标为：（1.2，2.6，1.9，−0.2，−0.4，0.1）。在多准则判断中，需要对不同的因子根据其重要性给予一定的权重。对于不同的目标和假设，可以有不同的权重组合，从而得到不同的结果。例如，在城市规划中，可以利用不同的权重组合来获得不同的规划方案。但当因子多达几十个及上百个时，就很难给出合适的权重。利用主成分分析，可以有效地将多因子压缩到少数的几个分量上，这样对它们给出权重就非常容易了。

本节利用前 6 个主成分来计算相似度。由表 7-4 可以具体分析每个主成分所包含的要素的构成，从而可以根据不同的规划目标给出权重。权重值在 0~1，其赋值一般是根据专家经验来决定的。在实际应用中，可以通过多个专家的平均打分来决定。越大的权重值表示该主成分的重要性越高。例如，假如需要严格保护生态和农业时，就应该给予第一主成分较大的权重值。表 7-5 中给出了五种不同的权重组合，分别对应了五种不同的城市发展方案。在实际应用中，可以根据具体需要来修改这些权重或给出其他权重组合，这是十分方便的。

表 7-5　不同权重组合及发展方案

主成分	各主成分权重				
	方案 1 以城市中心为主 （市中心和镇中心）	方案 2 以交通为主（高速公 路、公路、河流）	方案 3 保护耕地	方案 4 保护生态与农业（蔬菜、鱼 塘、水库、湿地和森林）	方案 5 经济与保护环境
I 农业和生态	0.25	0.25	0.25	1.00	1.00
II 交通	0.25	1.00	0.25	0.25	1.00
III 城市中心	1.00	0.25	0.25	0.25	1.00
IV 河流	0.25	0.25	0.25	0.25	0.50
V 高速公路	0.25	0.25	0.25	0.25	0.50
VI 耕地	0.25	0.25	1.00	0.25	1.00

注：权重赋值，即非常重要-1.00；很重要-0.75；重要-0.50；不太重要-0.25；不重要-0。

　　对应于这些不同组合，可以很方便地由 CA 自动产生不同的规划方案。图 7-3 是深圳市以交通为主（高速公路和公路）的 1988～1997 年的城市发展模拟方案。该方案给主要包含交通信息的第二主成分赋予了较大的权重，使得城市主要在交通方便的地方快速发展；图 7-4（a）是东莞市以市中心和镇中心为主的发展方案（方案 1）。在该方案中，主要包含市中心和镇中心信息的第三主成分被赋予较大的权重，使得城市主要围绕现有的市中心和镇中心发展；由于第六主成分主要包含了耕地信息，对该主成分赋予较大的权重，因此可以形成保护耕地的发展方案。图 7-4（b）是由该方案所得的东莞市模拟结果。如图 7-4（b）所示，该方案可以有效地保护位于西北部东江三角洲平原上的农田；由于第一主成分主要包含农业和生态信息，如蔬菜、鱼塘、水库、湿地和森林，因此对该主成分赋予较大的权重，就形成了能有效地保护农业生态环境的发展方案。由方案 4 所得到的东莞市的模拟结果如图 7-4（c）所示；在大多数情况下，经济发展与环境保护是有一定冲突的。在实际应用中，只顾及经济利益或只考虑环境保护都是行不通的，必须兼顾不同方面的考虑。方案 5 通过给各种因子一定的权重，反映了各方面的需要，图 7-4（d）是由该方案所获得的模拟结果。

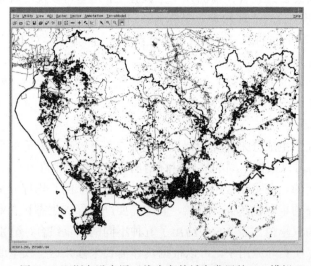

图 7-3　深圳市沿交通干线为主的城市发展的 CA 模拟

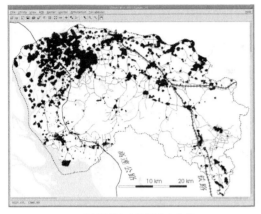

(a) 以市中心和镇中心为主

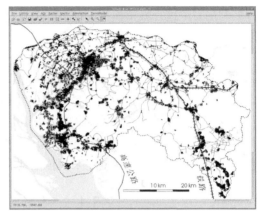

(b) 强调保护耕地

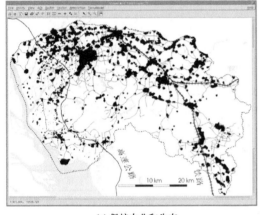

(c) 保护农业和生态

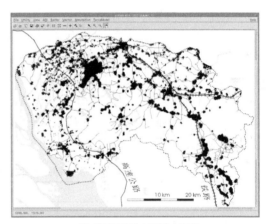

(d) 基于经济和环境综合因素

图 7-4　东莞市的城市发展 CA 模拟

　　大多数的空间决策过程中，往往涉及许多空间要素，要使用多准则判断技术来进行评价分析。这些空间要素可以由一般的 GIS 分析功能来获取。本书的研究表明，空间要素之间存在着很大的相关性，直接使用多准则判断并不恰当。要素之间的相关性会使得在多准则判断中重复使用相关的因子，不符合多准则判断的原则。本书的研究提出了利用主成分分析及"理想点"的方法来消除这种相关性，使得多准则判断更具有合理性。将 PCA 方法引进 CA 进行空间决策模拟，能十分方便地产生不同的城市发展方案，为城市发展规划提供依据，其可以作为城市规划工作者有用的工具。

　　本节利用一系列空间变量进行空间决策和城市发展的 CA 模拟。在实际应用中，还需考虑不同的开发强度对城市形态的影响。如何将开发强度引进 CA 模拟中，目前有关研究不多，还需进一步探讨。

7.3　利用基于神经网络的 CA 模拟土地利用变化

　　本节利用基于神经网络的 CA 来模拟复杂的土地利用系统及其演变。国际上已经有许多利用 CA 进行城市模拟的研究，但这些模型往往局限于模拟从非城市用地到城市用地的转变。模拟多种土地利用的动态系统比一般模拟城市演化要复杂得多，需要使用许多空间变量和参数，而确定模型的参数值和模型结构有很大困难。通过神经网络、CA和 GIS 相结合来进行土地利用的动态模拟，并利用多时相的遥感分类图像来训练神经网络，能十分方便地确定模型参数和模型结构，消除常规模拟方法所带来的弊端。

将所提出的基于神经网络的 CA 应用在珠江三角洲的东莞市，以检验模型的效果。珠江三角洲地区在 20 世纪 90 年代经历了快速的城市扩张及土地利用变化的过程（黎夏和叶嘉安，1997a）。利用 CA 来模拟土地利用变化，可以为城市规划提供有用的信息。

7.3.1　空间变量及训练数据

利用 GIS 可以十分方便地得到模型所需的各种空间变量。研究表明，土地利用变化的概率往往取决于一系列的距离变量、邻近现有土地利用类型的数量、单元的自然属性等（Batty and Xie，1994；Wu and Webster，1998；Li and Yeh，2000）。例如，某一模拟单元越接近市中心及交通要道，其转变为城市用地的概率越高；当邻近范围内存在着大量某一土地利用类型时，该单元转变为该种土地利用类型的概率就较高。在我们的模型中，输入层的 12 个神经元对应着 12 个有关的空间变量。这些空间变量的具体情况及获取方法见表 7-6。

表 7-6　神经网络 CA 所采用的空间变量

空间变量	获取方法	原始数据值范围	标准化值范围
1. 距离变量： 离市中心的距离（x_1） 离镇中心的距离（x_2） 离公路的距离（x_3）	利用 Eucdistance function of Arc/Info GRID	$0\sim30$ km $0\sim5$ km $0\sim3$ km	$0\sim1$ $0\sim1$ $0\sim1$
2. 邻近现有土地利用数量： 邻近粮田的单元数量（x_4） 邻近果园的单元数量（x_5） 邻近建筑用地的单元数量（x_6） 邻近建成区的单元数量（x_7） 邻近森林的单元数量（x_8） 邻近水体的单元数量（x_9）	利用 Focal functions of Arc/Info GRID （7×7 窗口）	$0\sim49$ 单元 $0\sim49$ 单元 $0\sim49$ 单元 $0\sim49$ 单元 $0\sim49$ 单元 $0\sim49$ 单元	$0\sim1$ $0\sim1$ $0\sim1$ $0\sim1$ $0\sim1$ $0\sim1$
3. 单元自然属性： 坡度（x_{10}） 土壤类型（x_{11}） 现有的土地利用类型（x_{12}）	利用 Arc/Info TIN 转换为 Arc/Info GRID 模拟的中间结果	$0°\sim75°$ $1\sim7$ 类型 $1\sim6$ 类型	$0\sim1$

为了获取模型所需的参数，需利用土地利用变化的历史数据对模型进行训练。在本书的研究中，土地利用变化的历史数据是采用多时相的遥感 TM 图像来获得的。利用1988 年及 1993 年卫星 TM 图像进行分类，然后获取该地区的土地利用变化历史资料（黎夏和叶嘉安，1997b）。仅仅采用两个年份的遥感资料来对模型进行纠正，有可能无法获得动态的转换规则。但目前对 CA 进行纠正也主要是根据两个年份的土地利用资料来进行的（Wu，2002）。这是因为获取动态转换规则难度很大，目前国际上基本还没有开展有关研究。该模拟所涉及的土地利用类型有 6 类：粮田、果园、建筑用地、建成区、森林和水体。

7.3.2　神经网络的结构

神经网络包括了三层：输入层、隐藏层和输出层。输入层有 12 个神经元，它们对应 12 个决定土地利用变化概率的空间变量。研究表明，对于 3 层的神经网络，其隐藏层的神经元数目至少为 $2n/3$ 个（其中 n 为输入层神经元的数目）（Wang, 1994）。因此，隐藏层的神经元的数目为 8 个。在输出层中，有 6 个神经元输出转变为 6 种不同的土地利用类型的概率。

7.3.3　神经网络的训练

利用训练数据对神经网络进行训练，可以获取模型的参数，使得模拟的结果更能接近现实。训练数据采用随机抽样的方法来获取。首先在遥感分类图像上随机产生训练点，获取它们相应的$\{x, y\}$坐标（图 7-5）。本书的研究共使用 3000 个抽样点，将它们平均分成两组，以进行训练和验证。在 Arc/Info 中读取这些坐标对应的空间变量及土地利用的遥感分类结果。将这些训练数据输入 ThinksPro 软件，对神经网络进行训练，以获取参数值。整个过程是通过该软件所提供的后向传递（back-propagation）算法来自动完成的。在训练的开始阶段，误差收敛十分明显，但误差减少曲线很快趋于平缓（图 7-6）。在迭代运算达到 1000 次时，误差减少几乎为 0，停止训练。

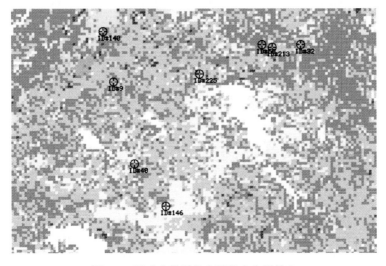

图 7-5　遥感分类图像上随机产生训练点

7.3.4　土地利用变化的动态模拟及预测

利用基于神经网络的 CA 模拟了东莞市 6 种土地利用类型的动态变化过程。转换规则是通过简单的神经网络来代替的。通过对神经网络的训练来获取模型的参数。在每次

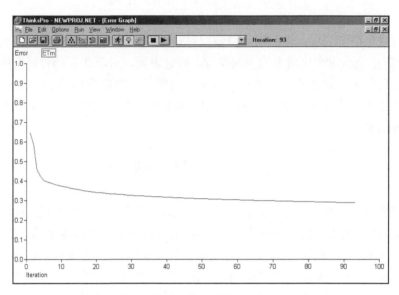

图 7-6　训练时间和误差减少曲线

循环过程中，输出层的神经元自动计算出每个单元对应各种土地利用类型的转换概率，从而确定土地利用的动态变化。以卫星 TM 图像获取的 1988 年的土地利用作为初始状态[图 7-7（a）]，通过 CA 模拟来获得 1993 年的土地利用[图 7-7（b）]。图 7-7 是利用该模型对 2005 年的土地利用进行预测的结果。对土地利用的动态进行模拟及预测，可以为城市规划提供重要的数据。对比模拟的土地利用与实际土地利用（从遥感分类中获取）的差别，可以验证模型的有效性。表 7-7 是对比结果所获得的混淆矩阵，总的精度为 0.83，可见模拟结果较理想。

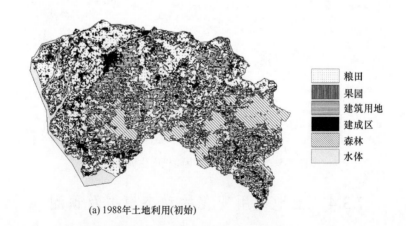

粮田
果园
建筑用地
建成区
森林
水体

(a) 1988年土地利用(初始)

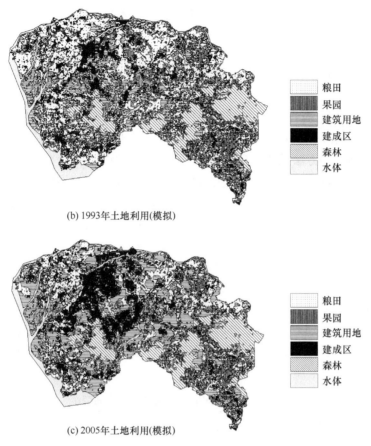

(b) 1993年土地利用(模拟)

(c) 2005年土地利用(模拟)

图 7-7　利用神经网络模拟复杂的土地利用变化

表 7-7　**1993 年实际与模拟的土地利用的混淆矩阵**　　　　　（单位：%）

土地利用类型		模拟						总数
		粮田	建筑用地	果园	建成区	森林	水体	
实际	粮田	89.3	3.3	7.3	0.1	0.0	0.0	100.0
	建筑用地	8.4	57.2	9.6	14.3	0.0	10.5	100.0
	果园	4.3	8.6	83.1	3.7	0.3	0.0	100.0
	建成区	0.0	8.6	0.9	79.1	9.6	1.7	100.0
	森林	0.2	0.0	0.6	1.1	96.4	1.8	100.0
	水体	0.0	0.8	0.0	0.0	4.3	94.9	100.0

　　实验表明，神经网络可以方便地用来建立 CA。它能有效地简化 CA 的结构，并适合于模拟复杂的土地利用变化。CA 在定义转换规则和模型参数时会碰到一些问题。当把 CA 应用在复杂的土地利用动态系统时，确定模型的转换规则及模型参数难度很大。在模拟复杂系统时，所使用的参数往往有成百上千个之多，确定参数的数值十分费时和困难。

　　利用所提出的基于神经网络的 CA，用户无须提供转换规则，模型的参数则通过训练数据来自动获取。实验表明，通过利用简单的 3 层的神经网络及多个输出神经元，可以有效地模拟出复杂的土地利用动态变化过程。模型的结构比较固定，同一模型结构可以应用在不同的地区及应用领域。用户只需提供训练数据，对模型进行训练，即可获得理想的模拟结果。

7.4　基于数据挖掘的 CA 及城市模拟

利用数据挖掘技术可以有效地获取地理现象演变的规则。实验区选在曾经进行过有关 CA 模拟的东莞市。选择同一地区可以更有效地对比不同模型的模拟效果。我们原来所提出的神经网络的方法虽然能自动获得模型的参数（黎夏和叶嘉安，2002），但该模型属于黑箱结构，而且神经元之间的关系复杂，很难理解参数的物理意义。通过数据挖掘方法来获取明确的（explicit）转换规则，对了解城市复杂系统的动态机制十分重要。该模型比原来的模型有更大的优越性。目前还没有从观察数据直接获得具体的 CA 转换规则的研究。

在城市模拟之前需要准备用于转换规则挖掘的空间数据。这些空间数据包括从遥感和 GIS 获得的各种空间变量（表 7-8）。遥感数据包括 1988 年 12 月 10 日、1993 年 12 月 24 日、1997 年 8 月 29 日和 2001 年 11 月 20 日这四个时相的 TM 图像。只有 1988 年和 1993 年的图像被用来直接获取转换规则，其他时相只是辅助用来获取城市增长的动态总量。该方法至少需要两个时相的遥感数据，城市增长的动态总量也可以从统计年鉴上获取，这样可以增加其实用性。

表 7-8　自动挖掘转换规则所需要的空间变量

空间变量	获取方法
目标变量：	
转变为城市用地（1988～1993 年）	遥感分类
距离变量：	
离市中心距离（D_{prop}）	
离镇中心距离（D_{town}）	
离公路距离（D_{road}）	Arc/Info GRID Eucdistance 命令
离高速公路距离（$D_{express}$）	
离铁路距离（D_{rail}）	
邻近函数：	
7×7 窗口城市用地单元数目（N_{sum}）	Arc/Info GRID Focalsum 命令
自然属性：	
土地利用类型（T_{land}）	TM 图像遥感分类
农业适宜性（S_{ag}）	土地评价
坡度（P_{slope}）	DEM 模型

7.4.1　CA 转换规则的自动挖掘

这些空间变量的数据量很大。尽管 See5.0 系统的运算速度很快，为了提高数据挖掘的效率，并不是把上面所有的空间数据都用于分析。采用 See5.0 系统中所提供的随机采样功能，选取部分样品进行数据挖掘。采用较少部分的数据进行分析会造成精度减小。将训练数据分成两组：一组用来挖掘规则，另一组用来经验预测精度。图 7-8 显示采样百分比与预测精度的关系曲线。采样百分比为 1%时，预测精度只为 35.2%；采样百分比为 10%时，预测精度升为 25.0%。采样百分比大于 10%后，预测精度的改善不明显。因此，本书的研究采用 20%的样品来进行数据挖掘，避免使用过多的空间数据。

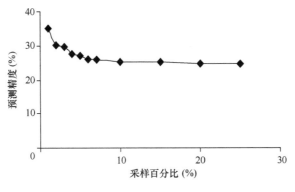

图 7-8 采样百分比和预测误差

当决策树太复杂时，预测结果与训练数据过度拟合。如果训练数据有误差时，这种过度拟合是有问题的。因此，决策树往往需要修剪，以除掉可能造成较大误差的部分。本书的研究采用 See5.0 系统提供的缺省值，即 25%修剪率，来简化决策树。

利用 1988 年和 1993 年的遥感图像来获得具体的转换规则，以模拟研究区在 1988～2005 年内的城市空间演变情况。图 7-9 是从 1988 年、1993 年、1997 年、2001 年和 2005 年遥感图像获得的城市用地总量，反映城市增长的趋势。可以看到，初期城市扩张很快，后期慢慢趋于平缓。其变化不是固定不变或呈线性关系的。如果仅用两个时间的观测数据，就无法掌握城市的发展趋势。但目前也只有用两个时间的观测数据进行 CA 纠正的研究（Li and Yeh，2002；Wu，2002）。

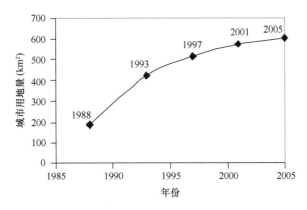

图 7-9 利用 1988 年、1993 年、1997 年、2001 年和 2005 年 TM 遥感图像获得东莞市城市发展趋势

CA 需要循环迭代运算多次才能获得最终的模拟结果。但对循环迭代运算次数的多少，目前并没有统一的意见。在每次循环迭代运算中，局部的相互作用是模拟的关键。

循环迭代运算次数太少，就很难产生较真实的空间分布细节。一般来讲，CA 模拟迭代运算 100～200 次是很正常的。

　　根据数据挖掘自动生成的转换规则，分别模拟了 1988～1993 年、1993～1997 年、1997～2001 年及 2001～2005 年东莞市城市的空间演变情况。每一模拟期间 CA 迭代运算次数为 200 次。根据多时相遥感图像获得每一时期的城市用地总量（ΔQ_t），并设定模拟所用的基本参数（表 7-9）。

表 7-9　模拟不同时期城市增长所需要的循环迭代次数、城市用地总量及 β_t 参数值

	模拟间隔			
	1988～1993 年	1993～1997 年	1997～2001 年	2001～2005 年
K（迭代次数）	200	200	200	200
ΔT（年）	5	4	4	4
Δt（年）	1/40	1/50	1/50	1/50
ΔQ_t（km²）	233.3	90.6	62.9	25.0
Δq_t（km²）	1.167	0.453	0.315	0.125
β_t	0.0050	0.0019	0.0013	0.0005

　　利用 See5.0 系统，对所获得的 GIS 和遥感数据进行数据挖掘，以发现知识，自动获得城市演变的转换规则。下面列出了所获得的转换规则的部分例子。

　　规则 1：

　　假如　　　$D_{\text{prop}} < 30$

　　　　　　　$D_{\text{road}} \leqslant 5$

　　　　　　　$N_{\text{sum}} > 18$

　　　　　　　$S_{\text{ag}} < 0.8$

　　　　　　　$T_{l\&} = 1$

则转变为城市用地[置信度：0.92]。

　　规则 2：

　　假如　　　$D_{\text{prop}} \leqslant 25$

　　　　　　　$D_{\text{town}} > 7$

　　　　　　　$N_{\text{sum}} \geqslant 12$

　　　　　　　$S_{\text{ag}} \leqslant 0.5$

　　　　　　　$T_{l\&} = 4$

　　　　　　　$P_{\text{slope}} \leqslant 6°$

则转变为城市用地[置信度：0.86]。

　　规则 3：

　　假如　　　$D_{\text{prop}} \leqslant 48$

　　　　　　　$D_{\text{town}} > 13$

　　　　　　　$D_{\text{road}} > 1$

　　　　　　　$D_{\text{road}} \leqslant 5$

　　　　　　　$N_{\text{sum}} \geqslant 9$

$S_{ag} > 0.2$

$S_{ag} \leqslant 0.4$

则转变为城市用地[置信度：0.90]。

上述规则比一般 CA 所用的数学公式要清晰和简单，更能反映城市演变的机制。每一条规则对其所预测的转变类型进行"表决"（vote），其权重就等于置信度。该置信度也是从训练数据中自动挖掘出来的。将所有规则"表决"的权重相加，以最大值来确定 CA 状态的转变类型。

由于观测间隔与迭代间隔不一样，还需要计算 β_t 并使用如下的补充规则来决定从 t 时刻到 $t+1$ 时刻状态的转换。

补充规则：

$$\text{假如 } \gamma \leqslant \begin{cases} 0.0050 & (\text{在}1988\sim1993\text{年}) \\ 0.0019 & (\text{在}1993\sim1997\text{年}) \\ 0.0013 & (\text{在}1997\sim2001\text{年}) \\ 0.0005 & (\text{在}2001\sim2005\text{年}) \end{cases}$$

则转变为城市用地。

7.4.2　模拟结果及检验

以 1988 年东莞市城市用地作为开始点，对 1988～1993 年、1993～1997 年和 1997～2001 年的东莞市城市用地变化进行模拟。图 7-10（a）分别是各个时间的模拟结果。作为对比，图 7-10（b）是根据卫星图像分类所获得的实际城市用地。根据城市扩张的趋势，也对 2005 年的城市用地进行了预测（图 7-11）。可以看到，东莞市在 20 世纪 90 年代初经历了城市快速扩张的阶段。但近年来城市扩张的速度已经比 90 年代初的快速扩张大为减慢，反映了城市用地的规模已经得到了较为有效的控制。同时也可以看到，该地区主要是沿公路进行土地开发，没有形成紧凑式的城市形态。这种松散式的城市发展形态会大大增加能源的消耗，并造成土地资源浪费的现象。对城市发展的模拟可以分析和预测不同土地利用政策对土地利用变化的影响。基于 CA 的模拟方法为城市规划工作者提供了一种有效的分析工具。

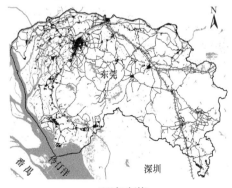

1988年（初始）

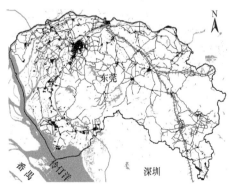

1988年

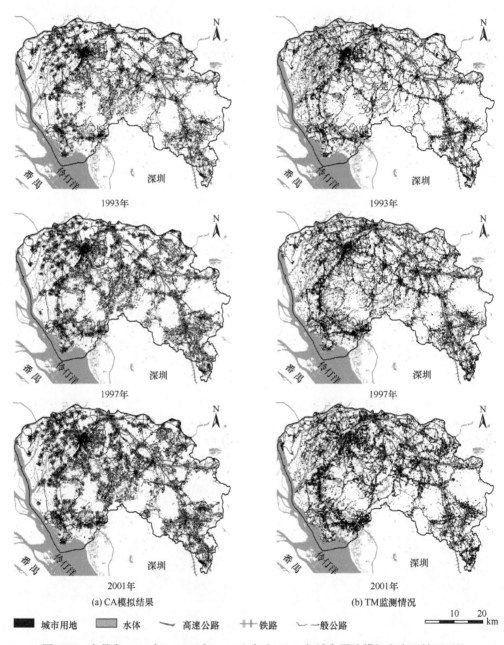

图 7-10　东莞市 1988 年、1993 年、1997 年和 2001 年城市用地模拟和实际情况对比

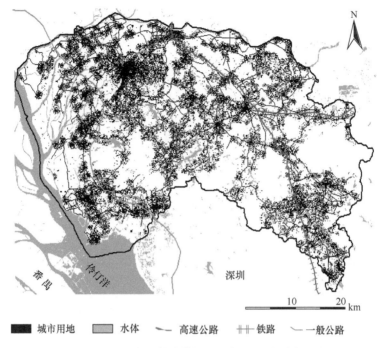

图 7-11　根据发展趋势模拟东莞市 2005 年城市用地

地理现象是复杂系统，受许多不确定性因素影响，完全准确地模拟其动态变化是不可能的。但将 CA 应用于模拟真实的城市时，还需要检验其与实际情况吻合的程度。目前在这方面所开展的工作不多，并没有统一的评价 CA 精度或有效性的方法，一般是采用逐点对比和整体对比的方法。前一种方法较简单，将模拟的结果和实际情况叠合起来，然后逐点对比计算其精度；后一种方法能提供更为合理的评价结果。它所关注的是模拟出来的整个空间格局，而不是强调每一个点的位置是否准确。地理现象的空间格局所涉及的方面较多，包括连通性、分形和紧凑性等。

首先，将模拟的 1993 年、1997 年和 2001 年的城市用地和遥感图像获得的对应的实际城市用地进行点对点的对比。表 7-10 列出了它们的总精度。1993 年城市用地的模拟总精度为 82.0%；1997 年和 2001 年城市用地的模拟总精度分别为 74.8%和 72.4%。其精度是可以被接受的。但需要说明的是，真正的模拟精度的评价还需要考虑到遥感分类的精度。这里只给出了一种简便的评价方法。

表 7-10　对比模拟结果和遥感观测结果获得的总精度

年份	1993	1997	2001
总精度（%）	82.0	74.8	72.4

本书也对模拟的空间格局与实际情况进行对比。描述空间格局的指标很多，但没有统一的方法，不同的指标有其优劣性。有的学者甚至认为在评价 CA 的模拟结果时，采用肉眼对比的方法更为有效（Clarke et al.，1997）。采用肉眼对比的方法也不难看到模拟的结果还是很接近实际的（图 7-11）。为了比较客观地评价模拟结果与实际情况在空间

格局方面的吻合程度，本书采用 Moran's I 指数来获得定量的评价结果。Moran's I 一般是用来描述空间的自相关性。由于该指数也可以分析集中和分散的程度，因此它可以用来定量对比 CA 模拟结果和观测情况在空间格局方面的接近程度（Wu，2002）。

Moran's I 的最大值为 1，反映被描述现象呈最集中的情形。当该值减小时，反映该现象的分散程度增大。表 7-11 是 1993 年、1997 年和 2001 年 Moran's I 指数的对比结果，可以看到各个时期的模拟结果和实际情况还是十分接近的。城市用地在 1993 年还是比较分散的，这可能与当时土地发展较混乱有关。随着城市的发展，分散的城市用地慢慢连接起来。

表 7-11　1993 年、1997 年和 2001 年模拟结果和实际情况的 Moran's I 指数对比

项目	1993 年	1997 年	2001 年
实际情况	0.44	0.66	0.76
模拟结果	0.41	0.58	0.71

本书也计算了基于神经网络的 CA 在模拟 1993 年城市用地时的总精度和 Moran's I 指数值。其总精度为 0.79，Moran's I 指数值为 0.40。可见，该模型比基于神经网络的 CA 在模拟精度方面有所改善。这是由于该方法比一般采用数学表达式更能反映复杂的空间关系。然而，该方法最大的好处是能够从观测数据中自动生成明确的转换关系，无须使用数学公式，有更大的灵活性。

7.5　城市形态演变"基因"的知识挖掘及优化模拟

城市演变过程是复杂的动态系统，掌握其演变的规律在城市理论和资源环境管理中有重要意义。本节通过遗传算法来获取对城市形态演变进行模拟的参数。这些参数在城市形态的演变模拟中起到控制性的作用，可类比生物学上的"基因"。获取了某一地区城市形态演变的"基因"，就掌握了其内在规律。进一步对不同的城市发展形态进行评价，获取好的"基因"，从而模拟出优化的城市形态，为区域城市空间形态的调控提供决策依据。

本节以珠江三角洲的城市优化模拟为例，用遗传算法自动搜索各个子区的模型参数。通过获取控制区域内部不同地方城市演变的"基因"（参数），来揭示城市演变的分异规律。在对这些"基因"进行评价的基础上，对不理想的"基因"进行改造，以获得优化的城市形态。

7.5.1　城市演变"基因"的获取与优化

城市扩张与一系列空间变量有关，这种关系可以通过 MCE 或 Logistic 回归反映在 CA 中。CA 有许多空间变量和对应的参数，这些参数值（权重）反映了不同变量对模型的"贡献"程度。例如，Wu 和 Webster（1998）提出了基于 MCE 的 CA 城市模型，主要是运用 MCE 方法表达 CA 中转变为城市用地的概率：

$$p_{ij}^t = \phi(r_{ij}^t) = \exp\left[\alpha\left(\frac{r_{ij}^t}{r_{\max}} - 1\right)\right] \tag{7-9}$$

式中，α 为系数，取值为 $0\sim1$；r_{ij}^t 评估状态 S 在位置 ij 转化的适宜性；$r_{\max}$ 为 r_{ij} 的最大值。

评估值 r_{ij}^t 由下面 MCE 的方式获取：

$$r_{ij}^t = a + \beta_1 d_{\text{centre}} + \beta_2 d_{\text{industrial}} + \beta_3 d_{\text{railway}} + \beta_4 d_{\text{road}} + \beta_5 d_{\text{neighbor}} \tag{7-10}$$

式中，β_1，$\cdots$，β_5 为从 MCE 的层次分析法获取的权重；d_{centre}、$d_{\text{industrial}}$、d_{railway}、d_{road} 分别为离市中心、工业中心、铁路、公路的空间距离；d_{neighbor} 为窗口内的开发强度。

对基于 MCE 的 CA 较难进行模型纠正，其改善的方法是采用基于 Logistic 回归的 CA（Wu，2002）：

$$p_{ij}^t = \frac{\exp(-r_{ij})}{1 + \exp(-r_{ij})} = \frac{1}{1 + \exp(-r_{ij})} \tag{7-11}$$

把一系列约束性条件和随机变量加到模型中，式（7-11）可修改为

$$p_{ij}^t = \left[1 + (-\ln\gamma)^\alpha\right] \times \frac{1}{1 + \exp(-r_{ij})} \times \text{con}(s_{ij}^t) \times \Omega_{ij}^t \tag{7-12}$$

式中，Ω_{ij}^t 为 t 时刻 i，j 元胞的 3×3 邻近范围影响值；$\text{con}(s_{ij}^t)$ 为总约束条件，则值为 $0\sim$ 1。Ω_{ij}^t、$\text{con}(s_{ij}^t)$ 随着时间 t 的变化而动态计算。在每次循环中，将转变为城市用地的概率 p_{ij}^t 与预先给定的阈值 $p_{\text{threshold}}$ 进行比较，确定该元胞是否发生状态的转变，即

$$\begin{cases} p_{ij}^t \geqslant p_{\text{threshold}} & \text{转变为城市用地} \\ p_{ij}^t < p_{\text{threshold}} & \text{不转变为城市用地} \end{cases} \tag{7-13}$$

为研究区域内城市演变的空间分异规律，将研究区在空间上按行政单元划分成若干子区，构造空间动态转换规则时，r_{ij}^t 的公式如下：

$$r_{ij}^t = a_{0,k} + a_{1,k}x_{1,k} + a_{2,k}x_{2,k} + \cdots + a_{m,k}x_{m,k} + \cdots + a_{M,K}x_{M,K} \qquad k = 1, 2, \cdots, K \tag{7-14}$$

式中，K 为模拟区内子区的总数；$a_{m,k}$ 为第 k 个子区第 m 个空间变量的权重；$x_{m,k}$ 为第 k 个子区的第 m 个空间变量。

为获取各个子区 CA 所对应的一组参数（基因）值，采用遗传算法自动搜索不同子区其演化模拟的参数。遗传算法是一种基于自然选择和遗传变异等生物进化机制的全局性概率搜索算法。其进化算法在形式上是一种迭代方法。从选定的初始解出发，通过不断迭代逐步改进当前解，直到最后搜索到最优解或满意解。在进化计算中，迭代计算过程采用了模拟生物体的进化机制，从一组解（群体）出发，采用类似于自然选择和有性繁殖的方式，在继承原有优良基因的基础上，生成具有更好性能指标的下一代解的群体（Goldberg，1989；Mitchell，1996；Brookes，2001）。

遗传算法以编码空间代替问题的参数空间，以适应度函数为评价依据，以编码群体

为进化基础，以对群体中个体位串的遗传操作实现选择和遗传机制，从而建立起一个迭代过程。在这一过程中，通过随机重组编码位串中重要的基因，新一代的位串集合优于老一代的位串集合，群体的个体不断进化，逐渐达到最优解，最终达到求解问题的目的。其中，参数编码、初始群体的设定、适应度函数的设计、遗传操作的设计和控制参数的设定是遗传算法的五大要素。运用遗传算法优化问题求解的步骤如下：

（1）选择编码策略，把参数集合 X 和域转换为位串结构空间 S；

（2）定义适应度函数 $f(x)$；

（3）确定遗传策略，包括选择群体大小 n，确定选择、交叉、变异方法，以及确定交叉概率 p_c、变异概率 p_m 等遗传参数；

（4）随机初始化形成群体 P；

（5）计算群体中个体位串解码后的适应值 $f(X)$；

（6）按照遗传策略，将选择、交叉和变异算子作用于群体，形成下一代群体；

（7）判断群体性能是否满足某一指标，或者已经完成预定迭代次数，不满足则返回步骤（6），或者修改遗传策略再返回步骤（6）。

首先对染色体进行编码。染色体采用实数编码，按子区 k 将需要求解的 CA 的参数 $a_{0,k}$，$a_{1,k}$，$\cdots$，$a_{m,k}$（m 为空间变量总数）定义为染色体。染色体（CM）可表达为

$$\text{CM} = [\, a_{0,k} \quad a_{1,k} \cdots a_{m,k} \cdots a_{M,K} \,] \tag{7-15}$$

式中，$0 < a_{0,k} < 1.5$；$-0.1 < a_{1,k}$，$\cdots$，$a_{M,K} < -0.0001$

定义适应度函数是遗传算法的关键。适应度函数决定了群体进化及找到最佳答案的过程。将式（7-16）作为适应度函数：

$$f(x) = \sum_{i=1}^{n} (\hat{f}_i - f_i)^2 \tag{7-16}$$

其中，$\hat{f}_i(x_1, x_2, \cdots, x_m) = \dfrac{1}{1 + \exp\left[-(a_{0,k} + a_{1,k}x_{1,k} + a_{2,k}x_{2,k} + \cdots + a_{m,k}x_{m,k} + \cdots + a_{M,K}x_{M,K}) \right]}$

利用两个时间的遥感图像获取的训练数据来判断元胞 ij 是否在该期间转变为城市用地，并将其作为 f_i 的值，即实际值（转变为城市用地 $f_i=1$，否则 $f_i=0$）。由遗传算法可以获得 CA 模拟每一子区的参数（基因）。利用这些参数可以模拟出真实的城市形态，或根据过去的趋势来预测将来的变化。但我们也可以对这些"基因"进行改造，以模拟出优化的城市形态。其改造的方法是对每一子区的城市形态进行评价，找到基于较好城市形态的子区，然后将其"基因"复制到其他子区中，利用改造后的"基因"就可以模拟出理想的城市形态。

7.5.2　模型应用及结果分析

1. 珠江三角洲城市形态演变"基因"获取与真实模拟

将该模型应用在珠江三角洲城市群的真实和优化模拟中。为了有效地获取转换规则

中的这些参数，采用了遗传算法自动搜索研究区内部不同地区的最佳参数组合，形成研究区分区的转换规则。以珠江三角洲地区的广州市区、广州市属的增城区和从化区、深圳市、东莞市和中山市为例，利用基于 Logistic 回归的 CA，获取了不同地区所对应的参数。首先，在每个子区内，通过随机采样选择 20%的样点，并将其作为训练数据。遗传算法的初始种群为 50 个，将 $a_{0,k}$ 的初始值设为 0.5，其他染色体的初始值设为–0.01。运用选择、交叉、突变等遗传算子模拟进化，其中交叉率为 0.9，突变率为 0.01。进化时，运用精英选择策略（elitist selection）和多样性操作算子（diversity opera）。当最佳适应值在 75 代内不发生变化时，进化终止。遗传算法搜索分区的城市形态演变模拟的基因如图 7-12 所示。

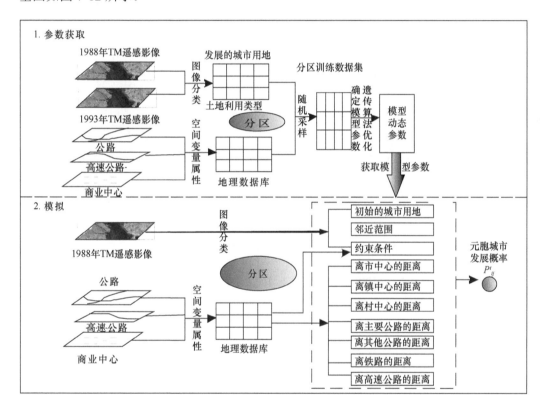

图 7-12　遗传算法搜索分区的城市形态演变模拟的基因

　　用遗传算法搜索各个子区的模型参数，形成分区的转换规则，每个子区对应一组不同的变量权重组合（图 7-13）。研究表明，CA 转换规则中的参数值对模拟结果影响很大。CA 转换规则中的参数值可以揭示某一地区土地利用演变的规律。不同地区或同一地区不同的发展阶段，其土地利用演变有着明显的分异规律，可以由一组参数值来表征某一地区土地利用的演变过程。在没有外来因素的影响下，这组参数基本控制了某一地区的土地利用演变过程。因此，获取了这一组参数，也就基本掌握了这一地区的演变规律。从某种意义来讲，这组参数也可以与生物学中的基因相类比。

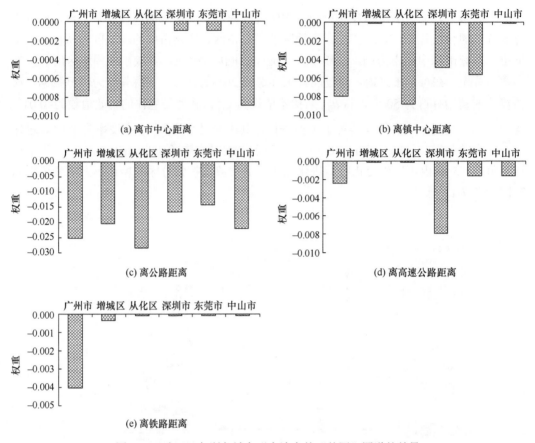

图 7-13 珠江三角洲各城市形态演变的"基因"图谱的差异

可以看到，珠江三角洲城市扩张存在着明显的内部分异规律，不同的地方其城市形态的时空演变规律是不一样的。在我们的模拟系统中，其演变的模拟过程分别是由它们所对应的一组变量权重来控制的（图 7-13）。因此，这些参数揭示了它们演变的规律。图 7-14（b）利用这些参数模拟了珠江三角洲地区 1988~2004 年城市"真实"扩张的情况。该模拟是完全根据过去的趋势来预测将来的。可以看到，所模拟的结果与从遥感图像获得的实际结果[图 7-14（a）]是十分吻合的。

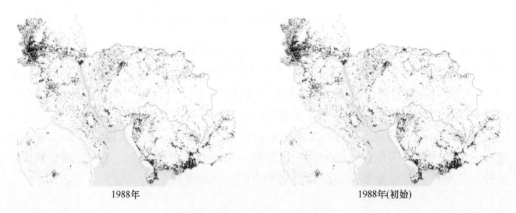

1988年　　　　　　　　　　1988年(初始)

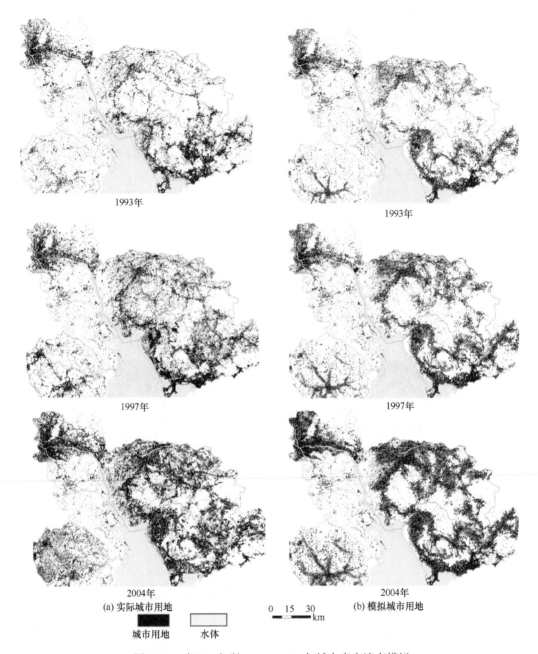

1993年　　　　　　　　　　　　1993年

1997年　　　　　　　　　　　　1997年

2004年　　　　　　　　　　　　2004年

(a) 实际城市用地　　　　　　　0　15　30 km　　(b) 模拟城市用地

城市用地　　水体

图 7-14　珠江三角洲 1988～2004 年城市真实演变模拟

2. 珠江三角洲城市形态演变"基因"的改造与空间格局的优化模拟

研究表明，紧凑型的城市有助于节省土地资源和减少能耗，与城市可持续发展的原则是相符的（Jenks et al.，1996；Banister et al.，1997；Yeh and Li，2001）。珠江三角洲的城市呈明显的零乱式的发展形态（Li and Yeh，2004a），寻找优化的城市空间布局可以为城市规划提供依据。通过对 CA 中城市形态演变"基因"进行改造，可以达到该目的，即改变实验条件或参数，分析不同条件下城市空间形态演变可能的结果，从中选择最优的城市发展模式，可达到对现实的城市形态进行优化的目的。

对珠江三角洲各城市实际的城市形态进行紧凑度评价。利用面积–周长比来描述某一土地利用类型的紧凑性，其公式如下：

$$CI = \sqrt{\sum_j S_j} \bigg/ \sum_j P_j \qquad (7\text{-}17)$$

式中，CI 为紧凑系数；S_j 和 P_j 分别为同一土地类型多边形 j 的面积和周长。显然，在相同的面积下，土地利用的格局越凌乱，其总周长越长。因此，当 CI 数值越大时，土地利用的空间格局就越紧凑。

表 7-12 是各城市紧凑度的评价结果，可以发现广州市的紧凑度最高（0.003328），表明其实际城市形态在该地区的所有城市中是最为合理的。用获取的广州市的参数（"基因"）模拟了珠江三角洲地区 1988～1993 年的城市发展状况[图 7-15（b）]，并进行了紧

表 7-12　珠江三角洲各市实际城市形态的紧凑度

	广州市	增城区	从化区	深圳市	东莞市	中山市
紧凑度	0.003328	0.002648	0.003082	0.002671	0.001865	0.002401

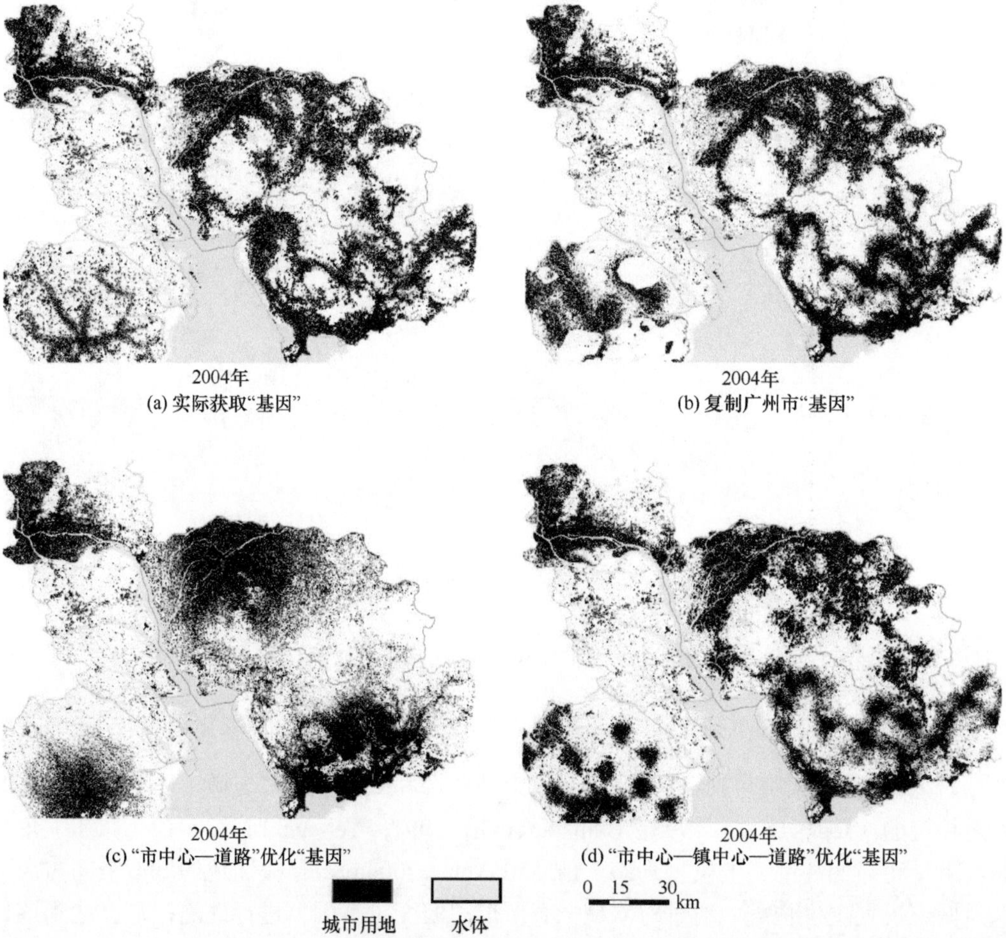

2004年
(a) 实际获取"基因"

2004年
(b) 复制广州市"基因"

2004年
(c) "市中心—道路"优化"基因"

2004年
(d) "市中心—镇中心—道路"优化"基因"

城市用地　水体

0　15　30 km

图 7-15　2004 年珠江三角洲城市形态的真实与优化模拟对比

凑度评价，发现整个地区的紧凑度都有明显的提高（图7-16）。这表明通过对城市演变"基因"的改造，即把城市形态较好的广州市的城市演变"基因"复制到其他城市，可以获得区域城市发展的合理形态。

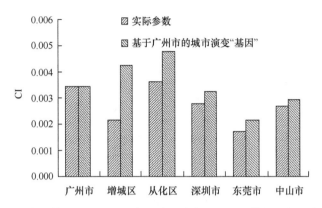

图 7-16 真实模拟和基于广州市的城市演变"基因"模拟的紧凑度对比

尽管将紧凑度最高的广州市的城市演变"基因"复制到其他城市可以产生比实际更为紧凑的城市形态，但总体来讲，该优化模拟的城市形态还是主要沿公路分布（广州市的参数中，离公路距离变量的权重绝对值最大）。因此，为模拟出更为紧凑的城市形态，减少沿公路两侧大规模无序的城市开发现象，对广州市的城市演变"基因"进一步进行改造，有两个方案：①优化方案一。城市用地沿市中心集中分布，市内沿公路规律性分布，即城市用地主要按"市中心—道路"发展。②优化方案二：城市用地沿市中心和镇中心集中分布，市内和镇内沿公路规律性分布，即城市用地主要按"市中心—镇中心—道路"发展。

优化方案分别以广州市的城市演变"基因"为基础，采用启发式的方法，通过交叉实验的方法确定新的"基因"。对于方案一，首先，将离镇中心距离、离公路距离、离铁路距离和高速公路距离的权重设为实际获取参数的临界值（–0.0001），即权重绝对值最小，并将其作为初始参数。然后，动态增加离市中心距离的权重的绝对值，即促使城市用地沿市中心集中分布，以保证城市用地总量与实际一致作为约束条件，得到离市中心距离变量的权重最低，为–0.00153。

在此基础上，动态增加离公路距离变量的权重的绝对值，使新发展的城市用地在市内沿道路呈现分异性。为保持城市用地总量与实际一致，同时动态增加离市中心距离变量的权重的绝对值，最后确定的权重见表 7-13。

表 7-13 基于"市中心—道路"发展的改造"基因"

	常数	市中心	镇中心	公路	高速公路	铁路
参数	1.2	–0.00183	–0.0001	–0.018	–0.0001	–0.0001

用获取的基于"市中心—道路"发展的改造"基因"模拟了珠江三角洲地区 1988～1993 年的城市发展状况[图 7-15（c）]，并进行了紧凑度评价，发现整个珠江三角洲地区和各市的紧凑度都有大幅度提高（图 7-17），这表明利用"市中心—道路"发展的改造

"基因"模拟的城市形态更为紧凑。

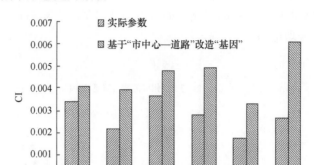

图 7-17　真实模拟和基于"市中心—道路"的改造"基因"模拟的紧凑度对比

在"市中心—道路"改造"基因"的基础上，动态增加离镇中心距离变量的权重的绝对值，使新发展城市用地沿"市中心—镇中心—道路"分布，同时，为保持城市用地总量与实际一致，需要动态增加离市中心距离变量和离市中心距离变量的权重的绝对值，最后确定的权重见表 7-14。

表 7-14　基于"市中心—镇中心—道路"发展的改造"基因"

	常数	市中心	镇中心	公路	高速公路	铁路
参数	1.2	−0.0023	−0.0023	−0.0023	−0.0001	−0.0001

用基于"市中心—镇中心—道路"发展的改造"基因"模拟了珠江三角洲地区1988~1993 年的城市发展状况[图 7-15（d）]，并进行了紧凑度评价，发现整个珠江三角洲地区各市的紧凑度都有大幅度提高（图 7-18），这表明利用基于"市中心—镇中心—道路"发展的改造"基因"模拟的城市形态更为紧凑。

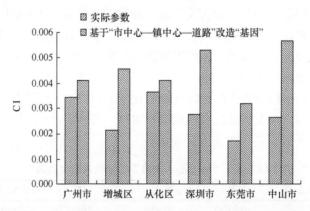

图 7-18　真实模拟和基于"市中心—镇中心—道路"的改造"基因"模拟的紧凑度对比

为了比较不同优化方案模拟的城市形态，本书对紧凑度增长百分比进行了对比（表 7-15）。结果表明，用广州市的参数优化的城市形态紧凑度增长较小，而城市用地沿"市中心—道路"发展和沿"市中心—镇中心—道路"发展的紧凑度增长幅度非常大。

表 7-15　不同优化方案模拟的城市形态紧凑度增长百分比　　（单位：%）

	广州市	增城区	从化区	深圳市	东莞市	中山市
基于广州市改造"基因"	0.00	96.63	30.58	15.61	23.64	9.83
基于"市中心—道路"改造"基因"	19.51	81.62	32.28	76.19	89.92	127.46
基于"市中心—镇中心—道路"改造"基因"	19.77	112.25	34.67	89.68	84.82	112.52

7.5.3　结　　论

CA 是地理过程分析的有用工具。许多地理现象的时空动态发展过程往往比其最终形成的空间格局更为重要，如城市扩展、疾病扩散、火灾蔓延、人口迁移、经济发展、沙漠化、洪水淹没等。只有清楚地了解地理事物的发展过程，才能够对其演化机制进行深层次的剖析，才能获取地理现象变化的规律。

本节的研究表明，CA 是认识城市形态演变的重要探索工具。城市形态演变与一系列空间变量有关。这些空间变量对城市演变所起的作用是由其所对应的参数决定的。利用由遥感监测获取的训练数据，结合遗传算法，可以得到对应这一系列空间的参数。不同地区或同一地区不同的发展阶段，其土地利用演变有着明显的分异规律，可以由一组参数值来表征某一地区的土地利用的演变过程。这组参数也可以与生物学中的基因相类比，它们可以反映某一地区的城市形态的演变规律。

通过对城市形态的评价，可以寻找出带来紧凑式城市发展的优良"基因"，将该"基因"复制到其他地区，并进一步进行各种改造，能够进行各种各样的城市优化模拟。将该方法用于珠江三角洲地区的城市模拟中，并以最紧凑的广州市的城市演变"基因"为基础，进行了各种"基因"的改造，由此模拟出该地区优化的城市演变形态，并取得了较好的效果。该研究也表明，CA 不仅提供了认识城市演变过程的有用知识，也为城市规划提供了方便的探索工具。

7.6　Fisher 判别及元胞自动机转换规则的自动获取

该模型选择东莞市作为实验区，东莞市是珠江三角洲发展最快的城市。首先利用 1988 年和 1993 年的 TM 卫星遥感图像自动分类，提取模型所需要的训练数据。将在该时期发生城市转变的像元编码为 1，其他没有发生城市转变的像元编码为 0。选择一系列变量作为 CA 城市模拟预测的量度，模型所选取的变量见表 7-16。

表 7-16　模型空间变量

空间距离变量							局部变量	
离市中心的距离	离镇中心的距离	离村委的距离	离国道、省道的距离	离乡道的距离	离铁路的距离	离高速公路的距离	3×3 邻域内城市单元数	单元约束条件

从分类数据中选择训练数据，运用随机分层取样的方法，从转换为城市用地单元和可能转换为城市用地单元而尚未转换的单元中分别选择 20%的样点，获取这些样点的空间坐标，再运用 Arc/Info 的 Sample 功能分层读取对应所需的模型变量。运用 Fisher 判别分析对模型空间变量进行判别，得到单元发展和不发展的判别函数，判别函数的常数和各空间变量对应的系数见表 7-17。

表 7-17　空间变量系数

	离市中心的距离	离镇中心的距离	离村委的距离	离国道、省道的距离	离乡道的距离	离铁路的距离	离高速公路的距离	常数
发展	−0.08	0.143	0.324	−0.133	0.004	0.411	0.441	−12.575
不发展	−0.012	0.146	0.322	−0.068	0.080	0.415	0.451	−13.228

　　获取空间变量参数后，就可以对城市发展进行模拟。CA 需要循环迭代运算多次才能体现局部的相互作用，这也是 CA 的精髓所在。一般来讲，CA 迭代运算 100～200 次是较为正常的（Li and Yeh，2004b）。但我们所挖掘的规则是从 1988～1993 年的数据中获取的，所以有必要控制每次迭代运算时单元转化的数量。假设 1988～1993 年转化为城市单元的总量为 ΔQ，模型运行 N 次，每次转化的数量控制为 $\Delta Q / N$，引入控制变量 ConRand，ConRand 为（$1 \sim \Delta Q$）的随机整数，于是转换规则修正如下：

$$S_{t+1}(ij) = \begin{cases} \text{Development}, P_t(ij) > \text{Rand}_t(ij), \text{and,ConRand}_t < \Delta Q / N \\ \text{UnDevelopment}, P_t(ij) > \text{Rand}_t(ij), \text{and,ConRand}_t \geqslant \Delta Q / N \\ \text{UnDevelopment}, P_t(ij) \leqslant \text{Rand}_t(ij) \end{cases} \quad (7\text{-}18)$$

　　模拟时，初始状态为 1988 年 TM 影像分类所获取的城市用地（图 7-14，$T = 0$ 时刻），模型进行 200 次迭代运算，模拟过程如图 7-19 所示，$T = 200$ 时刻为模拟的 1993 年城市用地。从图 7-19 可以看出，模拟过程中城市主要沿铁路、公路等轴线发展，或者是以城

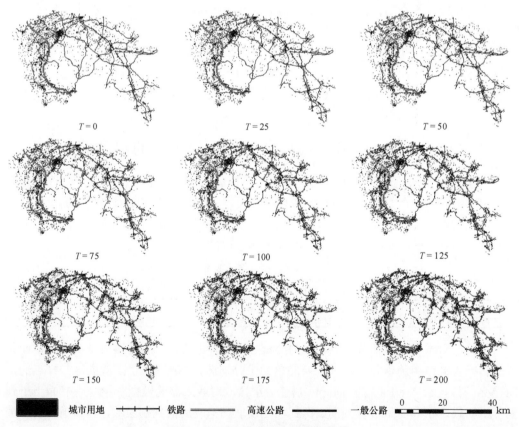

图 7-19　城市发展演变的模拟过程

镇为中心发展。这与实际情况相符，20 世纪 90 年代初，东莞市的经济飞速发展，大批工业进驻该地区，于是该地区需要大量的土地。这些开发用地主要是沿公路发展，没有形成紧凑式的城市形态。这种松散式的城市发展形态大大地增加了能源的消耗，并导致土地资源的浪费。

由于城市的发展受到许多不确定性因素的影响，完全准确模拟城市发展是非常困难的，只能模拟出大体的城市发展形态。图 7-20 是东莞市 1993 年实际城市用地和模拟城市用地的对比图。从图 7-20 中可以发现，模拟结果的整体布局与实际很接近。

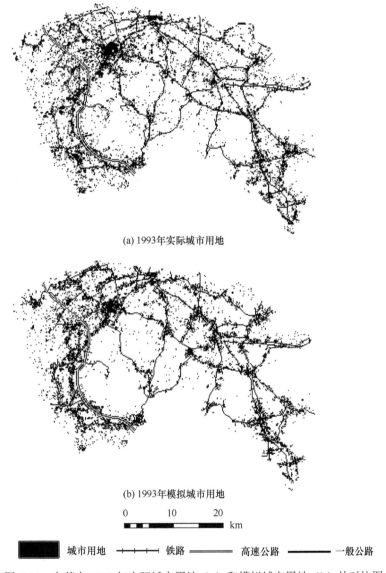

(a) 1993 年实际城市用地

(b) 1993 年模拟城市用地

| 0 | 10 | 20 |
| | | km |

■ 城市用地　　—+—+— 铁路　　———— 高速公路　　———— 一般公路

图 7-20　东莞市 1993 年实际城市用地（a）和模拟城市用地（b）的对比图

城市模拟模型检验方法一般有逐点对比和整体对比这两种方法。前一种方法是将模拟的结果和实际情况叠合起来，然后逐点对比计算其精度；后一种方法是检验所模拟的整个空间格局与实际空间格局相符合的程度，因此其显得更为合理（Wu，2002）。首先，将 1993 年东莞市城市用地的模拟结果与实际情况（遥感分类）进行逐点对比，并计算模拟精度。其转变的精度为 64.3%，总精度为 78.1%（表 7-18）。另外，本书也计算了模拟结果和实际情况的形态指数，以检验模型的空间格局是否与实际空间格局相符，采用 Moran's I 指数进行对比。Moran's I 指数一般用来描述空间的自相关性，但该指数也反映了空间集中和分散的程度（Wu，2002）。从表 7-19 可知，模拟结果的 Moran's I 指数值为 0.527，实际情况的 Moran's I 指数值为 0.546，两者的值相差不远，这证明模拟结果的空间格局和实际情况较为接近。此外，1988 年 Moran's I 指数值为 0.338，明显小于 1993 年模拟和实际的 Moran's I 指数值，这表明该地区的城市扩张形式逐渐由松散式向紧凑式转变。

表 7-18　Fisher 判别分析方法的模拟精度

		模拟		精度（%）
		不转变	转变	
实际	不转变	66467	14320	82.3
	转变	8784	16001	64.3
总精度（%）				78.1

表 7-19　Moran's I 指数对比

1988 年（初始）实际	1993 年	
	实际	模拟
0.338	0.546	0.527

Fisher 判别和离散选择结合的 CA，与常用的 Logistic 回归模型对比，其有着更为清晰的物理意义，特别适合于多维空间变量的判别。为了更进一步检验模型，用 Logistic 回归模型模拟了东莞市 1988～1993 年的城市用地发展情况，模拟的逐点对比精度见表 7-20，对比表 7-18 和表 7-20 可知，Fisher 判别和离散选择模型的精度要比 Logistic 回归模型精度高。Logistic 回归模型模拟结果的 Moran's I 指数值为 0.523，这与 Fisher 判别模型相差不远。

表 7-20　Logistic 回归方法的模拟精度

		模拟		精度（%）
		不转变	转变	
实际	不转变	66324	14463	82.1
	转变	9581	15204	61.3
总精度（%）				77.2

城市是一个异常复杂的巨系统，CA 则是一种进行复杂系统分析与模拟的重要手段，它有着强大的空间自组织能力，在模拟城市发展时有着很大的优势。CA 的关键是如何定义转换规则和确定模型参数值。本书的研究首次通过 Fisher 判别分析自动获取 CA 参数值，成功搜索最佳分隔单元发展和不发展的变量组合，再结合离散选择模型确定 CA 的

转换规则，其物理意义清晰，简单实用。

将该模型应用在珠江三角洲地区发展最快的东莞市，将不同年份的卫星遥感图像作为主要观察数据。根据所提出的方法来获取转换规则，模拟了其 1988～1993 年的城市发展动态变化情况，并与实际城市变化情况相对比。分析表明，该模型的逐点对比精度达到 64.3%，总精度达到 78.1%。模拟用地的 Moran's I 指数值与实际情况的 Moran's I 指数值比较接近，证明其模拟的空间格局与实际情况吻合较好。

将 Fisher 判别分析方法与常用的 Logistic 回归模型进行了对比研究，结果表明，Fisher 判别分析和离散选择结合的 CA 有更高的精度和更接近实际的空间格局。此外，Fisher 判别分析在多类判断时具有很大的优势，可能更适合多类复杂的土地利用变化模拟，下一步工作有必要对此进行深入的研究与讨论。

7.7　从高维特征空间中获取元胞自动机的非线性转换规则

CA 的核心是如何定义转换规则，但目前 CA 转换规则获取往往是基于线性方法来进行的，如采用 MCE 技术。这些方法较难反映地理现象所涉及的非线性等复杂特征。本节利用新近发展的核学习机来获取地理元胞自动机非线性转换规则的新方法。该方法是通过核函数产生隐含的高维特征空间，把复杂的非线性问题转化成简单的线性问题，为解决复杂非线性问题提供了一种非常有效的途径。利用所提出的方法自动获取地理元胞自动机的转换规则，不仅大大减少了建模所需的时间，也较好地反映了地理现象复杂的特性，从而改善了 CA 模拟的效果。

本书的研究选择广州市作为实验区，首先利用 1988 年、1993 年、2002 年的 TM 卫星遥感图像自动分类，提取模型所需要的训练数据。选择一系列空间变量作为 CA 城市模拟预测的量度，模型所选取的变量见表 7-16，各空间变量的值从广州市交通地图和土地利用图中获取。

从分类数据中选择训练数据，运用随机分层取样的方法，从转换为城市用地的单元和可能转换为城市单元而尚未转换的单元中分别选择 20% 的样点，获取这些样点的空间坐标，再运用 Arc/Info 的 Sample 功能分层读取对应所需的模型变量。只以 1988 年和 1993 年的数据来获取转换规则，其他时相只是用来获取城市增长的动态增量。运用核 Fisher 非线性判别分析对模型空间变量进行判别，得到核 Fisher 判别最优投影方向，根据 Monte Carlo 方法式（6-37）可获得 CA 的转换规则。

在对空间距离变量进行核 Fisher 判别时，本书分别使用了多项式和径向基作为内积核函数，100 个样本作为训练数据，1600 个样本作为检测数据。实验结果显示，径向基函数对于训练样本的识别能力比多项式函数要好，但对于检测数据，多项式函数识别能力要优于径向基函数（表 7-21），它更具有健壮性和鲁棒性，因此，选择多项式作为内积核函数，多项式的阶数取 $d=4$。值得注意的是，由线性 Fisher 判别求得的最优投影向量的维数等于空间变量的维数，而由核 Fisher 判别求得的最优投影向量的维数则等于训练样本的个数。

表 7-21　　不同核函数的实验结果对比

核函数	多项式阶数（d）	训练样本识别率（%）	测试样本识别率（%）
多项式	2	85	68.3
	3	87	69.5
	4	88	70.1
核函数	径向基参数（σ）	训练样本识别率（%）	测试样本识别率（%）
径向基	0.5	100	58.4
	5	100	63.7
	10	99	67.2

　　CA 需要循环迭代运算多次才能体现局部的相互作用，这也是 CA 的精髓所在。一般来讲，CA 进行迭代运算 100～200 次是较为正常的（Li and Yeh，2004b）。但我们所挖掘的规则是从 1988 年和 1993 年的数据中获取的，所以有必要控制每次迭代运算时单元转化的数量。假设 1988～1993 年转化为城市单元的总量为 ΔQ，模型运行 N 次，每次转化的数量控制为 $\Delta Q / N$，引入控制变量 ConRand，ConRand 为（1～ΔQ）的随机整数，于是转换规则修正如下：

$$S_{t+1}(ij) = \begin{cases} \text{Development}, P_t(ij) > \text{Rand}_t(ij), \text{and}, \text{ConRand}_t < \Delta Q / N \\ \text{UnDevelopment}, P_t(ij) > \text{Rand}_t(ij), \text{and}, \text{ConRand}_t \geqslant \Delta Q / N \\ \text{UnDevelopment}, P_t(ij) \leqslant \text{Rand}_t(ij) \end{cases} \quad (7\text{-}19)$$

　　CA 的模拟最终是通过 ArcGIS 的二次开发工具 ArcObject 在 Visual Basic 6.0 开发环境下编程实现的。模拟时，初始状态为 1988 年 TM 影像分类所获取的城市用地，模型进行 200 次迭代运算后，获得模拟的 1993 年广州城市用地，运行 400 次后得到模拟的 2002 年广州城市用地（图 7-21）。需要注意的是，模型运行的前 200 次与后 200 次的数量控制 $\Delta Q / N$ 并不相同，因为 1988～1993 年城市增长速度和 1993～2002 年城市增长速度不相同。

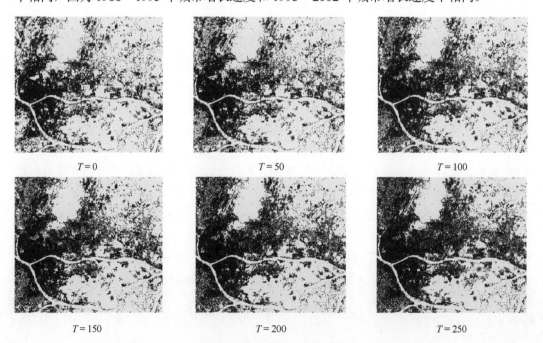

$T = 0$　　　　　　　　　　　$T = 50$　　　　　　　　　　　$T = 100$

$T = 150$　　　　　　　　　　$T = 200$　　　　　　　　　　$T = 250$

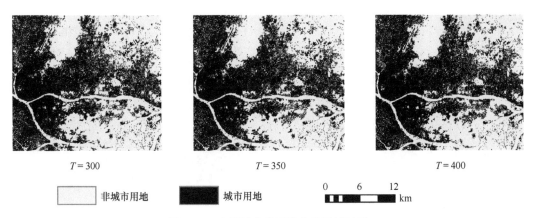

$T = 300$　　　　　　　　$T = 350$　　　　　　　　$T = 400$

非城市用地　　　　城市用地　　　0　　6　　12 km

图 7-21　广州城市发展演变的模拟过程

　　由于城市的发展受到许多不确定性因素的影响，完全准确模拟城市发展是较为困难的，只能模拟出城市发展的空间格局。图 7-22 是广州模拟城市用地和实际城市用地的对比图。从图 7-22 中可以发现，模拟结果的整体空间布局与实际比较接近。

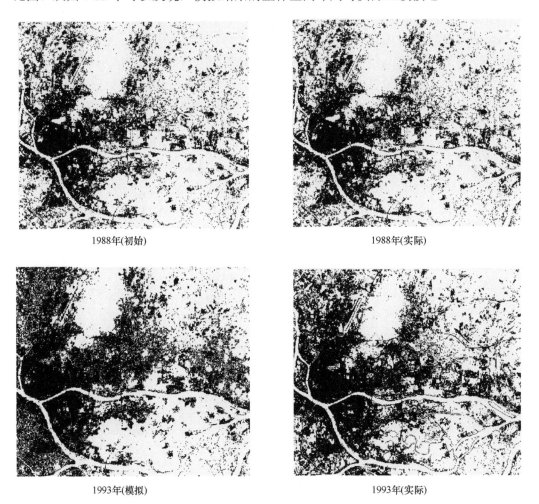

1988年(初始)　　　　　　　　　　　　　　1988年(实际)

1993年(模拟)　　　　　　　　　　　　　　1993年(实际)

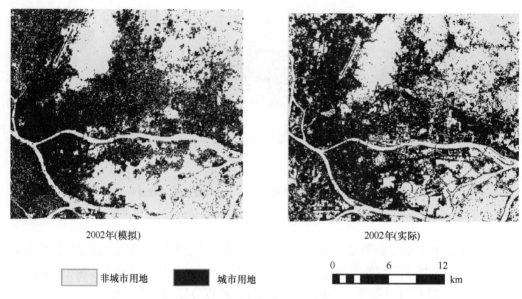

图 7-22　广州城市用地模拟结果和实际情况对比图

　　城市模拟模型的检验方法一般有逐点对比和整体对比这两种方法。首先，将 1993 年、2002 年广州城市用地的模拟结果与实际情况（遥感分类）进行逐点对比，计算模拟精度。从表 7-22 可知，1993 年城市用地的模拟精度为 78.3%，非城市用地的模拟精度为 79.4%。，2002 年城市用地的模拟精度为 75.4%，非城市用地的模拟精度为 72.6%。另外，本书也计算了模拟结果和实际情况的形态指数，以检验模型的空间格局是否与实际空间格局相符。采用 Moran's I 指数进行对比。Moran's I 指数可以反映空间集中和分散的程度（Wu，2002；Li and Yeh，2004a）。从表 7-23 可知，1993 年模拟结果的 Moran's I 指数值为 0.625，实际情况的 Moran's I 指数值为 0.626。2002 年模拟结果的 Moran's I 指数值为 0.688，实际情况的 Moran's I 指数值为 0.684。模拟结果和实际情况的 Moran's I 指数值非常接近，这证明模拟结果的空间格局和实际情况较为相近。

表 7-22　基于核 Fisher 判别分析方法的 CA 的模拟精度

1993 年	模拟非城市用地	模拟城市用地	精度（%）
实际非城市用地	83653	21653	79.4
实际城市用地	15834	57060	78.3
2002 年	模拟非城市用地	模拟城市用地	精度（%）
实际非城市用地	64595	24359	72.6
实际城市用地	21961	67285	75.4

表 7-23　Moran's I 指数对比

1988 年（初始）	1993 年		2002 年	
实际	实际	模拟	实际	模拟
0.633	0.626	0.625	0.684	0.688

　　利用核 Fisher 判别自动获取地理元胞自动机的转换规则，比一般的线性 CA 更能体

现出城市发展的复杂性。为了更进一步检验模型，与常用的线性模型进行对比，用
Logistic 回归模型模拟了广州市 1993 年和 2002 年的城市用地发展情况，模拟的逐点对
比精度见表 7-24，对比表 7-22 和表 7-24，核 Fisher 判别模型的精度要比 Logistic 回归
模型精度高。本书也计算了 Logistic 回归模型的 Moran's I 指数值，1993 年和 2002 年模
拟的 Moran's I 指数值分别为 0.607 和 0.664，可见，核 Fisher 判别模型在模拟精度和空
间格局上比线性 CA 都有了较明显的改善。这是由于核 Fisher 判别模型比一般的线性模
型更能反映地理现象复杂的空间关系。此外，使用核函数大大简化了运算复杂度，其比
其他非线性模型的速度更快，更为简单。

表 7-24　**Logistic 回归方法的模拟精度**

1993 年	模拟非城市用地	模拟城市用地	精度（%）
实际非城市用地	80325	24981	76.3
实际城市用地	20834	52060	71.4
2002 年	模拟非城市用地	模拟城市用地	精度（%）
实际非城市用地	62472	26482	70.2
实际城市用地	28098	61148	68.5

本书的研究首次通过非线性核学习机自动获取 CA 参数值和转换规则。该模型的优
点是能从大量的空间数据中自动获取模型参数，使用非线性技术更能反映出地理现象的
复杂性。此外，非线性变换时使用了核函数，大大简化了模型运算的复杂度，因此，比
其他非线性模型更为简单，运行速度更快。

将该模型应用在广州市，利用不同年份的卫星遥感图像作为主要观察数据。利用核
学习机自动获取 CA 所需的参数值和转换规则，模拟了其 1993 年和 2002 年的城市发展
变化情况，与实际城市变化情况相对比，实验结果显示，该模型的逐点对比精度较高，
模拟用地的 Moran's I 指数值与实际情况的 Moran's I 指数值比较接近，证明其模拟的空间
格局与实际情况吻合较好。并将其与常用的 Logistic 回归模型进行了对比研究，结果表明，
核学习机模型在模拟城市发展时比常规模型有更高的精度和更接近实际的空间格局。

虽然利用非线性核学习机自动获取 CA 参数值和转换规则比常规方法更具有优势，
也更能反映地理现象的复杂性，但是由于数据从低维特征空间映射到高维特征空间需要
进行大量的运算，从而导致核学习机方法比一般的线性方法速度要慢。此外，转换规则
参数值的物理意义并不清晰，这也是数据经过映射的关系。

7.8　基于支持向量机的元胞自动机及土地利用变化模拟

本节运用非线性支持向量机，将模拟城市系统的主要特征变量映射到线性可分的
Hilbert 空间中。Hilbert 空间中特征变量的分类决策函数通过径向基核函数的内积由原特
征空间的向量表示。在这个空间中，构造最优分割超平面。将构造最优分割超平面的决
策函数作为 CA 的转换规则来模拟城市系统。根据历史遥感数据，采用基于支持向量机的
CA 模拟了深圳市 1988～2004 年城市用地的增长，并根据发展趋势，模拟了深圳市 2010

年的城市发展状况。

首先利用 1988～1993 年的 TM 遥感图像获取城市发展的历史资料，将该时间段内转变为城市用地的元胞编码设为 1，其他元胞编码设为–1。模拟时，主要选取了以下变量。

因变量（y）：城市发展变量（转化为城市用地，$y=1$，否则，$y=-1$）。

区域空间变量：

（1）离市中心的距离（x_1）；

（2）离镇中心的距离（x_2）；

（3）离国道、省道的距离（x_3）；

（4）离铁路的距离（x_4）；

（5）离高速公路的距离（x_5）。

局部变量：

（1）邻近范围（3×3 邻域）已城市化的元胞数（x_6）；

（2）元胞的土地利用类型（约束条件）（x_7）。

上述变量中，因变量通过遥感图像分类的方法获取，重采样后的像元分辨率为 50m×50m。距离变量通过 ArcGIS 的空间分析功能中的 Eucdistance 函数获取。邻近范围已城市化的元胞数通过 ArcGIS 的空间分析功能中的 Neighbour 函数动态获取。

利用随机采样方法获取 1988～1993 年深圳市城市发展及空间变量。首先，运用分层采样的方法产生随机点的空间坐标，并利用 ArcGIS 的 Sample 功能读取这些空间坐标点对应的城市发展变量及空间变量。获取训练数据集后，运用支持向量机软件 OSU-SVM 训练获取非线性决策函数的参数值。决策函数的惩罚参数 c 和径向基函数的参数 σ 通过常用的分组交叉实验获取。c 和 σ 分别取 0.1、0.5、1、5、10，形成 25 组参数组合。用每组参数对训练数据集训练，获取不同参数组合的支持向量和对应的拉格朗日系数 a_i^*，并用检验数据集检验各组模拟的精度，选取对检验数据集模拟精度最高（86.4%）的参数组合（$c=1$、$\sigma=1$）和对应的支持向量及其参数 a_i^*。从 7996 个向量中获取了 7980 个支持向量及对应的拉格朗日系数 a_i^*，获取的部分支持向量及对应的拉格朗日系数 a_i^*、y_i、$y_i a_i^*$，见表 7-25。

表 7-25　部分支持向量及对应的系数 a_i^*、y_i、$y_i a_i^*$

x_1	x_2	x_3	x_4	x_5	a_i^*	y_i	$y_i a_i^*$
519.64	40.311	10.63	30.017	558.68	0.94142	1	0.94142
369.49	35.805	2.8284	21	287.71	0.94184	1	0.94184
490.29	116.91	64.008	83.199	417	0.99738	1	0.99738
433.24	68.964	30.067	65.054	160.38	1	1	1
395.38	89.051	69.029	74.169	222.61	0.97771	1	0.97771
526.82	110.86	64	17	539.45	0.77101	1	0.77101
509.2	31.145	96.607	121.06	324.08	0.9417	1	0.9417
531.61	108.04	70.214	48.662	488.93	0.96395	1	0.96395
398.18	78	19.698	30.414	442.12	0.25	1	0.25

续表

x_1	x_2	x_3	x_4	x_5	a_i^*	y_i	$y_i a_i^*$
330.46	18.682	1	36.056	384.69	0.9785	1	0.9785
395.38	89.051	69.029	74.169	222.61	0.2131	1	0.2131
488.33	80.262	73.763	56.462	338.02	0.25	1	0.25
612.67	54.562	19.416	57.723	356.48	0.80858	−1	−0.80858
504.6	57.245	5.3852	31.064	248.21	0.5	−1	−0.5
217.59	106.02	14.56	55.027	93.984	0.76227	−1	−0.76227
43.382	73.98	5	34	96.519	0.52561	−1	−0.52561
198.35	82.28	15	67.417	54.644	0.80813	−1	−0.80813
323.56	74.431	18	7.2801	142.3	0.75	−1	−0.75
176.82	94.668	50.448	11	169.85	0.78667	−1	−0.78667
267.42	97.098	13.038	1	19.925	0.81278	−1	−0.81278

在区域空间变量作用下，基于 SVM 的元胞城市发展概率如下：

$$P_r = \frac{1}{1+\exp\left[-(\sum_{i=1}^{l} y_i a_i^* e^{-0.5\times\|x_k-x_i\|^2} - 0.19154)\right]} \quad (7\text{-}20)$$

式中，x_i 为 7980 个支持向量；y_i 为 x_i 对应的 y 值；a_i^* 为 x_i 对应的拉格朗日系数；x_k 为第 k 个元胞对应的向量。

考虑到元胞邻近范围、随机变量和约束条件的影响，深圳市某元胞 k 在 t 时刻城市发展的概率如下：

$$p_{t,k} = \left[1+(-\ln r)^5\right] \times \frac{1}{1+\exp\left[-(\sum_{i=1}^{l} y_i a_i^* e^{-0.5\times\|x_k-x_i\|^2} - 0.19154)\right]} \times \Omega_{3\times3,k}^t \times \prod_{i=1}^{m} c_{i,k} \quad (7\text{-}21)$$

模拟时，首先用 SVM 计算每个元胞在区域空间变量作用下的城市发展概率，在此基础上计算在初始状态、约束条件和随机变量共同作用下的元胞城市发展概率。初始状态从 1988 年遥感图像分类中获取。模拟过程中，邻近范围已城市化的元胞数依迭代次数动态计算。

约束条件如何设置从初始的土地利用类型和政府规划资料中获取。例如，林地的城市发展概率非常小，约束值设置较小；河流、湖泊等水体和城市绿地的城市发展概率极小，约束值可设为 0；政府确定的开发区的城市发展概率很大，约束值可设为 1。

模拟过程中，需要确定城市发展的阈值 $P_{threshold}$。如果确定的阈值 $P_{threshold}$ 过大，模拟得到的城市形态过于集中；如果过小，模拟得到的城市形态过于分散。太大或太小的阈值都不能获得合理的城市形态。按照 Batty 和 Xie（1997），Clarke 等（1997），Wu（1998），Li 和 Yeh（2000）等的方案，经过实验，模拟过程中确定的阈值 $P_{threshold} = 0.65$，并在每次迭代过程中以 0.00008 的速率动态递减。

CA 需要循环迭代运算多次才能获得最终的模拟结果。但对循环迭代运算次数的多少，目前并没有统一的意见。在每次循环迭代运算中，局部的相互作用是模拟的关键。

循环迭代运算次数太少，就很难产生较真实的空间分布细节。以国内外学者常采用的迭代次数为参照（Batty and Xie，1997；黎夏和叶嘉安，2004），CA 每年进行 100 次左右的迭代运算是比较合适的。在试验的基础上，确定了 CA 的迭代次数，1988～1993 年为 600 次，1993～2004 年为 1400 次，2004～2010 年为 600 次。

利用 1988～1993 年的训练数据，获取转换规则的参数，以此转换规则模拟了深圳市 2004 年和 2010 年的城市发展状况。模拟时，以 1988 年从遥感图像分类得到的城市用地作为初始城市用地[图 7-23（a）]，以 1993 年、2004 年从遥感图像分类得到的城市用地[图 7-23（b）、图 7-23（d）]总量为参照，经过 600 次迭代运算，得到了深圳市 1993 年的模拟城市用地（图 7-23），经过 2000 次迭代运算，得到了 2004 年的模拟城市用地[图 7-23（e）]。表 7-26 为典型数据的最终分类结果。图 7-24 是 1988～1993 年的城市用地扩张模拟过程图。同时，根据 1988～2004 年的城市发展趋势，经过 2600 次迭代运算，获取了 2010 年模拟的城市用地（图 7-25）。

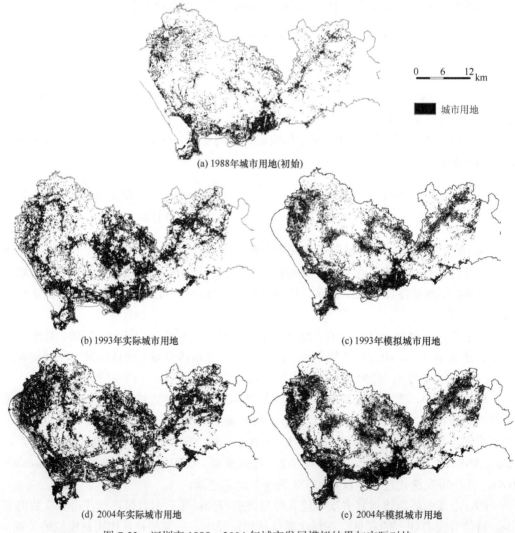

图 7-23　深圳市 1988～2004 年城市发展模拟结果与实际对比

表 7-26　基于 SVM-CA 的典型数据分类结果

x	y	x_1	x_2	x_3	x_4	x_5	x_6	实际值	模拟概率
818166.7	2499786	36.23534	36.68787	9.433981	32	12	5	1	0.85
818830.4	2500516	56.72742	50.08992	7.071068	17.11724	27	4	1	0.79
822149	2504034	152.8987	59.77457	15.13275	41.48494	85.16455	1	1	0.38
822348.1	2506689	197.4968	70.3278	32.01562	34.20527	66.00758	0	0	0.23
838675.6	2514720	542.603	70.5762	41.67733	326.9557	51.97115	0	0	0.017
833764.1	2523348	601.0208	104.6566	75.21304	297.3113	134.4061	0	0	0.15
793741.8	2520029	635.3849	72.20111	33	503.746	24.18677	0	1	0.64
791020.6	2522352	603.4318	16.27882	10.29563	543.5679	13.45362	0	1	0.59
800910	2519432	530.0236	63.78872	57	363.3208	153.16	0	0	0.44
805224.2	2520096	494.0162	86.26703	142.2146	276.4218	115.6936	0	0	0.31
810932.2	2518237	415.0301	48.05206	50.21952	165.9789	30.8707	0	0	0.03
802502.9	2509410	364.6107	90.47099	34.36568	363.4556	45.88028	0	0	0.12
794870.2	2500317	444.7134	38.94868	24.83949	497.0362	5	0	0	0.25
805489.7	2508812	310.7748	73.97973	38.60052	302.3673	68.26419	0	0	0.38
825998.6	2500317	184.1765	99.82484	11	124.7878	79.40403	2	1	0.71
819826	2509808	235.7478	88.60023	54.45181	45.60702	17.08801	0	0	0.17
820290.6	2514189	322.8188	15.13275	3.605551	12.80625	66.70832	2	1	0.49
801905.6	2501246	307.3321	113.2166	23.76973	356	23	4	1	0.51
813786.2	2512131	282.3491	107.5407	40.79216	142.2849	11.18034	0	0	0.07
829516.3	2502043	260.44	59.94164	14.86607	192.7511	14.21267	0	0	0.34

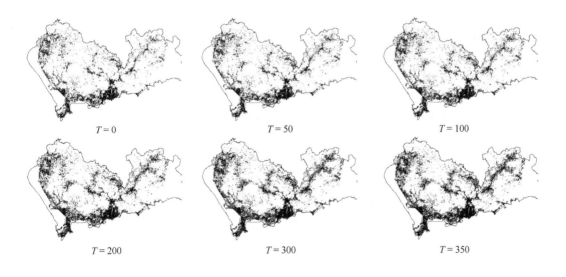

$T = 0$　　　　　　　　$T = 50$　　　　　　　　$T = 100$

$T = 200$　　　　　　　　$T = 300$　　　　　　　　$T = 350$

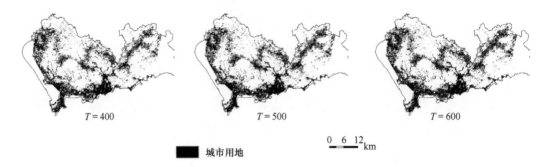

图 7-24　深圳市 1988～1993 年城市用地扩张模拟过程图

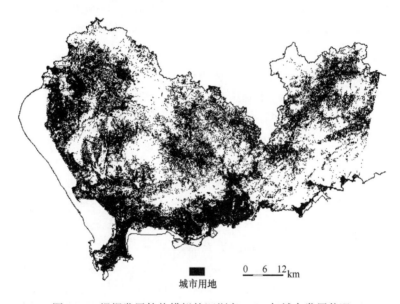

图 7-25　根据发展趋势模拟的深圳市 2010 年城市发展状况

可以发现，深圳市在 20 世纪 90 年代初期处于城市高速发展阶段，到 2000 年前后，城市发展速度有所减慢。这种结果的形成除了受到城市发展的一般因素的影响外，还与将深圳市作为经济特区，大力发展深圳市经济的政策关系非常密切。从城市发展形态来看，90 年代初期，城市增长主要沿道路进行，同时，龙岗区和龙华镇周围地区增长的城市用地更多。由于这个阶段主要沿道路和新中心增长，城市用地分布相对较为分散；从 90 年代末开始，城市主要沿道路和已存在的城市中心增长，城市用地分布更为密集。

对模型模拟的结果用逐点对比和总体形态评价的方法进行了检验。1993 年模拟的逐点对比总体精度达到 87.25%（表 7-27），2004 年模拟的逐点对比总体精度达到 84.90%（表 7-28）。需要说明的是，模拟精度除了受模型本身的影响外，还受遥感分类精度的影响，包括利用多时相遥感数据提取土地利用变化的驱动因子会存在误差。有关遥感分类精度对模拟的影响还有待进一步的研究。

表 7-27　SVM-CA 精度评价混淆矩阵（1993 年）

		1993 年模拟		
		不转变	转变	精度（%）
实际	不转变	495838	9388	98.14
	转变	91229	192804	67.9
	总精度（%）			87.25
Kappa			0.70	

表 7-28　SVM-CA 精度评价混淆矩阵（2004 年）

		2004 年模拟		
		不转变	转变	精度（%）
实际	不转变	432064	22391	95.07
	转变	96781	238023	71.09
	总精度（%）			84.90
Kappa			0.68	

　　同时，计算了评价总体形态的 Moran's I 指数（表 7-29）。将采用该方法与 Logistic 回归模型对深圳市模拟的精度进行了对比，表 7-29 和表 7-30 是 Logistic 回归模型的 Moran's I 指数和混淆矩阵。表 7-27～表 7-30 表明，基于支持向量机的 CA 比 MCE 的 Logistic 回归模型模拟精度高，Moran's I 指数与实际值更为接近。我们也计算了 Kappa 系数来检验模拟的一致性（表 7-27）。所提出的方法的 Kappa 系数为 0.70（1993 年）和 0.68（2004 年）。Kappa 系数表明，模拟的精度在可接受的范围之内。传统的 MCE-CA 模拟结果的 Kappa 系数为 0.44（1993 年）。可见，该方法对模拟精度的改善效果较为理想。

表 7-29　Moran's I 指数对比表

1988 年	1993 年	1993 年	1993 年	2004 年
0.618	0.719	0.734	0.741	0.768

表 7-30　基于 MCE 的 Logistic 回归模型精度评价混淆矩阵

		1993 年模拟		
		不转变	转变	精度（%）
实际	不转变	485233	75166	86.6
	转变	99804	129056	56.4
	总精度（%）			76.97
Kappa			0.44	

　　CA 是模拟地理现象演变非常有用的工具。如何合理地确定 CA 的转换规则及其参数是 CA 的关键，也是目前 CA 研究所碰到的主要难题。目前，CA 主要采用线性的转换规则，在反映非线性的复杂地理现象时，线性 CA 转换规则具有较大的局限性。本节运用非线性支持向量机，从训练数据中获取非线性可分的支持向量及其对应的拉格朗日系数和核函数，来构造非线性的 CA 转换规则。基于支持向量机的 CA 能依靠"核"函数很好地反映复杂城市系统演变的非线性特征。通过"核"函数将非线性可分的特征空

间映射到更高维的线性可分的 Hilbert 空间中，在线性可分的 Hilbert 空间中构造线性可分的最优分类超平面，解决线性不可分问题。该方法的最大优点是 SVM-CA 的转换规则能反映城市系统的非线性特征。

将该模型应用在珠江三角洲高速发展的深圳市，将不同年份的卫星遥感图像作为主要观测数据，根据用支持向量机方法提取的能反映非线性特征的转换规则，模拟了该地区 1988~2004 年的城市增长情况，并对 2010 年的城市用地进行了模拟。利用逐点对比和 Moran's I 指数来评价模型的精度。研究结果表明，基于支持向量机的非线性 CA 能获得更为理想的模拟结果，其模拟精度比传统的 MCE 方法的模拟精度高，为复杂城市系统的演变模拟提供了一种十分有用的工具。

用支持向量机确定城市 CA 的非线性转换规则时，支持向量机参数的确定是非常重要的，本书的研究用传统的分组交叉实验的方法确定，如何在模型中优化组合支持向量机的参数需要更深入的研究。同时，交通网的动态扩张对模型模拟的结果有非常重要的影响，如何动态地模拟交通网的扩张并将其对城市发展的动态影响反映在 CA 中也有待进一步研究。

7.9 基于粗集的知识发现与地理模拟

本书的研究利用粗集理论（rough sets）来自动获取不确定性 CA 转换规则的新方法。粗集是一种新的处理不确定性问题和含糊性问题的数学工具（李雄飞和李军，2003）。相对于概率统计、证据理论、模糊集等处理不确定性问题的数学工具而言，粗集理论不需要关于数据的任何预备的或者额外的知识，而统计学需要概率分布，证据理论需要基本概率赋值，模糊集理论需要隶属函数。粗集理论的这些优点可以使它应用于知识发现、机器学习、模式识别、专家系统、归纳推理等领域（瓦普尼克，2004；Gao et al.，2005）。

我们以城市演变模拟中的不确定性动态知识挖掘为例。根据粗集理论，以不可分辨关系和近似空间为基础，获取模拟中的不精确数据间的关系。通过确定决策系统中的分辨矩阵和分辨函数，发现对象和属性间的依赖关系。经过知识约简去除冗余数据后形成核，从核中归纳出约简的 CA 决策规则。所获得的规则能方便和准确地描述城市系统扩张的复杂关系，能准确反映城市系统的动态性和不确定性。目前，国内外还没有开展利用粗集理论对地理模拟中不确定知识挖掘的研究。

在 CA 中，元胞状态的变化（如转变为城市用地）跟一系列空间距离变量、邻近范围的城市化元胞数、元胞本身的属性等关系密切。结合研究区的实际情况，本书的研究选取了以下空间变量。这些变量及获取情况见表 7-31。

表 7-31 空间变量及获取方法

变量	获取方法
因变量（是否转变为城市元胞）	遥感分类，reclass
全局变量：	
政府规划因子（x_1）	政府规划资料
空间距离变量：	

续表

变量	获取方法
离市中心的距离（x_2）	
离镇中心的距离（x_3）	
离公路的距离（x_4）	利用 ArcGIS 的 Eucdistance 获取
离高速公路的距离（x_5）	
离铁路的距离（x_6）	
局部变量：	
3×3 邻域已城市化元胞数（x_7）	利用 ArcGIS 的 focal 函数
元胞的土地利用类型　（x_8）	遥感分类
坡度（x_9）	利用 ArcGIS 的 DEM 模型

为了在研究区获取模型的转换规则，需要用历史数据来校正。选取深圳市 1988 年和 1993 年的 TM 遥感图像，通过遥感分类，获取不同时段元胞的土地利用类型。TM 的分辨率是 30m，在模拟中重采样成 50m 的分辨率。

选取历史数据时，运用随机分层取样的方法，从转换为城市用地的元胞和可以转换为城市元胞而尚未转换的元胞中分别选择 20% 的样点，并获取这些样点的空间坐标。运用 Arc/Info 的 Sample 功能分层读取对应的城市发展和空间变量数据，形成训练数据集。

利用 1988~1993 年的训练数据，获取转换规则，模拟 1997~2010 年的城市发展状况。转换规则利用粗集专业软件 Rosetta 获取。Rosetta 从训练数据中获取转换规则时，首先对数据进行离散化处理，删除有缺失值的对象；然后，将数据集分为训练数据集和测试数据集；最后，从训练数据集中建立分辨矩阵和分辨函数，进行知识约简，获取转换规则并进行修剪。表 7-32 是利用 Rosetta 从训练数据中获取的约简后的部分规则。

表 7-32　从训练数据中获取的约简后的部分规则

规则 1：
　IF
　　slope<=12 & disroad<=5 & distown<=20 & landuse='cropl&' & N_{sum}>=2
　Then
　　change=1[$\mu(X_i,1)$ =1]
规则 2：
　IF
　　slope<=12 & disroad<=10 & discity<=50 & discity>=5 & disexp>10 (landuse<>'water' or landuse<>'grass') & N_{sum}>=4
　Then
　　change=1[$\mu(X_i,1)$ =1]
规则 3：
　IF
　　slope<=12 & disroad<=2 & N_{sum}>=1 & landuse='cropl&' & distown>20
　then
　　change=1 or change=0[$\mu(X_i,1)$ =0.4]
规则 4：
　IF
　　slope<=12 disroad<10 & distown>=10 & distown<=50 & landuse='cropl&'
　then
　　change=1 or change =0 [$\mu(X_i,1)$ =0.8]
　…

其中，规则 1 和规则 2 为确定性规则[$\mu(X_i,1)$ =1]，符合这两条规则的元胞完全转换为城市用地；规则 3 和规则 4 为不确定性规则[$\mu(X_i,1)$ =0.4 和 $\mu(X_i,1)$ =0.8]，符合第 3

条规则的元胞中，40%的元胞可转换为城市用地。符合第 4 条规则的元胞中，80%的元胞可转换为城市用地。不确定性规则的转换比例通过粗集自动获取，RS-CA 通过规则的转换比例动态地反映模型的不确定性。

　　模拟时，由于地理环境的差异，每个元胞要匹配出与环境对应的转换规则。匹配转换规则时，对于每一个元胞，如果有唯一的规则与元胞属性描述相对应，则选取这条规则作为该元胞的转换规则；如果有多条规则的属性描述与元胞属性描述相对应，且各条规则的转换比例[$\mu(X_i,1)$]相同，则从这些规则中任意选择一条规则作为该元胞的转换规则；如果有多条规则的属性条件与元胞属性条件相对应，但这些规则的转换比例[$\mu(X_i,1)$]不相同时，则进行投票表决。投票表决时，符合元胞属性条件的每一条规则对其所预测的转变类型进行"表决"。表决时，将与该元胞属性描述相一致的所有规则按转换规则和不转换规则分别以转换比例为权重加权求和，以最大值来确定 CA 状态的转变类型。

　　用粗集获取的规则，经过属性约简，转换规则经过特征选择选取了对应规则的最主要变量。这样获取的规则在城市模拟中可以反映不同变量组合的城市发展状况，如规则 1（表 7-32）主要反映了邻近范围、道路和镇中心及坡度、土地利用类型组合的城市发展状况；规则 2（表 7-32）主要反映了邻近范围、道路和市中心及坡度、土地利用类型组合的城市发展状况。这种不同变量组合的诸多规则反映了随地理环境的变化，城市发展的空间差异性。按上述方法选取的转换规则，对地理环境存在差异的不同位置匹配出了不同的转换规则（集）。用这种转换规则模拟城市系统时，不需要定义转换规则的具体结构，简化了模型的建立过程，大大缩短了建模时间，同时随地理环境的差异而采用了不同的转换规则。图 7-26 显示了研究区内不同空间位置匹配的不同转换规则。

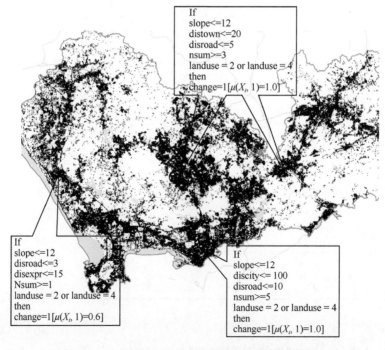

图 7-26　不同空间位置匹配不同转换规则的示意图

根据数据挖掘自动生成的转换规则，分别模拟了 1988～1993 年、1993～1997 年、1997～2004 年及 2004～2010 年深圳市城市空间演变情况。每一模拟期间 CA 迭代运算次数见表 7-33。根据从多时相遥感图像获得每一时期的城市用地增长总量（ΔQ_t），β_t 反映转换量的动态变化。表 7-33 为模拟所用的基本参数。

表 7-33　深圳市城市 CA 模拟的基本参数

	模拟间隔			
	1988～1993 年	1993～1997 年	1997～2004 年	2004～2010 年
K	200	200	300	300
ΔT_{rule}（年）	5	4	7	6
Δt_{CA}（年）	1/40	1/50	1/43	1/50
ΔQ_t（km²）	139.01	81.78	115.9	92.12
β_t	0.005	0.002942	0.001853	0.0014726

由于观测间隔与迭代间隔不一样，还需要计算 β_t，并使用如下的全局约束条件来决定从 t 到 $t+1$ 时刻状态的转换，全局约束条件如下：

$$
\text{假如} \quad \gamma \leqslant \begin{cases} 0.005 \times \mu(X_i,1) & (1988\sim1993年) \\ 0.002942 \times \mu(X_i,1) & (1993\sim1997年) \\ 0.001853 \times \mu(X_i,1) & (1997\sim2004年) \\ 0.0014726 \times \mu(X_i,1) & (2004\sim2010年) \end{cases} \tag{7-22}
$$

则转变为城市用地。

基于 RS-CA 城市 CA 模型，利用从 1988～1993 年训练数据中获取的转换规则，模拟研究区 1988～1993 年、1993～1997 年、1997～2004 年、2004～2010 年的城市发展状况。模拟时，以 1988 年从遥感图像中提取的城市用地为初始城市用地，分别经过 200 次、200 次、300 次、300 次迭代运算，模拟出了对应时间段的城市用地状况。图 7-27（a）为从遥感图像中获取的实际城市用地，图 7-27（b）为对应时间段模拟的城市用地。根据城市发展的趋势，模拟预测了 2010 年的城市发展状况（图 7-28）。可以发现，深圳市在 20 世纪 90 年代经历了城市快速扩张的阶段，2000 年以后城市发展速度有所减慢。同时可以发现，深圳市的城市发展在 20 世纪 90 年代主要沿公路发展，同时龙岗和龙华、

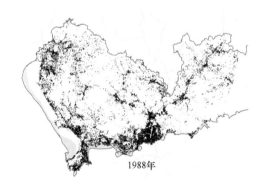

1988年

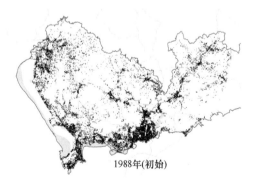

1988年(初始)

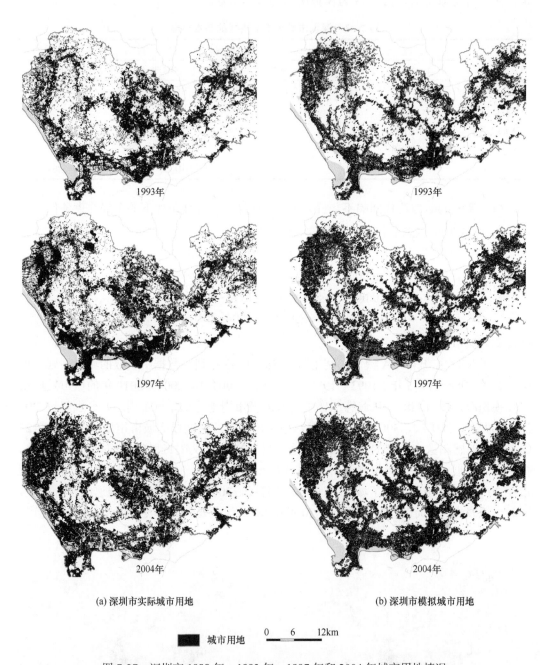

(a) 深圳市实际城市用地　　　　　　　　　　　　(b) 深圳市模拟城市用地

■ 城市用地　　　0　6　12km

图 7-27　深圳市 1988 年、1993 年、1997 年和 2004 年城市用地情况

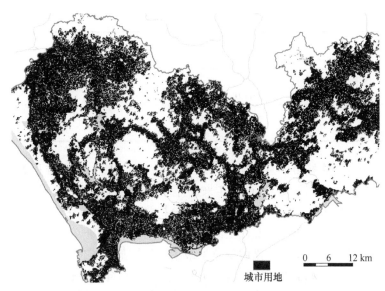

图 7-28　根据发展趋势模拟深圳市 2010 年城市用地

观澜、平湖等地城市用地迅速扩张。这与政府的"市区大力发展第三产业，第二产业进入郊区"的政策关系非常密切。2000 年以后，新增的城市用地主要集中在原来城市用地的周围，这个时期，深圳市城市用地的密度进一步加大，形成了密集紧凑式的城市形态。同时，原处于市西北区的松岗、公明、光明等地城市用地增长很快，成为深圳市城市增长的新区域。基于 CA 的模拟方法能反映城市发展的空间格局，揭示城市发展的空间规律，可以为城市规划提供科学的依据。

　　地理现象是复杂系统，受许多不确定性因素影响，完全准确地模拟其动态变化是不可能的。但将 CA 应用于模拟真实的城市时，还是需要检验其与实际情况吻合的程度。在评价模拟精度时，目前主要采用逐点对比和整体对比的评价方法。逐点对比评价法注重于每个元胞尺度上模拟的精度差异，用总精度和 Kappa 系数表示模拟的精确程度和一致性。具体计算时，比较每个元胞的实际用地状况和模拟用地状况，就能计算出总精度和 Kappa 系数（表 7-34）。

表 7-34　RS-CA 模拟的误差评价

	1988～1993 年		
	模拟非城市用地	模拟城市用地	精度（%）
实际非城市用地	398084	59698	86.96
实际城市用地	48545	141162	74.41
总精度（%）			83.28
Kappa			0.6033
	1993～1997 年		
	模拟非城市用地	模拟城市用地	精度（%）
实际非城市用地	342093	68690	83.28
实际城市用地	53545	183161	77.38
总精度（%）			81.12
Kappa			0.5985

续表

	1997～2004 年		
	模拟非城市用地	模拟城市用地	精度（%）
实际非城市用地	300562	79151	79.16
实际城市用地	61191	197585	76.35
总精度（%）			78.02
Kappa			0.5490

　　整体对比法更关注城市的总体结构和形态，可用紧凑度、分形维和 Moran's I 指数来进行评价。本书的研究采用 Moran's I 来进行空间格局相似性的度量。Moran's I 一般用来描述空间的自相关性。由于该指数也可以分析集中和分散的程度，因此它可以用来定量对比 CA 模拟结果和观测情况在空间格局方面的接近程度（黎夏和叶嘉安，2004）。Moran's I 的最大值为 1，反映被描述现象呈最集中的情形。该值减小，反映该现象分散程度增大。表 7-35 是 1988 年、1993 年、1997 年和 2004 年 Moran's I 指数的对比结果，可以看到各个时期的模拟结果和实际情况还是十分接近的。城市用地在 1988 年还比较分散。随着城市的发展，城市用地越来越集中，城市密度越来越大，与其对应的 Moran's I 指数也逐渐增大（表 7-35）。

表 7-35　RS-CA 的 Moran's I 指数和实际对比

	1988 年	1993 年	1997 年	2004 年
实际	0.6088	0.6969	0.7069	0.7369
模拟	—	0.6513	0.733	0.7413

　　为了检验 RS-CA 在模拟方面的改善情况，也利用常用的 MCE 模型进行了对比。MCE 模型对 1988～1993 年的模拟总精度为 76.79%，Moran's I 指数为 0.6433。可以发现，RS-CA 总精度要比 MCE 模型的高 6.49%，Moran's I 指数与实际的差别也比 MCE 模型的小。可见，该模型比传统的城市 CA 在模拟精度方面有所改善。这种转换规则比数学公式表达的规则具有更大的灵活性，更能够反映空间的复杂关系。

　　本节运用粗集理论，从训练数据中获取动态的、不确定性的 CA 转换规则。基于粗集的 CA，通过对决策属性表建立分辨矩阵和分辨函数进行知识约简，生成约简的决策规则。该方法的最大优点是对 CA 的变量参数进行了特征选择，生成的决策规则用分类比例表达规则的不确定性程度，而且转换规则是可理解的和随地理环境的变化而变化的。基于粗集的 CA，通过特征选择、不确定性、不同空间位置规则的差异性反映了空间的复杂关系。

　　将该模型应用在珠江三角洲城市高速发展的深圳市，将 1988 年和 1993 年的卫星遥感图像作为主要观测数据，用 Rosetta 提取动态的不确定性转换规则。基于 RS-CA 模拟了该地区 1988～2004 年的城市增长情况，并对 2010 年的城市用地进行了模拟。利用逐点对比和 Moran's I 指数来评价模型的精度。研究结果表明，基于粗集的 CA 能获得更为理想的模拟结果，其模拟精度比传统的 MCE 方法模拟精度高，为复杂城市系统的演变模拟提供了一种十分有用的工具。

7.10　基于案例推理的 CA 动态转换规则及大区域城市演变模拟

CA 被越来越多地用于复杂系统的模拟中。许多地理现象的演变与其影响要素之间存在着复杂的关系，其往往具有时空动态性。研究区域较大和模拟时间较长时定义具体的规则来反映这种复杂关系有较大的困难。为了解决 CA 转换规则获取的瓶颈，本书的研究提出了基于案例（case-based）的 CA 来代替基于规则（rule-based）的 CA，并利用案例推理（CBR）方法来反映 CA 的时空动态转换规则。CBR 最大的特点是无须定义具体明确的规则，而是利用案例来隐含表达知识，从而大大减少建立模型所需要的时间，有效地解决知识获取所碰到的模糊性和不确定性问题。它特别适合于那些专业知识难以被概括、抽象和表达的领域。最近，有些学者开始将 CBR 应用在环境、城市规划、遥感分类等地学领域中（Lekkas et al.，1994；Holt and Benwell，1999；Yeh and Shi，1999；黎夏和叶嘉安，2004），并取得了一定的成果。

本书的研究尝试把 CBR 引进地理元胞自动机，并对 CBR 的最近邻算法进行改进，使其能反映随空间变化的动态转换规则。此外，根据多个年份的遥感资料对 CA 进行校正，把新的历史资料加入案例库中，由此能够随着周围环境变化和经验的增加来动态更新转换规则，其很好地体现了复杂系统的自适应特点。

该模型选择大区域的珠江三角洲作为实验区（图 7-29），模拟了其 1988～2002 年的城市扩张过程。该研究区包含了不同等级的城市，其土地利用变化存在着明显的内部差异（Li and Yeh，2004b）。使用传统单一不变的转换规则对该区域的城市扩张进行模拟存在一定的困难。

本书的研究采用基于案例推理的 CA 来反映城市系统演变的复杂关系。首先，对 1988 年、1993 年的 TM 遥感图像进行分类，获取土地利用变化（状态变化）的训练数据。通过 GIS 获取影响土地利用变化的地理要素，包括一系列空间变量。利用随机采样获得模型所需要的原始案例库，共获取了 4000 个案例。这些案例能隐含反映该地区土地利用变化与地理要素之间的复杂关系，从而代替具体的转换规则。新的 1995 年和 1997 年的遥感影像数据获取新的案例，使得案例库具有动态的特点。

若用常规的 k 最近邻算法，则无法反映转换规则随空间而变化的特点。当研究区域很大时，该方法有较大的弊端。当采用所提出的 k 最近邻改善算法时，利用几何空间的权重可以十分有效地反映转换规则的空间动态性。把特征空间近邻和原始空间近邻同时考虑进来，可以更有效地反映 CA 转换规则随空间而变化的特征。图 7-30 的案例 Q1 和 Q2 具有相同的特征空间近邻。若用常规的 k 最近邻算法，其状态转变的概率是不变化的。案例 Q1 和 Q2 的 10 个相同近邻按照特征距离从小到大的顺序为：N1、N2、N3、N4、N5、N6、N7、N8、N9、N10；但在原始的几何空间中，案例 Q1 的近邻根据其空间距离从小到大排序为：N1、N7、N3、N8、N9、N2、N10、N4、N5、N6。而案例 Q2 的近邻根据其空间距离从小到大排序则为：N2、N9、N4、N10、N8、N3、N7、N1、N5、N6。如果把原始空间近邻也同时考虑进来，案例 Q1 和 Q2 的状态转变的概率是不同的，从而可以有效地反映 CA 的动态转换规则。

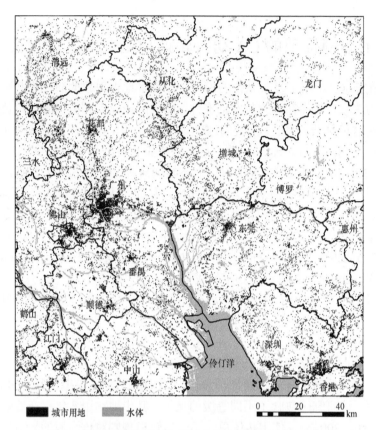

图 7-29 珠江三角洲城市扩张模拟实验区

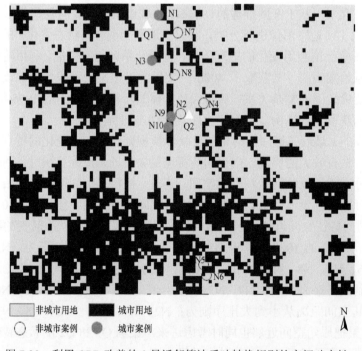

图 7-30 利用 CBR 改善的 k 最近邻算法反映转换规则的空间动态性

另外，由于利用新的遥感图像的案例库在不断更新，元胞的近邻会随着时间发生动态变化，使得模型能反映转换规则的时间动态性。这种方法在模拟复杂的资源环境系统方面有较大的优越性，很适合在研究区域较大、模拟时间跨度较长的情况下使用。

在案例学习中，近邻数目 k 的取值对案例推理过程有一定的影响。图 7-31 是对训练数据分析的结果，显示了近邻数目 k 取值与预测准确率的关系曲线。k 取值为 1 时，预测准确率为 69.1%；k 取值为 10 时，预测准确率为 73.2%；k 取值为 20 时，预测准确率为 73.4%。可以发现，当 k 取值超过 10 时，精度的改善并不明显。因此，在运用 CBR 提取 CA 动态转换规则时，采用 k 取值为 10 来对案例进行推理，以提高模型运算的速度。

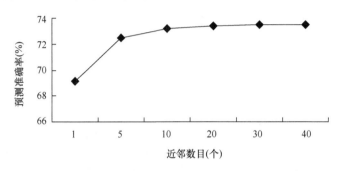

图 7-31　近邻数目 k 和预测误差的关系

本书的研究在进行 CA 校正时，使用了多年的遥感资料。模型初始案例主要来源于 1988 年和 1993 年遥感分类图像与 GIS 数据。随着模拟时间的推进，从新的遥感图像获取新的案例，对案例库进行更新，以反映随时间变化的动态转换规则，并从遥感图像上获取不同时段转化为城市用地的总量 ΔQ_0。CA 需要循环迭代运算多次才能体现局部的相互作用。一般来讲，CA 进行迭代运算 100～200 次是较为正常的（Wu and Webster，1998）。假设模型运行 N 次，每次转化的数量控制为 $\Delta Q_0 / N$ （黎夏和叶嘉安，2004），引入控制变量 Rand()，其为 $1 \sim \Delta Q$ 的随机整数，于是 CA 的转换规则可表达如下：

$$S_{t+1}(i) = \begin{cases} \text{转变为城市用地，当} P(i) > \text{Rand()} \text{及} \text{Rand()} < \Delta Q_0 / N \\ \text{不变化，其他情况} \end{cases} \tag{7-23}$$

初始的城市用地从 1988 年 TM 图像分类所获得。模型进行 225 次迭代运算后，获得模拟的 1993 年珠江三角洲城市用地分布；运行 600 次后得到模拟的 2002 年珠江三角洲城市用地分布。图 7-32 显示了珠江三角洲城市格局演变的模拟过程和实际的城市用地变化的对比。实际的城市用地变化从遥感图像分类中获取。可以发现，模拟结果的整体空间布局与实际情况相当接近。

尽管该研究区域很大，而且包括不同类型的城市，但所提出的方法可以很好地同时模拟出该区域不同城市的空间格局演变情况。图 7-33～图 7-36 分别是深圳市、东莞市、广州市和增城不同类型城市演变的局部放大细节。在局部情况下所获得的模拟结果与实际情况也是十分吻合的。由此，该模型能有效地反映大区域下城市演变的复杂关系。

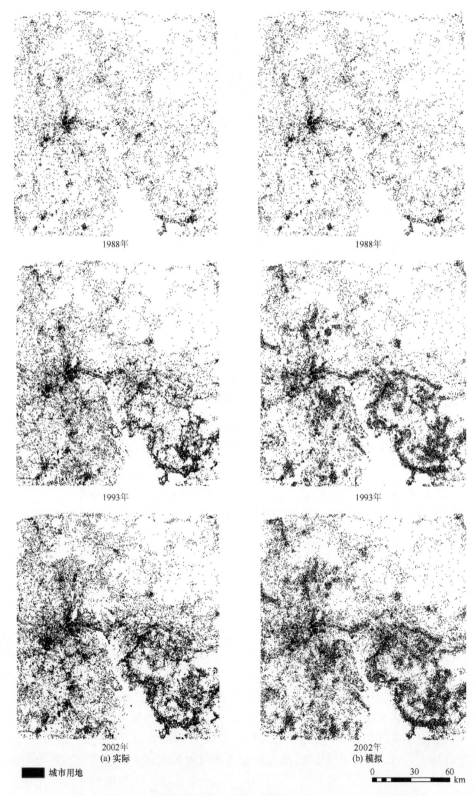

1988年　　　　　　　　　　　　　　1988年

1993年　　　　　　　　　　　　　　1993年

2002年　　　　　　　　　　　　　　2002年
(a) 实际　　　　　　　　　　　　　　(b) 模拟

■ 城市用地　　　　　　　　　　　　0　　30　　60
　　　　　　　　　　　　　　　　　　　　　　　　km

图 7-32　1988 年、1993 年和 2002 年珠江三角洲实际与模拟的城市演变对比

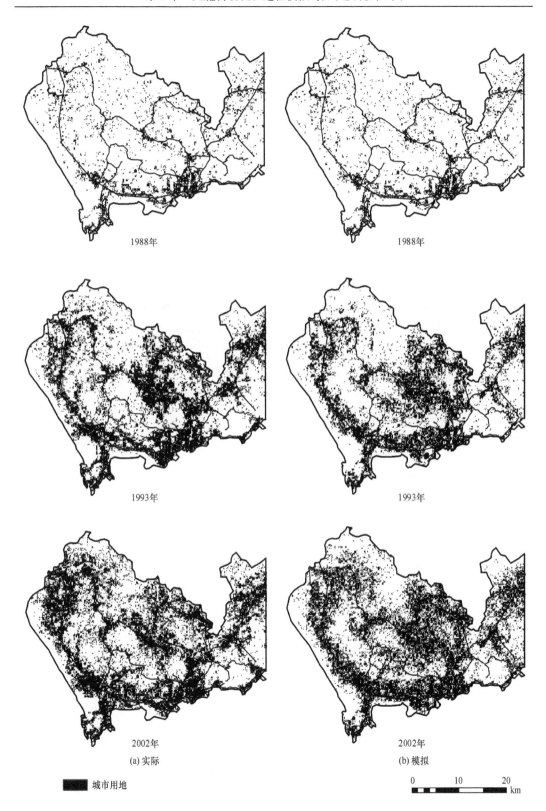

1988年　　　　　　　　　　　　　　　　1988年

1993年　　　　　　　　　　　　　　　　1993年

2002年　　　　　　　　　　　　　　　　2002年

(a) 实际　　　　　　　　　　　　　　　(b) 模拟

城市用地　　　　　　　　　　　　　0　　10　　20 km

图 7-33　1988 年、1993 年和 2002 年深圳市实际与模拟的城市演变对比

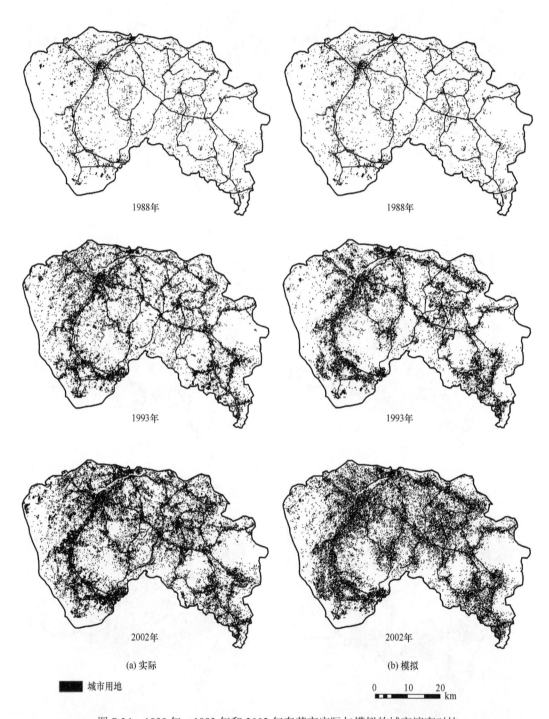

1988年   1988年

1993年   1993年

2002年   2002年

(a) 实际   (b) 模拟

■■■ 城市用地

0   10   20
        km

图 7-34   1988 年、1993 年和 2002 年东莞市实际与模拟的城市演变对比

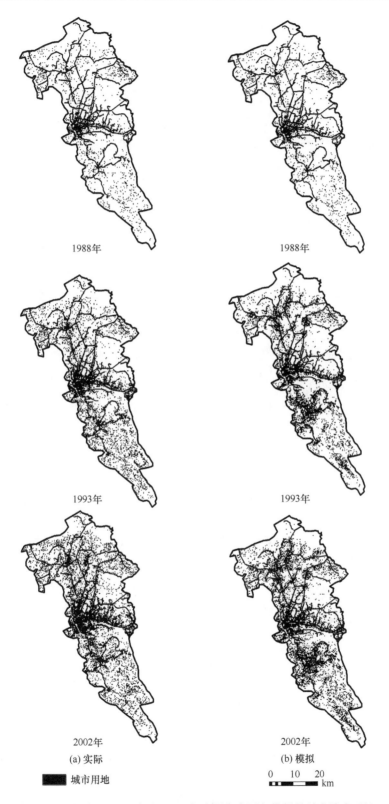

1988年   1988年

1993年   1993年

2002年   2002年
(a) 实际   (b) 模拟

■ 城市用地   0 10 20
                   ├──┼──┤ km

图 7-35 1988 年、1993 年和 2002 年广州市实际与模拟的城市演变对比

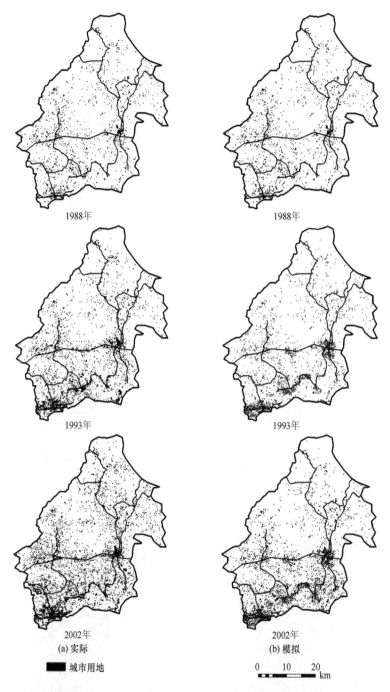

图 7-36　1988 年、1993 年和 2002 年增城实际与模拟的城市演变对比

　　本书进一步采用定量的方法来检验模拟与实际情况的吻合程度，包括逐点对比和格局对比这两种方法。前一种方法是将模拟的结果和实际情况叠合起来，然后逐点对比来计算其精度；后一种方法是检验所模拟出来的整个空间格局与实际空间格局相符合的程度（Wu and Webster，1998）。首先，将 1993 年、2002 年珠江三角洲城市用地的模拟结

果与实际情况（遥感分类）进行逐点对比，计算模拟精度。表 7-36 列出了它们的精度，1993 年和 2002 年模拟总精度分别为 0.86 和 0.82，其 Kappa 系数分别为 0.53 和 0.51。

表 7-36　案例推理方法的模拟精度

	1988～1993 年（元胞数）		精度
	模拟非城市用地	模拟城市用地	
实际非城市用地	476678	58315	0.89
实际城市用地	31953	71454	0.69
总精度			0.86
Kappa 系数			0.53
	1993～2002 年（元胞数）		精度
	模拟非城市用地	模拟城市用地	
实际非城市用地	432997	65273	0.87
实际城市用地	48513	91616	0.65
总精度			0.82
Kappa 系数			0.51

本书也计算了模拟结果和实际情况的形态指数，以检验模型的空间格局是否与实际空间格局相符。采用 Moran's I 指数进行对比。Moran's I 指数一般用来描述空间的自相关性，但该指数也反映了空间集中和分散的程度（Wu and Webster，1998）。1993 年模拟结果的 Moran's I 指数值为 0.382，实际情况的 Moran's I 指数值为 0.376；2002 年模拟结果的 Moran's I 指数值为 0.393，实际情况的 Moran's I 指数值为 0.385。模拟结果和实际情况的 Moran's I 指数值非常接近，这证明模拟结果的空间格局和实际情况较为相近。

所提出的方法能有效地反映转换规则随时空变化的特征，其比常规的采用静态转换规则的 CA 应该有更好的模拟精度。为了对比，也利用常规的基于 Logistic 回归的 CA 模拟了该研究区城市的扩张过程，并计算了模拟结果的逐点对比精度和 Moran's I 指数值。表 7-37 是 Logistic 回归模型模拟的逐点对比精度。1993 年和 2002 年模拟总精度分别为 0.81 和 0.75，但其 Kappa 系数分别只有 0.34 和 0.28。由此，基于案例推理的 CA 比基于 Logistic 的 CA 有更好的模拟精度，特别是 Kappa 系数方面的对比。

表 7-37　Logistic 回归方法的模拟精度

	1988～1993 年（元胞数）		精度
	模拟非城市用地	模拟城市用地	
实际非城市用地	461699	73294	0.86
实际城市用地	50462	52944	0.51
总精度			0.81
Kappa 系数			0.34
	1993～2002 年（元胞数）		精度
	模拟非城市用地	模拟城市用地	
实际非城市用地	416056	82214	0.84
实际城市用地	76651	63478	0.45
总精度			0.75
Kappa 系数			0.28

在形态的一致性对比方面,基于案例推理的 CA 也有更好的效果。Logistic 的 CA1993年模拟结果的 Moran's I 指数值为 0.489,实际情况的 Moran's I 指数值为 0.376;2002 年模拟结果的 Moran's I 指数值为 0.526,实际情况的 Moran's I 指数值为 0.385。其差异要比该模型大得多。

对复杂的资源环境系统进行模拟有较大的理论和应用意义。基于方程式的方法无法反映复杂系统的特点。而基于"自下而上"的 CA 能有效地模拟复杂系统的演变过程。CA 被越来越多地应用在地理现象演变的模拟中,并取得了许多有意义的研究成果。CA 的关键是如何定义转换规则,但目前常规的 CA 是采用静态的转换规则,在研究区面积较大和模拟间隔较长时有一定的弊端。而且,获取具体的转换规则往往是十分困难的。许多地理现象的演变受众多的因素影响,它们之间的关系也较复杂,难以用具体的转换规则来表达。

为了解决 CA 转换规则获取的瓶颈,本书的研究提出了基于案例推理(CBR)的 CA。该模型无须定义具体的转换规则,而是通过案例来隐含地表达转换规则,从而大大提高了建模的效率。通过对 CBR 中的 k 最近邻算法的改善,模型能反映随空间而变化的转换规则,在研究区面积较大时有一定的优势。由于案例库是动态更新的,该模型还有自适应的特点,能更好地适应快速变化的资源环境。因此,该模型在模拟较为复杂的地理现象时具有非常明显的优势。

将该模型应用于大区域的珠江三角洲城市扩张的模拟中。该区域包含了不同等级的城市群,用传统单一的静态转换规则对其城市演化进行模拟效果并不理想。该模型利用GIS 和不同年份的卫星遥感图像来建立案例库,这些案例反映了城市扩张和地理要素的复杂关系。通过案例推理来决定元胞的状态转变(城市扩张),模拟了研究区在 1988~2002 年的城市扩张情况。根据逐点对比与 Moran's I 计算,模拟结果与实际情况很接近。并与常规的基于 Logistic 的 CA 进行了对比。分析表明,该模型所获得的模拟结果有更高的精度和更接近实际的空间格局。该模型在模拟较为复杂的区域时比基于规则的 CA 有更好的优势。

参 考 文 献

郭鹏, 薛惠锋, 赵宁, 等. 2004. 基于复杂适应系统理论与 CA 模型的城市增长仿真. 地理与地理信息科学, 20(6): 69-72.

黎夏, 叶嘉安. 1997a. 利用遥感监测和分析珠江三角洲的城市扩张过程——以东莞市为例. 地理研究, 16(4): 56-61.

黎夏, 叶嘉安. 1997b. 利用主成分分析来改善土地利用变化的遥感监测精度. 遥感学报, 1(4): 282-289.

黎夏, 叶嘉安. 2002. 基于神经网络的单元自动机 CA 及真实和优化的城市模拟. 地理学报, 57(2): 159-166.

黎夏, 叶嘉安. 2004. 知识发现及地理元胞自动机. 中国科学(D 辑: 地球科学), 34(9): 865-872.

黎夏, 叶嘉安, 廖其芳. 2004. 利用案例推理 CBR 方法对雷达图像进行土地利用分类. 遥感学报, 8(3): 246-253.

李雄飞, 李军. 2003. 数据挖掘与知识发现. 北京: 高等教育出版社.

瓦普尼克. 2004. 统计学习理论. 许建华, 张学工, 译. 北京: 电子工业出版社.

Banister D, Watson S, Wood C. 1997. Sustainable cities: transport, energy, urban form. Environment and Planning B, 24: 125-143.

Batty M, Xie Y. 1994. From cells to cities. Environment and Planning B: Planning and Design, 21: 531-548.

Batty M, Xie Y. 1997. Possible urban automata. Environment and Planning B: Planning and Design, 24: 175-192.

Batty M, Xie Y, Sun Z. 1999. Modeling urban dynamics through GIS-based cellular automata. Computer Environment and Urban Systems, 23: 205-233.

Bauer V, Wegener M. 1977. A Community information feedback system with multiattribute utilities//Bell D E, Keeney R L, Raiffa H. Conflicting Objectives in Decisions. West Sussex, England: Wiley: 323-357.

Brookes C J. 2001. A genetic algorithm for designing optimal patch configurations in GIS. International Journal of Geographical Information Science, 15(6): 539-559.

Clarke K C, Hoppen S, Gaydos L. 1997. A self-modifying cellular automaton model of historical urbanization in the San Francisco Bay area. Environment and Planning B: Planning and Design, 24: 247-261.

Gao K, Ji Y Q, Liu M Q, et al. 2005. Rough set based computation times estimation on Knowledge Grid. Lecture Notes in Computer Science, 3470: 557-566.

Goldberg D E. 1989. Genetic Algorithms in Search, Optimisation and Machine Learning. Reading, MA: Addison-Wesley.

Holt A, Benwell G L. 1999. Applying case-based reasoning techniques in GIS. International Journal of Geographical Information Science, 13(1): 9-25.

Jenks M, Burton E, Williams K. 1996. Compact cities and sustainability: an introduction//Jenks M, Burton E, Williams K. In The Compact City: A Sustainable Urban Form? London: Spon Press: 11-12.

Lekkas G P, Avouris N M, Viras L G. 1994. Case-based reasoning in environmental monitoring applications. Applied Artificial Intelligence An International Journal, 8: 359-376.

Li X, Yeh A G O. 2000. Modelling sustainable urban development by the integration of constrained cellular automata and GIS. International Journal of Geographical Information Science, 14(2): 131-152.

Li X, Yeh A G O. 2002. Neural-network-based cellular automata for simulating multiple land use changes using GIS. International Journal of Geographical Information Science, 16(4): 323-343.

Li X, Yeh A G O. 2004a. Analyzing spatial restructuring of land use patterns in a fast growing region using remote sensing and GIS. Landscape and Urban Planning, 69(4): 335-354.

Li X, Yeh A G O. 2004b. Data mining of cellular automata's transition rules. International Journal of Geographical Information Science, 18(8): 723-744.

Mitchell M. 1996. An Introduction to Genetic Algorithms. Cambridge, Mass: MIT Press.

Wang F. 1994. The use of artificial neural networks in a geographical information systems for agricultural land-suitability assessment. Environment and Planning A, 26: 265-284.

White R, Engelen G. 1993. Cellular automata and fractal urban form: a cellular modelling approach to the evolution of urban land-use patterns. Environment and Planning A, 25: 1175-1199.

Wu F. 1998. SimLand: a prototype to simulate land conversion through the integrated GIS and CA with AHP-derived transition rules. International Journal of Geographical Information Science, 12(1): 63-82.

Wu F. 2002. Calibration of stochastic cellular automata: the application to rural-urban land conversions. International Journal of Geographical Information Science, 16(8): 795-818.

Wu F, Webster C J. 1998. Simulation of land development through the integration of cellular automata and multicriteria evaluation. Environment and Planning B: Planning and Design, 25: 103-126.

Yeh A G O, Li X. 2001. The need and challenges for compact development in the fast growing areas in China-the Pearl River Delta//Jenks M, Burgess R. Compact City: Sustainable Urban Form for Developing Countries. London: Spon Press: 73-90.

Yeh A G O, Shi X. 1999. Applying case-based reasoning to urban planning: a new planning-support system tool. Environment and Planning B, 26(1): 101-115.

第8章 元胞自动机：城市与区域
规划的辅助工具

8.1 引 言

城市已经成为人类活动的重要场所。随着城市的不断发展，城市也经历了从简单的形式到越来越复杂的形式的演变。另外，随着信息化技术的日益改善，大量的城市信息也不断被收集起来，城市规划的任务也由此日趋复杂，需要采用多种方法和手段来对城市进行规划控制、提供辅助决策等。其中，地理信息系统（GIS）在城市信息系统中发挥着主导作用，其为有效地进行城市管理和规划工作提供了强有力的手段。目前，GIS技术已经广泛地应用在城市的各职能部门，包括城市规划、国土资源、环境保护、市政管理、交通、通信、公安消防等。

GIS对城市规划主要体现在以下方面（Royal Town Planning Institute，1992；叶嘉安等，2006）：

（1）改善地图制作及使用，包括提高地图的现势性、制作的有效性、降低存储成本等；

（2）提高空间数据查询和检索的效率，改进空间分析；

（3）快速、广泛地获取相关的地理信息，更大范围地探讨多种方案的可能；

（4）便于和公众、非专业人员交流；

（5）改善服务质量，缩短工作周期，如在建设申请、审批中快速查询案例的相关信息，并及时做出决定。

目前，GIS的基本功能是强调空间信息的获取、储存、管理、显示和制图等，其模型方面的功能相对较弱，在分析和模拟复杂城市系统的特征方面还存在一定的局限性。为了进一步提高GIS的空间分析和模型方面的能力，英国的Openshaw（1994）曾提出了地学计算（GeoComputation，GC）概念，它将是GIS在21世纪的前沿性研究领域。他认为，GC将是21世纪的"后GIS"（post-GIS）发展的产物。在20世纪的后40年里，GIS积累了海量的空间数据，有必要充分地利用这些数据，GC正是为适应这一要求而出现的。GC的提出，在国际得到了很大的响应，学者们开始进行有关的研究。

城市是一个典型的动态空间复杂系统，具有开放性、动态性、自组织性、非平衡性等耗散结构特征。城市的发展变化受到自然、社会、经济、文化、政治、法律等多种因素的影响，因而其行为过程具有高度的复杂性。过去采用"从上至下"的方程式的方法来研究城市系统存在的较大的弊端。GIS往往被用来解决传统模型中的复杂空间问题。这些模型的执行主要通过 GIS 操作来实现，如基于多要素的区位选址能方便地用 GIS

空间分析来完成。GIS 通过大量的空间运算（布尔运算等）可以寻找到适宜的位置。传统 GIS 模型能很好地解决部分空间相关问题，但对复杂的时空动态变化地理现象却难以模拟。GIS 在空间建模方面具有一定的局限性，它只是简单地提供了支持建模的计算环境（Batty and Longley，1996）。毫无疑问，GIS 能够满足我们在空间格局方面分析的需要，但是许多地理现象的时空动态发展过程往往比其最终形成的空间格局更为重要，如城市扩展、疾病扩散、火灾蔓延、人口迁移、经济发展等。

为了更好地研究资源环境复杂系统的时空动态变化特征，需要在 GIS 中耦合"自下而上"的动态模型，从而构成地理模拟系统。GIS 与时空动态模型的耦合将会极大地增强现有 GIS 分析复杂系统的能力。地理模拟系统的关键技术主要由 CA 和多智能体系统组成。CA 和多智能体系统都具有强大的复杂系统模拟的能力，在一些领域中正慢慢补充或取代一些"从上至下"的分析模型。基于局部个体相互作用的模型比传统的宏观模型更具有优势。资源环境复杂系统的变化除了受到自然因素的影响外，还受到社会经济等人文因素的影响。CA 与多智能体的结合将有助于对一系列资源环境复杂系统进行模拟和规划，具体包括以下内容：

（1）土地利用演变及优化；

（2）不同尺度下的城市空间结构演化的模拟、预测和调控；

（3）基于多智能体的传染病传播模型；

（4）城市交通的优化网络；

（5）人群紧急疏散模型。

本书认为，地理模拟系统是在计算机硬、软件系统的支持下，对复杂地理现象进行模拟、预测、优化、分析和显示的系统，其为探索地理现象的格局、过程和演变提供了手段。利用地理模拟系统技术，包括 CA 和多智能体系统，可以对复杂的城市系统进行模拟及调控实验，为城市规划提供辅助决策依据。

CA 具有强大的空间建模能力和运算能力，能模拟具有时空特征的复杂动态系统。CA 在自然科学、化学、生物学中成功模拟了复杂系统的繁殖、自组织、进化等过程。与传统精确的数学模型相比，CA 能更清楚、准确、完整地模拟复杂的自然现象（Itami，1994）。CA 能够模拟出复杂系统中不可预测的行为，而这对于传统的基于方程式的模型来说是无能为力的。

CA 与计算科学的发展有密切的关系，CA 的出现为早期计算机的设计提供了依据。CA 的起源可以追溯到 20 世纪 50 年代，美国数学家 von Neumann 根据同事 S. M. Ulam 的建议，开始考虑自我复制机的可能性。他用 CA 演示了机器能够模拟自身的现象，并得到了这样的结论：如果机器能模拟出自身的动作，说明存在自繁殖的规律（Batty and Xie，1994）。在对问题的总结中，von Neumann 创造了第一个 2 维的 CA。因为当时这种结构的 CA 需要巨大的计算能力，所以没能被广为研究，直到数字计算机的广泛传播。

城市是一个典型的动态空间复杂系统，而基于"自下而上"的 CA 正具有模拟复杂城市系统的优势。自 20 世纪 80 年代以来，城市 CA 的研究取得了可喜的成果，城市地理学家们发表了大量的论文（Deadman et al.，1993；White and Engelen，1993；Wu and Webster，1998；Li and Yeh，2000；Yeh and Li，2001）。城市系统是在二维空间上演变的。因此，用二维 CA 模拟城市的演变更为方便、直观。通过合理地定义转换规则，CA 可以产生不同可能及优化的城市空间格局，这对城市规划有着重要的意义。

除了模拟现实的城市空间格局外，CA 还可以用来寻找满足规划要求或者理想状态的城市形态（Li and Yeh，2000）。最近，有些学者尝试用 CA 来为城市规划提供服务，在 CA 的转换规则中，嵌入规划目标，可以模拟出相应的城市发展格局（Li and Yeh，2000；Ward et al.，2000）。规划者在做出决策前，根据不同的规划情景，用 CA 模拟出若干可能的城市发展空间格局，然后确定较为合理的城市发展模式，为城市的可持续发展提供科学依据。根据模型的结构和输入的数据，CA 可以模拟出各具特色的城市发展空间格局。CA 作为城市规划的工具，关键是要正确定义模型的结构，以及在模型中嵌入合理的规划目标。

8.2　约束性 CA 及可持续城市发展形态的模拟

以往的 CA 研究多集中于城市发展的模拟，本节探讨了如何通过 CA 与 GIS 的结合来进行可持续土地发展规划的方法，提出了基于约束性的 CA，具体分析了局部、区域及全局约束性对 CA 结果的影响，并将灰度的概念引进 CA 中来反映状态连续的变化，克服常规 CA 的缺陷。将该模型应用于珠江三角洲地区来获得合理的城市发展空间布局，将约束性 CA 建立在 GIS 中，可以方便地从 GIS 数据库中获取土地利用等有关信息，从而计算出约束性值。首先，利用虚拟的约束性空间和虚拟的城市进行 CA 的模拟，以方便检验模型的效果。从图 8-1 可以看到，约束性空间可以有效地影响单元空间，从而产生合理的城市形状。可以看到，约束性值为 0 时，城市停止增长。

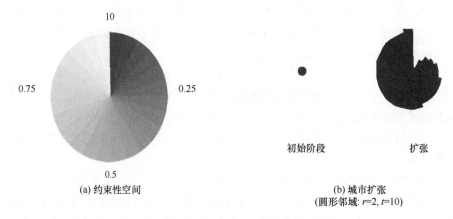

图 8-1　约束性空间影响城市扩展

在实际的 CA 模拟中，利用农业适宜性作为约束性是最简单的方法。农业适宜性是可持续城市发展所要考虑的重要因素。利用农业适宜性作为控制条件来产生合理的城市形态，以达到可持续发展。如何计算土地的可适宜性，已经有很多的研究（Yeh and Li，1998）。利用指数函数，可以将农业适宜性转换为 CA 中的约束性值 CONS：

$$CONS = (1-AS)^k = DS^k \qquad (8-1)$$

式中，AS 为农业适宜性（0～1）；DS 为发展适宜性（0～1），其值的大小与农业适宜性刚好相反；k 为控制参数。

图 8-2 是对应不同参数 k 的转换曲线。可以看到，当 $k=0$ 时，约束性值是常数，即 CA 中不考虑农业适宜性；当 k 逐渐增大时，质量好的农田的约束性靠近 0，模型运算的结果有利于保护优质的农田。可以看到，参数 k 的选择对模型的运算结果影响很大。从理论上讲，k 值越大，越有利于保护优质的农田。但随着 k 值的增大，城市布局的分散性也会增大，不利于紧凑的发展。由此，参数 k 的选择需平衡这两者的关系。一般来讲，$k=3$ 时模型已经可以给出比较满意的结果。不过，用户有时需要根据具体情况来决定这两个要素的优先权。例如，土地资源比较紧缺或重要的农业生产地区，就应该选择较大的 k 值。利用该模型，可以方便地对比各种条件下的城市发展形态，根据具体情况来找到合理的发展方案。

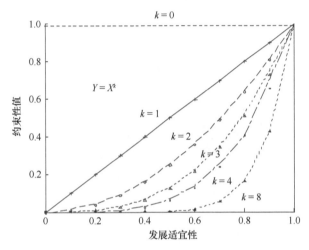

图 8-2　发展适宜性和约束性值的指数转换

将该 CA 应用于珠江三角洲发展最快的城市之一东莞市。与其他珠江三角洲城市一样，东莞市在 20 世纪 90 年代初经历了快速的城市增长，造成了大量农田的流失（黎夏和叶嘉安，1997）。本书拟利用 CA 和 GIS 技术来模拟合理的城市发展形状，减少浪费土地资源现象的出现。根据土地资源调查的结果，该市的优质农田主要集中于东北部。利用 TM 卫星遥感资料获取了 1988 年、1993 年的城市用地分布情况。在 1988 年城市用地的基础上，利用所提出的约束性 CA 模拟 1993 年合理的城市发展形态，并由此检验模型的效果。

TM 遥感图像的分辨率是 30m。由于研究区覆盖面积达 2465km^2，CA 的运算量很大，需要重采样把分辨率变为 50m。采用圆形窗口进行运算，能克服方向上的偏差，这要比一般常用的 Moore 窗口的效果好。从图 8-3 中可以清楚地看到约束性在 CA 中所起的作用。图 8-3（a）是没有考虑农业适宜性（$k=0$）时由 CA 模拟所获得的东莞市城市发展的结果。按照该情形，东北部有大部分的优质农田会被城市开发所侵占。通过利用约束性（$k \neq 0$），可以有效地控制城市发展，以避开肥沃的农田[图 8-3（b）和图 8-3（c）]。可以看到，随着 k 值的增加，这种控制作用在增强。

可以利用适宜性损失来定量地评价模型运算的结果。对于同样面积的土地开发，适宜性损失值越小，占用优质农田的数量越少。适宜性损失的计算公式如下：

$$S_{\text{loss}} = \sum_i \sum_j S(i, j)$$ （8-2）

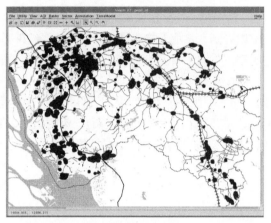

(a) 流失优质的农田

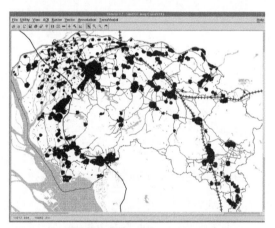

(b) 控制侵占优质农田($k = 1$, 使用约束性)

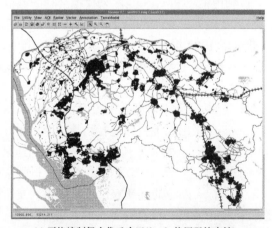

(c) 严格控制侵占优质农田($k = 3$, 使用强约束性)

图 8-3　利用约束性保护优质农田的 CA 模拟结果

图 8-4 是对应不同 k 值的适宜性损失和土地开发面积的散点图。该图定量地证实了约束性及参数 k 对模型结果的影响。可以看出，适宜性损失与土地开发面积呈线性正比例关系。其坡度与 k 值有关。坡度随 k 值的增加而减小。通过不同的 k 值，可以尽量地减少适宜性损失，从而获得合理的城市发展布局。

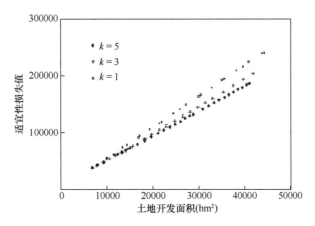

图 8-4　对应不同 k 值的适宜性损失和土地开发面积的散点图

除了利用农业适宜性外，还可以把其他资源环境要素作为约束性，使 CA 更能满足可持续城市发展的要求。这些要素可以是区域性的或全局性的。土地资源一般都存在着空间上的分异，其可以作为区域性的约束性。例如，决定土地开发量时要考虑每个镇现有人均土地拥有量。在土地资源较少的镇，开发速度要受到控制。在 CA 中，可以根据人均土地拥有量来控制土地开发速度。根据卫星遥感图像计算出东莞市每个镇可供开发的土地面积占总面积的百分比，利用指数函数转换为区域性的约束性值。利用这种区域性约束性，由 CA 可以模拟出合理的城市发展布局，以控制土地资源少的镇的城市发展（图 8-5）。

全局性约束性是时间的函数，用来控制 CA 中系统的增长量或增长速度。一些学者曾提出了在时间上最佳分配土地消耗量的模型（Yeh and Li，1998），给出了一定的土地消耗量，可以根据该模型获得不同时间的最佳用地量。运用该模型计算出的最佳用地量

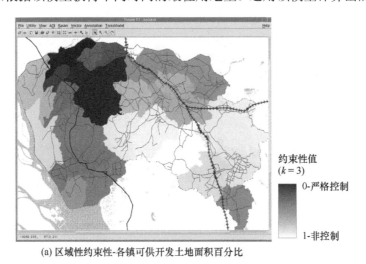

(a) 区域性约束性-各镇可供开发土地面积百分比

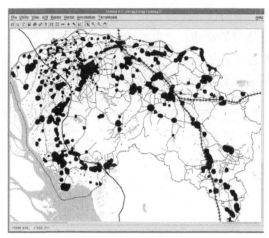

(b) 受区域约束的城市扩张

图 8-5　区域性约束性与城市发展合理布局的模拟

可以被用来作为 CA 中的全局性约束性。在 CA 中引进该全局性约束性，可以防止过多的土地消耗量的出现，从而实现土地可持续发展。

　　图 8-6（a）是由局部和区域性约束性所得到的综合约束性值。利用该约束性，可以使得土地肥沃地区和土地资源量少的地区的土地开发受到控制。引进上述全局性约束性，使得土地开发量不超过合理的数量。根据该局部、区域和全局性约束性，CA 模拟的最佳结果如图 8-6（b）所示。

　　将 CA 与 GIS 相结合，可以使得两者互相弥补。CA 能很好地改善 GIS 缺乏的模型处理功能。最近国外开展了许多 CA 的应用研究，但主要集中在城市发展模拟上。本节具体地提出了将 CA 应用于可持续发展规划的新方法。传统 CA 的核心是局部规则。通过这些局部规则，CA 可以模拟出复杂的系统。在我们所提出的约束性 CA 中，引进了区域和全局因素，以利用资源和环境等约束性要素来规划土地开发，达到城市可持续发展的目的。

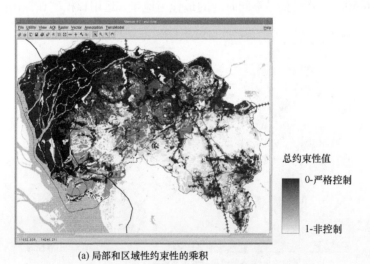

总约束性值

0-严格控制

1-非控制

(a) 局部和区域性约束性的乘积

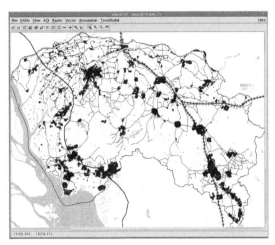

(b) 基于局部、区域和全局性约束性的城市发展

图 8-6　综合约束性与城市发展合理布局的模拟

8.3　基于元胞自动机的城市发展密度模拟

　　CA 越来越多地用于模拟复杂的城市系统，但这些模拟基本不考虑城市的发展密度。不同的城市发展密度会对城市的形态造成很大影响，有必要将城市的发展密度引进 CA 的城市模拟中，以获得更好的模拟结果。本节讨论如何将密度梯度函数引进 CA 的转换规则中，并通过定义"灰度"来反映状态的转换。利用该模型对不同可能的城市发展组合进行了模拟，其为城市规划提供了辅助依据。

　　大多数的城市 CA 基本没有考虑城市的发展密度对形态的影响。城市发展密度是制定城市规划的一个重要的考虑因素。城市的发展密度在不同的城市之间，以及在城市内部不同地方有很大的差别。制定城市可持续发展方案时必须同时考虑城市的形态及城市的发展密度这两个重要因素。许多学者对城市的形态进行了研究（刘妙龙和黄蓓佩，2004；Banister et al.，1997），发现城市的发展密度与交通所损耗的能源有密切的关系。适当的高密度发展可以有效地减少公共设施的建设费用，以及能源和土地资源的消耗（Ewing，1997）。在美国新泽西州曾经比较过紧凑式和低密度式的两种不同的发展方案，发现紧凑式的发展可以节省 60%的土地资源，低密度式多侵占 5 倍以上的生态脆弱土地和多占用将近 1 倍的耕地（Ewing，1997；CUPR，1992）。

　　CA 的关键是定义转换规则。在每次循环运算中，转换规则决定了状态的变化，如从农业用地转变为城市用地。本书研究的关键是将发展密度引进 CA 中。在定义转换规则时，该模型考虑了三方面的要素：城市形态、发展密度、环境适宜性。

　　在一般城市 CA 模拟中，某一单元（cell）是否会转变为城市用地，由转换规则来决定。转换规则具体是通过计算转换概率来实施的，转换概率决定是否发生状态的变化。转换概率则与邻近状态有关，邻近范围城市用地越多，某一单元转变为城市用地的概率就越高。用一个二进制的数来表示状态的变化：1 代表发生变化，0 代表没有发生变化。但这类 CA 基本不考虑发展密度。为此，本书定义了能同时考虑状态变化及发展密度的 CA：

$$\left(S^{t+1},\mathrm{Den}^{t+1}\right) = F(S^t, \mathrm{Den}^t, N) \tag{8-3}$$

式中，S 为状态；Den 为发展密度；N 为邻近范围，t 为模拟时间。

该模型不但决定某一单元是否会转变为城市用地，同时也决定其发展密度。它们都是由邻近范围单元的属性来决定的。该模型能模拟不同的形态及发展密度的组合。首先，不是利用"0"和"1"来表达状态的转变，而是采用灰度来反映状态的连续变化。灰度值的大小反映了某单元逐步转变为城市用地的过程。灰度值从 0 变为 1，表示某一单元最终转变为城市用地。灰度值的增加由一系列限制性要素来决定，而不是仅仅由邻近范围的状态来决定，这样可以把环境及经济要素引进模型中。

在该模型中，灰度值的增加与邻近范围内的发展密度（人口）及一系列约束条件有关。一般来讲，某一单元邻近范围内已经转变为城市用地的数量越大，该单元转换为城市用地的概率越高（Li and Yeh，2000）。由于某一单元转变为城市用地时，可以有不同的发展密度，因此应该把发展密度这一因素引进模型中。某一单元邻近范围内的人口越聚集，即发展密度越高，被发展为城市用地的吸引度越高，该单元的灰度值增加越快。由式（8-4）来表达上述的考虑：

$$
\begin{aligned}
\Delta G_i^t &= f(\mathrm{Den}_i, N) \times \prod_{k=1}^{m} \delta_k \\
&= \frac{\sum\limits_{i \in \Omega_N} \mathrm{Den}_i}{\mathrm{Den}_{\max} \pi\, l^2} \times \prod_{k=1}^{m} \delta_k
\end{aligned}
\tag{8-4}
$$

式中，Ω_N 为邻近范围 N 内已经转变为城市用地的单元数；δ_k 为第 k 个约束条件的约束函数；l 为邻近范围的半径；$\mathrm{Den}_{\max}$ 为发展密度的最大值。

在 CA 的每次迭代运算中，可以计算出城市发展的灰度值：

$$G_i^{t+1} = G_i^t + \Delta G_i^t \tag{8-5}$$

灰度值的大小落在[0,1]范围内。当某一单元的灰度值达到 1 时，该单元就转变为城市用地。当确定该单元转变为城市用地时，根据密度函数来确定其发展密度。该密度函数由经验或实测数据确定。许多研究表明，人口密度随着离市中心距离的增加而衰减，可以利用密度的衰减函数来表达这种关系（Clark，1951）：

$$\mathrm{Den}_i = A e^{-\beta x_i} \tag{8-6}$$

式中，Den_i 为密度；x_i 为离市中心的距离；A 和 β 为衰减函数的参数。

利用密度衰减函数，可以在 CA 模拟中确定城市用地的发展密度。在 CA 模拟的每次迭代运算中，当某一单元根据式（8-5）确定转换为城市用地时，根据式（8-6）来确定其发展密度。可以把随机变量引进发展密度中，以反映现实世界的不确定性或波动情况。该随机变量为

$$\mathrm{RA} = 1 + \frac{\gamma - 0.5}{0.5} \times \alpha \tag{8-7}$$

式中，γ 为[0,1]范围内的随机数；α 为用来控制随机变量大小的参数。例如，当 $\alpha=1$ 时，允许密度函数有±10%的波动。该密度函数修改为

$$\mathrm{Den}_i = \mathrm{RA} \times A\mathrm{e}^{-\beta\,x_i}$$

$$= \left(1 + \frac{\gamma - 0.5}{0.5} \times \alpha\right) \times A\mathrm{e}^{-\beta\,x_i} \qquad (8\text{-}8)$$

在 CA 模拟中，利用约束条件可以产生优化或合理的城市形态（Li and Yeh，2000）。该模型利用一系列约束性函数来控制模拟过程，以便产生合理的城市形态。对这些约束性函数进行归一化处理，使它们的值落在[0,1]范围内。总的约束性为这些约束性函数的乘积，即 $\prod\limits_{k=1}^{m} \delta_k$。在式（8-4）中，约束性函数值用来调整灰度的增加速度。利用约束性函数可以控制在优质农田或生态脆弱区的城市发展。函数值越小，城市增长的速度就越小，其控制程度就越严。当总约束性函数值为 0 时，该单元转变为城市用地的概率为 0，表明该地方不适宜城市发展。

根据不同的规划目的，可以定义不同的约束性函数，将这些约束性函数放在 CA 中，从而形成不同的城市规划方案。该模型使用的约束条件主要与城市形态和环境要素有关。城市主要有两种形态：单中心或多中心的发展。例如，城市可以集中于市中心（单中心）附近发展，也可以集中于镇中心（多中心）周围发展。利用城市形态的约束性条件可以控制城市总的宏观形态。其对应的约束性函数为

$$\delta_i(\mathrm{FORM}) = \exp\left(-\frac{\sqrt{w_R{}^2 d_R{}^2 + w_r{}^2 d_r{}^2}}{\sqrt{w_R{}^2 + w_r{}^2}}\right) \qquad (8\text{-}9)$$

式中，d_R 为离主要中心（市中心）的距离；d_r 为离次中心（镇中心）的距离；w_R 和 w_r 分别为对应这两种不同中心的权重。

给出不同的权重，可以控制城市是单中心或多中心的发展。w_R / w_r 值越大，城市越趋于围绕市中心发展；反之，城市则呈围绕镇中心发展，由此可以形成不同的城市形态。

根据土地评价获得土地适宜性，由此定义相应的环境约束函数。如何计算土地的适宜性，已经有很多的研究。最简单的方法是将农业适宜性作为约束性函数。利用指数函数，可以将农业适宜性转换为 CA 中的约束性值 $\delta_i(\mathrm{ENV})$：

$$\delta_i(\mathrm{ENV}) = (1 - \mathrm{AS})^k \qquad (8\text{-}10)$$

式中，AS 为农业适宜性（0~1）；k 为转换参数。

对于其他环境要素（准则），也可以用同样的方法获取其约束函数。对于多种因素，可以利用多准则判断技术（MCE）来获得总的环境约束性函数（Wu and Webster，1998）。环境约束性函数用来表达某一单元是否适宜城市发展。当其值为 0 时，该单元被严格禁止转变为城市用地。

最后，将城市发展密度、城市形态、环境适宜性这三个要素放在 CA 中，式（8-4）变为

$$\Delta G_i^t = \frac{\sum\limits_{i \in \Omega_N} \mathrm{Den}_i}{\mathrm{Den}_{\max} \pi\, l^2} \times \delta_i(\mathrm{FORM}) \times \delta_i(\mathrm{ENV}) \qquad (8\text{-}11)$$

在 CA 的每次循环运算中，对整个区域的人口进行累加：

$$TPOP = \sum_{i \in \Omega} Den_i \tag{8-12}$$

式中，TPOP 为区域的总城市人口；Ω 为城市用地的单元集。

　　由该总人口来控制 CA 的模拟，当模拟的总人口达到预定人口时，结束 CA 的模拟，获得最终的模拟结果。对于同样的总人口，高密度的城市发展可以减少土地的消耗量。利用该模型，可以方便地进行不同密度的城市发展探讨，以找到能节省土地资源的城市发展方案。

　　实验区是珠江三角洲的东莞市，总面积 2465 km²。20 世纪 90 年代初，该地区经历了快速的城市增长过程。从遥感图像分类得知，该地区的人均用地量在该期间大大增加，即平均人口密度急剧减少。1988 年，东莞市的平均人口密度为 69 人/hm²；1993 年减少为 34 人/ hm²。表 8-1 为利用遥感图像和统计年鉴获得的东莞市人口和城市用地数据。该地区的人口密度远远低于国家允许标准。

表 8-1　东莞市人口和城市用地数据

年份	城市用地面积（hm²）	人口（人）	平均人口密度 （人/ hm²）
1988	18347	1267605	69
1993	41080	1389232	34
国家允许标准			100 （市区） 66 （镇）

资料来源：《东莞统计年鉴》（1988，1993）；1988 年和 1993 年 TM 遥感图像分类。

　　利用 CA，可以探讨不同的城市发展密度，提供针对不同规划目标的情景模拟结果。本节以 1988 年 TM 图像获得的实际城市用地作为模拟的初始图像，试图模拟 1993 年优化的城市用地及发展密度，与 1993 年实际情况作对比。模拟的结果有助于找出在实际土地利用中所存在的问题。过度的城市扩张会浪费土地资源，并给生态系统带来严重的后果，因此需要找到可持续的土地利用方式。本节模拟了两种主要情形（围绕市中心和围绕镇中心）下各种可能的发展密度。

　　表 8-2 列出了模型所使用的有关参数。其中，参数 w_R 和 w_r 决定城市是以市中心为主（单中心）发展还是以镇中心为主（多中心）发展。参数 A 和 β 用来定义密度函数的形态。参数 A 反映中心点处的密度，参数 β 则决定从中心向外密度的衰减速度。参数 A 值越大，中心点处的密度越高，反之，中心点处的密度越低；参数 β 值越大，密度由中心向外衰减的速度越快，反之，密度由中心向外衰减的速度越慢。在模型中使用随机变量 γ，允许密度在一定范围内波动。其波动范围控制在 ±10%内。为了对比，模拟使用 1993 年的实际人口，该人口数为 1389232 人，由此模拟出不同发展密度对城市形态的影响。

　　所采用的环境约束函数包含了对农田、森林和湿地保护的考虑。根据土地评价，利用 GIS 可以很方便地获得这些环境约束函数。在 CA 的每次循环中，每一单元的发展密度是由灰度和密度衰减函数来决定的。不同的参数组合可以形成不同的城市形态和发展密度。分析评价不同类型的城市发展及其占用土地资源的情况，可以为选择规划方案提供依据。以 1988～1993 年实际的城市发展作为参照，表 8-3 具体列出了各种模拟的城市发展方案所占用农田和其他生态用地的情况。

表 8-2　不同城市发展方案及模型相应的参数

城市发展方案	形态参数		发展密度参数	
	w_R	w_r	A（人/hm^2）	β
1. 市中心为主（单中心）				
（1）高密度/快速衰减	1	0	80（市中心）；60（镇中心）	0.005
（2）高密度/慢速衰减	1	0	80（市中心）；60（镇中心）	0.001
（3）低密度/快速衰减	1	0	40（市中心）；30（镇中心）	0.005
（4）低密度/慢速衰减	1	0	40（市中心）；30（镇中心）	0.001
2. 镇中心为主（多中心）				
（1）高密度/快速衰减	0	1	80（市中心）；60（镇中心）	0.005
（2）高密度/慢速衰减	0	1	80（市中心）；60（镇中心）	0.001
（3）低密度/快速衰减	0	1	40（市中心）；30（镇中心）	0.005
（4）低密度/慢速衰减	0	1	40（市中心）；30（镇中心）	0.001

表 8-3　不同城市发展方案所占用的各种土地类型的数量

城市发展方案	占用不同类型土地的数量（hm^2）					平均密度（人/hm^2）
	森林	果园	粮田	水体	总数	
1. 市中心为主（单中心）						
（1）高密度/快速衰减	351.6（35%）	2523.1（18%）	11618.6（83%）	478.5（36%）	14971.9（63%）	54
（2）高密度/慢速衰减	743.9（20%）	5467.1（9%）	1077.6（41%）	17974.4（24%）	25263.1（43%）	78
（3）低密度/快速衰减	2453.8（242%）	16348.4（115%）	43350.5（312%）	1450.1（109%）	63602.9（188%）	18
（4）低密度/慢速衰减	954.4（94%）	7212.5（51%）	22622.1（163%）	702.2（53%）	31491.2（106%）	32
2. 镇中心为主（多中心）						
（1）高密度/快速衰减	533.3（53%）	3712.8（26%）	12248.9（88%）	487.2（37%）	16982.2（69%）	49
（2）高密度/慢速衰减	257.0（25%）	1616.6（11%）	5631.2（40%）	353.7（27%）	7858.6（45%）	75
（3）低密度/快速衰减	1855.4（183%）	15216.0（107%）	40898.7（294%）	982.0（74%）	58952.1（175%）	19
（4）低密度/慢速衰减	953.6（94%）	7201.8（51%）	22580.4（162%）	697.9（52%）	31433.8（105%）	32
3. 实际的发展	1012.6（100%）	14213.6（100%）	13915.8（100%）	1330.4（100%）	30472.3（100%）	34

注：括号内的百分数表示模拟结果所占用的面积与实际面积的百分比。

1. 基于市中心为主（单中心）的发展

（1）高密度/快速衰减。该模拟选用了 A 和 β 的较大值。不考虑镇中心所起的作用（$w_r=0$）。在模拟中，城市逐渐围绕市中心发展。发展密度在市中心最高，向外快速衰减。城市主要集中在西北部现有城市周围发展[图 8-7（a）]，平均人口密度为 54 人/hm^2。尽管该方案的土地消耗量只是实际的 63%，但仍然低于国家要求的标准。与实际相比，它能节省 82% 的果园、17% 的粮田。

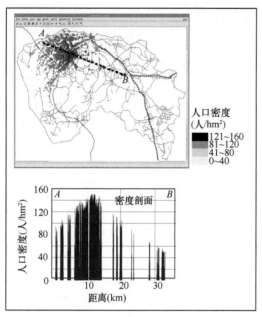

(a) 高密度/快速衰减(α = 0.005)

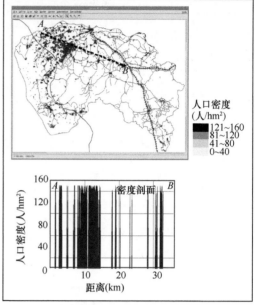

(b) 高密度/慢速衰减(α = 0.001)

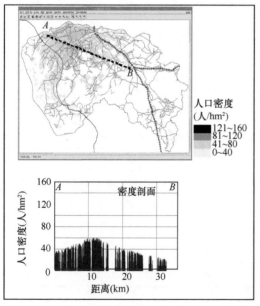

(c) 低密度/快速衰减(α = 0.005)

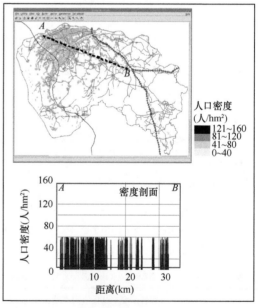

(d) 低密度/慢速衰减(α = 0.001)

图 8-7　基于市中心为主（单中心）的东莞市发展密度的 CA 模拟

　　（2）高密度/慢速衰减。采用较高的发展密度，城市呈紧凑式发展，新的城市发展仍然主要集中在原来的市区周围[图 8-7（b）]。平均人口密度为 78 人/hm²，与国家的标准较接近。由于采用高密度的发展，与实际发展相比，其能节省高达 57% 的土地资源；特别是减少占用果园和粮田的数量，分别减少了 91% 和 59%。

（3）低密度/快速衰减。城市中心的发展密度较低，其外围地区的发展密度更低。平均人口密度仅为 18 人/hm²，远远低于国家标准。由于采用了低密度的发展，城市需铺开更大的范围才能保证容纳同样的人口[图 8-7（c）]。这种城市发展方案需占用大量的农田、果园和林地，给资源和环境保护带来了巨大的压力。

（4）低密度/慢速衰减。整个区域基本保持不变的低密度发展，主要集中在原有市区周围发展[图 8-7（d）]。城市发展的平均密度比低密度/快速衰减[图 8-7（c）]略高，与实际的发展较接近。

2. 基于镇中心为主（多中心）的发展

（1）高密度/快速衰减。城市呈多中心的发展[图 8-8（a）]。市中心平均人口密度为 80 人/hm²，镇中心平均人口密度为 60 人/hm²。从中心向外，发展密度快速衰减。但总的发展密度比实际情况高，能减少 31%的土地消耗量，其中节省 74%的果园、12%的粮田。

（2）高密度/慢速衰减。从各个中心向外，城市基本保持高密度发展，形成紧凑的城市发展形态[图 8-8（b）]。与实际相比，该方案能减少高达 55%的土地消耗量，由此可以大大减少占用农田的现象。

（3）低密度/快速衰减。模拟的结果呈分散式的低密度发展。平均人口密度仅有 19 人/hm²，远远低于国家规定的 66～100 人/hm²。该方案需要使用面积庞大的土地，比实际的土地使用量还大[图 8-8（c）]。这是十分不理想的方案。

（4）低密度/慢速衰减。整个区域保持了比较均匀的低密度发展，主要集中在原建成区周围发展[图 8-8（d）]。该方案的土地使用量与实际情况接近，土地使用量比低密度/快速衰减少。

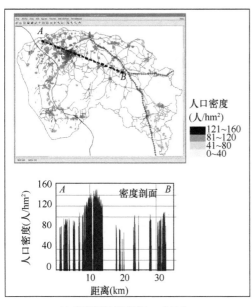

(a) 高密度/快速衰减（α = 0.005）

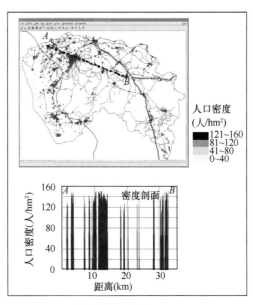

(b) 高密度/慢速衰减（α = 0.001）

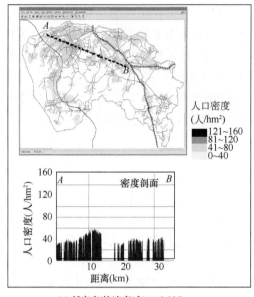
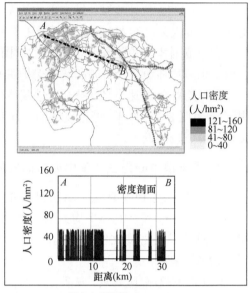

(c) 低密度/快速衰减(α = 0.005)　　　　　　　(d) 低密度/慢速衰减(α = 0.001)

图 8-8　基于镇中心为主（多中心）的东莞市发展密度的 CA 模拟

　　大多数的 CA 假设城市的发展密度是一样的，在模拟中不考虑城市发展密度因素，这与实际情况不相符。本节提出了一种用于模拟城市发展密度的 CA。该方法是通过灰度概念，把密度函数引进 CA 中，并与 GIS 相结合，把一系列资源和环境因素引进作为 CA 的约束条件，以模拟出可持续的城市发展形态。城市的发展往往给资源、环境和生态系统带来一定的压力。利用 CA 可以方便地寻找合理的城市发展方案。针对一定的规划目的，确定密度函数、城市形态和环境适宜性等因子，给出不同参数的组合来进行城市模拟。

　　上述模拟表明，所提出的 CA 能方便地模拟不同类型的城市发展密度及城市形态，可帮助城市规划工作者选择合理的城市发展方案。发展密度是城市规划和管理的一个重要指标，它决定了某个区域可容纳的总人口数，并影响了城市形态。适当高密度的城市发展能有效地减少侵占农田和生态资源的现象，为将来的城市发展留下余地。所提出的模型能将密度函数、形态及环境等要素引进城市模拟中，并且提供一种有效的城市规划的工具。可以通过参数的选择来控制不同规划目标对模拟结果的影响，如某个变量所对应的权重越大，其在模拟中所起的作用也越大，从而将 CA 模拟与有关城市发展政策密切联系起来。

　　目前，CA 也在发展之中，还存在若干缺点。例如，在确定模型的结构、模型所用的变量，以及模型的参数值方面还有许多不确定性。数据本身的误差和模型的局限性都会影响模拟的有效性。另外，如何有效地把具体的政策影响容纳到 CA 中，还有许多问题需要解决。政府和投资者行为的改变，包括发展中心的转移和新的交通枢纽的建立，都会影响到区域的发展格局。目前，CA 在这方面还有不足之处。

8.4　利用 CA 和 GIS 结合辅助生成农田保护区

中国许多城市已进入了快速城市化的时期，制定农田保护区已经是中国的一项基本国策。可是，到目前为止，利用地理信息系统等技术来自动生成农田保护区的研究在国内外都没见报道。常规人工划定农田保护区的方法有很多弊端，优质的农田并没有受到很好的保护。将遥感、地理信息系统与 CA 相结合可以自动生成农田保护区。该方法可以为政府部门和规划工作者提供一种科学制定农田保护区的新手段，大大节省人力物力，并能获得合理的空间布局。这是常规方法所不能比拟的。

城市的扩张不可避免地带来了侵占农田地的现象（Ferguson and Khan，1992）。快速城市扩张和农田流失的现象已经在中国的许多城市出现（蔡玉梅和任国柱，1998）。由于房地产开发热及土地管理等一系列问题，许多地方存在着严重浪费土地资源的现象。中国的土地资源有限，珍惜和合理利用每寸土地，切实保护耕地是我们的基本国策。对基本农田进行严格的保护是十分必要的。中国已于 1994 年开始实施农田保护区计划。根据国务院 1994 年 8 月发布的《基本农田保护条例》，各地方部门需要编制自己行政区内的基本农田保护区规划，对基本农田保护区进行数量指标和空间布局的安排，并逐步分解下达。对基本农田保护区具体的划区定界是以乡（镇）为单位进行的。

但是，在农田保护区的具体制定中存在着两个主要问题：第一，在实际划分农田保护区时只提供十分简单的原则，没有制定具体可以操作的指标。由于缺乏严格的科学准则，在实际应用中容易被钻空子，结果是农田保护区的划定随意性较大，真正优质的农田没有得到应有的保护。第二，在划定农田保护区时缺乏科学的手段，基本是采用原始的人工方法来制定农田保护区。其具体操作一般是通过科研人员和地方干部来协商进行。农田保护区的制定往往只反映地方的利益，不能形成合理的空间布局。

因此，很有必要提供一种科学的方法来帮助地方部门划定农田保护区。本节将探讨利用 GIS 的方法来自动生成农田保护区，以确保其客观性和科学性。土地利用的规划往往涉及对大量的空间数据的处理过程，因此有必要采用 GIS 技术。GIS 技术具有处理大量空间数据、可视化和提供模型运算等强大的分析功能。国际上已经有许多的研究利用 GIS 来对土地利用进行评价和模拟研究（Meaille and Wald，1990；Brookes，1997；Yeh and Li，1998）。可惜，对利用 GIS 等技术来自动生成农田保护区的研究在国内外都没见报道。本书的研究在遥感、GIS 和单元自动演化模型结合的基础上提出了农田保护区自动生成的新方法，以克服常规方法的缺陷，获得农田保护区在空间上的优化分布。

农田保护区划定的目的是要保护好优质的农田，纠正市场机制的不完善之处。农田保护区的划定是土地利用规划的一部分，需要处理大量的空间数据。利用人工的方法是十分费时和不科学的，有必要采用计算机信息技术来自动生成农田保护区。GIS 可以方便地处理大量的空间数据，并能进行相应的模型运算。本书的研究就是利用栅格式的 GIS 来开发自动生成农田保护区的模块，以获得农田保护区的最佳布局。

产生农田保护区合理的空间布局需要考虑到两个主要因素：土地适宜性和形态特征。土地适宜性可以用来评价某块地是否被合理地利用或找出它的最佳用途。在理想情况下，合理的土地利用布局应该产生最大的土地适宜性的收益。但是，土地利用规划往往是一个复杂的过程，需要考虑到多目标和多准则。例如，土地适宜性可以分为两个有冲突的方面：农业适宜性和城市发展适宜性。适合于城市发展的土地往往也适合于农业生产。在 GIS 模型中需要利用多准则原理来处理这些冲突（Eastman et al.，1993；Carver，1991）。研究表明，仅仅利用适宜性不能产生紧凑的土地利用布局（Brookes，1997）。根据适宜性的最大值来选址只会产生凌乱分散的分布，因此有必要在 GIS 模型中考虑形态特征来提高空间效率。形态特征在地理分析和土地利用规划中是十分重要的要素，这是因为城市的发展总是以一定的空间形态来表现的（Thorson，1994）。与土地适宜性不同，形态特征强调整体的布局。土地利用规划中，要同时兼顾土地适宜性和形态特征这两个要素才能获得理想的效果。

本节提出了在 GIS 环境下，采用 CA 来自动生成农田保护区的新方法。CA 的特点是能够依据简单的转换规则，模拟复杂的自然现象的演化过程（Batty and Xie，1994）。CA 是检验地理现象演化中不同假设十分有用的工具。该方法已被广泛应用于模拟城市的发展，以及探讨城市发展可能出现的各种形态及演化规律。研究表明，CA 和 GIS 两者互相弥补。CA 能大大提高 GIS 的模型运算功能，而 GIS 本身能够为 CA 提供数据来源和模型环境（Couclelis，1997）。

本节将尝试利用 CA 来自动生成农田保护区。首先，最普通的 CA 可以简单地表达如下：

$$S^{t+1} = f(S^t, N) \tag{8-13}$$

式中，S 为状态；N 为邻近范围；f 为转换函数或规则；t 为时间。

本书认为，CA 不仅仅是模拟系统演化的有用工具，还可以被用来形成优化或理想的空间布局。CA 的原理是中心单元（central cell）的状态是由其邻近范围的状态决定的。通过在 CA 中设定一定的转换规则或约束条件，可以控制模型的演化，以产生合理的结果。由此，本书提出了农田保护区自动生成的 CA：

$$P^t\{x, y\} = f(S^t\{x, y\}, N) \tag{8-14}$$

式中，$P^t\{x,y\}$ 为被选上的概率。对于某一单元，被选上作为农田保护区的概率决定于其邻近范围的状态。

为了使模型的运算结果更接近实际情况，反映出现实世界的不确定性，我们在改进的约束性 CA 中引进了随机项。该随机项可以表达为（White and Engelen，1993）

$$RA = 1 + (-\ln r)^a \tag{8-15}$$

式中，r 为随机变量；a 为控制随机变化程度的参数。

该随机项可以使得 CA 的运算结果具有分形（fractal）结构。研究表明，许多自然和地理现象的演化都具有分形的特点（White and Engelen，1993）。式（8-14）变为

$$P^t\{x, y\} = \left[1 + (-\ln r)^\alpha\right] \times f(S^t\{x, y\}, N) \tag{8-16}$$

CA 是一个逐步循环运算的过程。在每次的循环运算过程中，根据概率的大小来决定某单元（cell）是否被选为农田保护区。通常根据一定的阈值来决定发生变化单元的数量。传统的 CA 对于是否发生变化只有值 0 和 1。0 是没有发生任何变化，1 是完全发

生了变化。可是，多数自然现象的演化是一个渐变的过程，因此有必要把灰度的概念引进 CA 中，以改善常规 CA 的不足之处。

灰度值的变化取决于两种主要影响：邻近范围的状态及约束条件。前者反映了根据过去决定将来的趋势，这是一种惯性作用；后者则反映了产生合理化的条件，这是一种理性的要求。传统的 CA 一般只反映邻近范围的影响，而没有考虑约束性条件。我们将约束性条件引进农田保护区的自动生成模型中。在每次循环运算中，灰度的增加值 $\Delta G^t\{x, y\}$ 等于：

$$\Delta G^t\{x, y\} = P^t\{x, y\} \times \mathrm{CONS}^t\{x, y\} =$$
$$\left[1 + (-\ln r)^\alpha\right] \times f\left(S^t\{x, y\}, N\right) \times \mathrm{CONS}^t\{x, y\} \tag{8-17}$$

式中，$\mathrm{CONS}^t\{x, y\}$ 为某一单元的总约束性值，其值为 0～1。

可以有多种约束条件影响农田保护区的生成，利用多准则判断（MCE）方法来获得总约束性值：

$$\mathrm{CONS}^t\{x, y\} = \left(\sum_{i=1}^{k} W_i \mathrm{CONS}_i^t\{x, y\}\right) \prod_{i=k+1}^{n} \mathrm{CONS}_i^t\{x, y\} \tag{8-18}$$

式中，W_i 为权重；$1 \leq i \leq k$ 为非限制性约束（nonrestrictive constraints）；$k+1 \leq i \leq n$ 为限制性约束（restrictive constraints）。

最后，灰度的计算可以由迭代公式（8-19）给出：

$$G^{t+1}\{x, y\} = G^t\{x, y\} + \Delta G^t\{x, y\} \qquad G^t\{x, y\} \in (0, 1) \tag{8-19}$$

在我们的模型中，灰度值处于 0～1。当某单元的灰度值为 1 时，表示该单元被完全选为农田保护区。

将所提出的农田保护区自动生成 CA 模型并应用于珠江三角洲的东莞市。研究区总面积 2465km²。近年来，该地区经历了快速的城市扩张和农田流失的过程，因此很有必要建立农田保护区来保护该地区的土地资源。农田保护区的实施采用"从上而下"分解的方法，先由上一级部门定下保护的数量，然后分解下一级部门需要保护的数量，并由它们决定具体的空间分布位置。由这种方法获得的农田保护区不能客观地形成合理的空间布局，优质的农田并不能获得很好的保护。采用自动生成农田保护区的方法将能消除这些弊端。下面介绍如何利用所提出的模型来自动生成农田保护区。

首先，利用卫星 TM 图像来获得该地区农作物的生长状况。许多研究表明，由卫星图像计算出的 NDVI 指数可以很好地反映出农作物的生长状况，以及进行作物估产（Huete，1988）。因此，NDVI 指数可以反映农田的质量。优质的农田具有较高的 NDVI 指数。事实上，根据 NDVI 指数就可以简单地获得农田保护区。本书采用了 1997 年 8 月 29 日 Landsat 的 TM 卫星图像来进行实验。NDVI 指数由式（8-20）计算（Tucker，1979）：

$$\mathrm{NDVI} = \frac{\mathrm{TM4} - \mathrm{TM3}}{\mathrm{TM4} + \mathrm{TM3}} \tag{8-20}$$

根据分配的指标，东莞市需要将 60% 的农田划进农田保护区。图 8-9 是由 NDVI 指数进行密度分割获得的农田保护区。尽管该方法能把最优质的农田圈进保护区，但所得的农田保护区布局十分破碎，在实际应用中无法实施。

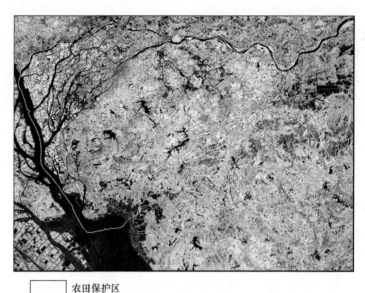

　　　农田保护区

图 8-9　由 NDVI 指数密度分割获得的农田保护区

　　因此，利用所提出的 CA 自动生成方法来获得合理的农田保护区的布局。该模型直接建立在 GIS 中，以便利用 GIS 来获取约束性及进行模型运算。实施农田保护区的目的是要保护优质的农田，进行土地质量评价及获得土地适宜性是制定农田保护区的基础。首先，利用 GIS 来获得不同的土地适宜性图；然后，从适宜性图转换获得约束性值。可以利用指数函数及不同的 k 值，得到不同的转换，以方便对比不同的模型运算结果：

$$CONS = SUIT^k \qquad (8-21)$$

式中，SUIT 为农业适宜性值。

　　从 NDVI 图获得模拟的初始图像（seed image），选取具有 NDVI 最大值的单元（像元），使所获得的面积达到保护面积的 10%。图 8-10 为农田保护区自动生成模拟的初始图像，这是首先被划进农田保护区最好的农田。通过所提出模型的循环运算，农田保护区将围绕这些被选进的初始单元不断生长，逐步形成合理的空间分布格局。理想的农田保护区应该尽量满足保护优质农田和获得紧凑式的空间分布这两种不同的目的。

　　农田保护区除了考虑保护优质的农田要素之外，也要考虑其他要素。例如，除了将农业适宜性作为约束性条件外，有必要将城市发展适宜性也作为约束性条件。把一些交通方便、被城市用地所包围的农田划进农田保护区是不合理的。图 8-11 对比了这些不同约束性条件对模拟结果的影响。图 8-11（a）仅仅将农业适宜性作为约束性条件，所生成的农田保护区没有考虑到交通要素。图 8-11（b）把城市发展适宜性的要素也放进模型，所生成的农田保护区能避开交通要道，具有更合理的空间布局。实验研究表明，我们所提出的方法具有很大的优越性，能方便地探讨不同条件对模型的影响，能快速地对比不同的可能方案。该模型为土地利用规划工作者提供了一种十分有用的辅助规划工具。

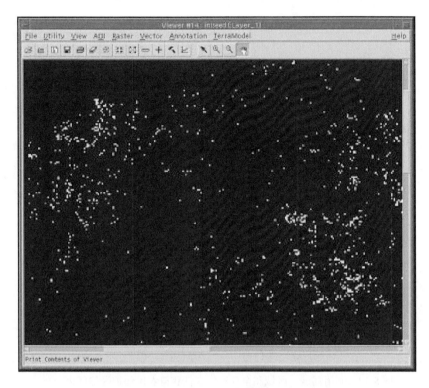

图 8-10 农田保护区自动生成模拟的初始图像

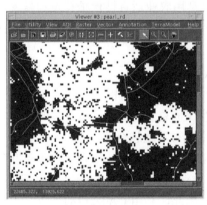

(a) 农业适宜性　　　　　　　　　　　　(b) 城市发展适宜性

图 8-11 农业适宜性和城市发展适宜性对模拟结果的影响

　　可以把其他更多的约束性引进模型，以使得模拟的结果更能反映具体情况和具有可用性；也可以同时把一些局域、区域和全局性的约束性引进模型中。局域性约束性来源于较小范围内的影响，其可以从每个单元（像元）的农业适宜性和城市发展适宜性获得；区域性约束性则属于较大范围的影响，可以通过各个镇的人口来计算；全局性约束性来源于大范围的影响因素，可以是上级下达的保护区面积的总量。对这些不同的约束性，由式（8-21）可以计算出总的约束性。图 8-12 是由这些不同的约束性来控制 CA 所获得农田保护区的优化模拟结果。

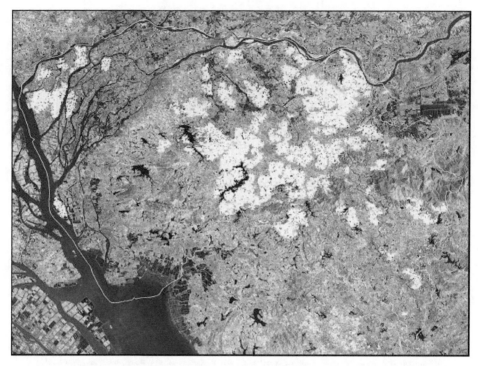

图 8-12　利用局域、区域和全局性约束性获得农田保护区的优化分布

对于不同方法所获得的农田保护区，可以利用农业适宜性保护总量和紧凑性指标来评价它们保护农田的效果。农业适宜性保护总量是划进农田保护区的农业适宜性的总和。紧凑性指标由式（8-22）计算：

$$CI = \sqrt{S} / P \qquad\qquad (8\text{-}22)$$

式中，S 为农田保护区所有斑块的总面积；P 为相应的总周长。

对于同样面积的农田保护区，农业适宜性保护总量越大，就有越多的优质农田受到保护；紧凑性指标的值越大，农田保护区的空间布局就越合理。表 8-4 是利用 NDVI 密度分割方法和本节所提出的 CA 方法对比的结果。可以看到，尽管 NDVI 密度分割的方法是利用 NDVI 最高值来划分农田保护区，其农业适宜性保护总量却比 CA 所得到的小；CA 的紧凑性指标值比 NDVI 方法高 1.76 倍。因此，利用 CA 来自动生成农田保护区，能达到保护优质农田并形成合理的空间布局的目的。这就是一种十分有用的土地利用辅助规划工具。

表 8-4　利用 NDVI 密度分割方法和农田保护 CA 模拟的对比结果

方法	农业适宜性保护总量（km²）	紧凑性指标（10^{-3}）
NDVI 密度分割	1526	2.5
CA	1541	6.9

本书的研究提出了一种十分方便的自动生成农田保护区的新方法。通过借助遥感、地理信息系统和单元自动演化技术来获得农田保护区的空间优化分布。农田保护区的制

定需要涉及处理大量的空间数据，现有的方法存在着很多弊端，主要表现在划分农田保护区时，受主观因素影响较大，缺乏一定的科学依据和手段，优质的农田并没有受到很好的保护。本节所提出的模型是利用 CA 技术进行模拟演化，逐渐形成农田保护区合理的空间分布，这是常规方法所不能比拟的，且有关的研究在国际上没见报道。

　　本书所提出的方法能最佳地协调好保护优质农田和形成紧凑性的空间布局这一冲突。该方法以 NDVI 密度分割图为初始图像，通过 CA 模拟农田保护区的合理生成过程，并通过不同的约束性形成最佳的结果。实验研究表明，所提出的方法具有很大的优越性，能方便地探讨不同条件对模型的影响，能快速地对比不同的可能方案。该模型为土地利用规划工作者提供了一种十分有用的辅助规划工具。

8.5　基于神经网络的 CA 及真实和优化的城市模拟

　　当 CA 较复杂时，很难确定模型的参数值。基于神经网络的 CA 特点是方法简单，无须人为地确定模型的结构、转换规则及模型参数。利用神经网络来代替转换规则，并通过对神经网络进行训练，可以自动获取模型参数。由于使用了神经网络，该模型可以有效地反映空间变量之间的复杂关系。

　　该模型的结构较简单，模型的参数能通过对神经网络的训练来自动获取。分析表明，我们所提出的方法能获得更高的模拟精度，并能大大缩短寻找参数所需要的时间。通过筛选训练数据，该模型还可以进行优化的城市模拟，为城市规划提供参考依据。城市系统是动态、开放和非线性的复杂系统。传统的城市 CA 是利用邻近函数来计算每一单元在时间 t 时的状态转换。用户需定义模型的结构、转换规则和模型参数（Li and Yeh，2000）。在模拟中，需要使用许多空间变量才能反映出城市系统的特性。许多学者提出了不同的 CA，它们在模型结构、转换规则和模型参数方面有很大的差别。如何确定这些模型的结构、转换规则和模型的参数并没有一致的意见。特别是当模型确立后，如何确定模型的参数至今没有很好的方法。Wu 和 Webster （1998）提出了利用多准则判断（MCE）的方法来获取 CA 的参数的方法，但该方法很大程度上取决于专家的知识和经验，在应用中有很大的不确定性。MCE 方法要求自变量是相互独立的，变量之间的相关性会导致重复使用某些变量，从而带来误差。其他现有确定模型参数的方法在变量数量较多时，也有很大的弊端。

　　本书的研究试图利用 BP 神经网络来解决 CA 模拟所碰到的这些问题。该 ANN-CA 分为两部分：模型校正和模拟（图 8-13）。神经网络的输入层接收每个模拟单元（cell）的空间变量（属性），它们决定了该单元的状态转换，可以利用神经网络来模拟这种复杂的属性–状态的对应关系，由输出层计算出从非城市用地向城市用地的转变概率。神经网络中有许多参数需要确定，但通过对神经网络训练可以方便地确定这些参数值，可以利用多时相卫星遥感图像分类来获取城市发展的历史数据，将这些历史数据用来对神经网络进行训练（校正）。该训练通过不断调整神经网络的参数，使得神经网络的计算值与实际值（历史数据）接近。整个过程由 BP 神经网络的后向传递程序（back-propagation）自动完成。获得模型参数后，就可以对城市的动态过程进行模拟和预测了。

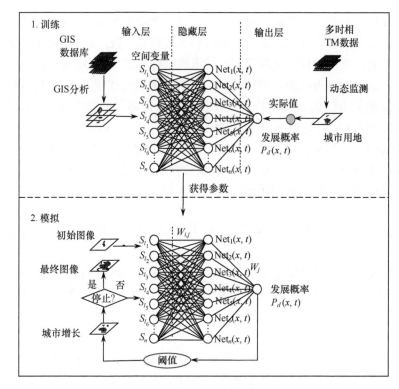

图 8-13　基于神经网络的 CA

该模型是利用 Arc/Info AML 宏语言编写而成的。其特点是能在模拟中直接读取 GIS 的空间数据和利用其所提供的空间运算功能，如窗口统计和距离计算等算法。该模型的校正部分独立于模型之外进行，利用专门的神经网络软件（Think Pro）来对该模型进行校正，从而获取合适的参数值。该软件通过后向传递程序来有效地对神经网络进行训练。利用历史数据训练神经网络后，该模型就可以按照惯性进行外延式的城市模拟。

我们所选择的实验地区是珠江三角洲城市发展最快的东莞市。首先利用 1988 年和 1993 年的 TM 卫星遥感图像来获取城市发展的历史资料，以对模型进行校正。将在该时期发生城市转变的像元编码为 1，其他没有发生城市转变的像元编码为 0。城市 CA 模拟是假设这种变化可以由一系列空间变量来预测。这些空间变量包括了邻近范围已经转变为城市用地的数量，以及各种离城市中心和交通要道的距离（Batty and Xie，1994；White and Engelen，1993；Wu and Webster，1998）。本书的研究中，采用了如下 7 个空间变量：

（1）离市中心的距离 S_1；

（2）离镇中心的距离 S_2；

（3）离公路的距离 S_3；

（4）离高速公路的距离 S_4；

（5）离铁路的距离 S_5；

（6）邻近范围已经城市化的单元数（7×7 窗口）S_6；

（7）农业适宜性 S_7。

利用 ArcGIS 中的 Eucdistance 函数可以计算出这些距离变量。在每次迭代运算中，利用 ArcGIS 中的 Focal 函数动态地计算出邻近范围内已经城市化的单元数。通过随机采样来获取关于 1988～1993 年城市发展及空间变量的训练数据。随机采样可以有效地减少数据量，并消除空间变量的相关性。首先，根据分层采样方法来产生随机点的空间坐标（Congalton，1991），并利用 ArcGIS 的 Sample 功能来读取这些采样点对应的城市发展和空间变量的数据。然后，将这些训练数据输入 Think Pro 神经网络软件对神经网络进行训练，以自动获取模型的参数。表 8-5 是由 Think Pro 训练的部分结果。该软件通过后向传递算法，自动地不断调整模型参数，使得计算值趋近实际值，从而找到模型的最佳参数。输出层神经元的计算值反映转变为城市用地的概率。

表 8-5 单元的属性、城市发展的实际值和神经网络的估计值

空间变量							实际值（转变为 1；不转变为 0）	输出神经元计算值
S_1	S_2	S_3	S_4	S_5	S_6	S_7		
201	10	0	18	256	14	0.4	0	0.079
82	8	1	38	152	21	0.2	1	0.815
82	38	3	8	169	19	0.6	1	0.606
173	5	1	172	64	31	0.6	0	0.135
170	2	0	199	33	20	0.6	0	0.069
169	1	1	199	33	21	0.6	0	0.074
99	25	16	38	190	14	0.2	1	0.512
166	3	2	196	31	10	0.2	0	0.082
139	3	1	33	222	26	0.4	0	0.455
105	20	0	14	192	26	0.6	1	0.608
169	3	1	209	3	23	0.6	0	0.089
96	24	3	23	169	20	0.2	1	0.746
94	30	1	9	180	17	0.6	1	0.493
91	8	3	147	2	21	0.2	1	0.693
154	27	1	38	231	4	0.6	0	0.049
140	19	1	29	227	26	0.6	0	0.304
69	3	1	10	161	19	0.6	1	0.864
69	34	0	117	40	20	0.6	1	0.560

获得参数值后，就可以利用该模型对该地区的城市扩张过程进行模拟。初始的城市用地是根据 1988 年的卫星 TM 图像获取的[图 8-14（a）]。首先要模拟出 1993 年的城市用地。图 8-14（b）是由 TM 图像获得的实际城市用地图。对城市发展进行模拟，可以为城市规划工作者提供有用信息。图 8-15（a）是利用该模型模拟出 1993 年城市用地的结果。其整体布局与实际情况很接近。由于城市系统受许多复杂和不确定性因素影响，完全准确地模拟出城市的发展是不可能的。如果假设将来的发展趋势不变，还可以模拟出将来城市可能的发展布局。

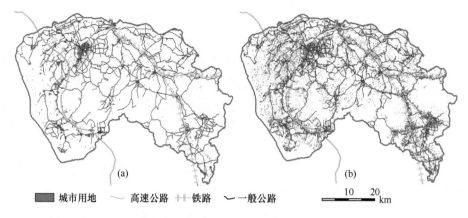

城市用地　——高速公路　╫╫铁路　╰一般公路　　10　20 km

图 8-14　由 TM 图像获得的 1988 年（a）和 1993 年（b）东莞市城市用地

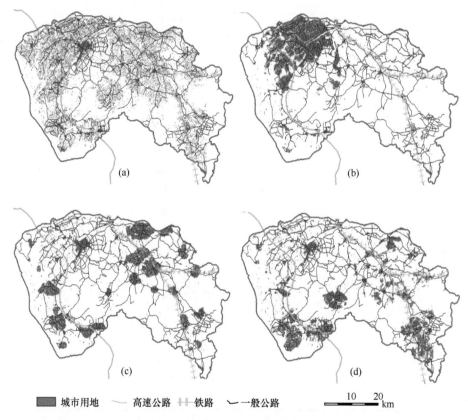

城市用地　——高速公路　╫╫铁路　╰一般公路　　10　20 km

图 8-15　（a）模拟 1993 年东莞市实际城市用地；（b）模拟基于市中心的东莞市城市发展；（c）模拟基于多中心的东莞市城市发展；（d）模拟强调保护农田的东莞市城市发展

　　Wu（1998）提出了利用 Logistic 回归方法对 CA 进行校正。我们利用同样的数据对比该模型与 Logistic 回归模型的模拟效果。分别逐点比较由这两种方法获得的模拟结果与实际情况的差别。表 8-6 是利用该模型所获得的结果与实际情况的混淆矩阵，其总精度为 0.79。表 8-7 是利用 Logistic 模型的结果，其总精度为 0.73。这表明该模型要比使用 Logistic 模型有更好的校正精度。这是因为神经网络能更好地模拟非线性特征。

表 8-6　ANN-CA 方法的模拟精度

实际	模拟		
	不变化	变为城市用地	精度
不变化	99	30	0.77
变为城市用地	24	102	0.81
总精度			0.79

表 8-7　Logistic 回归方法的模拟精度

实际	模拟		
	不变化	变为城市用地	精度
不变化	134	22	0.86
变为城市用地	48	60	0.56
总精度			0.73

　　除能模拟真实城市之外，该神经网络还能通过适当的训练，方便地模拟根据不同规划目标"优化"的城市形态，还可以根据不同的规划目标，形成相应的准则来对原始数据进行修改，也可以对原始训练数据进行修改，产生新的训练数据，利用这些新的数据对神经网络进行训练，获得新的模型参数。根据这些新的参数就能模拟出优化的城市形态。在原始数据中，有很多城市开发用地是不合理的。例如，有一些训练点落在生态保护区或远离城市中心，可以对这些训练点的实际值进行修改（纠正）。在理想情况下，这些训练点不应该转变为城市用地，其值应该为 0（没有发生转变），而不是 1（发生转变）。利用这些纠正过的训练数据对神经网络进行训练，使神经网络去掉不合理的因素，由此获得优化的模拟结果。根据不同的规划方案，可以通过不同的准则来判断是否对某些训练点进行修改。表 8-8 提供了 3 种可能的规划方案及其对应的修改准则，由此对原始数据进行修改，获得新的训练数据。

表 8-8　训练数据的修改及情景模拟

规划方案	修改准则
（1）基于市中心的发展	对所有 $S_1 > 200$ 的点（单元），将其实际值改为 0（去掉远离市中心的原始训练点）
（2）基于多中心的发展	对所有 $S_2 > 30$ 的点（单元），将其实际值改为 0（去掉远离镇中心的原始训练点）
（3）强调保护优质农田的发展	对所有 $S_7 > 0.8$ 的点（单元），将其实际值改为 0（去掉落在肥沃农田上的原始训练点）

　　利用新的参数值，就可以模拟出不同的城市形态。这与模拟真实的城市形态所使用的参数是不一样的。通过训练神经网络，可以很方便地获得这些参数。利用常规的方法很难进行类似的模拟。图 8-15（b）是对应规划方案 1（基于市中心的发展）的模拟，城市主要围绕原来市中心发展；图 8-15（c）是对应规划方案 2（基于多中心的发展）的模拟，城市呈多中心式的分散发展；图 8-15（d）是对应规划方案 3（强调保护优质农田的发展）的模拟，城市的发展能很好地考虑保护优质农田。可以看到，通过修改训练数据，神经网络可以模拟不同的城市发展形态，为城市规划提供有用的参考方案。

在如何定义 CA 的模型结构、转换规则和模型参数方面，学术界至今没有统一的看法。不同的学者提出了不同的 CA，而用户很难对它们进行选择。CA 往往涉及许多空间变量，从而需要确定许多参数值，但至今为止没有很好的方法来确定这些参数值。现有的方法往往受主观因素影响很大，而且很耗费机时。本节提出了利用神经网络训练的方法来解决这一问题，并取得了较好的效果。在模拟中，用户无须定义模型的结构、转换规则，利用简单的 3 层神经网络就可以模拟复杂的城市形态，模型的参数由训练数据来确定。通过利用遥感图像分类获得土地利用变化信息，对所提出的模型进行训练，从而自动地获取模型的参数值。对比分析表明，所模拟的精度比采用 Logistic 回归方法得到的精度要高。

该方法还能有效地用于探讨优化的城市形态。根据不同的规划目标和准则，对训练数据进行评价和筛选。利用修改后的训练数据对模型进行训练，可以方便地模拟出优化的城市形态。由模拟结果可以看到，该方法可以有效地模拟出不同的城市形态。模拟优化的城市形态能为城市规划提供有用的依据。

但是，ANN-CA 也有不足之处。与单纯的神经网络模型一样，该模型基本属于黑箱结构，用户不能清晰地知道模型运行的机制，对模型参数的具体物理意义很难理解。另外，对于如何选择神经网络模型结构，至今没有统一的结论。

8.6　约束性 CA 在城市规划中的应用——以广东省东莞市为例

本节以广东省东莞市为例，介绍约束性 CA 在城市土地可持续发展规划中的应用方法及其效果。自改革开放以来，随着经济快速发展，珠江三角洲地区城市化进程不断加快，城市用地规模不断扩大。一方面，城市建成区不断向外扩张；另一方面，随着乡村工业化、城市化的快速发展，大片农业用地不断转化为工业用地和城市建设用地。这一快速城市化进程同时带来了严重的环境问题，主要表现在土地资源的浪费和大量优质农田的不必要流失。可持续发展的理论认为，合理的发展应该是经济、社会与环境的均衡发展，必须兼顾到人类现在和未来的利益。如何在经济增长、城市化进程不断加快的同时，合理利用土地资源、保护耕地，是城市土地可持续发展规划的一个重要议题。

东莞市位于珠江三角洲东部，总面积 2465km²，是珠江三角洲地区发展最快的城市之一。20 世纪 90 年代初以来，快速的城市增长导致了大量的农田流失。根据 1988 年、1990 年和 1993 年三个时相的 TM 卫星遥感图像监测结果，东莞市在这短短 5 年内被推平，用来进行土地开发的农田高达 21285.7hm²，占全市总面积的 10.4%（表 8-9）。土地资源的过度开发对全市可持续发展构成了威胁。因而，运用 CA 与 GIS 技术相结合的方法来进行东莞市的土地可持续发展规划，着重考虑三个方面的规划目的（也可以说是约束性条件）：

（1）保护环境及土地（特别是耕地）资源；
（2）合理的城市发展形态、紧凑式城市布局；
（3）适宜的发展密度。

表 8-9　东莞市 1988～1993 年土地利用变动情况

1988 年	1993 年							1988 年总计
	Cr（农田）	Ba（荒地）	Co（建筑用地）	Or（果园）	Bu（建城区）	Fo（森林）	Wa（水体）	
Cr（农田）	62628.2（65.0%）		1749.4（1.8%）	31945.8（33.2%）				96323.4（100.0%）
Ba（荒地）			0.2（100.0%）					0.2（100.0%）
Co（建筑用地）		0.3（0.1%）		2115.4（99.9%）				2115.7（100.0%）
Or（果园）			19536.3（29.8%）	45950.8（70.2%）				65487.1（100.0%）
Bu（建城区）				16243.6（100.0%）				16243.6（100.0%）
Fo（森林）	136.7（0.3%）					41462.1（99.7%）		41598.8（100.0%）
Wa（水体）			1442.9（8.0%）				16593.8（92.0%）	18036.7（100.0%）
1993 年总计	62628.2	136.7	22728.9	77896.8	18359.0	41462.1	16593.8	239805.5
变化量	-33695.2	136.5	20613.2	12409.7	2115.4	-136.7	-1442.9	
变化率（%）	-35.0	68250.0	974.3	18.9	13.0	-0.3	-8.0	

8.6.1　三种约束性的 CA

以上述三点均作为约束性条件，对东莞市的城市土地发展进行 CA 模拟，可以形成不同的城市土地发展方案。根据规划目标及实际需要，可以从中选择优化的发展方案。下面主要介绍基于上述三种约束性的 CA 在东莞市城市土地可持续发展规划中的应用情况。

在应用约束性 CA 对东莞市城市土地发展进行模拟时，所采用的邻近范围是圆形窗口。圆形窗口能克服方向上的偏差，比一般的 Moore 窗口的效果好。

本书的研究采用基于灰度的 CA。在模拟过程中，最关键的是如何进行灰度值的计算。如前所述，某一时刻 $t+1$ 的灰度值 $G_d^{t+1}\{x,y\}$ 可以用迭代运算来进行预测：

$$G_d^{t+1}\{x,y\} = G_d^t\{x,y\} + \Delta G_d^t\{x,y\} \qquad G_d\{x,y\} \in (0,1) \qquad (8\text{-}23)$$

如何计算灰度值的增加 $\Delta G_d^t\{x,y\}$，则是最为关键的一步。对于圆形的邻近范围来说，灰度值的增加可以通过下述邻近函数来表达：

$$\Delta G_d^t\{x,y\} = f(q\{x,y\},N) = K \times \frac{q\{x,y\}}{\pi \zeta^2} \qquad (8\text{-}24)$$

式中，$q\{x,y\}$ 为某一单元 $\{x,y\}$ 的邻近范围内已发展单元的总数量；ζ 为圆形邻近范围的半径；K 为参数。

上述公式是在没有考虑约束性条件的情况下的灰度值的增加。而在实际的城市发展中，城市形态的演变过程是受到一系列复杂因素的影响和制约的。因而，必须在实际应用中考虑这些约束性条件。这样，灰度值的增加可以改由式（8-25）来表达：

$$\Delta G_d^t \{x,y\} = f(q\{x,y\},N) \times \prod_{m=1}^{M} \delta_{m\{x,y\}} = K \times \frac{q\{x,y\}}{\pi \zeta^2} \times \prod_{m=1}^{M} \delta_{m\{x,y\}} \qquad (8\text{-}25)$$

式中，$\delta_{m\{x,y\}}$ 为不同类型的约束性函数的值（该数值应该进行归一化处理，使得其范围分布于[0,1]）。它可被看作是一个比例系数，用于调节灰度值的增加。$\delta_{m\{x,y\}}$ 可以代表下面所谈到的环境约束性和形态约束性等函数。

更进一步地，使用随机变量 γ 来反映模拟过程中的不确定性，可以使模拟结果更接近现实。这样，最终用于计算灰度值增加的公式可以表达为

$$\Delta G_d^t \{x,y\} = [1+(-\ln\gamma)^\alpha] \times f(q\{x,y\},N) \times \prod_{m=1}^{M} \delta_{m\{x,y\}}$$

$$= K \times [1+(-\ln\gamma)^\alpha] \times \frac{q\{x,y\}}{\pi \zeta^2} \times \prod_{m=1}^{M} \delta_{m\{x,y\}} \qquad (8\text{-}26)$$

式中，γ 为在[0,1]范围内变动的随机变量；α 为控制随机变量变动幅度的参数。这里随机变量采用对数形式是为了有效地控制随机变量的变动幅度。

1. 模型一：基于环境约束性的 CA

在城市发展中，环境的保护越来越重要。保护环境、保护耕地资源成为土地发展规划中所要考虑的重要因素。某块土地是否可以变成城市用地用于土地开发，可以通过计算其环境约束性来判断。环境约束性可以通过衡量某一地块的农业适宜性（即农业生产条件）及环境敏感度（即开发活动对环境的影响，如对饮用水资源、森林、湿地和其他生态土地等的影响）等指标来获取。在东莞市土地发展模拟中，农业适宜性作为一个最基本的环境约束性指标。农业适宜性是可持续发展所要考虑的重要因素，它是指某块土地潜在的农业生产力的大小。农业适宜性越高，环境约束性就越大，用于城市开发的发展适宜性就越低。东莞市土地的农业适宜性，主要采用了三个因子进行评价，即植被指数、土壤属性及土地坡度。这些信息都可以通过 GIS 方法来获得。以农业适宜性为主要指标，再综合考虑其他环境因素的影响，利用 GIS 可以很方便地获得不同地域单元的环境约束性。

当某地方的环境约束性值（ENV_i）越大时，越需要对此加以保护，而约束性函数 $\delta\mathrm{ENV}\{x,y\}$ 的值就越小：

$$\delta\mathrm{ENV}\{x,y\} = \sum_{i=1}^{n} W_i (1 - \mathrm{ENV}_i\{x,y\})^k \qquad (8\text{-}27)$$

式中，$\delta\mathrm{ENV}\{x,y\}$ 为环境约束性函数的值；W_i 为权重；ENV_i 为第 i 种环境因素的约束性值；k 为控制参数。

根据上一小节中关于灰度值的一般计算公式，基于环境约束性的 CA 的灰度值的增加为

$$\Delta G^t\{x,y\} = K \times [1+(-\ln\gamma)^{\alpha}] \times \frac{q\{x,y\}}{\pi\zeta^2} \times \delta\mathrm{ENV}\{x,y\}$$

$$= K \times [1+(-\ln\gamma)^{\alpha}] \times \frac{q\{x,y\}}{\pi\zeta^2} \times \sum_{i=1}^{n} W_i(1-\mathrm{ENV}_i\{x,y\})^k \qquad (8\text{-}28)$$

式中，γ 为随机变量；α 为控制随机变量变动幅度的参数；k 为控制参数。

　　将该模型应用于东莞市土地发展规划中。首先，利用 TM 卫星遥感资料获取了 1988 年、1993 年的城市用地分布状况。然后，在 1988 年城市用地的基础上，利用所提出的约束性 CA 模拟出 1993 年合理的城市发展形态，并由此检验模型的效果。图 8-16 清楚地显示了农业适宜性作为基本约束条件在 CA 中所起的作用。图 8-16（a）是没有考虑农业适宜性（$k=0$）时由 CA 模拟所获得的东莞市城市发展的结果。按照该情形，在东北部有相当大部分的优质农田将被城市开发所占用。利用约束性（$k \neq 0$），可以有效地控制城市用地发展，以避开肥沃的农田[图 8-16（b）和图 8-16（c）]。可以看出，随着 k 值的增加，这种控制作用在不断加强。k 值越大，城市建设占用良田越少，城市形态越紧凑。

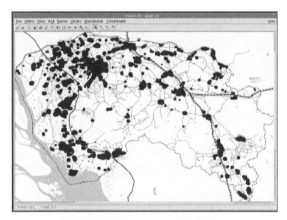

(a) 流失最好的农田 ($k=0$，无约束发展)

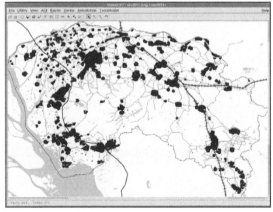

(b) 控制城市发展 ($k=1$，一般控制)

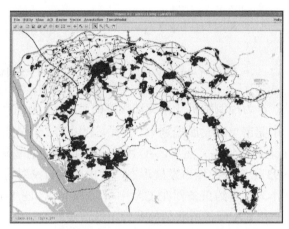

(c) 严格控制城市发展 (k = 3, 严格控制)

图 8-16　基于环境约束性的 CA 模拟结果

2. 模型二：基于城市形态约束性的 CA

城市形态关系到城市空间布局的集聚与分散程度、土地资源占用量及城市基础设施需求量的大小，因而其是土地可持续发展的一个重要的限制因素。运用城市 CA 和 GIS 相结合来模拟各种可能的城市形态，对城市可持续发展规划有很多好处。其中，最主要的就是它可以提供多种可能方案，供规划师加以评估、比较和选择。

城市形态作为一个约束性条件应用于 CA 之中，可以通过建立城市形态函数来实现。城市形态函数所表达的是城市增长与城市中心之间的关系。根据一定地域内城镇体系等级规模结构的不同，城市形态可以是单中心的，也可以是多中心的。土地开发活动可以是围绕主中心进行的单中心式发展，也可以是围绕次中心进行的多中心式发展。各级中心影响力的强弱可以通过距离衰减函数来表达。城市形态约束性 CA 的基本原理是通过建立某一地块单元与各级城市中心之间的距离函数关系来判断该单元土地发展的可能性。距离城市中心越近，受城市中心影响力越强，则该单元转变为城市用地的发展概率就越大。对于包含一个主中心和多个次中心的城市地域，可以通过定义两种距离来反映它的等级结构，即某单元到主中心的距离及它到最近的次中心的距离。城市形态的约束值指的就是该单元所受的城市中心引力的大小。城市形态函数的表达方式如下：

$$\delta \text{FORM}\{x,y\} = \exp\left(-\frac{\sqrt{W_R^2 d_R^2 + W_r^2 d_r^2}}{\sqrt{W_R^2 + W_r^2}} \right) \tag{8-29}$$

式中，$\delta \text{FORM}\{x,y\}$ 为城市形态函数；d_R 为从某一地块单元到主要中心的距离；d_r 为从该地块单元到离它最近的次中心的距离；W_R 和 W_r 为这两个距离的权重。

W_R/W_r 的比率决定了将会产生什么样的城市形态。比率越高，表示主中心获得的权重越高；反之，比率越低，表明次中心获得的权重越高。对该比率值加以调整，可以产生不同形式的城市形态。高比率值会形成单中心发展的形态，而低比率值则会导致多中心的发展。

根据前述方法，基于城市形态约束性的 CA 的灰度值的增加可以表达为

$$\Delta G^t\{x,y\} = K \times [1+(-\ln\gamma)^\alpha] \times \frac{q\{x,y\}}{\pi\zeta^2} \times \delta FORM\{x,y\}$$

$$= K \times [1+(-\ln\gamma)^\alpha] \times \frac{q\{x,y\}}{\pi\zeta^2} \times \exp\left(-\frac{\sqrt{W_R^2 d_R^2 + W_r^2 d_r^2}}{\sqrt{W_R^2 + W_r^2}}\right) \quad (8\text{-}30)$$

式中，γ 为随机变量；α 为控制随机变量变动幅度的参数，此处又称分散因子。

将该模型应用于东莞市的可持续发展规划，模拟五种不同的城市形态（表 8-10）。结果显示，城市形态性约束对城市空间布局有着明显的作用（图 8-17）。分散因子 α 越大，城市形态越松散，耕地占用越严重。图 8-17（a）是基于紧凑式-单中心发展（$\alpha=0$）的城市形态。在该方案中，城市建设用地高度集中在主城区的周围，而远离主城区的次中心周围的土地开发相当有限，从而使大量耕地得到保护。图 8-17（b）是扩散式发展（$\alpha=1$）的城市形态。城市用地比较凌乱，相当数量的耕地变为城市用地。图 8-17（c）显示的是高度扩散式发展（$\alpha=5$）的城市形态。可以看到，城市用地无序蔓延，布局凌乱，耕地侵占现象非常严重，对城市土地的可持续发展构成了很大威胁。

表 8-10 CA 模拟不同城市形态所使用的参数

城市发展形态	分散因子	城市形态
1. 紧凑式-单中心发展	$\alpha=0$	$W_R=1$；$W_r=0$；
2. 紧凑式-多中心发展	$\alpha=0$	$W_R=0$；$W_r=1$；
3. 扩散式发展	$\alpha=1$	——
4. 高度扩散式发展	$\alpha=5$	——
5. 非常高度扩散式发展	$\alpha=10$	——

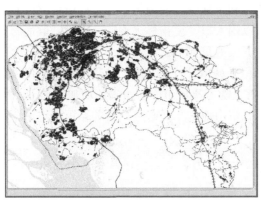

(a) 紧凑式-单中心发展($\alpha=0$)

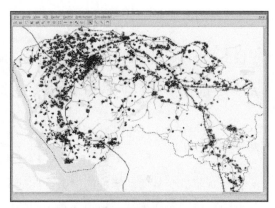

(b) 扩散式发展($\alpha = 1$)

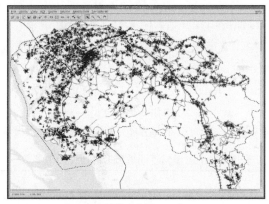

(c) 高度扩散式发展($\alpha = 5$)

图 8-17　基于城市形态约束性的 CA 模拟结果

3. 模型三：基于发展密度约束性的 CA

大多数的城市 CA 基本没有考虑城市的发展密度对形态的影响。实际上，城市发展密度是制定城市规划的一个重要的考虑因素。适当的高密度发展可以有效地减少公共设施的建设费用，以及能源和土地资源的消耗，并且可以使侵占农田的现象显著降低。这里，发展密度的概念可以用人口密度指标来表达，因为一般而言，人口密度越大的地区其建筑密度越大，土地开发强度越高。

当某一单元被选择用于城市开发时，就会根据当地状况或历史资料赋予它一个发展密度。因为人口密度通常会随着离城市中心距离的增加而递减，所以利用密度衰减函数，可以在 CA 模拟中确定城市用地的发展密度。其关系可表达如下：

$$\mathrm{DEN}\{x, y\} = A\mathrm{e}^{-\beta l\{x, y\}} \tag{8-31}$$

式中，$\mathrm{DEN}\{x, y\}$ 为发展密度；$l\{x, y\}$ 为地块单元与中心的距离；A 和 β 为递减函数的参数。

灰度值的增加与邻近范围内人口总数成正比。在 CA 的每次迭代运算中，可以计算出灰度值的增加：

$$\Delta G^t\{x,y\} = [1+(-\ln\gamma\,)^{\alpha}\,]\times f(\mathrm{DEN}\{x,y\},N)$$

$$= K\times[1+(-\ln\gamma\,)^{\alpha}\,]\times\dfrac{\sum\limits_{\{x,y\}\in\Omega_N}\mathrm{DEN}\{x,y\}}{\mathrm{DEN}_{\max}\pi\zeta^2} \qquad (8\text{-}32)$$

式中，$\Delta G^t\{x,y\}$ 为灰度的增加值；$\mathrm{DEN}\{x,y\}$ 为发展密度，$\mathrm{DEN}_{\max}$ 为最大发展密度；Ω_N 为圆形邻近范围 N 内已发展单元的总和。

将该模型用于东莞市城市土地开发的模拟。图 8-18 是用该模型模拟的基于高密度、快速递减的城市发展方案（此处密度递减函数中的参数 A 和 β 分别取值为 80 和 0.005）。可以看出，在靠近主城区的东北部地区，发展密度相对其他地区要高得多，其土地转化为城市用地的可能性也更高。按照这样的发展，城市空间布局是最为紧凑的，也是最为节省土地资源的。而低密度的、粗放式的土地开发将造成城市空间布局的杂乱无章和土地资源的严重浪费。

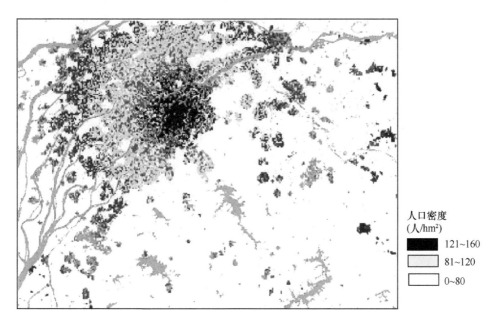

人口密度
（人/hm²）
■ 121~160
▨ 81~120
□ 0~80

图 8-18　基于发展密度约束性的 CA 模拟

4. 模型四：基于综合约束性的 CA

在以上三种约束性 CA 的基础上，还可以将这三种约束性综合起来，形成一个基于综合约束性的、能够兼顾不同目的的"通用型" CA。在 CA 的每次迭代运算中，灰度值的增加同时与下列三种因素相关：

（1）环境因素（主要用农业适宜性和环境敏感性来表达）；

（2）城市形态因素（紧凑式或分散式发展）；

（3）发展密度因素（主要用人口密度来表示）。

综合灰度值的增加可表示为

$$\Delta G^t\{x,y\} = \frac{\sum\limits_{\{x,y\}\in\Omega_N} DEN\{x,y\}}{DEN_{max}\pi\zeta^2} \times \delta FORM\{x,y\} \times \delta ENV\{x,y\}$$

$$= \frac{\sum\limits_{\{x,y\}\in\Omega_N} DEN\{x,y\}}{DEN_{max}\pi\zeta^2} \times \exp\left(-\frac{\sqrt{W_R^2 d_R^2 + W_r^2 d_r^2}}{\sqrt{W_R^2 + W_r^2}}\right) \times \sum_{i=1}^{n} W_i(1-ENV_i\{x,y\})^k$$

$$(8-33)$$

式中，$\dfrac{\sum\limits_{\{x,y\}\in\Omega_N} DEN\{x,y\}}{DEN_{max}\pi\zeta^2}$ 为发展密度因子的灰度值的增加；$\delta FORM\{x,y\}$ 为城市形态因子的灰度值的增加；$\delta ENV\{x,y\}$ 为环境因子的灰度值的增加。

将该综合约束性 CA 应用于东莞市城市土地发展的模拟。在模拟中，分别在单中心城市形态和多中心城市形态的基础上加上环境因素约束性和发展密度约束性条件。将环境因素约束性统一确定为较为严格的约束性（$k=3$）之后，根据发展密度递减快慢的不同，又分别模拟出高密度/快速递减、高密度/慢速递减、低密度/快速递减及低密度/慢速递减四种形式和八种组合（图 8-19）。结果显示，由综合约束性 CA 模拟出来的规划方案，因为综合考虑了不同因素对土地发展的影响，所以得到的结果比基于单一约束性条件的 CA 更具合理性、更能接近现实需要。规划师可以从由综合约束性 CA 模拟出的多种发展方案中进行筛选，选择最符合实际发展需要的方案。

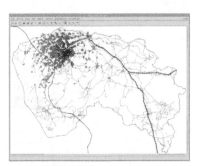
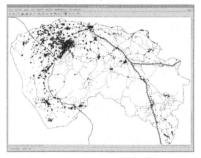

(a) 高密度/快速递减(密度递减系数 $\alpha = 0.005$)   (b) 高密度/慢速递减(密度递减系数 $\alpha = 0.001$)

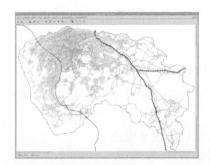

(c) 低密度/快速递减(密度递减系数 $\alpha = 0.005$)   (d) 低密度/慢速递减(密度递减系数 $\alpha = 0.001$)

图 8-19　基于综合约束性的 CA 模拟　（单中心形态，环境约束控制参数 $k=3$）

8.6.2 CA 在城市规划中的三种主要功能

CA 在模拟城市发展中的良好效果决定了它在城市规划中具有重要的应用价值和广阔的应用前景。总的来说，按照应用目的、需求的不同，CA 在城市规划中主要有三种功能：第一是基准发展趋势模拟，即在假定现有发展趋势不变的情况下模拟城市将来发展的可能结果；第二是现状评估分析，将根据规划模型所得到的最优模拟结果作为基准，与城市过去或现状发展实际情况作对比分析，找出城市实际发展中的不合理之处，为决策者提供参考和政策建议；第三是规划未来城市发展，即以决策者所确定的规划目标或准则作为约束性条件，模拟城市未来发展的蓝图。根据不同目标或准则可以模拟出不同的规划方案，决策者可以进行比较和筛选，最终选出最满意的方案。

1. 功能一：基准发展趋势模拟与预测

CA 的第一个主要功能是对城市基准发展趋势（baseline growth）进行模拟，即以过去或现有的城市发展趋势为基础来模拟将来城市发展的情况，看看一个城市如果按照现有的趋势不加约束地继续发展下去，在将来某一时间其城市用地布局会变成什么样。将这些基于基准发展趋势的（无规划、无约束控制的）模拟结果与有规划、有约束控制的发展趋势进行对比（图 8-20），有助于分析现有趋势是否合理，是否有需要对现有趋势加以改变。例如，在东莞市城市土地可持续发展规划中，以 1988 年东莞市土地利用现状为基础，根据 1988 年城市土地开发的趋势，分别模拟近期（1993 年）和中远期（2001 年和 2005 年）的城市土地发展状况。通过这样的动态模拟，可以对将来不同时期各种土地类型的需求量（在保持现有发展趋势下）进行预测，从而为城市规划提供重要的基础数据。

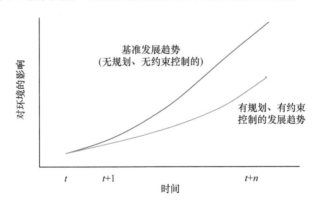

图 8-20 基准发展趋势与有规划的发展趋势的对比

从图 8-21 可以看出，若 1988 年的土地开发趋势持续下去，农业用地转为城市建设用地的步伐将会相当快，1993 年已经有大片农田被城市建设所吞噬，城市形态不断蔓延，到了 2005 年，这种情况将更加突出，城市建设用地将大幅扩张到 1988 年水平的 3 倍多（图 8-22）。这种快速的土地利用变化，将为该市带来一系列严重的资源和环境问题。因而，利用 CA 模拟和预测土地利用变化，可以为城市和土地利用规划提供重要参考依据，帮助决策者制定有效的土地管理政策和措施。

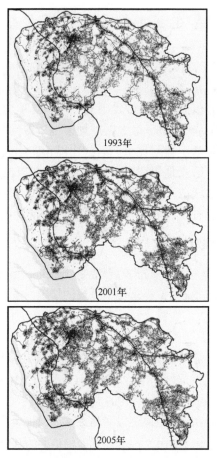

图 8-21　基于基准发展趋势的 CA 模拟与预测（以 1988 年为基础）

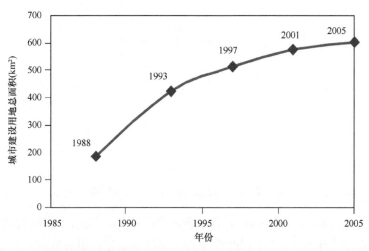

图 8-22　CA 模拟城市建设用地总面积变化情况以 1988 年为基准进行趋势模拟

2. 功能二：现状评估与分析

CA 的第二个主要功能是帮助评估城市土地利用现状的合理性。其方法是利用约束性 CA 模拟城市土地利用在一定准则下（如土地适宜性）的最佳状态，再将模拟结果与土地利用现状相对照，评估现状用地的合理性，进而发现问题，并找出解决问题的途径。图 8-23 显示了约束性 CA 在城市土地利用现状评估分析中的重要作用。图 8-23（a）是东莞市 1988～1993 年城市土地开发的实际状况。可以看出，整个城市土地开发布局相当松散和凌乱，呈现大面积、低密度、低效率的城市用地发展特征。而从图 8-23（b）可以看出，如果按照约束性 CA 的模拟结果进行规划和引导，整个城市发展将呈现紧凑、有序、层次分明的状态，大大减少对土地资源的掠夺式开发。因而，通过将现状情况与 CA 模拟结果作对比，很容易看出土地利用现状的不合理性。按照约束性 CA 的结果，城市用地应该以更加紧凑、合理的形态发展，克服散乱的、遍地开花的开发状态，减少城市的无序扩张，减少对农业生产和生态环境的破坏。

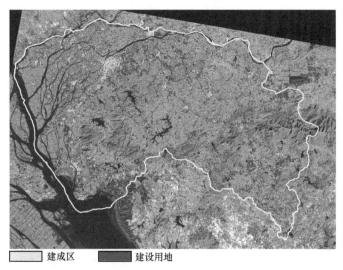

　建成区　　　　　建设用地

(a) 东莞市1988~1993年实际发展

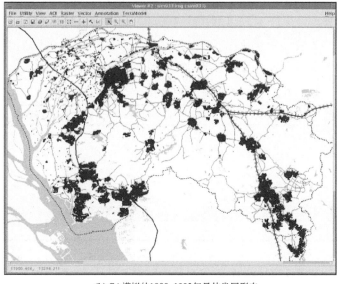

(b) CA模拟的1988~1993年最佳发展形态

图 8-23　实际发展形态与 CA 模拟的最佳发展形态对比

利用约束性 CA 还可以定量地评估城市用地发展现状的合理性。例如，我们用"适宜性损失"这个概念来对比实际发展和最佳发展状态下土地开发利用的效益。其基本假设是，某块农田被转化成城市用地后，将永远失去其作为农业用途的适应性。因此，累加发生农田损失的网格上的农业适应性值，则可以反映总的损失量。对于同样面积的土地开发，适宜性损失值越小，占用优质农田的数量越少。适宜性损失可以用下述公式计算：

$$S_{\text{loss}} = \sum_i \sum_j S(i,j) \tag{8-34}$$

式中，S_{loss} 为农业适宜性的总损失；$S(i,j)$ 为发生农田损失的位置 i 上第 j 类农业的适应性值。

表 8-11 对比了东莞市 1988～1993 年实际发展所造成的适应性损失与同样土地消耗下用约束性 CA 模拟出来的最佳发展所可能导致的适应性损失。可以看出，在最佳发展状态下，不仅城市形态比实际发展状况更加紧凑，而且其农业适宜性的损失也明显低于实际发展中的适宜性损失。因此，如果实际用地发展按照约束性 CA 的结果进行，就可以尽量避免农业适宜性高的土地被开发为城市用地，从而更有效地保护优质耕地资源。

表 8-11 同样土地损耗下实际与最佳土地损失的效率比较（东莞市 1988～1993 年）

	紧凑度指数	适宜性总损失	标准适宜性损失
实际发展	1.78	5537	6.2
最佳发展（基于 CA 模拟）	9.79	3878	4.8

资料来源：Yeh 和 Li（2001）。

另外，由于约束性 CA 可以对城市形态进行控制，使城市布局更紧凑、更有序，因此大大减少了城市土地开发成本，特别是节省了大量城市各项基础设施如水、电、气、路、信等的管线铺设和配套设施费用。表 8-12 对东莞市 1988～1993 年实际发展状态下和由 CA 模拟的紧凑发展状态下城市基础设施的开发费用进行了粗略估算和对比。结果显示，实际发展中投资浪费现象比较严重，如果采取约束性 CA 模拟出来的发展方案，可以极大地节省基建投资，经济效益将会十分明显。

表 8-12 实际和紧凑式城市形态的开发费用估算

类型	单价（美元/km）	实际发展（100 万美元）	CA 模拟发展（100 万美元）
供电	770000	528.31	339.31
供水	130000	89.20	57.29
燃气	520000	356.78	229.15
通信	520000	356.78	229.15
道路	2580000	1770.18	1136.92
总量		3101.25	1991.82

资料来源：Yeh 和 Li（2001）。

3. 功能三：灵活模拟各种规划方案

CA 在城市规划中的第三个主要功能就是可以根据不同规划目标或准则，模拟不同的城市发展方案，供决策者进行比较和选择。约束性 CA 的最大特点是考虑了各种主要限制性条件对城市土地开发的影响，因而相对于不考虑约束条件的随机发展而言，其规划成果更具有实际意义。在规划过程中，决策者可以通过改变规划目标或准则、调整控制参数等方式，灵活改变约束性条件的类型和调节约束性的强弱，对规划方案不断进行调试，直到取得令人满意的效果。在前面的介绍中，我们已经看到，决策者可以根据规划的需要或者自己的喜好来选择约束条件，如环境约束性、城市形态约束性、发展密度约束性或者集不同约束条件于一体的综合约束性等。而且，决策者还可以通过调整各种控制参数来检验模型的效果。例如，在环境约束性 CA 模拟中，可以通过调节环境约束值 k 的大小，模拟出"无约束发展""一般控制""严格控制"三种状态下城市用地发展的不同结果（图 8-16）。在城市形态约束性 CA 模拟中，可以通过改变分散因子 α 的值来模拟紧凑式-单中心布局和多中心扩散式布局等多种城市形态（图 8-17）。在发展密度约束性 CA 模拟中，通过调节密度值或其衰减速率，也可以模拟出各种不同的方案。而利用综合约束性 CA，可以对上述约束条件及其控制参数进行各种不同的组合，产生多种模拟结果，供决策者比较和选择（图 8-19 和图 8-20）。因而，约束性 CA 用于城市规划具有很强的灵活性和可操作性，应用前景十分可观。

　　CA 是一种强有力的空间动态模拟技术，可以有效地模拟出复杂的城市系统的动态演变过程。一般的城市 CA 主要用于模拟真实城市的变化过程，即根据以往发展趋势来模拟将来的变化，属于基准发展（base-line development）模型。而运用约束性 CA，引进环境、城市形态和发展密度等可持续发展因素，所得到的结果不仅是根据过去预测未来，而是根据不同规划目标的要求而模拟出不同的城市发展模式，供规划师选择。其中，可以通过参数的选择来控制不同规划目标对模拟结果的影响，如某个变量所对应的权重越大，其在模拟中所起的作用越大。可以通过该方法控制城市形态是受交通影响为主，还是受城市中心影响为主，从而将 CA 模拟与有关城市发展政策密切联系起来；还可以对比基准发展模型和规划模型得到的结果，根据其差异找出目前发展存在的问题，选出将来可以达到规划目标、减少城市发展对环境所造成压力的城市发展方案，以拟定城市发展蓝图。因此，CA 作为一种启发式的规划工具，其机制是透明的，为规划工作者进行城市理论验证和探索提供了方便。

　　CA 与 GIS 相结合，互相取长补短，使二者在城市发展规划的实际应用中更具生命力。CA 很好地改善了 GIS 中所缺乏的模型处理功能，而 GIS 的数据存储和处理优势可以对 CA 所需要的各项约束性指标提供数据支持和分析处理，并且可以利用 GIS 的图层叠加分析手段来对 CA 模拟出来的不同结果进行评估和比较。总之，CA 与 GIS 的结合正成为城市规划中一项非常有发展潜力的技术工具。

　　目前，CA 也在发展之中，还存在若干缺点，如在确定模型的结构、模型所用的变量，以及模型的参数值方面还有许多不确定性。数据本身的误差和模型的局限性都会影响模拟的有效性。另外，如何有效地把具体的政策影响容纳到 CA 中，其中还有许多问题需要解决。政府和投资者行为的改变，包括发展中心的转移和新的交通枢纽的建立，都会影响到区域的发展格局。目前，CA 在这方面还有不足之处。

8.7　基于城市扩张的动态选址模型——以深圳垃圾转运站选址为例

现有的许多选址模型研究主要集中在对选址算法的改进方面，而忽略了城市作为复杂地理系统所具备的不确定性和动态发展性对选址结果的影响。这往往导致最终的选址结果在设施投入使用后，无法满足新的需求甚至出现不适应新环境的情况。本节将GeoCA（地理元胞自动机）的城市扩张模型引入传统的 Location-allocation 选址模型中，构建一个动态的选址模型框架，探索如何将选址结果建立在动态的、科学的城市形态预测基础上，从而促使选址结果更具有客观性、先见性和更符合可持续发展观，这也正是本书研究的重要意义所在。同时，框架中的许多子模型都能够单独被优化，具有高度的可伸缩性，能够自适应于特定区域的选址要求。

Location-allocation 模型用于确定一个或者多个设施的“最优”（optimal）位置，从而使该设施所提供的服务或者货物能以最有效的形式被需求者所使用。该模型在确定设施位置（称为 location）时，同时将该设施分配给部分需求者（称为 allocation），因此统称为 Location-allocation（ESRI，2001）。Location-allocation 问题自 1964 年被 Hakimi（1965）提出以来，已经被广泛应用在各种设施选址上，学者们也对该算法进行了许多改进。其中，Church（1990）对 P-Median 算法进行了改进，在其模型中引入了区域限制的条件。Murray 和 Gottsegen（1997）引入拉式释限法（Lagrangian relaxation approach）到 Location-allocation 模型中，在考虑设施容量限制的同时，也考虑区域限制对选址的要求。Gong 等（1997）将传统的优化选址技术与遗传算法（GAs）和进化策略（evolutionary strategy，ES）相结合，解决选址设施的容量限制问题。Marianov 和 Serra（2001）提出等级结构（两层）的选址模型，其中低一级的设施优先服务顾客，然后部分顾客会被推荐到高一级的服务设施，以此来解决拥挤系统中的选址问题。Lozano 等（1998）将自组织特征图应用到交替式 Location-allocation 中，在连续的需求条件下获取局部的最优解决方案。Hsieh 和 Tien（2004）提出基于 Kohoene 的自组织特征地图（SOFMs）的直线距离来解决没有容量限制的 Location-allocation 问题。Salhi 和 Gamal（2003）提出一个基于遗传算法的 Location-allocation 选址模型，用于解决连续性的 Location-allocation 问题。近年来，国内学者也发表了不少有关 Location-allocation 模型算法的研究论文。黎夏和叶嘉安（2004a）将遗传算法和 GIS 结合来解决复杂的空间优化配置问题，智能的搜索方法可以大大提高空间的搜索能力。梁勤欧和祝国瑞（2004）应用改进克隆选择算法对一般布局分配问题进行实验研究。刘铸和汪定伟（2004）将 Location-allocation 模型应用于社会考试考场的选址问题上，并开发了一个采用双切点交叉和换位变异的遗传算法来求解。张潜等（2004）在已确定每个配送中心的服务范围内，以客户群的总需求量接近或等于单车容量的整数倍为原则，提出将不同客户需求量引入最小包络法进行混合法选址的启发式算法。蒋忠中和汪定伟（2005）通过遗传算法来解决 0～1 整数规划的配送中心选址优化问题。

从现有的研究来看，绝大多数的学者集中在 Location-allocation 模型算法的改进探讨中，但很少考虑城市形态扩张的情况对选址结果所带来的影响。目前，发展中国家的许多城市正处在一个快速发展的阶段，尤其是一些大中型的城市，其极化效应更加明显。而选址一般都是对规划的或即将建设的设施位置进行选择，通常选好一个区位需要耗费不少时间，而该设施从设计、建设到最终使用，整个过程所需要的时间周期可能更长，这样往往会造成先前所选的区位出现不符合实际情况或者不适应新环境的现象。因此，有必要在选址模型中考虑城市扩张形态，构建一个具有动态发展观的选址模型。

本书的研究将 GeoCA 结合到 Location-allocation 模型中，试图达到动态地考虑选址结果的目的。利用 GeoCA 模拟和预测城市土地利用变化，通过简单的转换规则，并集成资源环境、经济和规划等影响因子来校正转换规则，从而在微观尺度上模拟比较有科学根据的城市未来的土地利用格局。引入城市扩张模型是构建优化选址模型的基础，考虑城市未来可能的扩张形态的选址模型才是真正满足城市方法需要的真正动态的选址模型。

8.7.1　交替式 Location-allocation 算法

公用设施的选址是一个多设施选址问题，即分配 m 个人口单元到 n 个设施点上，这里 $n<m$。需要定位的设施点称为供应点，而具有固定位置的人口单元称为需求点。该问题也称为 P-Median 问题，即确定供应点的位置，并使需求点上的人口到其最近供应点的总距离最短。P-Median 问题最初是由 Hakimi（1965）提出的。在这个模型中，节点代表了需求点或是潜在的供应点，而弧段则表示可到达供应的通路或连接。Revelle 和 Swain（1970）将该问题表达成一个整数规划的模型。

这里介绍一种具有距离和区域双重限制的 P-Median 问题（Murray and Gottsegen，1997；Khumawala，1973）：在 m 个候选点中选择 p 个供应点为 n 个需求点服务，使得为这几个需求点服务的总距离（或时间、费用等）最短。假设 w_i 记为需求点 i 的需求量，d_{ij} 记为从候选点 j 到需求点 i 的距离，则可记为

$$\text{Min} \quad Z = \sum_{i=1}^{n} \sum_{j=1}^{m} w_i d_{ij} x_{ij} \tag{8-35}$$

并满足：

（1）$\sum_{j=1}^{m} y_j = p, p \leqslant m \leqslant n$　　限制供应点的个数为 p；

（2）$\sum_{j=1}^{m} x_{ij} = 1, \forall i$　　保证每一个需求点 i 都能够获得服务；

（3）$x_{ij} d_{ij} \leqslant S, \forall i, \forall j$　　保证至少有一个供应点位于以 i 为中心、S 为半径的范围内；

（4）$y_j \geqslant x_{ij}, \forall i, \forall j$　　需求点仅能够分配给供应点 j（如果 $x_{ij}=1$，那么 $y_j=1$）；

（5）$\sum_{j \in M_r} y_j \geqslant p_r^{\max}$　　$p_r^{\max}$ 是区域 r 能够布置的供应点的最大数目；

（6）$\sum\limits_{j \in M_r} y_j \leqslant p_r^{\min}$　　　$p_r^{\min}$ 是区域 r 能够布置的供应点的最小数目；

（7）$y_j = 0,1,\forall j$　　设施点的决策变量；

（8）$x_{ij} = 0,1,\forall i,\forall j$　　　分配的决策变量。

其中，i 为需求点；j 为候选供应点；n 为需求点的数目；m 为候选供应点的数目；p 为需要选取的供应点数目；w_i 为需求点 i 的权重；d_{ij} 为需求点 i 到供应点 j 的最短距离；y_i 为 1，表示供应点布置在 j 上，否则为 0；x_{ij} 为分配给供应点 j 的需求点 i 的需求量百分比；S 为从需求点到其供应点的出行距离；M_r 为区域 r 的供应点的集合；$p_r^{\max}$ 为区域 r 能够布置的供应点的最大数目；$p_r^{\min}$ 则为区域 r 能够布置的供应点的最小数目。

上述约束条件是为了保证每个需求点仅为一个供应点服务，并且只有 p 个供应点，还必须保证至少有一个供应点位于需求点 i 半径为 S 的范围内，同时保证区域 r 最多有 $p_r^{\max}$ 个供应点、最少有 $p_r^{\min}$ 个供应点。一般有两种基本的准备方法可以用于 P-Median 问题的求解：最优化法和启发式方法。最优化法的实现比较复杂，在目前情况下，其较好的应用方法也只能解决 800～900 个节点的问题，因此在解决大型问题的求解中，最优化方法还有待研究。与之相比，启发式方法则更适应大型问题的求解，并能得到较为合理的结果。

其中，Cooper 提出的交换式启发算法（alternating heuristic algorithm）是最有效的解决 Location-allocation 问题的方法之一。该算法按照序列顺序，在分配人口到供应点和定位供应点到它们的集水区域的中央两者之间交替变化，直到一个全局的收敛。在第一次循环迭代中，通过随机或者任意地选择供应点，并使需求点分配到距离它最近的供应点上，将区域分为多个子区域。接着，计算每个子区域中供应中心的优化位置。上述该过程是递归执行的，直到前后两次迭代过程中，供应中心位置的变化小于某个阈值（如 0.01）时才结束。为了确保结果是全局的，导入多个可行的初始供应点到程序中，以便测试解决方案的唯一性和收敛性。交换式启发算法的迭代次数相对较少，而且是最流行的大数据集算法之一（Yeh and Chow，1996）。

交换式启发算法能找到最佳位置的坐标，其中所有需求点到该优化位置的权重距离之和最小。每一个需求点关联一个权重值，即需求点的人口数量。Location-allocation 问题可以通过一系列迭代来解决。对于随后的值（x_{jk}，y_{jk}），目标方程 Z 的值将不断下降，因为 Z 是一个连续函数。该方法将沿着函数 Z 的下降梯度移动解决方案到最低点（Yeh and Chow，1996）。

8.7.2　城市扩张模型

GeoCA 模型是时间、空间、状态都离散，空间的相互作用及时间上的因果关系均局部的网格动力学模型（黎夏和叶嘉安，2001）。不同于一般的动力学模型，GeoCA 没有明确的方程形式，而是包含一系列模型构造的规则，是一个方法框架。CA 系统中的所有元胞是相互离散的，从而构成一个元胞空间。在某一时刻，一个元胞只能有一种状态，而且该状态取自一个有限集合。一个元胞下一时刻的状态是上一时刻其邻域状态的函数，这是 CA 的原理（汤君友和杨桂山，2003）。近年来，CA 已经被较多地应用在地理现象的模拟中，特别是用于城市模拟。

GeoCA 城市扩张模型的规则校正可以通过多种方法来进行，如 Logistic 回归技术（Wu，2002）、主成分因子分析法（黎夏和叶嘉安，2001）、案例推理、神经网络（黎夏和叶嘉安，2002）、数据挖掘等（黎夏和叶嘉安，2004b），这里采用简单实用的 Logistic 回归技术来对 GeoCA 进行校正。

通常来讲，在城市土地利用开发模拟中，具有较高开发适宜性的单元相应有较高的开发概率。开发适宜性是根据一系列因子来度量的。这些因子包括交通条件、水文、地形及经济指标等。对于二元值的土地利用变化（转变为城市用地或保持原状），可以通过建立 Logistic 回归模型来计算开发适宜性。换句话说，该模型假设一个区位的开发概率是一系列独立变量，如离市中心的距离、离高速公路的距离、地形高程和坡度等所构成的函数。在我们的研究中，因变量土地利用分为"开发的"（developed）与"未开发的"（undeveloped），它们是二项分类常量，不满足正态分布的条件，这时可用 Logistic 回归分析。通过 Logistic 回归模型，一个区位的土地开发适宜性可以由式（8-36）来概括：

$$P_g(s_{ij} = \text{urban}) = \frac{\exp(z)}{1 + \exp(z)} = \frac{1}{1 + \exp(-z)} \quad (8\text{-}36)$$

式中，P_g 为全局性的开发概率（开发适宜性）；s_{ij} 为单元 (i, j) 的状态；z 为描述单元 (i, j) 开发特征的向量：

$$z = a + \sum_k b_k x_k \quad (8\text{-}37)$$

建立 Logistic 回归模型后，就可以将回归模型的系数导入 CA 中进行模拟运算。值得注意的是，概率 P_g 是从两幅相隔较长一段时间（比 CA 一次迭代所代表的时间段长得多）的土地利用模式中估算出来的，且在模拟过程中保持不变。单元发展概率 P_g 只考虑到各种空间距离变量对其转化的影响，而 CA 的邻域影响是一个非常重要的因素，因此，还需要考虑邻域对中心单元的影响，在 CA 中增加了使土地利用趋向于紧凑的动态模块，防止出现空间布局凌乱的现象。邻域函数通过一个 3×3 的核计算土地利用在空间上的相互影响，其定义如下：

$$\Omega_{ij}^t = \frac{\sum_{3\times3} \text{con}(s_{ij} = \text{urban})}{3 \times 3 - 1} \quad (8\text{-}38)$$

式中，Ω_{ij}^t 为邻域函数，这里表示 3×3 邻域中的土地开发密度；con() 为一个条件函数，如果单元状态 s_{ij} 是城市用地，则返回真，否则返回假。另外，与概率不同的是，Ω_{ij}^t 标有时间符号 t，这表示邻域的土地开发密度在 CA 迭代过程中是不断变化的。

同时，我们还必须考虑客观的单元约束条件，如道路、水体、山地、优质农田和规划限制区等发展为城市用地的可能性一般较低。因此，有必要引入单元的约束条件到 CA 中。综合考虑全部发展概率、局部邻域范围和单元约束条件的影响，任意单元在 t

时刻发展为城市用地的概率可由式（8-39）表达：

$$p_c^t = p_g \mathrm{con}(s_{ij}^t = \mathrm{suitable})\varOmega_{ij}^t \qquad (8\text{-}39)$$

综上所述，首先由 Logistic 回归模型获得一个全局的土地利用发展概率，再通过 3×3 的邻域函数计算邻域内的土地开发密度，最后引入单元的约束条件，从而得到一个比较合理的综合的城市土地利用发展概率。

8.7.3　动态选址模型

Location-allocation 模型可以分为连续空间和离散空间两种模式。在连续空间中，供应点可以布置在选址区域的任意一点上，而该位置可能在铁路线、湖泊或者建筑物楼顶上；在离散的空间中，该模型以候选点集合为初始状态，然后从中选择符合要求的最佳位置。离散的 Location-allocation 选址模型的输入可以包括供应点和需求点及其供应量和需求量的网络、多边形和点等空间数据。连续空间模型适合于宏观级别的分析，而离散空间模式模型更适合于城市尺度的应用。

本节以深圳垃圾转运站选址为例，采取离散模式的选址模型进行选址。以点数据集来存储供应点和需求点的信息，Location-allocation 选址模型在此基础上执行优化选址。垃圾转运站的候选点包括现有的转运站，以及根据粗略的选址原则（考虑到地价、是否为裸地、地形、周边环境等条件）通过 GIS 空间分析获取而来的新增点。需求点则以居委会为单位，以单个居委会的质点坐标 (x_c, y_c) 来表示。需求点的权重由之前按建成区面积分配的方法得到的居委会人口来衡量。以上的点信息分别以供应点、需求点的形式输入 Location-allocation 选址模型中。接着，考虑到选址对象的微观性，以及选址对象的主要使用者为推动垃圾车步行的环卫工人，其服务半径规定为 2500m。同时，垃圾转运站服务范围受行政边界的限制，即假如在 AB 两个相邻的区域（街道办）中，A 区域的垃圾转运站只服务该区域内的环卫工人，B 区域也遵循同样的原则。因此，必须以区或者街道办为单位来分别选址。城市扩张后，人口将随着建成区的变化而发生再分布；同时，现有的土地利用类型将发生变化，如裸地数量减少。

考虑城市扩张形态对选址模型的影响时，涉及人口密度的再分布情况、城市土地利用类型的变化和政府规划决策等因素。为了简化问题，本节只假设城市扩张形态仅对人口密度再分布情况造成影响。

动态选址模型框架如图 8-24 所示，动态选址模型的运算流程如下：

（1）通过 GIS 和 RS 结合的方法，如叠加分析、缓冲区、距离计算和遥感分类等，对空间数据进行预处理，得到用于 GeoCA 城市扩张模型的数据和初步的候选点信息；

（2）挖掘多年的土地利用（通过遥感分类方法得到）和校正 GeoCA 的转换规则，在此基础上对深圳市未来的城市形态进行预测；

（3）利用人口模型预测深圳市未来的人口情况，并将预测的结果分配到各个居委会上；

（4）以居委会的质心为点坐标，以居委会人口为权重，构建需求点；

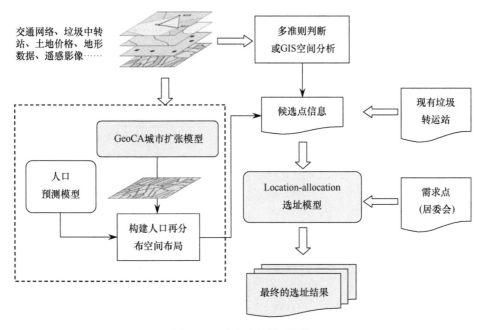

图 8-24　动态选址模型框架

（5）将现有的垃圾屋与步骤（1）得到的初步候选点合并，作为垃圾转运站最终的供应候选点；

（6）将需求点和候选点信息导入 Location-allocation 模型中，设置限制条件，计算动态的选址结果。

8.7.4　应　　用

随着深圳市经济迅速发展和人口剧增，垃圾产生量也随之激增，据统计，至 2003 年底，全市垃圾日均产生量达 8890t/d，比建市之初增长了 222 倍，其中特区内 3960t/d、特区外 4930t/d（深圳市城市管理所，2004）。为彻底解决深圳市垃圾转运问题，深圳市规划于 2004 年、2005 年两年内在全市范围内建设分体压缩转运站 183 座（含改造 55 座），其中特区内 93 座、特区外 90 座（深圳市城市管理所，2004）。

动态的选址模型必须考虑到人口的再分布情况，这应当是在人口预测模型预测结果的基础上完成的。所以，这里可以引入一个人口预测模型。人口预测模型有很多，如人口与时间相关模型、Logistic 预测模型、灰色预测模型、神经网络预测模型等。

表 8-13 是深圳市街道办的人口数据，相对于我们研究区域的微观性质来说，显得过于粗略。但是，在无法获取更精细的人口分布数据的情况下，我们必须考虑如何将街道办的人口数据分配到各个居委会上。图 8-25 是深圳市街道办、居委会的城市建成区分布情况，假设人口的分布与建成区的面积相关：

$$Pop_{ij} = Pop_i \times \frac{BuildingArea_{ij}}{BuildingArea_i} \times a e^{-bf(d)} \tag{8-40}$$

表 8-13　深圳市街道办人口数据

行政区	街道办	人口（人）	行政区	街道办	人口（人）
罗湖区	笋岗街道办	190000	盐田区	盐田街道办	51200
	翠竹街道办	200000		海山街道办	78000
	东湖街道办	80000		梅沙街道办	9000
	东门街道办	98000		沙头角街道办	50000
	东晓街道办	188100	宝安区	福永街道办	300000
	桂园街道办	98000		公明街道办	400000
	黄贝街道办	109200		观澜街道办	224000
	莲塘街道办	123000		光明街道办	37800
	南湖街道办	80000		龙华街道办	434100
	清水河街道办	109800		沙井街道办	600000
福田区	园岭街道办	151000		石岩街道办	160000
	福田街道办	235000		松岗街道办	400000
	华富街道办	108000		西乡街道办	430000
	莲花街道办	115000		新安街道办	340000
	梅林街道办	250000	龙岗区	坪山街道办	140000
	南园街道办	110000		大鹏街道办	—（暂缺）
	沙头街道办	260000		横岗街道办	500000
	香蜜湖街道办	260000		坑梓街道办	100000
南山区	招商街道办	112000		葵涌街道办	70000
	南山街道办	144200		龙城街道办	98900
	南头街道办	106400		龙岗街道办	247300
	沙河街道办	110000		南澳街道办	24000
	桃源街道办	120000		平湖街道办	300000
	西丽街道办	120000		坪地街道办	100000
	粤海街道办	162500		布吉街道办	513000

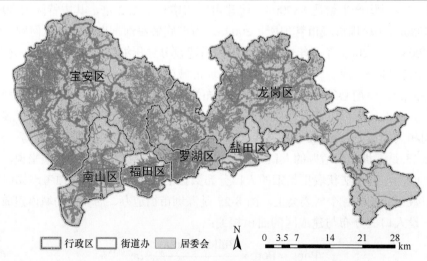

图 8-25　深圳市街道办、居委会的城市建成区分布情况

式中，Pop_{ij} 为第 i 个街道办中第 j 个居委会的人口数目；Pop_i 为第 i 个街道办中的人口数；$BuildingArea_{ij}$ 为第 i 个街道办中第 j 个居委会的城市建成区面积；$BuildingArea_i$ 为第 i 个街道办的城市建成区面积；a，b 均为常数；e 为指数常数（2.7183）；$f(d)$ 为距离函数。这里因为街道办涉及的单元相对而言比较小，所以可以不考虑人口分布随着距区域中心的距离增大而衰减。因此，最终的居委会人口估算方程式简化为

$$Pop_{ij} = Pop_i \times \frac{BuildingArea_{ij}}{BuildingArea_i} \qquad (8\text{-}41)$$

利用 Logistic 回归技术对 CA 进行校正，第一步是采集样本数据，也就是在两个年份的遥感影像中通过随机采样的方法，获取一定样本量的土地利用数据，再通过 Logistic 回归技术得到回归方程式。表 8-14 是 Logistic 回归模型挖掘转换规则所需要的空间变量，将得到的样本数据导入 SPSS 统计软件，执行 Logistic 回归模型。Logistic 回归运算的结果在表 8-15 中列出。最后，Logistic 回归函数 Z 由式（8-42）表示：

$$Z = -0.44283 + 0.00148 \times Dis1_{st}Center + 0.00241 \times Dis2_{nd}Center - 0.00156 \times Dis3_{rd}Center -$$
$$0.00222 \times DisRoad + 0.00052 \times DisExpress - 0.00280 \times DisRail + 0.00188 \times DisSubway$$

$$(8\text{-}42)$$

表 8-14　Logistic 回归模型挖掘转换规则所需要的空间变量

空间变量	意义	获取方法
	目标变量	
城市用地	1988～1993 年内转变为城市用地	遥感分类、叠加分析
	距离变量	
Dis1stCenter	离一级区域发展中心距离	
Dis2ndCenter	离二级区域发展中心距离	
Dis3rdCenter	离三级区域发展中心距离	Arc/Info GRID Eucdistance 命令
DisRoad	离公路距离	
DisExpress	离高速公路距离	
DisRail	离铁路距离	
DisSubway	离地铁距离	

表 8-15　Logistic 回归结果

空间变量	Dis1stCenter	Dis2ndCenter	Dis3rdCenter	DisRoad	DisExpress	DisRail	DisSubway	常数
系数	0.00148	0.00241	−0.00156	−0.00222	0.00052	−0.00280	0.00188	−0.44283
标准差	0.002	0.003	0.004	0.003	0.003	0.002	0.002	0.033

在采用 Logistic 回归技术对 GeoCA 的模型参数校正的基础上，利用 GeoCA 对深圳市的土地利用变化情况预测进行模拟。GeoCA 的模拟结果通常需要迭代 100～200 次及以上才能得到比较符合实际的结果。本节以深圳市 2002 年 9 月 SPOT 图像通过遥感分类技术得到的城市土地利用分布图作为模型的初始状态，经过 400 次的迭代运算来模拟深圳市未来的城市用地变化情况，结果如图 8-26 所示。

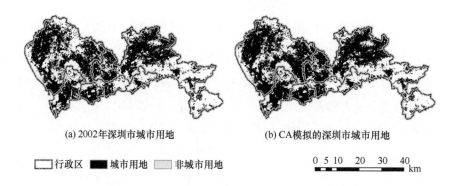

(a) 2002年深圳市城市用地　　　　　　　　(b) CA模拟的深圳市城市用地

☐ 行政区　■ 城市用地　▨ 非城市用地　　　　0 5 10　20　30　40 km

图 8-26　深圳市 2002 年城市用地与模拟结果比较

　　本节在 ArcGIS Workstation 提供的 Location-allocation 模块的基础上，通过 Visual Basic + ArcObject 对其进行二次开发，添加新的扩展功能，构建了一个动态优化选址平台。整个实验过程分三个步骤来完成：①通过 GeoCA 模拟深圳市未来的城市用地扩张情况；②在现有的城市空间上执行静态的选址模型，得到供应点的位置和需求点的分配情况；③在预测的城市模拟空间中执行动态的选址模型，得到符合未来城市空间情况的供应点位置和新的需求点分配情况。两种模型选址的结果分布图如图 8-27 所示。

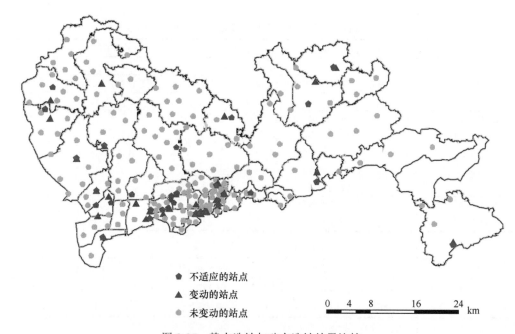

⬟ 不适应的站点

▲ 变动的站点

● 未变动的站点

0　4　8　　　16　　　24 km

图 8-27　静态选址与动态选址结果比较

　　图 8-27 按正方形、三角形和圆形这三种符号来分别代表不适应的站点（即在城市形态扩张后不符合新环境的站点）、变动的站点（即在城市形态扩张后，相应发生变化的站点）和未变动的站点（即在静态、动态的选址模型中未发生变化的站点）。

　　动态的选址模型相对于静态的选址模型的优化程度可以通过需求点到供应点的权重距离（weighted distance）来验证。通过 GIS 提供的点到点（point to point）距离函数，再根据需求点与供应点之间的分配关系，以及需求点的权重计算出权重距离。各个行政区域的权重距离总和见表 8-16。值得指出的是，两种模型的权重距离均是城市扩张后的需求点到供应点的权重距离，也只有这样，两者之间才具有真正的可比性。

表 8-16　静态选址与动态选址结果评价

行政区	静态选址权重距离	动态选址权重距离	优化量	城市用地变化量（单元数）
盐田区	220562892	236900998	−16338106	1454
福田区	481739570.4	496285307	−14545736.6	3392
罗湖区	462539743.6	471407999.9	−8868256.3	2352
南山区	600974694	585028655	15946039	5877
宝安区	3175277404	3109746487	65530917.5	27228
龙岗区	2813628212	2703530571	110097641.1	28961

从表 8-16 中可以看出，盐田、福田和罗湖这三个区的优化量为负数，说明在这三个区中，动态的选址模型并没有比静态的选址模型优越。但是，从南山、宝安和龙岗这三个区的优化量中可以看出，动态的选址模型在结果上明显比静态的选址模型增强了许多。而且六个区的优化量和为正，也说明从整体上来看，动态的选址模型都优于静态的选址模型。同时，对比表 8-16 中城市用地变化量可以发现，优化量为负的三个区域其城市扩张并不明显。这主要是因为这些区域均处在深圳特区内，在经历了 20 多年的大规模建设用地供给后，深圳特区内土地利用已趋向饱和，2000 年特区内在 190.69km^2 的可建设用地中，剩余 58.45km^2 的可用地，占特区可建设用地总量的 30.65%。另外，考虑到本节采用的是启发式的 Location-allocation 算法，该算法得到的结果并不是最优的，而是接近最优的，所以动态选址模型在城市形态扩张并不明显的地区不具有明显的优势。而在剩下的三个快速发展的区域中，动态选址模型的优越性得到了证明。

从动、静态两个选址模型的结果来看，动态选址模型在城市扩张之后，其选址结果仍然能够很好地符合新的城市空间格局。我国已经进入了快速的城市化阶段，随着城市的飞快发展，城市形态对基础设施的规划、布点、设计和建设的影响将越来越明显，未来城市形态的扩张将是选址模型必须考虑的重要因素之一。而现在对动态的选址模型的研究仍然是一片空白，本节将 GeoCA 城市扩张模型引入 Location-allocation 模型中，探索如何将选址模型建立在动态的、科学的城市形态预测结果上，使最终的选址结果更具有科学性、先见性，这也是本书研究的重要意义所在。

值得提出的是，本书的研究主要集中在城市扩张模型与 Location-allocation 选址模型的结合上，提出了一个动态选址模型的框架。同时，框架中的许多子模型都能够单独被优化，从而使整个模型更科学、更适合于特定区域的要求。举个例子来说，动态模型需要预测未来人口情况，本书仅采用十分简单的时间序列预测模型，该模型忽略了许多影响人口增长的因素，如经济增长、人口政策等。在具体项目需要的情况下，可以构建更完善的人口预测模型来模拟更符合实际的未来人口分布情况。

参 考 文 献

蔡玉梅, 任国柱. 1998. 中国耕地数量的区域变化及调控研究. 地理学与国土研究, 14(3): 15-18.

蒋忠中, 汪定伟. 2005. B2C 电子商务中配送中心选址优化的模型与算法. 控制与决策, 20(10): 1125-1128.

黎夏, 叶嘉安. 1997. 利用遥感监测和分析珠江三角洲的城市扩张过程——以东莞市为例. 地理研究, 16(4): 56-61.

黎夏, 叶嘉安. 2001. 主成分分析与 Cellular Automata 在空间决策与城市模拟中的应用. 中国科学(D 辑: 地球科学), 31(8): 683-690.

黎夏, 叶嘉安. 2002. 基于神经网络的单元自动机 CA 及真实和优化的城市模拟. 地理学报, 57(2): 159-166.

黎夏, 叶嘉安. 2004a. 遗传算法和 GIS 结合进行空间优化决策. 地理学报, 59(5): 745-753.

黎夏, 叶嘉安. 2004b. 知识发现及地理元胞自动机. 中国科学(D 辑: 地球科学), 34(9): 865-872.

梁勤欧, 祝国瑞. 2004. 基于克隆选择算法的布局分配问题研究. 测绘通报, (11) : 17-19.

刘妙龙, 黄蓓佩. 2004. 上海大都市交通网络分形的时空特征演变研究. 地理科学, 24(2): 144-149.

刘铸, 汪定伟. 2004. 社会考试考场选择的多目标优化模型. 东北大学学报(自然科学版), 25(8): 758-760.

深圳市城市管理所. 2004. 关于我市垃圾转运站建设问题的情况汇报.

汤君友, 杨桂山. 2003. 试论元胞自动机模型与 LUCC 时空模拟. 土壤, 35(6): 456-460.

叶嘉安, 宋小冬, 钮心毅, 等. 2006. GIS 在规划支持系统中的应用. 北京: 科学出版社.

张潜, 高立群, 胡祥培. 2004. 集成化物流中的定位-配给问题的启发式算法. 东北大学学报(自然科学版), 25(7): 637-640.

Banister D, Watson S, Wood C. 1997. Sustainable cities: transport, energy, and urban form. Environment and Planning B: Planning and Design, 24(1): 125-143.

Batty M, Longley P. 1996. Analytical GIS: the future//Longley P, Batty M. Spatial Analysis: Modeling in a GIS Environment. Cambridge: GeoInformation International: 345-352.

Batty M, Xie Y. 1994. From cells to cities. Environment and Planning B: Planning and Design, 21(7): 531-548.

Batty M, Xie Y. 1997. Possible urban automata. Environment and Planning B: Planning and Design, 24(2): 175-192.

Brookes C J. 1997. A parameterized region-growing programme for site allocation on raster suitability maps. International Journal of Geographical Information Science, 11(4): 375-396.

Carver S J. 1991. Integrating multi-criteria evaluation with geographical information systems. International Journal of Geographical Information Systems, 5(3): 321-339.

Church R L. 1990. The regionally constrained p-median problem . Geographical Analysis, 22: 22-32.

Clark C. 1951. Urban population densities. Journal of the Royal Statistical Society: Series A(General), 114: 490-496.

Congalton R G. 1991. A review of assessing the accuracy of classifications of remotely sensed data. Remote Sensing of Environment, 37(1): 35-46.

Couclelis H. 1997. From cellular automata to urban models: new principles for model development and implementation. Environment and Planning B: Planning and Design, 24(2): 165-174.

CUPR (Center for Urban Policy Research). 1992. Impact Assessment of the New Jersey Interim State Development Plan. Trenton, NJ: New Jersey Office of State Planning.

Deadman P, Brown R D, Gimblett H R. 1993. Modeling rural residential settlement patterns with cellular automata. Journal of Environmental Management, 37(2): 147-160.

Eastman J R, Kyem P A K, Toledano J, et al. 1993. GIS and Decision Making. Worcester, M.A.: Clark Labs for Cartographic Technology and Geographic Analysis.

ESRI. 2001. ARC/INFO Help. What is Location-Allocation?

Ewing R. 1997. Is Los Angeles-style sprawl desirable? Journal of the American Planning Association, 63(1): 107-126.

Ferguson C A, Khan M A.1992. Protecting farm land near cities: trade-offs with affordable housing in Hawaii. Land Use Policy, 9(4): 259-271.

Gong D, Gen M, Yamazaki G, et al. 1997. Hybrid evolutionary method for capacitated location-allocation problem. Computers &Industrial Engineering, 33: 577-580.

Hakimi S L. 1965. Optimum distributions of switching centers in a communication network and some related graph theoretic problems .Operations Research, 13(3): 462-475.

Hsieh K H, Tien F C. 2004. Self-organizing feature maps for solving location-allocation problems with rectilinear distances. Computers & Operations Research, 31(7): 1017-1031.

Huete A R. 1988. A soil-adjusted vegetation index (SAVI). Remote Sensing of Environment, 25(3): 295-309.

Itami R M. 1994. Simulating spatial dynamics: cellular automata theory. Landscape and Urban Planning, 30(1): 27-47.

Khumawala B M. 1973. An efficient algorithm for the p-median problem with maximum distance constraints. Geographical Analysis, 5(4): 309.

Li X. 1998. Measurement of rapid agricultural land loss in the Pearl River Delta with the integration of remote sensing and GIS. Environment and Planning B: Planning and Design, 25(3): 447-461.

Li X, Yeh A G O. 2000. Modeling sustainable urban development by the integration of constrained cellular automata and GIS. International Journal of Geographical Information Science, 14(2): 131-152.

Lozano S, Guerrero F, Onieva L, et al. 1998. Kohonen maps for solving a class of location-allocation problems . European Journal of Operational Research, 108(1): 106-117.

Marianov V, Serra D. 2001. Hierarchical location-allocation models for congested systems. European Journal of Operational Research, 135(1): 195-208.

Meaille R, Wald L. 1990. Using geographical information system and satellite imagery within a numerical simulation of regional urban growth. International Journal of Geographical Information Systems, 4(4): 445-456.

Murray A T, Gerrard R A. 1997. Capacitated service and regional constraints in location-allocation modeling. Location Science, 5(2): 103-118.

Murray A T, Gottsegen J M. 1997. The influence of data aggregation on the stability of p-median location model solutions. Geographical Analysis, 29(3): 200-213.

Openshaw S. 1994. Computational human geography. Leeds Review, 37: 201-220.

Revelle C S, Swain R W. 1970. Central facilities location. Geographical Analysis, 2: 30-42.

Royal Town Planning Institute. 1992. Geographic Information Systems: A Planner's Introductory Guide, prepared by the Institute's GIS Panel. London: The Royal Town Planning Institute

Salhi S, Gamal M D H. 2003. A genetic algorithm based approach for the uncapacitated continuous location-allocation problem. Annals of Operations Research, 123(1): 203-222.

Thorson J A. 1994. Zoning policy changes and the urban fringe land market. Journal of the American Real Estate and Urban Economic Association, 22(3): 527-538.

Tucker C J. 1979. Red and photographic infrared linear combinations for monitoring vegetation. Remote Sensing of Environment, 8(2): 127-150.

Ward D P, Murray A T, Phinn S R. 2000. A stochastically constrained cellular model of urban growth. Computers, Environment and Urban Systems, 24(6): 539-558.

White R, Engelen G. 1993. Cellular automata and fractal urban form: a cellular modelling approach to the evolution of urban land-use patterns. Environment and Planning A, 25(8): 1175-1199.

Wu F. 1998. An experiment on the generic polycentricity of urban growth in a cellular automatic city. Environment and Planning B: Planning and Design, 25(5): 731-752.

Wu F. 2002. Calibration of stochastic cellular automata: the application to rural-urban land conversions. International Journal of Geographical Information Science, 16(8): 795-818.

Wu F, Webster C J. 1998. Simulation of land development through the integration of cellular automata and multicriteria evaluation. Environment and Planning B: Planning and Design, 25(1): 103-126.

Yeh A G O, Chow M H. 1996. An integrated GIS and location-allocation approach to public facilities planning-an example of open space planning. Computers, Environment and Urban Systems, 20(4): 339-350.

Yeh A G O, Li X. 1998. Sustainable land development model for rapid growth areas using GIS. International Journal of Geographical Information Science, 12(2): 169-189.

Yeh A G O, Li X. 2001. A constrained CA model for the simulation and planning of sustainable urban forms by using GIS. Environment and Planning B: Planning and Design, 28(5): 733-753.

第9章 地理元胞自动机的不确定性研究

许多地理分析和建模过程中都存在着误差和不确定性问题。CA 模型越来越多地用于地理现象的模拟，如城市系统的演化等。城市模拟经常要用到 GIS 数据源中的许多空间变量，而 GIS 数据中的误差将会通过 CA 模拟过程发生传递。此外，CA 模型只是对现实世界的近似模拟，这使得其本身也具有不确定性。这些不确定因素将对城市模拟的结果产生较大的影响。区分并评价这些误差和不确定性，对于理解和应用城市 CA 的模拟结果来说是至关重要的。与传统的 GIS 模型相比，城市 CA 中的误差和不确定性的很多性质是非常独特的。该研究有助于城市建模和规划者更好地理解 CA 建模的特点。

9.1 引 言

很多 GIS 文献中都涉及误差和不确定性问题。与传统方法（如手工叠置）相比，以计算机技术为基础的 GIS 提供了更为强大的功能和精确的信息。但人为误差、技术限制及自然界的复杂性使得 GIS 同样具有误差和不确定性问题。除极少数特例之外，GIS 数据库仅是对真实的地理变化的近似（Goodchild et al.，1992）。理解 GIS 中的误差和不确定性对于成功应用 GIS 技术来说是很重要的。主要有两种类型的 GIS 误差：

（1）GIS 数据库中的数据源误差；

（2）利用 GIS 功能进行数据操作时的误差传递。

CA 被越来越多地用于研究地理现象，CA 起初用于数值计算，现已经广泛地应用于物理、化学和生物等复杂系统的模拟。最近，学者们提出了结合 GIS 和 CA 来模拟复杂城市系统的方法（Batty and Xie，1994）。与复杂的数学模型相比，城市 CA 有着非常简洁的形式，能很好地与栅格式的 GIS 相结合，在模拟城市复杂系统方面有许多优势。通过适当地定义 CA 的转换规则，就可以很好地模拟出城市发展的时空复杂性。在城市建模中应用 CA 能够深入认识各种城市现象。CA 为理解城市理论提供了重要信息，如城市形态结构特征的形成与演变（Wu and Webster，1998；Webster and Wu，1999），同样也可以用作城市规划模型来模拟城市发展的某些规划场景（Li and Yeh ，2000；Yeh and Li，2001，2002）。

尽管有关城市 CA 的研究相当多，但城市 CA 的误差和不确定性却未引起足够的重视，其中仅有少数研究涉及 CA 的"敏感性"问题（Benati，1997）。城市 CA 模拟中通常要用到大量的地理数据，模拟真实城市时更是如此，从 GIS 中获取的空间变量可以作为 CA 建模过程的输入。但正如其他 GIS 模型一样，城市 CA 也存在着误差和不确定性问题，这些误差在 CA 模拟时会发生传递并影响模拟结果，故需要评价源误差和误差传递对模拟结果的影响。本节尝试研究误差和不确定性对于城市 CA 模拟的影响，这将有助于城市规划者在利用 CA 时能对模拟的结果有更好的理解。

9.2　城市 CA 的不确定性

城市 CA 与 Wolfram（1984）的经典 CA 存在显著差别。后者有严格的定义，并几乎不使用空间数据，这种 CA 有确定的输出结果。然而，城市 CA 通常需要大量的空间数据作为输入来进行现实世界的模拟，其模拟结果受到一系列来自数据源的误差和模型结构不确定性的影响（图 9-1）。了解城市 CA 的数据误差和模型结构对模拟结果的影响是很有必要的。由图 9-1 可以看到，CA 的循环结构与简单的 GIS 操作（如叠置）相比有着显著的差别。简单的 GIS 操作通常能利用严格的数学方程来分析其误差传递过程，但基于动态的 CA 却比较复杂。

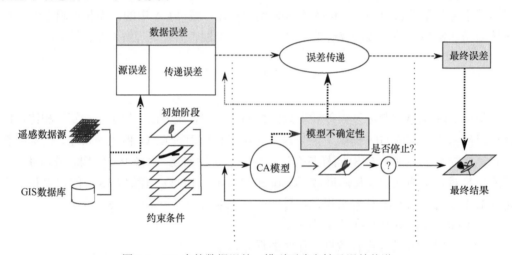

图 9-1　CA 中的数据误差、模型不确定性及误差传递

9.2.1　数据源误差

城市 CA 使用许多空间数据，其模拟结果将受到 GIS 数据库中各种数据源误差的影响。这些误差与 GIS 数据库的数据质量有关，具体来源于野外调查误差、制图误差和数字化误差等，它们又可体现为如下两种主要形式。

1. 位置误差

GIS 中的位置误差影响城市模拟的精确度。当 CA 根据空间变量来估计转换概率时，误差会产生。空间位置的精确度在许多 GIS 研究中有着广泛的论述（Goodchild，1991；Veregin，1999）。其中，点的位置误差可以由实际位置与记录位置的偏离量来衡量，通常用均方根误差（RMSE）来表示。一组点的位置误差可由均方根误差来表示；线的位置误差可以使用一系列 epsilon 带来表示（Veregin，1999）。在该带的不同位置 "真实"线出现的概率是不同的。最简单的方法是假设该带呈规则形态，"真实"线出现的概率是均匀分布的。但研究表明，这种假设往往不成立（Veregin，1999；Caspary and Scheuring，1993）。

2. 属性误差

当 GIS 中的数据被作为 CA 的输入数据时,其中的属性误差也会影响城市模拟结果。一般的测量误差主要有人为误差(如读数误差)和仪器误差(如不稳定条件)。例如,某地方应该是居民点,但却误标为草地;由等高线得到的 DEM 同样会由于内插而出现误差。这些误差会在确定初始状态和计算元胞的约束条件时产生不确定性的影响。

9.2.2　操作或转换误差

在模拟过程中,使用 GIS 一般的运算或数据转换同样也会导致模拟的不确定性。为了节省存储空间,GIS 数据库往往只包含基本的空间数据。而用户需要的特定空间信息需要通过 GIS 的有关操作或运算来获得,如进行缓冲区分析等。为了得到 CA 的输入数据,需要利用 GIS 的有关功能来产生一系列新的空间信息。例如,城市发展适宜性在估算发展概率时是一个重要的空间变量(Wu and Webster,1998),而计算发展适宜性时需要进行一系列的数据转换和叠置运算。这些操作都会导致模型不确定性的产生。GIS 的数据转换可能包括:

(1)矢–栅转换;

(2)栅–栅转换(如重采样);

(3)叠置或者缓冲区操作;

(4)其他复杂操作(如分类)。

GIS 数据格式主要有两种:矢量格式和栅格格式。这两种数据格式之间的转换在 GIS 操作中很常见。由于城市 CA 通常使用栅格格式(元胞)实现,那么输入 CA 的数据应为栅格格式。因此,在城市 CA 中,GIS 的矢量数据格式必须转换到栅格数据格式,而这种转换将会明显地损失空间细节。

对于栅格数据来说,栅–栅转换主要有两个目的:一是不同数据图层的配准和空间数据分辨率的转换。不同栅格数据源的配准是使用多种地理数据的一个重要步骤。地图通常可以使用仿射变换或者多项式变换进行地理投影,而在变换时可利用最近邻、双线形插值或立方体旋转方法进行数据重采样。在配准或重采样时发生的错误有可能导致新的误差产生。二是通过改变空间数据分辨率大小,不同的数据图层之间可以进行算术运算。但将栅格数据从高空间分辨率转换到低空间分辨率时会损失空间信息。

涉及 GIS 叠置的转换可以通过"地图代数"实现(Burrough,1986)。有时在城市模拟中涉及许多空间因素时需要进行多准则判断(MCE)(Wu and Webster,1998),在数据处理过程中这些操作都可能产生新的误差。GIS 操作是一个有效的计算模型,但这种计算模型仅仅是对真实情况的一种近似计算(Heuvelink,1998)。因此,在执行这些操作时,模型误差也将会加入 GIS 数据库中。

城市 CA 中通常要加入环境因素或者约束条件,而这一类型的信息是通过叠置分析等 GIS 操作来获得的。在城市模拟中,使用约束条件是为了避免不加控制的发展(Li and Yeh,2000)。在 GIS 中可以定义一系列资源和环境约束因素来作为 CA 中每个元胞的属性。这些因素可包括地形、土地利用类型和农业生产力等（Li and Yeh，2000）。通过线性或者非线性转换函数可有效地定义这些约束性，但在确定转换函数的形式和参数时同样存在不确定性。

GIS 中的邻近分析和缓冲区分析也可能产生误差。在城市模拟中通常要计算城市发展概率，城市发展概率决定了某块土地在模拟过程中是否可能发展为城市用地，该概率通过城市发展的吸引力来估算。如果一个地方距离交通网络或设施较近的话，发展为城市的可能性就越大。一些距离变量被用来表示吸引力，包括到公路、铁路、城镇中心、医院、学校等的距离。使用相应的点和线图层进行 GIS 缓冲区分析，能够方便地定义这些变量。但是，在表示 GIS 图层中的点和线时可能存在位置误差，它们来自人为误差（如未配准）或者模型误差（如像元尺寸的限制）。这些位置误差将导致在确定城市模拟的发展概率时存在不确定性。

对空间数据的其他操作同样会导致模拟结果的不确定性。例如，对土地利用进行模拟时，常将遥感图像的分类结果作为模拟的初始状态，因此对遥感数据分类可能产生属性误差。遥感分类主要是基于光谱特性，但传感器噪声、大气干扰和分类算法的局限都可能会导致分类误差，包括在应用遥感数据分类技术时，某些像素的土地利用类型可能进行了错误的划分。这些误差一般可以通过将地面数据与分类结果进行对比而测定，通常通过构造混淆矩阵的方法来显示正确或错误的分类百分比。

混合像元的存在同样会引起遥感影像分类的不确定性。众所周知，遥感影像和其他栅格数据容易出现由空间分辨率的限制所引起的误差。遥感影像由像元所组成，每个像元对应一个记录地面信息的基本采样单元。传统的遥感影像分类技术通常假设以下几个条件（Fisher and Pathirana，1990）：

（1）每个像元都仅有一种土地利用类型；

（2）遥感影像中不同的土地利用类型应该有显著的识别标志；

（3）相同的土地利用类型应该具有同质的和稳定的光谱特性。

实际上，由于遥感影像中混合像元的存在，这些假设基本上是不切实际的。混合像元的存在表明，在单个像元中有多于一种的土地利用类型，而应用一般方法对混合像元进行分类可能会有误差。若将这些数据存储在 GIS 数据库中并用于城市模拟时就会产生不确定性问题。例如，作为城市模拟的输入，初始的土地利用数据可能存在着遥感影像分类的误差。这些误差可能通过模拟过程而发生传递，因此分类误差对城市增长的模拟有显著的影响。

9.2.3　城市 CA 建模中的模型不确定性

模型本身的局限也带来了 CA 的不确定性。这类误差并非来自数据获取阶段，而是由于人类的有限知识、自然界的复杂性和技术条件限制等，即来自于模型本身。在 CA 模拟中输入误差和模型误差都会通过模拟过程加以传递。正如其他计算机模型一样，即使输入完全没有误差，CA 的模拟结果也不可能与现实一致。因此，CA 模型的模拟仅仅是对现实世界的一种近似模拟。现有的大多数 CA 都是一种松散式的定义，并没有唯一的模型。各种类型的 CA 是根据个人的认识和偏好而提出的，应用于特定场合。不同的 CA 即使使用相同的数据集，其模拟也很难有完全一致的结果。

9.3　城市 CA 中的不确定性评价

许多学者对有关空间数据误差传递方面的问题和性质做了非常充分的研究（Heuvelink，1998；Fisher，1999）。但 CA 是否也有类似的误差传递问题，是本节的主要研究内容。

9.3.1　城市 CA 的误差传递

评价城市 CA 中的误差传递对理解其模拟结果是十分重要的。在城市模拟中，初始条件、参数值和随机因素在对模拟结果的影响中扮演着重要的角色。在 CA 模拟中，由于各种局部的相互作用，可能出现难以预料的结果。但如果自动机的行为十分不稳定且完全不可重复的话，那么模拟结果对于城市规划人员就将变得毫无意义。而相关研究表明，在宏观上，CA 能够产生非常稳定的模拟结果（Benati，1997）。尽管构造方式不同，CA 模拟的一般形态总是一致的，但在微观上，CA 模拟的结果在某种程度上却是无法预知的。

误差和不确定性会在建模过程中进行传递，初始误差可能会被放大，但也有可能会被缩小。在对图层进行叠置时，个别 GIS 图层中的误差都会体现在最终的输出结果中。许多研究说明了这些误差是如何在 GIS 操作中进行传递的，如叠置操作中误差的传递过程（Veregin，1994）。Heuvelink 等（1989）提出在 GIS 中应用泰勒级数来推导误差传递方程的方法。定量方法的优势在于不需要很大的计算量就能得到误差传递表达式。另一种分析误差传递方法是通过应用较广泛使用的 Monte Carlo 方法，这种模拟方法具有易于实现及普遍适用的优点，但缺乏有效的分析框架。

CA 中的误差传递与 GIS 叠置操作中的误差传递是有差别的，可以用严格的数学表达式对由 GIS 叠置分析中的逻辑"与"和"或"操作所带来的误差传递进行度量。但是由于 CA 使用了邻域和迭代操作，其构造形式相当复杂。CA 模拟是一个根据简单转换规则产生复杂特征的动态迭代过程，中心元胞的状态转换被其邻居的状态所决定。利用严格的数学方程对该动态模拟过程的误差传递进行表达几乎是不可能的。从图 9-1 中可以看出，由于使用了动态的循环过程，CA 中的误差传递显得相当复杂。

可采用敏感性分析来研究 CA 中误差传递的过程。Z 在原始空间变量中加进一些随机误差，然后分析该误差对模拟结果的影响。敏感性分析可用于分析数据库中误差对 GIS 分析结果的影响（Lodwick，1989；Fisher，1991）。Monte Carlo 模拟经常用来产生随机误差，然后使用干扰后的空间数据检验结果的精确性。Fisher（1991）以土壤图数据为例，提出了两种算法来干扰分类图的数据，然后估计误差的传递。

Monte Carlo 方法非常适合于分析 CA 模拟中的误差传递。标准的误差传递理论无法应用于包含复杂操作的模型中（Heuvelink and Burrough，1993）。当数学模型难以解决误差传递问题时，Monte Carlo 模拟是一种很有用的方法。尽管其计算量非常大，但随着计算机技术的进步，其问题正逐步得到解决。使用 Monte Carlo 方法在空间变量中加入干扰因素，以便研究城市模拟中的干扰敏感性。当详细的误差情况无法获取时，最简单的噪声实现是使用无约束条件的干扰。可以使用该方法对初始的土地利用和适宜性图等空间数据产生随机的误差分布。

本书的研究通过下面的实验来估计属性误差对模拟结果的影响。作为模拟的初始土地利用包含了两种主要类型：城市用地和非城市用地。它们有可能存在分类误差，大部分情况下仅有一些关于分类误差的一般信息。例如，从卫星遥感获得的土地利用分类精度通常为80%～90%（Li & Yeh，1998）。但在大部分情况下，这些分类误差详细的空间位置是无法确定的。

实验的第一步是采用随机方法在已经分类的遥感影像上产生这些误差。误差的大小取决于上述遥感影像分类的误差经验。例如，可根据20%的误差量来生成这些随机干扰。可采用一个简单的约束性城市CA研究这种误差的传递过程。使用过于复杂的CA将会使得数据误差与模型的不确定性混合在一起，难以将它们区别出来。模型基于如下的简单规则结构（Batty，1997）：

IF　　　任意一个 $\{x \pm 1, y \pm 1\}$ 已发展

THEN　$N\{x,y\} = \sum_{ij} \in_{\Omega} D\{i,j\}$ （$D\{i,j\}=1$ 表示一个已发展元胞，否则 $D\{i,j\}=0$）

&

IF　　　$N\{x,y\} > T_1$ & $R > T_2$

THEN　$\{x, y\}$ 元胞发展

式中，$N\{x, y\}$ 为邻域中已利用的元胞总数；T_1 和 T_2 为阈值；R 为一随机变量；$\{i, j\}$ 为包括元胞$\{x, y\}$的Ω邻域及其自身在内的元胞集合。

一个更为复杂的模型是利用发展概率而非简单地使用已发展元胞的总量来确定土地利用变化，而发展概率通常要与一个随机变量进行比较来决定是否发展。发展概率要结合一系列的空间变量进行计算，主要有邻域中已发展元胞的数目、到城市中心的距离、到道路的距离等，但这些变量的参数值又很难确定。为避免不确定性，我们的实验基于上述简单的规则结构来确定元胞的发展情况。

可以通过下面的实验来检验城市模拟中的误差传递问题，实验区为珠江三角洲的东莞市。实验模拟了 1988～1993 年的土地利用发展变化，该时期东莞市发展非常迅速。本书的研究中参数 l 表示邻域尺寸的大小，取值为 3；阈值 T_1 和 T_2 决定每一个时间步中将有多少个元胞发展为城市区，T_1 和 T_2 的取值越小，获得发展的元胞将会越多。T_2 属于[0, 1]，它控制着随机变量干扰的大小，T_2 越大，干扰也将越大；如果是使用相同的土地消费量，T_1 和 T_2 值越小，完成模拟所需的时间就越短。因此，T_1 和 T_2 的值可以根据土地利用消费量和完成模拟的时间（步数）来定义。

第一个实验是为了检验数据源误差对模拟结果的影响。T_1 和 T_2 分别设为 10 和 0.90，模型模拟了东莞市 1988～1993 年在 23330.5hm² 的土地开发总量下的城市演变情况。东莞市的土地面积为 2465 km²，将其划分为 709 × 891 的格网，得到模拟元胞的地面分辨率为 50m²。以 1988 年作为模拟的初始情况，利用该 CA 模拟 1993 年的城市用地情况。模型重复运行两次：第一次以原始的遥感分类图像作为初始的土地利用输入；第二次对

分类图像加入 20%的随机干扰，再作为初始的土地利用输入。将没有误差干扰的模拟结果作为基准，将具有 20%的误差干扰的模拟结果与其进行比较，并分别将两次 1993 年的模拟结果与实际从遥感影像获得的 1993 年分类结果加以对比，计算得到两次重复模拟与实际情况的误差。

　　从图 9-2 中可以得到在模拟过程中误差传递的特点。在没有加入误差干扰时，模拟结果同样有误差存在。而在初始土地利用中加入 20%的误差干扰时，由于误差传递，模拟结果的误差有所提高，但比预期的 20%又要少得多。如图 9-2 所示，如果在初始土地利用中加入了 20%的误差，模拟结果的误差是 35%（$t = 10$）。与之相对应，在没有加入误差的情况下，模拟结果也存在 30%的误差（$t = 10$）。也就是说，20%的误差干扰仅仅在结果中增加了 5%的误差，而不是预期的 20%。由此得到这样的结论：误差干扰不会全部进入 CA 模拟的最终结果中，并且这种数据源误差随模拟过程而减小的情形十分显著。这是由于 CA 中邻域的作用可以减少误差传递的程度，而这些邻域作用通常体现在计算邻居状态的总和时在结果中引入了平均化的效果。分析表明，如果模拟的时间足够的话，所有误差都将显著减小。这是因为当城市用地增加时，可以用于发展的土地越来越少。也就是说，模拟更容易受到限制条件的影响，而这些限制条件大大减少了误差产生的可能性。

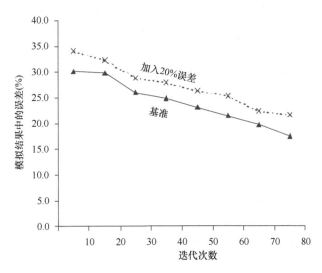

图 9-2　初始土地利用加入 20%误差及在模拟中的误差传递

9.3.2　CA 中的不确定性

　　CA 本身的不确定性可以反映在如下方面：转换规则、邻域结构、模拟时间，以及随机变量等。

1. 转换规则

　　转换规则可反映模拟过程中变量之间的关系，其对空间演变的结果有决定性的影响，是 CA 的核心。但转换规则的定义受研究者认知的影响，定义 CA 转换规则的方式有很多，而不同的模型结构对 CA 模拟的结果会产生影响。迄今为止，研究者已提出各种类型的城市 CA，但都是为解决城市模拟中的某些特定问题，模型间的差别通常取决于个人的偏好和问题的性质。在 CA 中定义转换规则是必需的，但方式并不唯一。定义转换规则有许多不同的方法，主要包括：

（1）使用五种控制因素（扩散、增殖、速度、斜坡和道路因素）（Clarke et al.，1997）；

（2）基于多准则判断中的层次分析法（analytic hierarchy process，AHP）估计发展概率（Wu and Webster，1998）；

（3）利用模糊集定义转换规则（Wu，1999）；

（4）利用预定义的参数矩阵计算转换潜力（White and Engelen，1993）；

（5）利用灰度值模拟城市转换（Li and Yeh，2000）；

（6）在城市模拟中引入规划目标（Yeh and Li，2001）；

（7）利用神经网络模拟城市发展（Li and Yeh，2002a）；

（8）利用数据挖掘自动发现转换规则（Li and Yeh，2004）。

发展概率通常定义为一个多空间变量的函数，而这些空间变量能够使用 GIS 工具加以度量。在如何选择城市模拟所用的空间变量这一问题上至今仍没有统一的标准。在涉及许多的空间变量时，判断哪些空间变量对计算发展概率有影响并非易事，其往往依赖于个人经验。这些空间变量可能是相关的，另外所使用的空间变量的多少也会影响 CA 模拟的结果（Li and Yeh，2002b）。

此外，对这些空间变量进行度量和标准化所采用的方式同样也会影响模拟结果。GIS 经常用于获取邻近变量，它们反映了中心对城市增长的影响。例如，越是接近于一个市场中心，对城市发展吸引力的评分值越高。中心的吸引力将随着距离（通常采用欧几里得距离）的增加而减小。应用某种具体的变化形式（如负指数）更适于表示中心的实际影响，这种影响随距离的增加并非以线性减小，而采用负指数函数的何种形式及在定义参数值时又会存在一定的不确定性。

由于确定 CA 的参数值存在一定的问题，其导致模拟结果出现不确定性。CA 需要使用许多空间变量，由此就会有很多参数需要确定。例如，White 等（1997）提出了一个 CA 来模拟城市的动态发展，其模型需要确定多达 21×18=378 个参数值。参数值应在 CA 运行前定义，它们对 CA 模拟结果有着至关重要的影响（Wu，2000）。当变量数目非常多时，确定合适的参数值是非常麻烦的。寻找合适的参数值一个非常简单的方法是用所谓的目视检验（Clarke et al.，1997）。这是一种基于反复实验的方法，通过设定某参数以外的所有参数为常数，目视检验该参数值的改变对模拟结果的影响。Wu 和 Webster（1998）提出另一方法，该方法利用 MCE 中的层次分析法（AHP），即两两对比来确定权重（参数值）。然而，当有许多空间变量时，两两对比的方法就比较困难，而且当变量具有相关性时就更无法获取合适的权重。

由于参数值的确定常受主观影响，上述方法存在不确定性，为尽量减少不确定性，应采用更可靠的方法。应用计算机穷举搜索来寻找最优参数值的研究较多，Clarke 和 Gaydos（1998）提出利用计算机搜索算法寻找合适参数的方法。这种方法对各种参数组合进行实验，并将每次实验中实际结果与模拟结果加以对比，根据最匹配的实验得到合适的参数值。但是，如果可能的组合数量很大时，所需耗费的计算时间将成天文数字。通常需要高端的工作站运行上百小时来获得最佳匹配。对所有的组合全部进行实验是不实际的，特别是当参数数量非常多时，计算时间甚至呈幂指数增长。确定 CA 中参数值的另一种方法是利用遥感观测数据进行神经网络训练（Li and Yeh，2002a）。这种方法能够显著减少 CA 中定义参数值的不确定性。

2. 邻域结构

邻域结构对在计算模型中实现转换规则具有较大影响。转换规则应尽可能独立于模型本身，如距离影响应与元胞分辨率无关。但利用计算模型来实现转换规则时，就会出现不确定性问题。以离散空间形式存在的元胞是 CA 的基本单元。离散单元仅仅是对连续空间的一种近似，是以损失细节为代价的（图 9-2）。在如何选择合适的元胞尺寸和形状上存在许多问题。元胞尺寸大的话将减少数据量，但可能会导致空间精度的降低。为了便于计算，经常使用相同大小的元胞。然而，不规则形状的元胞可能更适于特定环境（O'Sullivan，2001），如经常使用不规则元胞表示地块或规划单元。

可以通过对邻域内某一元胞的属性值进行求和或计算平均值，一个简单的例子是在一个 3×3 的窗口中根据某一状态（如发展元胞）的总数估计转换概率。使用大尺寸的邻域能减少原始的数据误差，然而由于平均化的影响，大窗口同样也会减少空间细节。

邻域的形状同样也会影响 CA 模拟的结果。一般主要有两种类型的邻域——冯·诺依曼邻域和摩尔邻域。研究邻域影响的一种方法是检验在不同的邻域影响下城市如何增长。摩尔邻域会导致城市呈现指数增长，这种模式与实际的城市增长模式并不相同；冯·诺依曼邻域能减小增长率。但是这两种邻域都是矩形的形态，会在城市模拟中产生边界影响。由于各向同性的原因，圆形邻域比矩形邻域更好（Li and Yeh，2000）。

3. 模拟时间

CA 使用离散的时间步数来模拟城市增长，离散时间不同于实际的连续时间。如何决定离散时间的间隔及迭代的次数值得深入探讨。离散时间的间隔越长，时间步数越少。对于相同量的土地利用，可以通过适当地定义参数值而使用不同的时间步数来进行模拟。而对于非线性模型来说，用 100 个时间步数模拟与用 10 个时间步数模拟的结果是不一样的。

在模拟中使用近似的离散时间，将会在 CA 中引入时间误差，因此研究离散时间对 CA 模拟的影响是非常有必要的。应特别注意当时间步数改变时，如何重新计算参数值。如果使用发展概率的话，那么根据时间步数的改变对转换概率进行调整的标准方法是这样的：如果原来的时间步数为 t_s，新时间步数则为 T_s（$T_s = n \times t_s$），那么转换概率矩阵 $\|P\|$ 应该用 $\|P\|^n$ 代替。由于本书的研究利用阈值 T_l 来决定土地利用转化，对于模拟来说，可以通过修改该值使得土地利用的总的消费量相同。阈值 T_l 通过一对实验就可以很容易地获取。

通过实验研究了利用不同时间步数对模拟结果的影响。图 9-3（a）利用 10 个时间步数来得到模拟结果，其结果与从遥感影像 [图 9-3（d）]上获得的实际城市用地差别很大。因为局部相互作用对产生实际的城市形态来说是非常重要的，太少的时间步数使得模拟过程中的空间细节无法涌现出来。增加时间步数有助于产生更加精确的模拟结果 [图 9-3（b）和图 9-3（c）]。这个特点不同于那些不依赖于时间步数选取的线性模型。

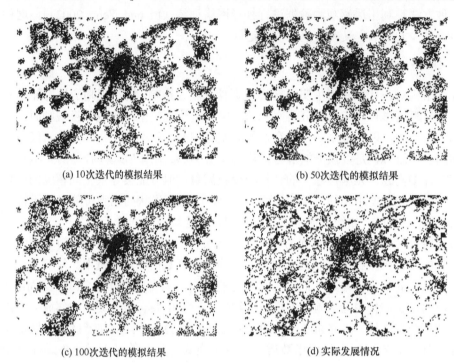

(a) 10 次迭代的模拟结果　　　　　　　　　　　(b) 50 次迭代的模拟结果

(c) 100 次迭代的模拟结果　　　　　　　　　　(d) 实际发展情况

图 9-3　离散时间对模拟结果精度的影响

4. 随机变量

在模拟中不确定区域应该只占模拟区域中较小的一个比例，否则模拟就变得毫无意义。比较有趣的是，实验结果表明，不确定性主要存在于每个城市聚集区的边缘地带，大部分城市聚集区具有稳定的模拟结果。这就意味着随机 CA 能够在宏观上保持稳定性，但在每次模拟中微观上会有细微的变化。这个性质对城市规划者理解城市 CA 模拟的应用非常有用。

进一步的实验是重复实验 10 次，然后检查模拟结果的叠置部分（图 9-4），数值 10 对应在所有的 10 次模拟中均为城市区域。主要的不确定性仅存在于城市聚集区的边缘地带。在图 9-4 中，数值从 1 到 10 的元胞具有不同的被模拟为城市的转换概率。元胞的数值越大，在模拟中就越有希望成为城市区域。

大部分城市 CA 在模拟复杂城市系统时并非是确定性的，确定性模型在表示许多地理现象时都存在着一定的问题。由于自然界的复杂性，这些复杂现象所显示的无法预料的特征还不能通过独立变量加以解释。几乎任意一种计算模型都还不能准确地预测未来的特征。因此，城市 CA 常常需要结合随机变量来表示自然界这种不确定性。通过使用随机变量将一些"噪声"人为地加入城市 CA 中，以产生更"现实的"的模拟结果

（White and Engelen，1993）。在具体计算中，通过对比发展概率与一随机值来决定是否发生状态的转换（Wu and Webster，1998），这在一定程度上也使得在城市模拟中加入了一定的随机性。但当这些模型被用于城市规划时问题又产生了。由于相同的输入会产生不同的模拟结果，规划者将不知道哪个结果更适合于规划。当 CA 用于城市规划时，城市模拟的可重复性应该是一个至关重要的问题。

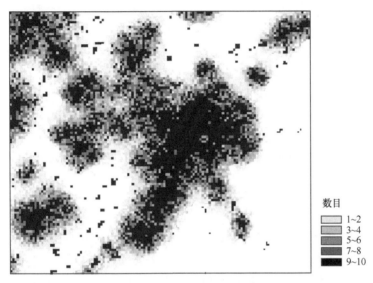

数目
▢ 1~2
▢ 3~4
▢ 5~6
▢ 7~8
■ 9~10

图 9-4　将随机 CA 重复运行 10 次后进行叠置的模拟结果

我们进行两项实验来研究随机 CA 中的不确定性问题。首先，一个非常简单的实验是重复运行 CA 两次来研究两次模拟的重叠情况。利用叠置分析，将城市用地编码为 1，非城市用地编码为 0。如果 CA 是完全确定的话，两次模拟中的城市用地和非城市用地应该是相同的，在叠置分析中应该完全重叠。叠置分析将会产生两个值，2 表示城市用地，0 表示非城市用地。但随机 CA 不会产生相同的模拟结果，在叠置分析中将产生 3 个数值，2 代表城市用地，0 代表非城市用地，而 1 仅代表不确定的区域，可能在其中一次模拟中是城市用地，而在另一次模拟中又成为非城市用地。

图 9-4 显示将模型运行 10 次其模拟结果重叠的情况。可以看到，在城市的核心（中心）地带，模拟结果的重叠性是很好的。进一步研究随机变量（R）的不同值对模拟结果的影响（图 9-5）。在被模拟的城市用地中，多次模拟中具有较低重叠度的元胞所占的比例较小。而数值大于 7（70%命中）的元胞所占比例高达 71.8%，即有 70%的机会可以重复模拟出城市用地的元胞所占比例为 71.8%。模拟结果同时也显示了在随机模拟中使用随机变量（R）较高的阈值将导致不确定性的增加，即重叠性较高的元胞数目所占的比例将会更低。

上述实验可帮助理解 CA 的模拟结果，使得它们可以正确地应用于城市规划中。城市规划者在利用城市 CA 进行模拟时，应运行尽可能多的循环步数来获得较好的模拟结果。上述实验也将有助于找出那些具有较高发展概率的地点，如可以选择那些命中率高于 70%的地方。在城市规划中，这种方法对得到更为可靠的模拟结果是非常有用的。

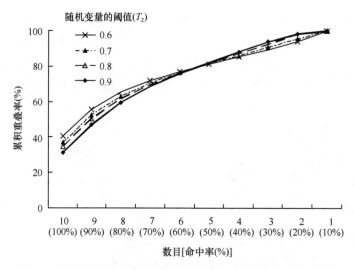

图 9-5　随机变量不同值与 CA 重复模拟 10 次得到的累积重叠率

9.4　结　论

　　正如许多 GIS 模型一样，城市 CA 有涉及数据误差和模型不确定性的内在问题。尽管有许多文献研究了 GIS 分析中的数据误差和误差传递，但在城市 CA 模拟中相关研究很少。本书的研究通过实验来分析误差和不确定性对城市模拟的影响，使城市 CA 模拟能够更好地应用于城市规划中。

　　GIS 数据为城市 CA 提供了主要的数据输入，产生更真实的城市模拟结果往往需要大量的空间数据。然而，大部分的 GIS 数据都包含了或多或少的误差。在空间数据中有许多出现误差的机会，包括来自于原图、数字化过程和 GIS 操作等。所有的这些误差都会在城市模拟中传递并影响模拟结果。城市 CA 应用于城市规划时能否产生有意义的结果应予以格外关注。虽然有些研究者可能意识到误差能够通过 CA 模拟发生传递，但问题的复杂性使得他们在实际中并未重视这个问题。当 GIS 数据用作 CA 的输入时，数据源误差将会发生传递并且影响模拟结果。土地利用分类误差便是这样一个特殊的例子。研究表明，数据源中的误差能够通过 CA 模拟发生传递。但模拟中的误差会由于邻域函数的平均化影响和 CA 中迭代的原因而大幅度减小。误差减小也是因为随着城市用地的增长，越来越少的土地可用作城市发展而体现的。

　　CA 的不确定性将导致模拟结果不确定性的增加。对于动态模型来说，误差和结果的关系是非常复杂的。CA 有一系列内在的模型不确定性，它们与定义 CA 的许多因素：邻域、元胞大小、计算时间、转换规则和模型参数有关。大部分的 CA 模型在城市模拟中加入了随机变量，这就使得某些无法预料的因素进入模拟过程中。在产生实际的城市模拟结果中是否需要考虑不确定性因素，研究者的意见并不一致，如在模拟过程中新的城市中心的涌现这个问题上。对随机 CA 的两次重复模拟结果的一个简单叠置也许能够揭示出它们之间的差异，而实验表明，差异仅存在于城市聚集区的边缘部分。这意味着模拟结果尽管在微观上存在差异，但随机 CA 却能在宏观上产生相对稳定的模拟结果。

在把随机 CA 应用于模拟城市规划案例时，这个性质是十分重要的。不确定性主要位于城市边缘区并且越接近于现有的城市区域，城市发展的概率就越高。规划人员可以重复地运行城市 CA 多次来获得概率图，这样最有可能发展的区域就能够被辨别出来。模拟发展的概率通过叠置这些反复模拟的结果而获得，规划人员能够从中选择具有较高概率的位置。

　　城市 CA 中数据误差、误差传递和模型不确定性的问题非常重要，但又常常被忽视。本书的研究通过使用 GIS 数据对其进行研究，并通过实验对这些问题加以研究和解决。许多模型误差与模型的构造有关，如如何定义一个适当的模型来反映城市发展的实际过程。本书的研究得到 CA 中误差和不确定性的一些初步结果：①在模拟过程中由于邻域函数平均化的影响，数据源误差将减小；②随着城市用地的增长，可用的土地越来越少，该限制将有助于模拟误差随时间而减小；③为确保 CA 能够模拟详细的空间细节，足够的迭代是非常必要的；④模拟结果的不确定性主要体现在城市的边缘。这些性质与一般的 GIS 模型有着显著区别。本书的研究的发现将有助于建模和规划人员更加清楚地理解城市模拟中误差和不确定性的性质，其对于避免对模型结果的误解是非常重要的。其进一步的工作是找到减小误差影响的方法，以便得到更为稳定的模型结果，提供更加高效的规划工具。

参 考 文 献

Batty M. 1997. Growing Cities. London: Working paper, Centre for Advanced Spatial Analysis, University College London.

Batty M, Xie Y. 1994. From cells to cities. Environment and Planning B: Planning and Design, 21(7): 531-548.

Benati S. 1997. A cellular automaton for the simulation of competitive location. Environment and Planning B: Planning and Design, 24(2): 205-218.

Burrough P A. 1986. Principles of Geographical Information Systems for Land Resource Assessment. Oxford: Clarendon Press.

Caspary W, Scheuring R. 1993. Positional accuracy in spatial database. Computers, Environment and Urban Systems, 17(2): 103-110.

Clarke K C, Gaydos L J. 1998. Loose-coupling a cellular automaton model and GIS: long-term urban growth prediction for San Francisco and Washington/Baltimore. International Journal of Geographical Information Science, 12(7): 699-714.

Clarke K C, Gaydos L, Hoppen S. 1997. A self-modifying cellular automaton model of historical urbanization in the San Francisco Bay area. Environment and Planning B: Planning and Design, 24(2): 247-261.

Fisher P F. 1991. Modelling soil map-unit inclusions by Monte Carlo simulation. International Journal of Geographical Information Systems, 5(2): 193-208.

Fisher P F. 1999. Models of uncertainty in spatial data // Longley P A, Goodchild M F, Maguire D J, et al. Geographical Information Systems. New York: Wiley: 77-189.

Fisher P F, Pathirana S. 1990. The evaluation of fuzzy membership of land cover classes in the suburban zone. Remote Sensing of Environment, 34 (2): 121-132.

Goodchild M F. 1991. Issues of quality and uncertainty//Müller J C. Advances in Cartography. Oxford: Oxford University Press: 111-139.

Goodchild M F, Sun G Q, Yang S R. 1992. Development and test of an error model for categorical data.

International Journal of Geographical Information Systems, 6(2): 87-103.

Heuvelink G B M. 1998. Error Propagation in Environmental Modelling With GIS. London: Taylor & Francis.

Heuvelink G B M, Burrough P A. 1993. Error propagation in cartographic modelling using Boolean logic and continuous classification. International Journal of Geographical Information Systems, 7(3): 231-246.

Heuvelink G B M, Burrough P A, Stein A. 1989. Propagation of errors in spatial modelling with GIS. International Journal of Geographical Information Systems, 3(4): 303-322.

Li X, Yeh A G O. 1998. Principal component analysis of stacked multi-temporal images for the monitoring of rapid urban expansion in the Pearl River Delta. International Journal of Remote Sensing, 19(8): 1501-1518.

Li X, Yeh A G O. 2000. Modelling sustainable urban development by the integration of constrained cellular automata and GIS. International Journal of Geographical Information Science, 14(2): 131-152.

Li X, Yeh A G O. 2002a. Neural-network-based cellular automata for simulating multiple land use changes using GIS. International Journal of Geographical Information Science, 16(4): 323-343.

Li X, Yeh A G O. 2002b. Urban simulation using principal components analysis and cellular automata for land-use planning. Photogrammetric Engineering & Remote Sensing, 68(4): 341-351.

Li X, Yeh A G O. 2004. Data mining of cellular automata's transition rules. International Journal of Geographical Information Science, 18(8): 723-744.

Lodwick W A. 1989. Developing confidence limits on errors of suitability analysis in GIS// Goodchild M F, Gopal S. Accuracy of Spatial Databases. London: Taylor & Francis: 69-78.

O'Sullivan D. 2001. Exploring spatial process dynamics using irregular cellular automaton models. Geographical Analysis, 33(1): 1-18.

Veregin H. 1994. Integration of simulation modeling and error propagation for the buffer operation in GIS. Photogrammetric Engineering & Remote Sensing, 60(4): 427-435.

Veregin H. 1999. Data quality parameters// Longley P A, Goodchild M F, Maguire D J, et al. Geographical Information Systems. New York: Wiley: 177-189.

Webster C J, Wu F. 1999. Regulation, land-use mix, and urban performance (part 1: theory). Environment and Planning A, 31(8): 1433-1442.

White R, Engelen G. 1993. Cellular automata and fractal urban form: a cellular modelling approach to the evolution of urban land-use patterns. Environment and Planning A, 25(8): 1175-1199.

White R, Engelen G, Uijee I. 1997. The use of constrained cellular automata for high-resolution modelling of urban land-use dynamics. Environment and Planning B: Planning and Design, 24(3): 323-343.

Wolfram S. 1984. Cellular automata as models of complexity. Nature, 311(5985): 419-424.

Wu F. 1996. A linguistic cellular automata simulation approach for sustainable land development in a fast growing region. Computer, Environment and Urban Systems, 20(6): 367-387.

Wu F. 2000. A parameterised urban cellular model combining spontaneous and self-organising growth// Atkinson P, Martin D. GIS and Geocomputation. New York: Taylor & Francis: 73-85.

Wu F, Webster C J. 1998. Simulation of land development through the integration of cellular automata and multicriteria evaluation. Environment and Planning B: Planning and Design, 25(1): 103-126.

Yeh A G O, Li X. 2001. A constrained CA model for the simulation and planning of sustainable urban forms by using GIS. Environment and Planning B: Planning and Design, 28(5): 733-753.

Yeh A G O, Li X. 2002. A cellular automata model to simulate development density for urban planning. Environment and Planning B: Planning and Design, 29(3): 431-450.

第 10 章 元胞自动机模型与大尺度模拟及城市精细化模拟

现有大多数土地利用 CA 模型是以栅格数据为基础，基于规则像元进行构建的，其中栅格值 0 和 1 分别代表非城市和城市。研究表明，栅格 CA 模型具有显著的尺度敏感性，其模拟结果受像元大小、邻域结构和邻域形状等空间尺度要素的影响。CA 模型中研究范围的扩大往往伴随着元胞尺度的扩大。例如，国家范围尺度的城市扩张模拟时通常使用粗分辨率遥感数据或者对精细数据进行重采样，以满足模型运行的要求（Chowdhury and Maithani，2014；Verburg et al.，2010）。尽管使用中粗分辨率数据能够提高 CA 模型的运行效率，但这种方式也引入了更多误差。因为随着模拟单元的增大，每个网格中将包含更多的地物类型。然而，大多数 CA 模型仍然将每个网格视作单一的城市或者非城市（Letourneau et al.，2012；Sunde et al.，2014；Verburg et al.，2010）。这种对城市化状态的简化描述忽视了一定尺度范围内的景观异质性规律。此外，当一个网格单元内城市用地占比较小时，这些网格内的城市发展状态将会被忽略。因此，传统二值划分的栅格 CA 模型在大尺度城市扩张模拟时具有明显的局限性（Sunde et al.，2014；Verburg et al.，2010）。

一些学者尝试使用连续值来描述网格单元建立 CA 模型，从而克服上述问题（Letourneau et al.，2012；Liu and Phinn，2003）。基于不透水面比例数据建立的 CA 城市扩张模型也被证明是一类相比传统二值模型更加有效的模型（Sunde et al.，2014）如 Fuzzy-CA（Liu and Phinn，2003），以及 ICAT（imperviousness change analysis tool）模型（Sunde et al.，2014）。在实现大尺度的城市模拟中，使用不透水面比例数据用于描述每个元胞内的城市发展状态是一种至关重要的也是必需的方式。然而，ICAT 模型在转换概率的基础上直接确定不透水面的增长位置和增长量，它没有考虑到城市在不同阶段的发展规律，也忽略了邻域的作用。Fuzzy-CA 模型使用了 Logistic 曲线来控制增长类别，但是它没有考虑到空间驱动因子对转换概率的影响，同时它也忽略了区域间的发展差异。事实上，元胞的城市发展状态改变不仅由空间驱动因子和邻域状态决定，也由它所处的城市化阶段决定。小尺度的城市模拟模型不能直接应用于大尺度的城市模拟。如果在大尺度模拟中使用同样的转换规则来更新元胞状态，则模拟结果仅仅能够有效模拟城市元胞的边缘扩张，这将忽略元胞间的空间异质性及单个元胞内的填充扩张过程。本章在 10.1 节中提出一种大尺度灰度 CA 模型，来解决大尺度城市扩张模拟问题。

随着模拟尺度的精细化和模拟系统的复杂化，采用栅格元胞对地理几何实体表达能力的缺陷也越来越显著（Barreira-González et al.，2015；Nuno and António，2010）。城市系统作为一个典型的复杂系统，相同的发展规律或过程可能会演化出许多看似不同的结果。从研究城市土地利用系统演变过程的角度出发，尽可能准确地预测土地利用变化的空间位置固然很重要，但更为关键的是要让 CA 模型具备模拟真实土地利用空间格局的能力（Meentemeyer et al.，2013）。不少研究者已经意识到这一问题的重要性，采用了诸如景观指数的方法来评价模型模拟结果与现实土地利用空间格局的相似程度（Parker and Meretsky，2004；Sui and Zeng，2001；Liu et al. 2010）。一些研究者甚至将格局相似程度作为 CA 模型（如 SLEUTH 模型）校正过程中最核心的准则（Silva and Clarke，2002；Dietzel and Clarke，2007）。最近，Li 等（2012）提出了一个基于遗传算法（GA）的、面向空间格局的 CA 模型校正方法，以此提高模拟结果与真实土地利用格局的相似度。然而，绝大多数现有的城市 CA 都采用了单纯基于像元的模拟策略（cell-based simulation strategy，CSS），而忽略了由像元到斑块（即空间上相互联结的同质元胞）的构成过程及其空间演变。本章在 10.2 节提出了一种新的基于斑块的模拟策略（patch-based simulation strategy，PSS），并将其结合到常规的 Logistic 回归 CA 中，建立基于时序–斑块的 Logistic 回归 CA 模型（patch-Logistic-CA）。该模型在常规 CA 模型的基础上，加入了城市用地斑块增长机制，有效提高了模型的模拟精度；同时引入了生存分析方法，建立了时序–斑块 CA 模型，使其具备从土地利用时间序列数据中提取动态参数的能力，能够更为准确地反映城市发展的时空演变过程。

斑块 CA 模型对城市土地利用的整体格局具有较好的模拟性能（Meentemeyer et al.，2013；Wang and Marceau.，2013），但是斑块 CA 模型的本质还是从形态学的角度对栅格 CA 改进，且斑块 CA 模型的随机因素过多，不利于以地块为基本单元的精细土地利用变化模拟。矢量 CA（vector-based CA，VCA）成为解决这些问题的重要途径。然而，VCA 是一个很新的模型，还有很多未解决的问题，如数据结构复杂，如何有效地挖掘土地利用变化规则和邻域效应，如何有效地实现土地地块的高度破碎化过程，都是 VCA 用于城市土地利用变化过程精细模拟目前需要面对和解决的若干问题（Barreira-González et al.，2015；Chen et al.，2016）。本章在 10.3 节中提出了一个支持大尺度的耦合城市土地利用分裂的 VCA 城市土地利用变化模拟的模型 DLPS-VCA。该模型采用 RFA 随机森林回归模型在地块尺度挖掘城市土地利用发展变化的规则，并充分考虑到不同土地利用类型的地块分裂后的形态、方向和面积，并将 DLPS-VCA 模型用于模拟深圳市 2009～2014 年的城市多类土地利用变化，且对比了 DLPS-VCA 的有效性和合理性。

10.1 灰度 CA 模型与大尺度城市扩张模拟

考虑单个元胞内的城市比例及其对应的城市发展规律对更加精确的大尺度的城市模拟是非常必要的，如国家尺度，甚至全球尺度的城市扩张模拟。此外，尽管有部分研究在区域尺度上模拟了城市扩张过程，但是受限于大尺度研究中的精度要求和大尺度长时间序列的土地利用数据难以获取，在整个国家尺度上展开模拟的研究比较少。本节提出一种创新性的灰度 CA 模型，考虑使用城市用地比例数据代表城市发展阶段，从而解决大尺度模型网格中混合地类的问题，并将城市增长 S 形曲线整合到模型当中用于更新元胞状态，从而拓展传统 CA 的展示维度，更加清晰地揭示城市发展过程。

10.1.1　大尺度灰度 CA 模型的原理与设计

1. 从传统二值 CA 转向灰度 CA

一个传统的二值 CA 模型通常用以下形式表达：

$$S_{ij}^{t+1} = \begin{cases} 1 & , \text{ if } P_{ij}^t > P_{\text{thd}}^t \\ 0 & , \text{ else} \end{cases} \tag{10-1}$$

式中，S_{ij}^{t+1} 代表元胞在 $t+1$ 时刻的状态；P_{ij}^t 为元胞 ij 在 t 时刻的转换概率；P_{thd}^t 为在 t 时刻的转换阈值。

元胞在 t 时刻的转换概率 P_{ij}^t 由以下四个因素控制，分别是空间驱动因子、邻域因子、限制性因子和随机因子。

$$P_{ij}^t = \left(P_l\right)_{ij} \cdot \left(P_\Omega\right)_{ij} \cdot \text{con}(.) \cdot P_r \tag{10-2}$$

式中，P_{ij}^t 为四种因子的乘积；$\left(P_l\right)_{ij}$ 为由空间驱动因子确定的转换概率；$\left(P_\Omega\right)_{ij}$ 为由邻域环境所定义的转换概率；$\text{con}(.)$ 为条件限制因子；P_r 代表随机因子的作用。

传统的二值 CA 中元胞状态直接由转换概率 P_{ij}^t 决定。如果一个元胞的转换概率 P_{ij}^t 比指定的阈值 P_{thd}^t 大，那么该元胞将立即转化为城市。然而，通常情况下，城市化的实现并非一蹴而就，它是一个受限于城市化发展阶段和政策规划逐步成熟的过程。当模拟的元胞尺度变大时，仍然使用二值来表示城市化的状态就不再合适，使用城市比例特征值来表示城市化状态更为合适。因此，本书的研究中，元胞由非城市状态向城市状态转化的过程中将用连续值表示。因此，在灰度 CA 模型当中式（10-2）将被替换为

$$S_{ij}^{t+1} = \begin{cases} S_{ij}^t + G_{ij} & , \text{ if } P_{ij}^t > P_{\text{thd}}^t \\ S_{ij}^t & , \text{ otherwise} \end{cases} \tag{10-3}$$

式中，S_{ij}^{t+1} 和 S_{ij}^t 代表元胞在 $t+1$ 时刻和 t 时刻的状态；P_{ij}^t 代表元胞 ij 在 t 时刻的转换概率；G_{ij} 为元胞 ij 的迭代增量。

2. 元胞状态更新与终止规则

CA 模型是一类典型的"自下而上"的模拟系统，通过足够的迭代次数最终获得模拟结果。在模拟过程中最关键的问题在于如何寻找元胞转换规则。在本书的研究中，每个元胞的状态更新是根据转换概率来确定的，更新方式如下：

（1）根据空间驱动因子、邻域因子、限制区因子及随机因子计算转换概率。

（2）根据城市发展阶段和区域政策得分计算每个元胞的增量。

（3）计算转换阈值。在本书的研究中，首先根据城市人口增长趋势及国家政策规划计算每个省的城市增长面积目标。为了平衡计算时间和模拟精度，每个区域模拟迭代的次数设为 100。因此，每次迭代过程中的增长目标即总目标的 1/100。其次，按照转换概

率的大小将区域内的所有元胞排序，然后将增量添加到每个元胞上。选择前 N 个元胞使得面积之和达到每次迭代的目标，那么第 n 个元胞的概率即此次迭代的转换阈值。

（4）筛选转换概率高于阈值的所有元胞。然后根据增量来更新所选元胞，其他元胞状态保持不变。

本书的研究提出的灰度 CA 模型流程图如图 10-1 所示。该模型的运行将会分省进行，样本选择、SVM 模型的训练与参数优化、模型校正等都是分省确定。该模型最终将会运行 10 次取平均值，以保证模型的鲁棒性。

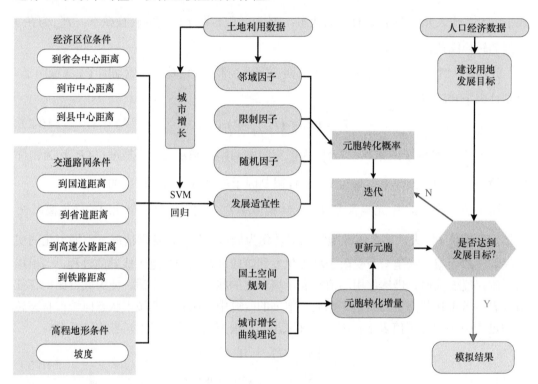

图 10-1　灰度 CA 模型流程图

3. 计算元胞转换概率

城市的扩张由空间因子所驱动，城市增长与空间驱动因子之间的量化关系通常从城市发展的历史过程中获取。城市扩张受到空间因子驱动的作用，可以用式（10-4）表示：

$$\left(P_l\right)_{ij} = f\left(x_1, x_2, \cdots, x_n\right) \tag{10-4}$$

式中，$\left(P_l\right)_{ij}$ 为受空间驱动因子影响的城市发展适宜性；$x_1, x_2, \cdots, x_n$ 为一系列空间驱动因子；函数 $f\left(x_1, x_2, \cdots, x_n\right)$ 代表驱动因子与适宜性之间的关系。

通常距离因子和地形要素是影响城市发展适宜性的重要因素。本书的研究所提出的灰度 CA 模型中需要考虑社会经济因子、交通区位因子及地形条件因子三方面要素，包括：①到行政中心（省会中心、地级市中心、县级市中心）的距离。②到交通要素之间的距离（到铁路、高速公路、国道、省道的距离）。③地形要素的影响。所有的空间变量如图 10-2 所示。其中，社会经济统计数据包括从国家统计局获取的 2000 年、2005 年和 2010 年分省城市人口和国民生产总值数据，用这些数据来估算未来中国各省的城市用地需求规模。交通要素因子来自于中国科学院地理科学与资源研究所提供的全国铁路、公路、国道、省道、高速公路矢量数据。高程数据来源于 SRTM-4 数据，空间分辨率为 90m，该数据同样也可从美国地质调查局（USGS）获得。各省市的矢量行政边界来源于国家地理信息中心。所有栅格数据都经过空间校正，重采样到 500 分辨率。

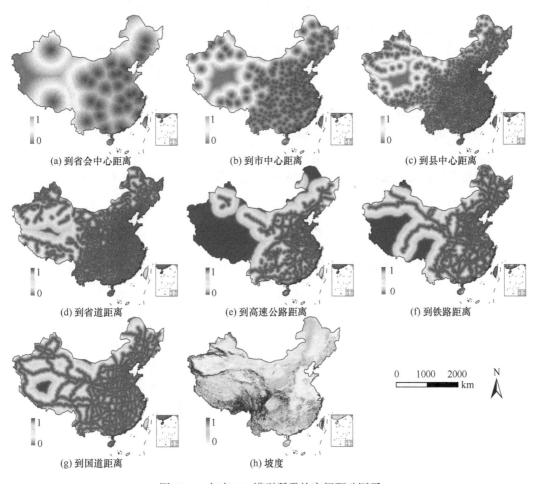

(a) 到省会中心距离　　　　(b) 到市中心距离　　　　(c) 到县中心距离

(d) 到省道距离　　　　(e) 到高速公路距离　　　　(f) 到铁路距离

(g) 到国道距离　　　　(h) 坡度

图 10-2　灰度 CA 模型所需的空间驱动因子

本书的研究使用支持向量机（SVM）来获取空间驱动因子与城市发展适宜性之间的关系。SVM 是一种基于统计方法的机器学习算法，它能够根据既有的样本数据分析提取自变量与因变量之间复杂的非线性关系（Schölkopf and Smola，2005）。SVM 已被广泛应用于求解少样本情况下的高维度非线性关系（Chang and Lin，2011）。在本书的研究中，SVM 将被用于拟合空间驱动因子与城市适宜性之间这种复杂的非线性关系。在 SVM 模型中，拟合模型的参数形式如下所示：

$$f(X) = \sum_{i=1}^{m} \left(\delta_i^* - \delta_i \right) k \left(X_i, X_i^* \right) + \beta \tag{10-5}$$

式中，δ_i 和 δ_i^* 为拉格朗日乘法；X_i 为一系列空间驱动因子；X_i^* 为 X_i 的伴随矩阵；$k\left(X_i, X_i^*\right)$ 为核函数；β 为常量。

这里选用径向基核函数（radial basis function，RBF）作为核函数，其表达式如下：

$$k\left(X_i, X_i^*\right) = \exp\left(-\gamma\left\|x_i - x_i^*\right\|^2\right) \tag{10-6}$$

式中，γ 为决定核函数寻优的参数，该参数的确定将使用网格搜索优化，并通过交叉验证的策略来防止过拟合发生（Chang and Lin，2011）。

样本点的选取方式如下。通常 CA 模型在城市增长区和非增长区分别选择相等数量的样本点。而本书的研究中的灰度 CA 模型使用了 0～1 的连续值，因此这里根据增量是否大于 0.5 将栅格分为城市增长区和非增长区，然后再从这两部分选取相等数量的样本点。每个省都将选取 4000 个随机样本点，其中一半的样本点输入 SVM 中进行训练和校正，另一半的样本点用于模型的测试。

与此同时，城市是否能被触发增长也受到它的邻域元胞状态的影响。在本书的研究中，元胞是否增长受到邻域周围元胞的城市密度的影响。城市增长概率由邻域决定的公式可以表示为

$$\left(P_\Omega\right)_{ij} = \left(\sum_{n=1}^{N} S_{n,t}\right) / N \tag{10-7}$$

式中，$\left(P_\Omega\right)_{ij}$ 为受邻域影响的元胞状态改变概率；N 为元胞周围的邻域元胞总数，这里选用摩尔邻域，即元胞及周围 3×3 构成的窗口，总数 $N = 3 \times 3 - 1$；$S_{n,t}$ 为第 n 个邻域在时刻 t 的状态。

受地形条件或者生态保护区限制，并非所有的元胞在城市扩张过程中都可以转化为城市。对于这些元胞，在城市发展的模拟过程中，将始终保持原状态不变。这些限制性因子包括物理性限制（如高山、洼地、起伏过大的坡度、水体等地形条件不适宜建设的区域），规划的保护区（如湿地、草场、生态林地、基本农田、湖泊等）。因此，限制性因子的作用由式（10-8）表示：

$$\text{Con}(.) = \{1, 0 \mid \text{con}\} \tag{10-8}$$

式中，$\text{Con}(.)$ 为限制像元是否允许发展为城市的概率；con 为设定的限制条件，在本书的研究中，水体、坡度大于 15° 的单元、积雪覆盖、荒漠覆盖区域都考虑为限制性因子。如果单元满足限制性条件，则该单元转换为城市的概率设为 0，否则设为 1。

4. 计算城市元胞的增量

本书选择了一个城市随机采样实验来验证城市扩张特征规律。通过在这个城市生成一系列随机样本点，并采集每个样本点的城市不透水面比例与其增量，绘制了图 10-3 的每个像元点城市不透水面随着自身城市不透水面变化的散点图。其中，横坐标为不透水面比例，表示城市发展阶段，纵坐标为元胞城市不透水面增量。这意味着，当一个像元的城市不透水面比例还处于较低的阶段时，其增长量逐渐增加。当像元自身的城市比例

到达一定量后,随着像元的城市不透水面比例增加,其增量则不断减少至一个稳定的值,甚至为 0。因此,这种城市增量与城市发展阶段能够显示出城市发展随时间变化的规律,其用 S 形曲线来表示。

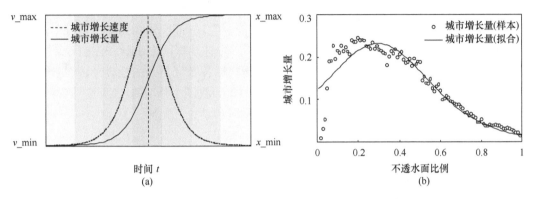

图 10-3　元胞增长率与所在元胞城市化阶段的关系

许多相关研究已经证明,对于一个城市或者一个区域而言,城市化发展的过程具有随时间变化的特征,表现为 S 形曲线(Northam,1979;Pannell,2002)。在城市发展的早期阶段,由于不完善的基础设施和资源配置方式难以满足城市发展,因此这一阶段城市往往以较慢的速度增长。在下一阶段,随着人口的进一步聚集和经济发展,城市的增长速度也随之提高。最终当城市受限于资源和环境约束时,城市的增长速度放缓甚至停止增长(Lei et al.,2005)。因此,一个元胞的增长速率会受到它所处的城市化发展阶段的影响,这里城市化发展阶段用城市化比例表示。这种随时间变化的演化特征可以通过量化城市比例和增量之间的关系表示:

$$U(t) = \frac{x_m}{1 + \left(\dfrac{x_m}{x_0} - 1\right) \times \mathrm{e}^{-rt}} \tag{10-9}$$

这个公式在许多研究领域都用于描述 S 形曲线。在式(10-9)中,$U(t)$ 为城市发展阶段;t 为时间;x_m 为城市化水平的最高值;x_0 为城市化水平的最低值;r 为转折点的坡度,代表相对增长速度的最大值。

对式(10-9)求导得到:

$$U'(t) = \frac{x_m \times r \times \left(\dfrac{x_m}{x_0} - 1\right) \times \mathrm{e}^{-rt}}{\left[1 + \left(\dfrac{x_m}{x_0} - 1\right) \times \mathrm{e}^{-rt}\right]^2} = \frac{b \times r \times a \times \mathrm{e}^{-rt}}{\left[1 + a \times \mathrm{e}^{-rt}\right]^2} \tag{10-10}$$

$$\text{set}: b = x_m, a = \frac{x_m}{x_0} - 1$$

式中,$U'(t)$ 为在时刻 t 由城市化阶段所决定的城市增长速率;参数 a、b 和 r 为常数,将通过采样拟合和估算。

　　此外，政策法规同样会影响城市扩张的动态趋势。政府可能会根据各地区的社会经济状况、区域优势及需求等对应地调整其发展方向及热点开发区。因此，政府规划对区域发展有着强烈影响，这一点在中国表现得尤为明显。即便某些单元在空间驱动因子的作用下具有较高的发展概率，但最终是否能发展为城市仍然受到宏观区域规划和国土空间规划政策的影响。当前中国提出的"主体功能区"（major function oriented zone，MFOZ）概念已经产生了越来越重要的影响，而"主体功能区"引导和控制着地方区域规划的分布（Fan et al.，2012）。开发区的划分是根据各区域复杂的社会经济要素、生态指标要素、人文要素等综合考虑来确定的。图 10-4 为我国主体功能区划分，四种主体功能区分别是重点开发区、优先开发区、限制开发和禁止开发区。

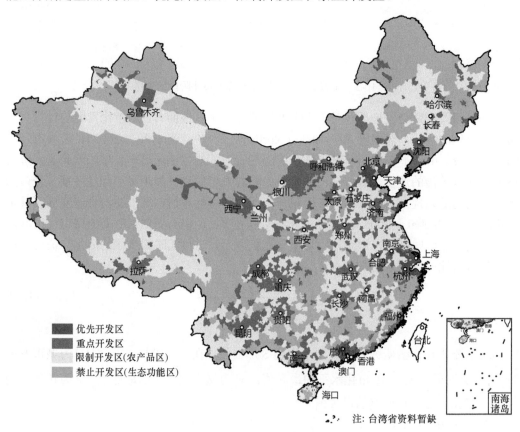

图 10-4　我国主体功能区划分

　　本书的研究中，将根据每个城市所在的功能区的不同而赋予不同的开发潜力 $G(\text{pol})$，开发潜力用 0～1 的一个值来表示。例如，如果一个城市位于重点开发区，那么这个城市的所有像元将会赋值 0.9 来表示其在政策影响下的开发潜力。因此，按照功能区的不同，则每个城市相应地设置了不同的开发潜力：重点开发区为 0.9、优先开发区为 0.7、限制开发区为 0.3、禁止开发区为 0。因此，选中元胞的城市增量可以用式（10-11）表示：

$$G_{ij} = G(S_t) \times G(\text{Pol}) \tag{10-11}$$

式中，G_{ij} 为选中元胞的城市增量；$G(\text{Pol})$ 为政策对城市增量的影响。

10.1.2　基于灰度 CA 模型的未来我国城市扩张模拟与验证

基于对过去我国城市化扩张过程的特征分析,本书的研究利用灰度 CA 模型模拟了未来我国城市扩张格局。其关键问题在于根据一系列的空间驱动因子和环境、规划政策限制等确定城市的增量。与此同时,城市扩张随时间变化的规律和城市发展 S 形曲线理论也通过设计转换规则整合到模型当中,最终将模型应用于全国 2010~2040 年的城市模拟中。图 10-5 展示了 2040 年城市的模拟结果。表 10-1 显示了城市用地的增长量和增长率。这表明在元胞内城市增长过程同样需要考虑城市发展阶段对增速的影响。总体来

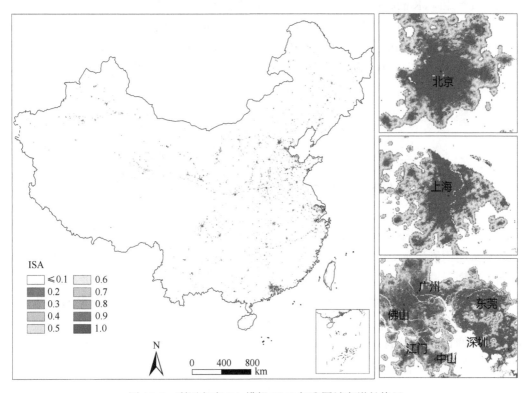

图 10-5　利用灰度 CA 模拟 2040 年我国城市增长格局

表 10-1　2040 年城市用地面积和新增面积、占比及增速

区域	面积（km²）	比例（%）	增长面积（km²）	增长率（%）
京津冀城市群	9815	4.57	3974	1.70
长江三角洲城市群	13346	6.43	6061	2.08
珠江三角洲城市群	9950	18.91	4144	1.78
北京	2328	14.21	869	1.49
天津	1979	17.43	802	1.70
杭州	1271	7.52	596	2.21
广州	2153	29.94	1017	2.24
深圳	1225	65.91	397	1.20
武汉	1114	13.01	418	1.50
全国	115649	1.22	47311	1.73

讲，城市发展增速放缓会降低城市间的差异，但是 2010～2040 年不同城市间的城市扩张规律仍然具有一定的空间异质性。中国沿海城市正处于快速的城市化阶段，特别是京津冀经济区、长江三角洲地区、珠江三角洲地区，仍然需要大量的城市建设用地。同时，我国中西部城市也将进一步发展，加快对其他地类的侵占速度，降低与东南沿海城市的城市化水平差距。城市间的发展水平不同，不仅表现在城市建设用地的数量差异，同样也表现在建设用地占行政区比例的差异。

当 CA 模型用于真实城市的扩张模拟时，通常需要验证模型模拟结果与现实城市分布的一致性。在本书的研究中，灰度 CA 的模型精度验证将在元胞尺度进行（即点对点精度对比）。混淆矩阵、Kappa 系数是比较常见的分类问题验证指标（Pontius and Millones，2011），但无法用于连续值的精度评价。在亚像元尺度上，连续值的评价通常使用均方根误差（root mean square error，RMSE）和相关系数（correlation coefficient，Correl）来衡量真值与观测值之间的差异（Tong and Granat，1999）。均方根误差和相关系数的计算公式如下：

$$RMSE = \frac{\sqrt{\sum_{i=1}^{N_{sample}}\left(y_i^\wedge - y_i\right)^2}}{N_{samlpe}} \tag{10-12}$$

$$Correl(X,Y) = \frac{\sum(y_i - \overline{y})(y_i^\wedge - \overline{y^\wedge})}{\sqrt{\sum(y_i - \overline{y})^2 \sum(y_i^\wedge - \overline{y^\wedge})^2}} \tag{10-13}$$

式中，$y_i^\wedge$ 为随机样本位置的观测模拟值；y_i 为对应位置的真实值；$\overline{y}$ 和 $\overline{y^\wedge}$ 分别为真值和观测值的均值；N_{sample} 为随机样本的总数。均方根误差 RMSE 越低，相关系数 Correl 越高，则表示模拟值与真实值越接近。

在元胞尺度上 FoM 指数（figure of merit，FoM）也越来越广泛地应用于土地利用模型的精度评价中（Pontius et al.，2007）。FoM 指数实际上是一个比值，其中分子表示"观测为城市增长，模拟为城市增长"的样本数量，分母包括观测到增长和未观测到增长的总数。FoM 指数的计算公式如下（Pontius et al.，2008）：

$$F = \frac{B}{(A+B+C+D)} \times 100\% \tag{10-14}$$

式中，A 为第一种错误，即观测到状态增长但模拟为状态不变；B 为正确，即观测到状态增长且模拟为状态增长；C 为第二种错误，即观测到状态增长但模拟为负增长；D 为第三种错误，即观测为状态不变但模拟为状态增长。因为 CA 模型只模拟从非城市到城市的模拟，所以第二种错误 C 在模型中不存在，始终为 0（Pontius et al.，2008）。 FoM 指数越高表示像元级别的一致性越高。

本书以珠江三角洲为例，用于分析迭代过程中的模拟结果。图 10-6 为灰度 CA 模型在迭代过程的模拟结果以及与 2010 年参考数据的对比。2005～2010 年，共经历 60 个迭代周期来模拟城市的动态扩张。由图 10-6 可见，城市向外围空间不断拓展，在同一个像元位置上城市比例也随着迭代过程逐渐增加，其表明在发展过程中，中心城市越趋成熟，城市边缘地带则逐渐成长为新的增长点。

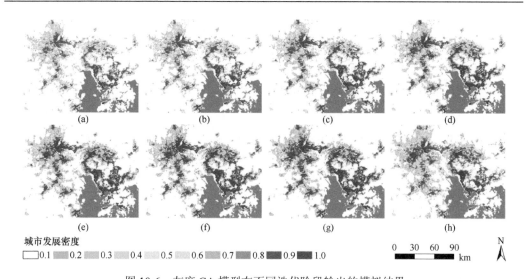

城市发展密度

0.1　0.2　0.3　0.4　0.5　0.6　0.7　0.8　0.9　1.0

0　30　60　90 km

N

图 10-6　灰度 CA 模型在不同迭代阶段输出的模拟结果

（a）～（g）分别展现的是 T=0，10，20，30，40，50，60 时刻的结果；（h）则表示 2010 年实际的城市不透水面分布结果

此外，在不同的城市化发展阶段，城市也表现出不同的发展速率。因此，本书进一步验证灰度 CA 模型是否可以有效地模拟城市的空间增长及其随时间变化的规律。本书的研究使用了 2005 年及 2010 年的 6 个主要大城市的 Landsat TM/ETM 遥感影像，用于验证模拟精度（图 10-7）。可见，不同城市之间呈现出城市扩张规律的差异，通过整合城市增长曲线，灰度 CA 模型能更好地模拟城市扩张的阶段性动态过程。

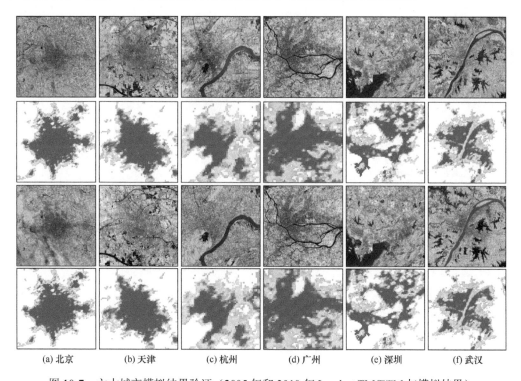

(a) 北京　　(b) 天津　　(c) 杭州　　(d) 广州　　(e) 深圳　　(f) 武汉

图 10-7　六大城市模拟结果验证（2005 年和 2010 年 Landsat TM/ETM 与模拟结果）

　　大尺度范围内的城市模拟中使用较粗分辨率的元胞网格，这种网格中存在的混合土地类型常常会给模型带来误差。为了验证灰度 CA 模型的有效性，本书的研究进一步对比验证了二值 CA 模型与灰度 CA 模型模拟结果的差异。图 10-8 展示了两种模型在珠江三角洲地区的模拟结果。尽管两种模型的模拟结果都与参考数据在整体格局上很相似，但在局部区域可见两种模型的明显差异。二值 CA 模型的模拟结果表现出明显的扩张格局，以及大的城市斑块不断增大。这是因为新增城市单元基本发生在大的城市斑块外围。城市密度较低的区域则增长斑块较少。这样的模拟结果不能很好地反映城市增长概率和城市化阶段的可能性。相反地，灰度 CA 模型可以同时反映填充式的城市增长和边缘扩张性的城市增长，更加符合实际的随着不同城市化阶段而变化的增长差异。从总体格局来看，灰度 CA 的模拟结果相比二值 CA 更加符合实际城市用地的空间分布。

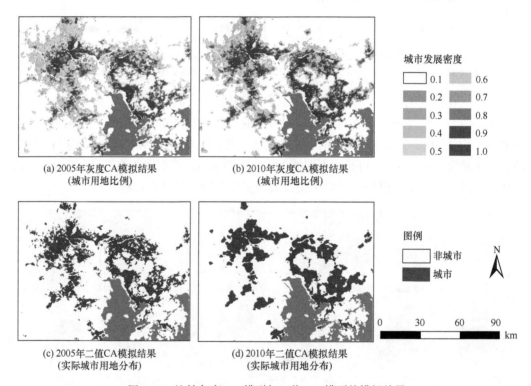

图 10-8　比较灰度 CA 模型与二值 CA 模型的模拟结果

　　以 2010 年的城市比例数据作为真实观测值，将精度评价指标 RMSE、Correl、FoM 应用于三大城市群和六个主要城市及整个中国区域。本书的研究采用分层采样的方法获取精度验证样本，对首先按照等间距重分类方法为 10 个子区域，每个子区域选取 300 个随机样本点。将 2010 年的城市比例数据与模拟结果叠加分析，可以获取 FoM 中四种类型的数量。最终计算的 RMSE、Kappa 系数、总体精度、相关系数、FoM 见表 10-2。

表 10-2　灰度 CA 精度验证表

区域	Kappa 系数	总体精度	RMSE	Correl	FoM
京津冀	0.7668	0.8834	0.1813	0.8534	0.2160
长江三角洲地区	0.7906	0.8954	0.1803	0.8484	0.2467
珠江三角洲地区	0.7936	0.8968	0.1614	0.8608	0.2597
北京	0.7347	0.8674	0.1968	0.7996	0.2416
天津	0.7220	0.8604	0.2323	0.7718	0.2240
杭州	0.6968	0.8472	0.2253	0.8086	0.3340
广州	0.7795	0.8898	0.1800	0.8215	0.2422
深圳	0.7913	0.8967	0.1640	0.8705	0.3636
武汉	0.7229	0.8610	0.2128	0.7982	0.2942
全国	0.7388	0.8695	0.2236	0.7735	0.1969

由表 10-2 可见，灰度 CA 模型在全国范围内 Kappa 系数为 0.7388，总体精度为 0.8695，RMSE 为 0.2236，Correl 为 0.7735，FoM 为 0.1969。从地区上看，灰度 CA 模型在珠江三角洲地区具有最高的 Kappa 系数和总体精度。相反地，京津冀经济区的北京和天津得到相对较低的总体精度，长江三角洲的杭州精度也较低。在城市模拟当中，FoM 指数的范围通常落在 0.01～0.25（Tong and Granat 1999）。由表 10-2 可见，全国范围内 FoM 指数可达到 0.1969，珠江三角洲、杭州、深圳、武汉等地区 FoM 指数都超过 0.25。

本书的研究提出了一种创新性的灰度 CA 模型用于模拟国家尺度的城市化扩张趋势。城市用地比例数据在模型中用于识别每个元胞网格的城市化发展阶段。在灰度 CA 模型中整合 S 形城市增长曲线，可以避免高估或忽略粗分辨率元胞中的城市比例。元胞内部的城市比例限制也反映了城市发展水平与发展速度之间的现实关系。利用 SVM 分析在不同区域采集城市增长样本点，从而提取城市转化规则。通过定量精度评价证明，灰度 CA 在大尺度模拟中相比传统 CA 能取得更好的模拟结果。在一系列城市的验证实验中，灰度 CA 也同样展现更高的 Kappa 系数、总体精度、Correl 和 FoM 指数，以及更低的 RMSE。

10.2　斑块 CA 模型与城市空间格局演变模拟

10.2.1　嵌入斑块模拟机制的 CA 模型与城市发展模拟

Cell-Logistic-CA 的优点之一是能够方便地利用 Logistic 回归来进行模型校正。许多针对 Cell-Logistic-CA 的后续改进集中利用各种先进算法，如支持向量机（Yang et al.，2008）、核函数（Liu et al.，2008）和遗传算法（Li et al.，2008）等，来获取更为精确的模型参数。然而，相关的研究很少关注模型结构本身，尤其是通过模拟策略方面的改进来增强模型的模拟能力。本节阐述了一种新的基于斑块的模拟策略 PSS，并将其与常规的 Logistic 回归 CA 模型相结合，建立基于斑块的 Logistic 回归 CA 模型（patch-Logistic-CA）。

Meentemeyer 等（2013）最近也提出了一个基于中心距离斑块增长算法（patch- growing algorithm，PGA）的 CA 模型。本书的研究所提出的 Patch-Logistic-CA 与 PGA 的区别之处在于：Patch-Logistic-CA 将城市发展区分为自发增长（spontaneous growth）与组织增长（organic growth）两种模式，同时采用了移动窗口方式来模拟城市用地斑块的演变。

　　在一般的城市 CA 模型中，通常将城市空间用一个规则的格网来表示，称为元胞空间。元胞（或像元）则是这个空间中最基本的组成单元，相邻的元胞互相连结形成整个元胞空间。对于某一个元胞而言，以该元胞为中心的邻居元胞按照一定的结构组合形成邻域；常见的邻域类型有 von Neumann 邻域和 Moore 邻域两种。元胞空间中的每一个元胞都具有一个状态，这个状态必须是有限状态中的一种。对于大多数城市 CA 而言，元胞的状态是"城市"或"非城市"。元胞的状态可以发生改变，如由"非城市"转换为"城市"；而决定元胞状态是否发生改变的因素包括几个方面：元胞的当前状态、邻域内的相互作用和随机因素的干扰。这几个因素如何在模型中发挥具体作用可以通过制定转换规则或计算转换概率等方式来控制。在本书的研究所采用的 Patch-Logistic-CA 中，元胞的状态包括"城市"和"非城市"两种。由于现实中土地一旦被开发建设，则极难恢复其原有的自然属性；因此，本书的研究假定不存在由"城市"到"非城市"的状态转换，而仅模拟由"非城市"到"城市"的状态转换过程。这一过程采用发展概率的形式来控制。

　　图 10-9 展示了利用 Patch-Logistic-CA 进行城市空间增长模拟的流程。首先，利用 Logistic 回归来获取各个输入变量的权重，用以后续的发展概率计算。其次，通过历史土地利用数据来提取新增城市用地斑块及其面积的分布规律。最后，以迭代的方式通过 PSS 来模拟城市空间增长。其中，每次迭代仅模拟一个斑块的增长。具体地，在每次迭代中，首先利用所获取的实际面积分布来估算新增斑块的面积，再通过比较一个随机数和预设阈值的大小来确定该斑块的增长类型（自发增长或组织），最后利用移动窗口方式来模拟该斑块的增长过程。在满足既定的终止条件时（如新增城市用地的面积达到给定的数量），整个模拟过程将会停止；否则继续运行。

　　与传统 Logistic-CA 模型不同的是，Patch-Logistic-CA 模型基于移动窗口模拟城市斑块的增长。在模拟斑块增长在之前，斑块的面积需要先被确定。Fragkias 和 Seto（2009）对珠江三角洲城市发展的研究表明，珠江三角洲城市用地斑块面积的统计分布符合幂指数规律（power-law）。因此，本书的研究选择幂指数函数来估计新增斑块的面积：

$$A_i = a_0 (r_{area})^{a_1} \tag{10-15}$$

式中，A_i 为斑块 i 的面积（元胞个数）；r_{area} 为取值为 0～1 的随机数，它代表在给定的面积分布中选中某一特定面积的概率；a_0 和 a_1 为待校正的参数，其数值可以通过实际的斑块面积分布来获取。参数 a_1 的含义与 Fragkias 和 Seto（2009）研究中的幂指数类似：斑块面积的分布越不均匀，则 a_1 的绝对值越高；相反，斑块面积的分布越均匀，则 a_1 的绝对值越低；若所有斑块的面积相等，则 a_1 的绝对值为 0。由于城市系统的不断演化，a_0 和 a_1 的数值也会随时间的改变而发生变化。

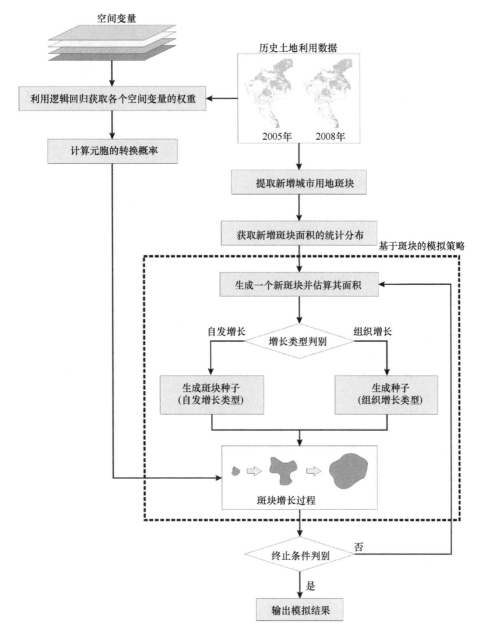

图 10-9　Patch-Logistic-CA 模拟流程

在确定某一新增斑块的面积之后，该斑块的增长类型将通过比较随机数 r_{type} 和阈值 T_{spon} 来确定。斑块的增长类型分为两种：自发增长和组织增长。图 10-10 描绘了这两种增长方式的区别。自发增长指新增的城市用地与已有的城市用地在空间上互相分离；而组织增长则指新增的城市用地与已有的城市用地彼此联结。在模型运行过程中，若 r_{type} 小于阈值 T_{spon}，则规定斑块的增长类型为自发增长；否则为组织增长。

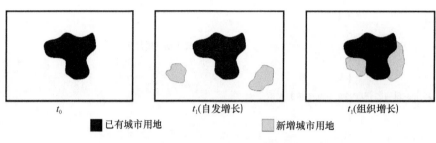

图 10-10　自发增长与组织增长

新增城市用地斑块的空间演变模拟分为两步来执行：斑块种子的生成和斑块增长。对于斑块种子的生成，不同的斑块增长类型具有不同的方式，若斑块属于自发增长类型，则在确定种子的空间位置时仅考虑发展潜力 $p_{g,ij}$（发展潜力可以通过一系列的空间变量来计算，用 Logistic 公式计算）。具体地，先随机选出一个非城市的元胞，将其发展潜力 $p_{g,ij}$ 与一个[0，1]的随机数进行比较，若 $p_{g,ij}$ 大于一个随机数，则该元胞被选为新增斑块的种子；否则，则需要重新选择一个非城市元胞并再次进行判断。若斑块属于组织增长类型，在随机选出一个非城市元胞后，则通过比较其发展概率 $p_{t,ij}^t$（由发展潜力、邻域发展密度与适宜性约束决定）与随机数的大小来确定该非城市元胞是否为斑块种子的位置。这样的处理方式一定可以使新增斑块与原有的城市用地相互联结。

在生产斑块种子之后，不管该斑块属于何种增长类型，均采用移动窗口的方式来模拟其增长过程，如图 10-11（a）所示。移动窗口的大小设为 3×3，目的是保证斑块内部的连通性。具体模拟方式如下：在以种子所在位置为中心的 3×3 窗口内，对所有非城市元胞按其发展概率 $p_{t,ij}^t$ 进行升序排列，并利用轮盘赌（Liu et al.，2012）方式选出其中一个非城市元胞，使其转变为城市元胞[图 10-11（b）]。进而，移动 3×3 窗口并以新发展的城市元胞为中心[图 10-11（c）]，再次重复上述的轮盘赌步骤选出一个非城市元胞并将其转变为城市元胞[图 10-11（d）]。以此类推，直到当新增的城市元胞个数达到初始时刻估计的数量（A_t）时，斑块增长结束，模型完成了一次迭代。当满足下列条件时，整个 Patch-Logistic-CA 将停止运行：

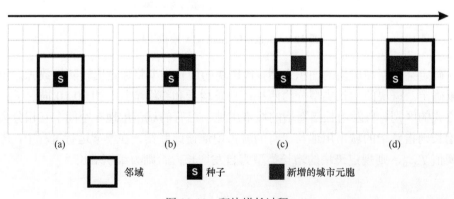

图 10-11　斑块增长过程

$$A = \sum_i A_i \tag{10-16}$$

式中，A 为给定的新增城市用地总量。

对于所提出的 Patch-Logistic-CA 的有效性，通过利用该模型模拟东莞市、佛山市、广州市、深圳市和中山市五个城市 2000～2012 年的城市扩张过程来检验。模拟所用的数据包括五个城市 2000 年、2006 年和 2012 年的城市用地数据及对应年份的空间变量数据（图 10-12），空间变量的空间分辨率均为 30m。

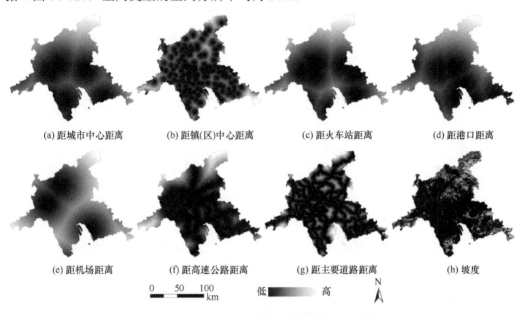

(a) 距城市中心距离　　(b) 距镇(区)中心距离　　(c) 距火车站距离　　(d) 距港口距离

(e) 距机场距离　　(f) 距高速公路距离　　(g) 距主要道路距离　　(h) 坡度

图 10-12　城市扩张模拟实验涉及的空间变量

Patch-Logistic-CA 的模型校正分三个步骤进行。第一步，通过历史土地利用数据来获取式（10-15）中的参数 a_0 和 a_1，用以估算新增斑块面积。具体地，先利用 2000 年和 2006 年的土地利用数据获取新增的城市用地斑块及其面积，进而将这些斑块按照其面积大小进行降序排列，并计算其累积频率和比例[图 10-13（a）蓝色区域]，再利用式（10-15）对累积比例进行拟合[图 10-13（a）红线]，获得拟合后的 2000～2006 年参数 a_0 和 a_1 的数值。类似地，利用 2006 年和 2012 年的土地利用数据，按照上述相同步骤可以获得 2006～2012 年参数 a_0 和 a_1 的数值，如图 10-13（b）和表 10-3 所示。

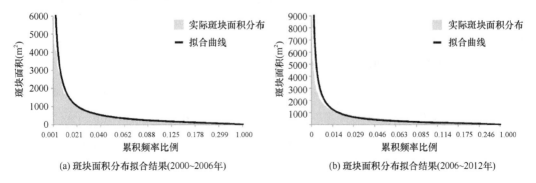

(a) 斑块面积分布拟合结果(2000～2006年)　　(b) 斑块面积分布拟合结果(2006～2012年)

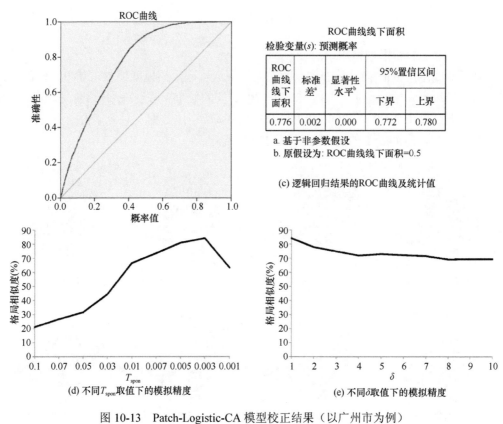

(c) 逻辑回归结果的ROC曲线及统计值

ROC曲线线下面积			
检验变量(s): 预测概率			
ROC 曲线线下面积	标准差[a]	显著性水平[b]	95%置信区间
			下界
0.776	0.002	0.000	0.772

a. 基于非参数假设
b. 原假设为：ROC曲线线下面积=0.5

(d) 不同T_{spon}取值下的模拟精度

(e) 不同δ取值下的模拟精度

图 10-13   Patch-Logistic-CA 模型校正结果（以广州市为例）

表 10-3   校正后的参数 a_0 和 a_1 数值

		东莞市	佛山市	广州市	深圳市	中山市
2000~2006 年	a_0	25.235	25.293	22.646	17.021	8.913
	a_1	−1.042	−1.067	−0.983	−1.195	−0.777
2006~2012 年	a_0	19.409	19.320	22.284	14.388	13.062
	a_1	−0.953	−0.940	−0.943	−1.025	−0.947

　　模型校正的第二步是利用 Logistic 回归来获取各个空间变量的权重。按照总体 20% 的比例进行随机样本抽取，样本类型包括状态发生变化的元胞和未发生变化的元胞。由于所涉及的变量数目较多，可能存在冗余变量，因此在进行 Logistic 回归时采取了逐步回归的方式，以此来剔除冗余的变量。所获得的系数见表 10-4。另外，采取了 ROC 曲线的方法来检验回归结果的精度，如图 10-13（c）所示。

　　模型校正的第三步是通过 trial-&-error 方式来确定阈值 T_{spon} 和扩散系数 δ 的数值。阈值 T_{spon} 用以控制模型生成破碎土地利用格局的倾向。T_{spon} 数值越大，则生成的格局越破碎。图 10-13（d）是采用广州市的数据将 T_{spon} 从 0.1 逐渐降低到 0.001 时模拟精度的变化。可见，随着 T_{spon} 的减小，模拟结果与真实格局的相似度逐步提高，并在 0.003~0.005 时达到最

表 10-4　校正后的空间变量权重及 T_{spon} 和 δ 数值

	东莞市	佛山市	广州市	深圳市	中山市
$x_{citycenter}$	−3.083	1.443	−3.930	−3.965	−8.131
$x_{towncenter}$	−5.735	−0.806	1.188	−4.528	−7.416
$x_{railstat}$	−5.160	−6.083	—	5.834	—
x_{port}	−1.003	2.437	0.571	3.545	—
$x_{airport}$	−7.655	−2.526	−7.492	1.341	8.015
$x_{expressway}$	5.542	−8.279	4.410	−8.057	−17.221
$x_{majorroad}$	−13.318	−15.086	−20.632	−17.672	−9.453
x_{slope}	−7.984	−0.969	−8.449	−8.693	−2.197
常数项	3.411	0.886	2.064	0.183	0.293
T_{spon}	0.0100	0.0060	0.0035	0.0080	0.0013
δ	1.2	1.5	1.1	1.3	1.3

注："—"表示该变量被剔除。

大值并开始下降，表明 T_{spon} 的校正值在这一范围之内。扩散系数 δ 的校正值采用类似的方式来确定。通过实验发现，模拟的土地利用格局的破碎度随着 δ 的增大而减小，并且当 δ 落在[1,2]时模拟精度较高[图 10-13（e）]。经过多次尝试，将广州市模拟参数中的 T_{spon} 和 δ 分别定为 0.0035 和 1.1。其他城市的 T_{spon} 和 δ 数值采用相同的步骤来确定。

将校正后的 Patch-Logistic-CA 应用于珠江三角洲东莞市、佛山市、广州市、深圳市和中山市五个城市 2000～2012 年城市扩张模拟实验。其中，模拟的起始年份为 2000 年，2006 年的城市用地数据用于验证模型的模拟能力，2012 年的城市用地数据用于测试模型的预测能力。此外，模型的运行需要给定土地利用转换量的约束，这一条件通过现实土地利用数据来获得。由于 CA 模型具有一定的不确定性，为了更全面地检验模型的模拟效果，每个实验均进行了 20 次模拟并进行了验证。模拟的结果如图 10-14～图 10-19 所示。

通过目视对比现实城市发展格局和 Patch-Logistic-CA 模拟结果可以发现，真实的城市用地增长是斑块生成和增长的过程，它们的增长类型或是自发增长，或是组织增长，而 Patch-Logistic-CA 可以反映这种空间演变的趋势，生成了与真实格局十分相似的模拟结果。进一步利用 FoM 指数和景观指数相似度来检验模拟结果。图 10-20 显示了模拟准确像元与模拟错误像元的百分比表，这些数值将用以 FoM 指数值的计算。表 10-5 是 Patch-Logistic-CA 运行 20 次之后模拟结果的 FoM 指数值统计：除了广州市和中山市的部分实验结果的 FoM 指数值在 0.18 左右外，绝大部分模拟结果的 FoM 指数值均在 0.20 以上，一些结果甚至接近 0.35。利用景观指数计算了模拟结果与真实格局的相似度（表 10-6 和表 10-7），所有模拟结果与真实格局的相似度都在 80%以上，表明 Patch-Logistic-CA 能够较为准确地模拟城市发展的空间格局。

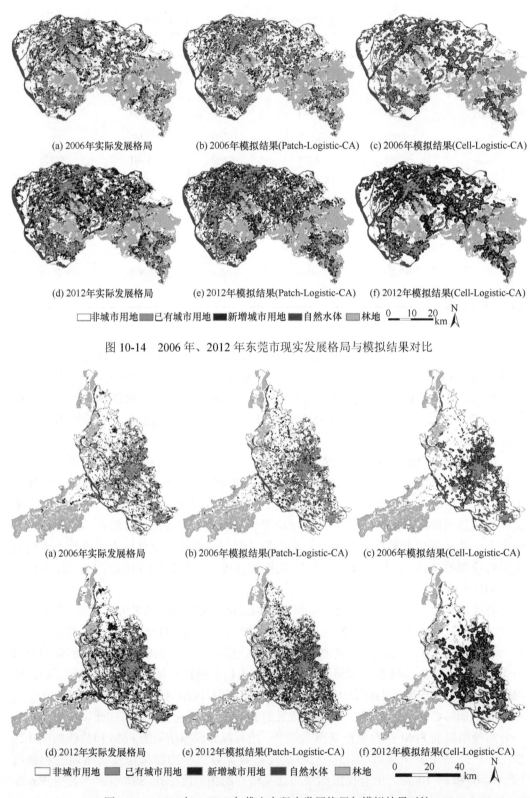

图 10-14　2006 年、2012 年东莞市现实发展格局与模拟结果对比

图 10-15　2006 年、2012 年佛山市现实发展格局与模拟结果对比

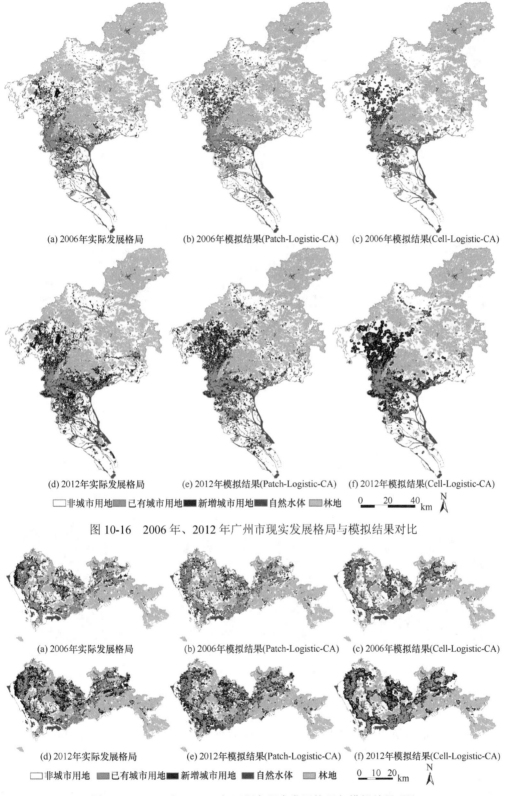

(a) 2006年实际发展格局　　　(b) 2006年模拟结果(Patch-Logistic-CA)　　　(c) 2006年模拟结果(Cell-Logistic-CA)

(d) 2012年实际发展格局　　　(e) 2012年模拟结果(Patch-Logistic-CA)　　　(f) 2012年模拟结果(Cell-Logistic-CA)

□非城市用地 ■已有城市用地 ■新增城市用地 ■自然水体 ■林地　　　0　20　40 km　　N

图 10-16　2006 年、2012 年广州市现实发展格局与模拟结果对比

(a) 2006年实际发展格局　　　(b) 2006年模拟结果(Patch-Logistic-CA)　　　(c) 2006年模拟结果(Cell-Logistic-CA)

(d) 2012年实际发展格局　　　(e) 2012年模拟结果(Patch-Logistic-CA)　　　(f) 2012年模拟结果(Cell-Logistic-CA)

□非城市用地 ■已有城市用地 ■新增城市用地 ■自然水体 ■林地　　　0　10　20 km　　N

图 10-17　2006 年、2012 年深圳市现实发展格局与模拟结果对比

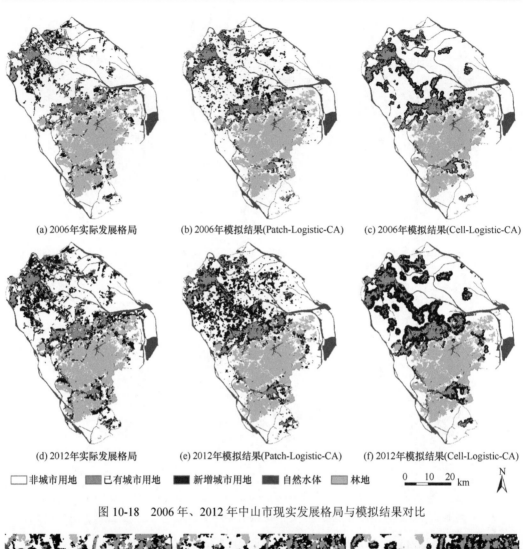

(a) 2006年实际发展格局　　　(b) 2006年模拟结果(Patch-Logistic-CA)　　　(c) 2006年模拟结果(Cell-Logistic-CA)

(d) 2012年实际发展格局　　　(e) 2012年模拟结果(Patch-Logistic-CA)　　　(f) 2012年模拟结果(Cell-Logistic-CA)

☐非城市用地　■已有城市用地　■新增城市用地　■自然水体　■林地　　　0　10　20 km　N

图 10-18　2006 年、2012 年中山市现实发展格局与模拟结果对比

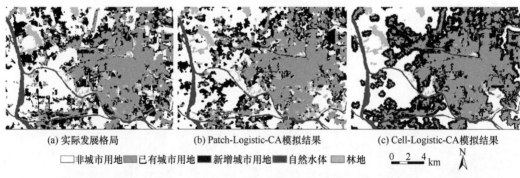

(a) 实际发展格局　　　　(b) Patch-Logistic-CA模拟结果　　　　(c) Cell-Logistic-CA模拟结果

☐非城市用地■已有城市用地■新增城市用地■自然水体■林地　　　0　2　4 km　N

图 10-19　模拟结果局部对比（以佛山市 2006 年模拟结果为例）

　　Cell-Logistic-CA 2006 年的模拟结果 FoM 指数值比 Patch-Logistic-CA 的高出了 0.11 左右，而对于 2012 年的预测结果而言，这一差距缩小到了约 0.05（表 10-5）。Cell-Logistic-CA 能够取得较高 FoM 指数值的原因在于 Cell-Logistic-CA 所采用的 CSS 方式能够将新增城市用地元胞均匀地分配在已有城市用地边缘，由此提高了模拟结果的

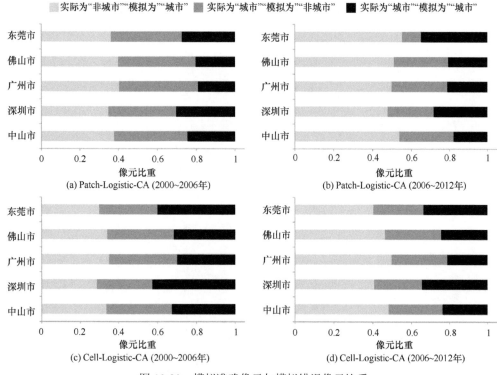

图 10-20　模拟准确像元与模拟错误像元比重

表 10-5　Patch-Logistic-CA 和 Cell-Logistic-CA 模拟结果的 FoM 指数值

		东莞市	佛山市	广州市	深圳市	中山市
Patch-Logistic-CA	2006 年模拟结果	0.2726	0.2013	0.1899	0.3032	0.2347
	2012 年模拟结果	0.3463	0.2062	0.2101	0.2801	0.1778
Cell-Logistic-CA	2006 年模拟结果	0.3993	0.3161	0.2982	0.4255	0.3265
	2012 年模拟结果	0.3355	0.2428	0.2960	0.3431	0.2343

表 10-6　Patch-Logistic-CA 和 Cell-Logistic-CA2006 年模拟结果与真实格局相似度

		NP	LPI	ENN	PARA	整体相似度（%）
实际值	东莞市	824	10.43	69.90	70.71	—
	佛山市	1281	7.55	86.39	80.69	—
	广州市	1417	4.89	97.93	77.90	—
	深圳市	474	14.02	66.13	52.21	—
	中山市	497	3.12	76.79	78.46	—
Patch-Logistic-CA	东莞市	842	8.19	86.65	78.88	89.64
	佛山市	1160	5.98	124.19	79.71	86.00
	广州市	1312	3.83	148.00	79.30	84.65
	深圳市	522	12.82	83.83	63.36	84.76
	中山市	520	3.08	122.49	70.77	81.30
Cell-Logistic-CA	东莞市	161	7.00	121.90	53.59	54.37
	佛山市	246	9.97	187.24	48.47	40.02
	广州市	246	5.21	212.16	52.18	41.87
	深圳市	73	14.36	139.25	41.55	46.03
	中山市	68	3.73	260.81	48.28	12.17

表 10-7　Patch-Logistic-CA 和 Cell-Logistic-CA2012 年模拟结果与真实格局相似度

		NP	LPI	ENN	PARA	整体相似度（%）
实际值	东莞市	555	26.36	66.02	55.71	——
	佛山市	963	11.43	76.31	67.07	——
	广州市	1088	12.48	98.70	60.41	——
	深圳市	567	17.85	63.78	48.48	——
	中山市	458	6.14	74.87	69.04	——
Patch-Logistic-CA	东莞市	671	23.69	74.20	57.47	89.88
	佛山市	1170	12.07	96.14	62.37	86.19
	广州市	1424	9.85	120.70	65.17	84.08
	深圳市	480	27.61	75.68	51.15	87.67
	中山市	421	11.94	105.67	57.70	82.15
Cell-Logistic-CA	东莞市	56	27.44	89.65	30.55	57.00
	佛山市	147	20.64	160.89	27.22	33.94
	广州市	131	13.61	194.77	29.14	40.45
	深圳市	42	21.53	146.90	27.35	32.46
	中山市	39	13.67	308.31	31.91	12.54

"命中率"（观测状态与模拟结果均为"变化"的元胞个数）。相反，Patch-Logistic-CA 采用的 PSS 方式使得新增城市用地元胞在空间上的分布极不均匀，很大程度上导致元胞尺度上模拟误差的上升。

与 FoM 指数值较小的差距相比，Patch-Logistic-CA 模拟结果在格局相似度上大大超出了 Cell-Logistic-CA 的模拟结果，显示出 Patch-Logistic-CA 具有更强的格局模拟能力。Cell-Logistic-CA 模拟结果的平均格局相似度在 40%左右，远远低于 Patch-Logistic-CA 80%以上的相似度水平。通过对比景观指数的数值可以发现，Cell-Logistic-CA 模拟结果 NP 和 PARA 的数值偏低。其原因在于 Cell-Logistic-CA 仅能模拟已有城市用地边缘的用地增长，导致在实际模拟过程中新增的城市用地元胞填充到部分原先彼此分离的斑块之间，使得这些斑块最终联结到一起，即多个斑块互相结合形成一个斑块的过程。这使得 NP 数值不断减小，整体形态复杂度（PARA）也随之逐步降低。

Patch-Logistic-CA 两方面的优势使其能够更为准确地模拟现实发展格局。其一，Patch-Logistic-CA 所采用的斑块模拟策略在一定程度上更为接近真实城市发展过程。在现实中，城市发展和开发通常以地块单元来进行；这些单元在 30m 分辨率的空间数据上表现为由若干像元构成的斑块，城市增长的过程在空间上也体现为斑块的生成和增长过程。因此，以 CA 为代表的城市发展模拟模型不仅需要考虑特定像元发生用地类型转换的可能性，而且需要关注由多个像元所构成的用地斑块及其演变。显然，Patch-Logistic-CA 所采用的斑块模拟策略能够更好地满足这一要求。其二，Patch-Logistic-CA 能够模拟城市发展过程中的自发增长模式，而 Cell-Logistic-CA 则不具备这种能力。García 等（2012）也曾指出 Cell-Logistic-CA 在模拟城市用地自发增长方面的缺陷。由于自发增长是我国许多快速发展中的城市所具有的突出特点，CA 模型是否具备模拟城市自发增长的能力将直接影响到模拟结果的有效性和指导意义。因此，Patch-Logistic-CA 比 Cell-Logistic-CA 更适合应用于我国城市发展空间格局的模拟。

10.2.2　时序–斑块 CA 模型及城市空间格局演变模拟

城市发展是一个复杂的时空过程，但长久以来许多致力于城市发展模拟的研究更侧重于空间要素和区位条件的差异所带来的影响，而忽视了时间效应的作用。以城市 CA 为例，建立城市 CA 的关键是从历史数据中挖掘出现实城市发展的规律并植入模型中。尽管城市 CA 能够便利地与 GIS 相结合，但不少 CA 模型对土地利用时间序列空间数据的利用却并不充分。目前，已有的城市 CA 模型中，仅将整个过程简化为两个时刻：初始时刻和终止时刻，并通过一定的方法来获取这两个时刻之间各个要素对城市空间格局演变的作用，从而驱动模型的运行。这种简化的方式显然与城市发展过程的时空动态性相违背，尤其是当初始时刻与终止时刻相隔的时间很长并且城市空间格局变化又十分剧烈时，其所获得的结果将变得很不可靠。Clarke 和 Gaydos（1998）所提出的 SLEUTH 模型是一个例外，它可以通过时间序列的土地利用数据来校正模型的参数。但 SLEUTH 模型所采用的是穷举的校正方法，该方法计算效率很低，在研究区很大或数据精度很高的情况下其时间耗费更是一个天文数字。Li 和 Liu（2006）所采用的案例推理方法能够依靠样例库来巧妙避开对复杂时空差异性的处理，但该方法并不能显式地将城市发展的过程规律表达出来。因此，当前的城市 CA 仍然需要可靠、高效的方法来改善模型从土地利用时间序列数据中提取动态参数的能力。

为了解决城市 CA 模型难以获取动态参数的问题，本书的研究引入了生存分析（survival analysis）的方法。生存分析是统计学中的一类时间序列分析方法，其常用于研究在一个时间序列过程中某个事件的发生和响应时间及其与影响因素之间的关系。尽管地理学非常关心各种地理现象的时空过程，但生存分析方法在地理学，尤其是在土地利用变化研究中的应用却并不多见（An and Brown，2008；Wang et al.，2013）。实际上，这类方法的分析对象"事件"可以对应于城市土地用途的改变，即从"非城市"到"城市"属性的改变，其非常适合用以城市发展过程的研究。利用该方法获取的动态参数可以方便地输入城市 CA 模型中，从而真正实现对城市发展时空过程的模拟。

10.2.1 节所提出的 Patch-Logistic-CA 沿用了以往基于 Logistic 回归的模型校正方法，这种方法仅考虑初始时刻和终止时刻的土地利用格局状态，在时间跨度较大的情形下具有很大弊端，同时也无法从一组时间序列数据中获取动态参数。本节引入生存分析方法来解决这一问题，并结合 10.2.1 节中提出的斑块模拟机制建立时序–斑块 CA 模型并开展城市扩张模拟实验。模型的运行流程图如图 10-21 所示。首先，利用土地利用时间序列数据和空间变量数据生成采样点，同时获取新增城市用地面积的分布；其次，对采样数据进行删失数据转换（后文介绍），并基于 Cox 回归模型来获取 CA 所需的动态参数；最后，将获得的参数输入斑块 CA 模型，执行城市空间增长的模拟。

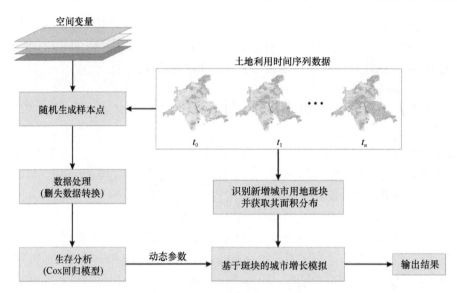

图 10-21　时序–斑块 CA 运行流程

生存分析是一类统计学方法，其最早用来研究生物死亡这一事件的出现与响应时间的规律，后来"事件"的含义被延伸和替代以解决不同领域的问题，如机器的损坏、疾病传染、人口迁移或是犯罪事件等（Allison，2011）。为了便于理解，本节先以"死亡"来定义事件。在生存分析中，采用生存函数（survival function）$S(t)$ 来描述研究对象的可能寿命与时间的关系，如式（10-17）所示：

$$S(t) = \Pr(T > t) \tag{10-17}$$

式中，t 为某段时间；T 为研究对象死亡的时间；$\Pr$ 为概率。生存函数 $S(t)$ 的含义为研究对象在持续到时间 t 之后才死亡的概率，也就是研究对象的存活时间大于 t 的概率；一般认为，$S(0) = 1$，而 $S(t) = 0$（$t \to \infty$）。根据生存函数的定义可以衍生出研究对象存活时间的分布函数 $F(t)$：

$$F(t) = \Pr(T \leqslant t) = 1 - S(t) \tag{10-18}$$

对式（10-18）进行求导，可以得到概率密度函数 $F(t)$：

$$f(t) = \frac{\mathrm{d}F(t)}{\mathrm{d}t} = -\frac{\mathrm{d}S(t)}{\mathrm{d}t} \tag{10-19}$$

$f(t)$ 也称为事件密度函数，它表示单位时间内发生"死亡"事件的数量。根据式（10-18）和式（10-19）可以得到风险函数（hazard function）$h(t)$：

$$h(t) = \lim_{\Delta t \to 0} \frac{\Pr(t \leqslant T < t + \Delta t \mid T \geqslant t)}{\Delta t} = \frac{f(t)}{S(t)} \tag{10-20}$$

风险函数 $h(t)$ 表达的含义为研究对象在存活了时间 t 之后"死亡"的概率。风险函数的具体形式有若干种，较为常用的是指数模型、Gompertz 模型和 Weibull 模型，选用何种模型则需要根据研究对象数据的统计特点而定。实际上，这三种模型可以由 Cox 回归模型（Cox，1972）得到，即研究者无须事先确定选择何种模型形式。因此，本书的研究选用了 Cox 回归模型来作为风险函数的表达形式。

　　生存分析所需的数据具有一种较为特殊的结构，这种数据被称为删失数据（censoring data）。所谓删失，其与样本是否经历"死亡"事件有关：在给定一个研究时段内，若某个样本在研究时段开始时或开始之前就已经"死亡"，则称这个样本数据为左删失样本（left censoring）；若样本在研究时段结束时仍未"死亡"，则称这个样本数据为右删失样本（right censoring）；若样本在研究时段内的某个时刻"死亡"，则称为间隔删失样本（interval censoring）。在实际应用中，由于研究更关心"死亡"事件的发生与时间的关系，左删失样本通常会从样本数据中去除，而只使用间隔删失和右删失样本。以城市扩张为例，可以将事件定义为非城市元胞向城市元胞的转变；这种转换通常是不可逆的，所以也可以通俗地将其理解为非城市元胞的"死亡"。此时，在研究时段开始时已经存在的城市元胞为左删失样本，而到研究时段结束后仍未发生转变的非城市元胞则为右删失样本，在研究时段内，某个时期发生转变的非城市元胞则是间隔删失样本。在采集样本数据时，仅需要采集间隔删失和右删失样本。

　　Cox 回归模型（Cox，1972）又称为比例风险函数（proportional hazard function），其形式如下：

$$h_i(t) = \lambda_0(t)\exp(\beta_1 x_{i1} + \cdots + \beta_k x_{ik}) \tag{10-21}$$

式中，$h_i(t)$ 为样本 i 在 t 时刻的风险；$\lambda_0(t)$ 为基准风险函数；x_{ik} 为样本 i 第 k 个变量的值；β_k 为系数。基准风险函数 $\lambda_0(t)$ 的含义可以理解为影响因素以外的背景风险，其形式并没有要求（甚至可以是一个常数），但必须是一个非负函数。对式（10-21）两端取对数，可以得到比例风险函数的另一个常用的表达形式：

$$\log h_i(t) = \alpha(t) + \beta_1 x_{i1} + \cdots + \beta_k x_{ik} \tag{10-22}$$

式中，$\alpha(t) = \lambda_0(t)$。比例风险函数假定自变量的作用不随时间改变，而这在现实中通常无法成立，如城市的某些区位条件在不同时期对城市发展的影响并不完全是恒定的。因此，可以在原有模型的基础上加入时间影响：

$$\log h_i(t) = \alpha(t) + \beta_1 x_{i1} + \beta_2 x_{i1}(t) + \cdots + \beta_{2k} x_{ik} + \beta_{2k+1} x_{ik}(t) \tag{10-23}$$

式中，$x_{ik}(t)$ 为变量随时间变化的函数，通常可以定义为变量与时间变量 t 的乘积：$x_{ik}(t)=x_{ik}t$。在实际应用中，需要确定哪些变量的作用是随时间变化的。具体思路为，先采用部分似然法（Cox，1972）对式（10-22）进行估计，进而计算每个变量的 Schoenfeld 残差，并将其与时间变量进行相关性分析，若相关性显著，则该变量的影响是随时间而改变的。Schoenfeld 残差的计算需要先获得每个变量的期望值：

$$\bar{x}_k = \sum_i x_{ik} p_i \tag{10-24}$$

式中，$\bar{x}_k$ 为变量 x_k 的期望值；p_i 为样本 i 在时刻 t "死亡"的概率，则 Schoenfeld 残差定义为样本 i 变量 x_k 的值与其期望值之差（Allison，2011）。

　　在获得 x_k 的 Schoenfeld 残差之后将其与时间变量 t 进行相关性分析，若相关性显著，则在式（10-22）中加入 $x_{ik}(t)$ 项，进而采用部分似然法再次对模型进行估计，最终得到系数 β_k 及样本 i 的风险函数 $h_i(t)$。

在上述模型中，时间变量 t 通常是连续型的，即事件发生的时间是较为精确的；相对而言，在城市发展研究中，土地单元用途发生转换的时间很难精确地描述，一般仅仅是清楚单元在某个时间段内发生了转换。因此，在使用估计风险函数 $h_i(t)$ 之前需要对样本数据进行调整，使用时期（如 1990～1995 年）来描述事件发生的时间，并且每个样本在每个时期都有一条记录。

利用生存分析方法，可以有效、高速地从土地利用时间序列数据中获取每个非城市元胞转化为城市元胞的潜在风险 $h_i(t)$，进一步结合邻域发展密度这一重要影响因素，可以构成非城市元胞 i 在 t 时刻的发展概率：

$$p_i^t = h_i(t)\Omega_i^t \qquad (10\text{-}25)$$

式中，p_i^t 为非城市元胞 i 在 t 时刻的发展概率；Ω_i^t 为元胞 i 的邻域发展密度。

元胞状态转换的模拟仍然采用 10.2.1 节中的 PSS。具体地，在每次迭代过程中，首先估计新增斑块的面积，再根据比较随机数 r_{type} 和阈值 T_{spon} 的大小来确定新增斑块属于自发增长还是组织增长。若这个新增斑块属于自发增长，则在确定种子的空间位置时仅考虑风险值 $h_i(t)$ [根据式（10-22）计算]；若新增斑块属于组织增长，则在确定种子的空间位置时考虑发展概率 p_i^t。在种子生成之后，通过移动窗口方法来模拟斑块的增长。当新增城市元胞的面积达到估计值时，本次迭代结束。在满足所有新增斑块的面积达到预设值之后，整个模型的迭代将终止（图 10-9）。

将所提出的时序–斑块 CA 应用到研究区 1990～2012 年的城市扩张模拟，涉及的土地利用数据包括 1990 年、1995 年、2000 年、2003 年、2006 年、2009 年和 2012 年的，其中 2003 年、2009 年和 2012 年的土地利用数据用以模型预测精度的检验，其余的数据用于模型校正。用于参数校正的空间变量数据如图 10-12 所示，分辨率均为 30m。

按照占总体 20%的比重分别对研究区五个城市的数据进行随机采样，获取样本后进行删失数据处理，并剔除其中的左删失数据（即 1990 年已经标记为"城市"的样本），最后将剩余的样本数据用于模型校正。表 10-8 是利用该样本数据，基于部分似然法的 Cox 回归模型系数估计结果。但该模型为考虑自变量的作用随时间变化的影响，可根据系数估计结果计算 Schoenfeld 残差之后与时间变量 t 进行相关分析来识别哪些空间变量存在

表 10-8　Cox 回归模型系数估计结果[未含时间变量 $x_k(t)$ 项]

变量	东莞市	佛山市	广州市	深圳市	中山市
$x_{\text{citycenter}}$	−4.202***	−4.814**	−8.010***	5.287	3.255
$x_{\text{towncenter}}$	−0.717	−1.285*	−1.620*	−0.921	−3.743**
x_{railstat}	−3.448*	−8.516***	−0.917	−6.061*	−5.401***
x_{port}	−0.782	0.902	−3.153***	0.144	7.381***
x_{airport}	−4.199**	1.522	−5.518***	1.039	4.282**
$x_{\text{expressway}}$	0.900	−0.400	2.758***	−2.566	−1.357
$x_{\text{majorroad}}$	−3.875***	−3.655***	−4.790***	−3.735***	−3.104***
x_{slope}	−5.997**	−0.781	−0.593	−9.410***	9.823***

*显著性水平 0.05；**显著性水平 0.01；***显著性水平 0.001。

时间效应（表 10-9）。若变量 x_k 的 Schoenfeld 残差与 t 显著相关，则需要在模型中加入对应的 $x_k(t)$ 项，进而再次使用部分似然法对模型进行估计来获得最终的估计系数，见表 10-10。其中，系数无法满足显著性检验的空间变量将被剔除，不参与到后续的计算当中。

表 10-9　空间变量 x_k 的 Schoenfeld 残差与时间变量 t 的相关系数

变量	东莞市	佛山市	广州市	深圳市	中山市
$x_{citycenter}$	−0.018	0.166[***]	0.187[***]	−0.017	0.015
$x_{towncenter}$	−0.021	0.058	0.027	−0.003	0.066
$x_{railstat}$	−0.075	0.147[***]	0.160[***]	−0.106[*]	−0.109[*]
x_{port}	0.094[*]	0.124[**]	0.168[***]	0.189[***]	−0.083
$x_{airport}$	0.139[**]	0.086[*]	-0.068	−0.199[***]	−0.061
$x_{expressway}$	0.163[***]	0.023	0.154[***]	0.094	0.159[*]
$x_{majorroad}$	0.116[*]	0.170[***]	0.135[**]	0.157[**]	0.085
x_{slope}	−0.103[*]	−0.094[*]	-0.079	−0.007	−0.103

*显著性水平 0.05；**显著性水平 0.01；***显著性水平 0.001。

表 10-10　Cox 回归模型系数估计结果[包含时间变量 $x_k(t)$ 项]及其他参数设置

变量	东莞市	佛山市	广州市	深圳市	中山市
$x_{citycenter}$	−4.048[***]	−19.747[**]	−17.395[**]	4.208	2.637
$x_{towncenter}$	−0.612	−1.228[*]	−1.592[*]	−1.009	−3.463[**]
$x_{railstat}$	−5.277[**]	−7.372	5.117	−4.837	2.528
x_{port}	0.760	3.008	−9.044[***]	−9.862[*]	7.031[***]
$x_{airport}$	−11.741[***]	4.827	−5.622[***]	6.029[**]	4.235[**]
$x_{expressway}$	−3.524	-0.848	4.168	−2.858[*]	−3.222
$x_{majorroad}$	−8.262[***]	−11.970[***]	−12.940[***]	−11.325[***]	−3.313[***]
x_{slope}	−1.568	4.658	−0.776	−9.438[***]	9.643[***]
$x_{citycenter}(t)$		1.078[*]	0.670[*]		
$x_{towncenter}(t)$					
$x_{railstat}(t)$		−0.160	−0.436	−0.010	−0.617
$x_{port}(t)$	−0.171	−0.102	0.407[*]	0.785[**]	
$x_{airport}(t)$	0.496[*]	−0.177		−0.404[**]	
$x_{expressway}(t)$	0.400		−0.089	0.552[**]	0.232
$x_{majorroad}(t)$	0.311[*]	0.585[***]	0.551[**]		
$x_{slope}(t)$	−0.336	−0.414			
T_{spon}	0.0045	0.0046	0.0066	0.0057	0.0023

*显著性水平 0.05；**显著性水平 0.01；***显著性水平 0.001。

另外，城市用地斑块增长的模拟需要对 T_{spon}、a_0 和 a_1 进行校正，其中 T_{spon} 通过多次实验获得，结果见表 10-10。a_0 和 a_1 则通过历史土地利用数据获得，结果如图 10-22 所示。对于 a_0，研究区五个城市的参数值在 1990～2012 年的变化趋势差异较大；而对于 a_1，除中山市外的东莞市等四市均呈现出较为一致的波动趋势。

在对时序–斑块 CA 进行校正后模拟了研究区的城市空间格局演变过程，并通过与 1995 年、2000 年和 2006 年的现实土地利用数据比较来验证模拟精度，如图 10-23 所示；模型的预测能力则通过 2003 年、2009 年和 2012 年的土地利用数据来检验，如图 10-24 所示。

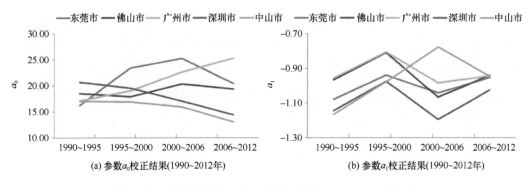

(a) 参数a_0校正结果(1990~2012年)　　　　　(b) 参数a_1校正结果(1990~2012年)

图 10-22　研究区参数 a_0 和 a_1 的校正结果（1990~2012 年）

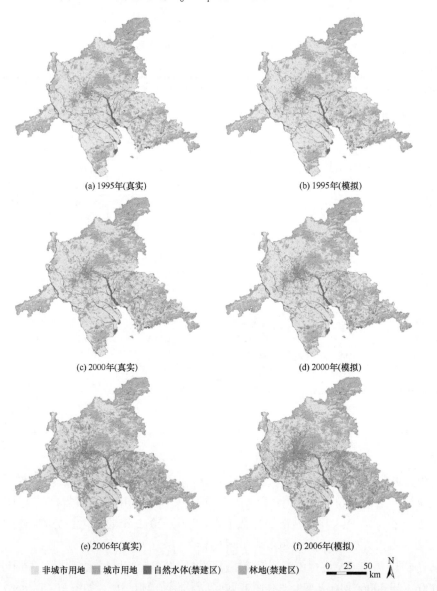

(a) 1995年(真实)　　　　　　　　　　(b) 1995年(模拟)

(c) 2000年(真实)　　　　　　　　　　(d) 2000年(模拟)

(e) 2006年(真实)　　　　　　　　　　(f) 2006年(模拟)

非城市用地　城市用地　自然水体(禁建区)　林地(禁建区)

图 10-23　时序–斑块 CA 模拟结果与真实格局对比（1995 年、2000 年和 2006 年）

(a) 2003年(真实)　　　　　　　　　　(b) 2003年(预测)

(c) 2009年(真实)　　　　　　　　　　(d) 2009年(预测)

(e) 2012年(真实)　　　　　　　　　　(f) 2012年(预测)

非城市用地　城市用地　自然水体(禁建区)　林地(禁建区)　　0 25 50 km　N

图 10-24　时序–斑块 CA 预测结果与真实格局对比（2003 年、2009 年、2012 年）

精度验证的方式仍然采用 FoM 和格局相似度来分别评价模型结果在像元尺度和格局尺度上与真实发展状态之间的吻合程度。其中，图 10-25 是模拟准确像元与模拟错误像元的比重，其结果将用于 FoM 指数值的计算。表 10-11 是研究区五个城市模拟结果的 FoM 指数值，受研究区所具有的快速城市化特征和时空异质性的影响，各个模拟结果间的 FoM 指数值存在较大差异，但整体数值上保持在 0.08～0.24，属于城市发展模型的正常精度水平（0.01～0.25）。另外，FoM 指数值的差异还呈现出研究区东走廊高、西走廊低的趋势，即以广州市为中心（0.10～0.18），东部的东莞市（0.10～0.24）、深圳市（0.13～0.22）的 FoM 指数值高于西部的佛山市（0.08～0.15）、中山市（0.08～0.13）。通过图 10-23 与图 10-24 可以发现，东莞市与深圳市的城市发展格局演变具有很高的相似性，即具有沿主要道路蔓延的趋势，而佛山市和中山市的城市用地呈现分散布局的趋势，在空间演变上具有更明显的复杂性和不确定性。

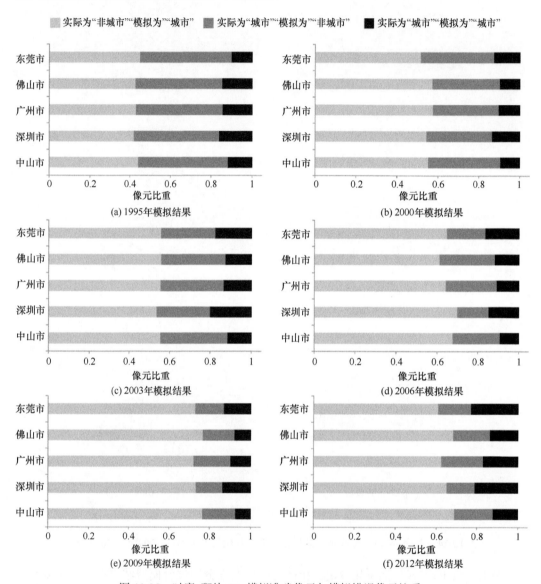

图 10-25　时序–斑块 CA 模拟准确像元与模拟错误像元比重

表 10-11　时序–斑块 CA 模拟结果的 FoM 指数值

	东莞市	佛山市	广州市	深圳市	中山市
1995 年模拟结果	0.1011	0.1455	0.1436	0.1605	0.1173
2000 年模拟结果	0.1271	0.0974	0.1051	0.1366	0.0952
2003 年模拟结果	0.1770	0.1268	0.1356	0.2012	0.1153
2006 年模拟结果	0.1655	0.1199	0.1098	0.1480	0.0935
2009 年模拟结果	0.1312	0.0801	0.0994	0.1383	0.0847
2012 年模拟结果	0.2328	0.1384	0.1716	0.2128	0.1247

表 10-12～表 10-17 是各个年份模拟结果与真实格局相似度。从景观指数的比较结果可以发现，真实格局相似度的主要误差来自于 ENN，其中模拟结果的 ENN 值整体大于真实格局的 ENN 值。与研究区的其他城市相比，中山市的模拟结果与真实格局的相似度最低，但仍有 61%～78%；而其他四个城市的格局相似度大多在 80% 以上，东莞市和广州市个别年份的模拟结果超过了 90%。整体上，本节提出的时序–斑块 CA 能够准确模拟研究区城市发展格局的演变过程，可以将其应用到后续的相关研究中。

表 10-12　时序–斑块 CA 模拟结果与真实格局相似度（1995 年）

		NP	LPI	ENN	PARA	整体相似度（%）
实际值	东莞市	1003	0.74	120.50	139.84	—
	佛山市	1037	1.10	140.36	126.85	—
	广州市	988	1.43	146.48	98.30	—
	深圳市	591	1.80	79.41	101.14	—
	中山市	271	0.73	93.76	114.97	—
模拟值	东莞市	979	0.71	201.25	141.07	82.42
	佛山市	983	1.32	194.78	123.70	88.33
	广州市	980	1.33	176.27	100.44	94.14
	深圳市	520	1.51	150.02	105.55	73.61
	中山市	258	0.56	225.82	104.17	61.20

表 10-13　时序–斑块 CA 模拟结果与真实格局相似度（2000 年）

		NP	LPI	ENN	PARA	整体相似度（%）
实际值	东莞市	1084	1.52	88.24	119.65	—
	佛山市	1121	2.12	131.67	117.79	—
	广州市	1010	1.89	140.63	95.94	—
	深圳市	541	3.28	79.37	86.66	—
	中山市	378	1.04	98.09	109.83	—
模拟值	东莞市	961	2.38	144.93	104.53	77.72
	佛山市	1134	2.97	178.02	107.58	88.53
	广州市	1167	1.85	155.15	90.64	92.14
	深圳市	580	2.72	113.33	92.15	85.78
	中山市	349	1.02	222.65	86.90	61.11

表 10-14　时序–斑块 CA 模拟结果与真实格局相似度（2003 年）

		NP	LPI	ENN	PARA	整体相似度（%）
实际值	东莞市	907	4.34	75.16	82.50	—
	佛山市	1175	4.35	99.61	92.76	—
	广州市	1277	2.88	119.37	78.52	—
	深圳市	522	7.31	70.98	62.62	—
	中山市	437	1.78	78.88	88.41	—
模拟值	东莞市	833	5.39	111.82	81.15	85.09
	佛山市	1223	4.59	160.11	94.48	83.27
	广州市	1383	3.72	148.12	82.11	90.55
	深圳市	530	7.93	96.80	78.33	84.10
	中山市	586	2.44	161.78	74.35	61.06

表 10-15　时序–斑块 CA 模拟结果与真实格局相似度（2006 年）

		NP	LPI	ENN	PARA	整体相似度（%）
实际值	东莞市	824	10.44	69.90	70.71	——
	佛山市	1281	7.55	86.39	80.69	——
	广州市	1417	4.89	97.93	77.90	——
	深圳市	474	14.02	66.13	52.21	——
	中山市	497	3.12	76.79	78.46	——
模拟值	东莞市	709	12.91	92.47	68.29	86.97
	佛山市	1291	6.76	138.67	85.19	83.09
	广州市	1529	5.64	128.15	73.67	88.77
	深圳市	477	17.98	87.08	70.41	84.10
	中山市	618	6.22	132.26	65.43	70.93

表 10-16　时序–斑块 CA 模拟结果与真实格局相似度（2009 年）

		NP	LPI	ENN	PARA	整体相似度（%）
实际值	东莞市	588	13.64	68.38	63.67	——
	佛山市	1094	9.44	84.00	74.04	——
	广州市	1128	8.02	101.48	71.10	——
	深圳市	407	15.34	65.28	48.22	——
	中山市	385	3.57	77.75	71.27	——
模拟值	东莞市	614	16.28	85.58	60.45	90.68
	佛山市	1169	8.80	135.54	78.53	81.27
	广州市	1697	7.93	126.30	71.87	80.98
	深圳市	467	22.86	81.75	64.61	79.63
	中山市	570	7.48	118.26	59.78	69.96

表 10-17　时序–斑块 CA 模拟结果与真实格局相似度（2012 年）

		NP	LPI	ENN	PARA	整体相似度（%）
实际值	东莞市	555	26.36	66.02	55.71	——
	佛山市	963	11.43	76.31	67.07	——
	广州市	1088	12.48	98.70	60.41	——
	深圳市	567	17.85	63.78	48.48	——
	中山市	458	6.14	74.86	69.03	——
模拟值	东莞市	509	27.13	74.13	48.04	91.22
	佛山市	1103	10.13	112.83	71.61	82.38
	广州市	1719	10.71	121.47	64.63	77.54
	深圳市	435	29.84	80.65	57.32	80.00
	中山市	478	9.57	115.00	50.94	78.09

10.3　矢量 CA 模型与城市精细化模拟

早期一些矢量 CA 模型虽然脱离了规整元胞的限制，但却不能真实地反映地物实况

（Moreno et al.，2009）。为了克服该缺陷，基于现实对象实体的矢量元胞空间逐渐受到重视，如以地物作为元胞空间的基本构成，Benenson 等（2002）构建基于地物实体的模型用以解释不同形式的决策者行为；也有学者以人口普查单元构成的元胞空间进行探索，如 Nuno 和 António（2010）考虑不规则人口普查单元，将城市形态与人口因素、社会经济因素与建筑物数据结合起来，以此模拟城市土地利用的变化过程；更多的学者则以地块作为基本不规则单元构造 CA 模型来模拟城市土地利用变化（Stevens et al.，2007；Abolhasani et al.，2016）。其中，以地块作为元胞单元进行模拟对城市规划具有较强的参考意义，且能够实现对地物更为真实的描述（Barreira-González et al.，2015）。总体来说，基于地块的矢量 CA 模型在精细尺度的土地利用变化模拟中具有明显的优势。

　　然而，矢量 CA 模型是一种新的城市模拟模型，相关研究较少，仍存在不少难题。首先，矢量 CA 的元胞单元是不规则的多边形，适用于栅格 CA 的邻域定义方法不再适用于矢量 CA，需要根据具体目标重新定义，且矢量 CA 模型也并未克服对邻域类型和大小的敏感性，邻域的配置对模型的模拟结果影响很大。前人通过研究提出了各种类型的邻域定义方法，如 Stevens 等（2007）基于元胞的邻接等拓扑关系定义邻域；Crooks（2010）在考虑地理要素阻挡作用的基础上，以距元胞中心的缓冲距离定义邻域；Moreno 等（2009）通过定义动态邻域，消除邻域配置的参数敏感性；Ballestores 和 Qiu（2012）采用距元胞边界一定缓冲距离划定邻域空间。上述的邻域定义方法各有优缺，也有不同的适用环境，Dahal 和 Chow（2015）在前人的基础上，定义了 30 种邻域配置方式，用以评估模拟结果的参数敏感性，其研究结果表明采用要素阻挡的中心缓冲邻域能获得最高的模拟精度。因此，本书在计算邻域效应时采用要素阻拦的中心缓冲邻域配置。

　　另外，矢量 CA 的元胞是具有同质性的不规则的单元，而城市扩张是高度破碎化的过程（Su et al.，2012），模拟过程中元胞内极易出现其他的土地利用类型破坏元胞的同质性，且直接以地块为基本元胞进行模拟，但其尺度过于粗糙，模拟精度会受影响，因此需要引入合理的土地分裂方法。现有的土地分裂方法多用于可视化，辅助城市规划者评估土地使用条例、环境保护政策等（Vanegas et al.，2009），如 Wickramasuriya 等（2011）基于 ArcGIS 开发了一种自动分裂地块的工具，将大的街道地块划分为整齐的小地块和街道布局；Dahal 和 Chow（2014）开发的 Parcel-Divider 工具能根据地块的形状、大小、方向将其分裂为各种更细碎的布局；Vanegas 等（2009）基于高分辨率遥感影像和矢量数据集，采用二分递归划分的策略，将大型的城市结构划分为小型地块和新的街道，实现了良好的可视化。而只有少数研究在矢量 CA 模型中引入了土地分裂机制，如 Moreno 等（2008，2009）的 VecCA 模型通过确定缓冲区距离的方法对元胞进行几何变换，从而实现对地块的分割；Abolhasani 等（2016）的矢量 CA 模型在数据预处理中进行了土地分裂，但前者只能对地块的边缘位置进行分裂，无法实现对地块内部的土地分裂，后者虽然避免了该问题，但缺少迭代过程中的动态土地分裂过程，不利于模拟城市土地利用的动态变化，因此在矢量 CA 模型中引入合理的动态土地分裂方法是非常必要的。

　　本节设计一套耦合动态地块分裂的矢量 CA 框架，通过构建 DLPS-VCA 模型，来模拟在较大范围内精细尺度的城市土地利用变化过程。第一步，本书的研究设计了一种基于最小外接矩形（minimum area bounding rectangle，MABR）的动态土地地块分裂方法，合理地对较大的非建设用地土地斑块进行准确和有向的破碎化；第二步，基于随机森林 RFA 模型挖掘非建设用地转化为各类土地利用的规则，并动态耦合第一步的地块分裂方法构建 DLPS-VCA 模型，在挖掘土地利用变化规则的过程中，将土地利用变化与多类空间变量进行相关性分析；第三步，本书的研究构建了三种不同的城市土地利用变化的多种未来情景，包括无限制发展情景、生态保护情景和"职住平衡"情景，并对不同情景下研究区内 2020 年和 2030 年的城市土地利用变化和功能结构进行预测和分析。

10.3.1 耦合动态地块分裂的矢量 CA 模型

图 10-26 是基于耦合动态地块分裂的矢量 CA 模型（DLPS-VCA）进行模拟的流程图。其研究的目的是通过耦合矢量元胞自动机（VCA）和随机森林拟合模型，在斑块尺度上同时模拟城市扩张和内部多类土地利用变化的过程，并在此过程中考虑了土地地块破碎和动态分裂的过程。其研究方法主要分为以下 4 个步骤：

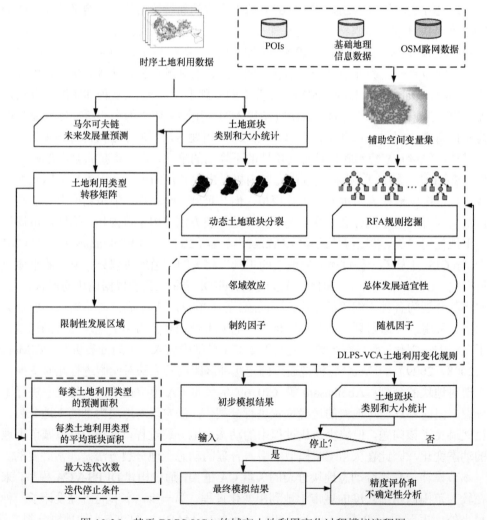

图 10-26　基于 DLPS-VCA 的城市土地利用变化过程模拟流程图

（1）对于每个较大的矢量地块进行基于最小外接矩形（MABR）的动态分裂（dynamic land parcel subdivision，DLPS），从而得到沿着城市道路发展的合理面积和方向的地块分布；

（2）基于多源空间数据集构建辅助空间变量集，引入 RFA 模拟模型，挖掘在斑块尺度上城市扩张和土地利用变化的规则；

（3）通过城市土地利用数据对模型进行校正和验证，构建 DLPS-VCA 模型，开展城市土地利用变化的模拟，并对模拟结果进行精度评价和邻域参数敏感性分析；

（4）构建多种城市未来发展场景，并基于 DLPS-VCA 模型对研究区的城市土地利用变化进行未来发展的模拟。

1. 多源空间数据的预处理

本书的研究在城市精细模拟方面主要研究非建设用地和各类城市用地（公共管理服务用地、居住用地、商业用地和工业工地）之间的转换。基于高德 POIs 数据构建了辅助空间变量集，见表 10-18 和图 10-27。这些变量包括自然因素（高程和坡度）、交通因素（路网、高速路和铁路）、区位因素（区域中心和各类设施分布密度）和城市社会经济因素（人口和房价精细分布）等，这些辅助变量可以合理地反映城市空间结构和居民活动特征（Long and Liu. 2015；Jiang et al.，2015）。本书的研究采用的是基于高斯核函数的 MISE 准则，自动判定最佳核密度分析半径生成密度数据。

表 10-18　基于 DLPS-VCA 模拟土地利用变化驱动因子数据集

类型	数据	分辨率（m）	数据源
自然因素	高程	30	遥感产品数据
	坡度	30	遥感产品数据
	到区中心距离	25	基础地理信息数据
区位因素	到医疗设施距离	25	感兴趣点数据
	到娱乐设施距离	25	感兴趣点数据
	商场分布密度	25	感兴趣点数据
	餐饮分布密度	25	感兴趣点数据
	公园分布密度	25	感兴趣点数据
	工厂分布密度	25	感兴趣点数据
	批发市场分布密度	25	感兴趣点数据
交通因素	到铁路距离	25	基础地理信息数据
	到高速公路距离	25	基础地理信息数据
	到普通道路距离	25	OpenStreetMap 路网
	公交车站分布密度	25	感兴趣点数据
社会经济因素	人口空间分布密度	建筑物尺度	本书模拟数据
	房屋价格	5	本书模拟数据

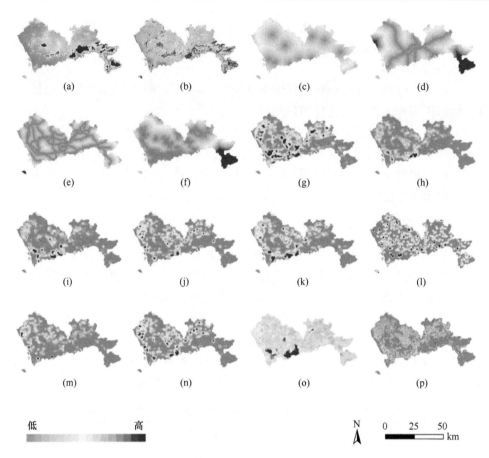

图 10-27　辅助空间变量集

（a）高程；（b）坡度；（c）到区中心距离；（d）到铁路距离；（e）到高速公路距离；（f）到普通道路距离；（g）公交车站
分布密度；（h）到医疗设施距离；（i）到娱乐设施距离；（j）商场分布密度；（k）餐饮分布密度；（l）公园分布密度；
（m）工厂分布密度；（n）批发市场分布密度；（o）人口空间分布密度；（p）房屋价格

2. 基于最小外接矩形（MABR）的动态地块分裂

城市土地利用变化的过程是随机的和高度破碎化的。本书的研究在 Vanegas 等
（2009）对地块分裂及可视化研究的基础上，采用迭代二分法的策略对较大的城市地块
进行分裂，该方法可以确保地块分裂之后总体方向沿着既有道路发展。在每次城市土地
利用变化规则挖掘之前，本书的研究统计第 i 类土地利用地块的面积，如图 10-28 所示，
对地块 $P_{i,j}$ 分裂的过程主要包括以下 3 步：

（1）基于 Cheng 等（2008）提出的对任意多边形划分 MABR 的迭代模型，对多边
形的顶点进行迭代求取其凸壳，从而得到了地块 $P_{i,j}$ 准确的 MABR。从图 10-28（a）可
以很明显地看出，MABR 具有的方向性和原始地块及道路是一致的。

（2）在 MABR 的较长边上作垂直平分线 l，l 将地块 $P_{i,j}$ 划分为两个新的破碎地块
$P_{i,j}^{1}$ 和 $P_{i,j}^{2}$。计算新 $P_{i,j}^{1}$ 和 $P_{i,j}^{2}$ 的面积，并对面积大于 $\mu_i + 2\sigma_i$ 的继续计算其 MABR，进行
基于前一步的分裂。

（3）重复前两步，直到所有地块的面积小于当前的 $\mu_i + 2\sigma_i$ 为止，并在每一次城市土地利用变化模拟之后，对每一种用地类型的地块面积平均值 μ_i 和标准差 σ_i 进行更新，因此实现了在城市土地利用模拟过程中的动态土地地块分裂（dynamic land parcel subdivision，DLPS）。图 10-28（b）～图 10-28（d）显示了基于 MABR 的深圳市南山区动态地块分裂的过程。本书的研究可以发现，较大的地块在迭代过程中逐渐被合理地分隔为面积更接近平均值、分布更破碎的基本地块单元。

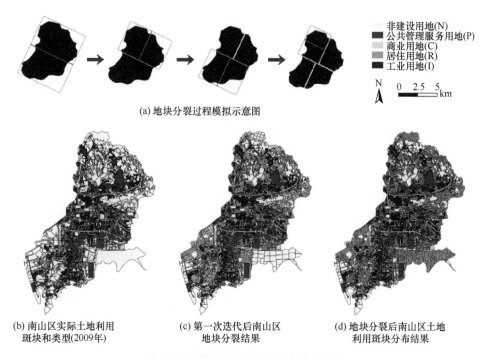

图 10-28　基于 MABR 的动态地块分裂

3. 基于 DLPS-VCA 的城市土地利用变化模拟模型

在进行初步的地块分裂之后，本书的研究将以地块为基本元胞单元，开展基于矢量 CA 模型的模拟。土地利用地块的发展概率 P 主要包括 4 个因素：总体发展适宜性 Pg、邻域效应 Ω、制约因子 Pc 和随机因子 RA。

在 CA 模型中，元胞的总体发展适宜性 Pg 是元胞状态发生变化的最重要的规则。本书的研究耦合 RFA 模型和多源辅助空间数据挖掘每个元胞（地块）的土地利变化总体发展概率。RFA 模型已经被证明是一个杰出的、先进的机器学习模型，其在许多分类任务中的结果显著优于同类分类和拟合模型（Biau，2012）。简单来说，RFA 分类模型是通过随机选择训练集的子集来构建大量的决策树，采用投票的方式获取最终的结果，其落入某一类别的概率即总票数的比例（Breiman，2001；Biau，2012）。另外，本书的研究可以获得每棵决策树基于 OOB 交叉验证策略的估计误差，对树的构建和选择进行优化，并通过对其误差进行平均来进一步计算模型的泛化误差。这种基于 OOB 的分类模型可以克服空间变量之间的相关性，尤其是在高维度拟合和分类情况下，可以避免过拟合现象的产生（Palczewska et al.，2014）。

在样本选择过程中，为了避免各类土地利用转换样本数目不均衡导致的"样本间不均衡问题"（class imbalance problem）（Wasikowski and Chen，2010），本书的研究会根据各类土地利用变化的面积比例来随机筛选样本，使得输入随机森林模型的各类土地利用变化类型的样本数目与非城市用地向各类土地利用变化类型所占面积成比例保持平衡。因此，第 i 类非建设用地地块在 t 时刻发展为第 k 类城市用地的总体发展概率 $\mathrm{Pg}_i^{k,t}$ 为

$$\mathrm{Pg}_i^{k,t} = \frac{\sum_{n=1}^{M} I\left[h_n(x) == Y_k\right]}{M} \tag{10-26}$$

式中，$I(.)$ 为决策树集的示性函数；M 为决策树的总数目；x 为由地块内辅助空间变量均值构成的高维空间向量；$h_n(x)$ 为第 n 棵决策树对 x 的预测类型，也就是各决策树对第 i 类非建设用地地块转换的土地利用类型结果。

邻域效应是 CA 进行复杂地理现象和过程模拟中需要重点考虑的问题之一。与传统的 CA 不同，VCA 的基本单元（元胞）是不规则的地块，难以采用传统规则的 Patch-CA 和栅格 CA 在计算邻域时采用的 Moore 邻域或 Von Neumann 邻域。因此，对于 VCA 来说，其邻域的定义规则一直是有待解决的问题。前人研究指出，在地理元胞自动机模型中，元胞之间的距离影响效应满足指数衰减定律（Cohen and Kaplan，2007）。元胞面积的大小（如地块的大小）和其外部效应呈正相关，其对周围元胞状态的转变发挥着关键作用。为了能够获取较高的多类土地利用模拟精度，DLPS-VCA 采用了一种考虑基于地块面积加权的中心截取缓冲的（centroid intercepted buffer）邻域规则（Abolhasani et al.，2016）。假设第 j 个地块位于以第 i 个地块中心往外的半径为 d 的缓冲区内，且第 i 个地块与第 j 个地块之间不存在河流的阻隔，那么在 t 时刻第 j 个地块对第 i 个地块的邻域效应可按式（10-27）来计算：

$$\Omega_{i,j}^t = \mathrm{e}^{-d_{ij}/d} \cdot \frac{S_j / S_i}{S_{\max} / S_{\min}} \tag{10-27}$$

式中，e 为指数常数；d_{ij} 为第 i 个地块和第 j 个地块中心之间的距离；S_i 和 S_j 分别为第 i 个地块和第 j 个地块的面积；$S_{\max}$ 和 $S_{\min}$ 分别为整个研究区内所有地块面积的最大值和最小值。因此，第 k 类土地利用类型在 t 时刻对第 i 个地块的邻域效应为

$$\Omega_i^{k,t} = \sum_j \Omega_{i,j}^{k,t} (\text{if} \;\; \mathrm{dis}_{i,j} \leqslant d) \tag{10-28}$$

制约因子 Pc 是指一些特定的土地利用类型在模拟过程中不会发生转变。本书的研究将水体（河流、湖泊和海洋等）和道路设置为限制性发展区域。第 i 个地块的制约因子的公式如下所示，其中 S_i 为地块的发展适宜性状态。

$$\mathrm{Pc}_i^t = \begin{cases} 0 & S_i = \text{限制性发展区域} \\ 1 & S_i = \text{适宜发展区域} \end{cases} \tag{10-29}$$

影响土地利用变化的因素非常复杂，且具有很强的随机性。本书的研究引入的随机

因子 $\mathrm{RA} = 1 + (-\ln\gamma)^{\alpha}$，其中 γ 为（0，1）的随机数，α 为控制随机性大小的参数，其值为（1，10）的常数。综上所述，经过分裂后的第 i 个地块在 t 时刻发展为第 k 类土地利用类型的发展概率为

$$P_i^{k,t} = \mathrm{Pg}_i^{k,t} \cdot \Omega_i^{k,t} \cdot \mathrm{Pc}_i^t \cdot \mathrm{RA} \qquad (10\text{-}30)$$

在模拟过程中，本书的研究将对每次模拟结果的各类土地利用地块的面积进行重新统计，得到其均值和标准差，并进行动态土地利用过程模拟。通过计算每个非建设用地斑块转换为各类城市用地类型的发展概率，本书的研究将选取转换概率最大且超过发展阈值的非建设用地进行转换。通过多期土地利用数据在模拟过程中的校正和检验，并基于马尔可夫预测链预测各类土地利用面积的变化，从而对土地利用变化的总量进行控制，以达到最优的模拟结果。此外，本书的研究还将基于不同的阈值和土地利用变化总量模拟不同的未来场景，来预测研究区内土地利用的发展模式及城市土地利用变化和功能结构之间的关系。

10.3.2　基于 DLPS-VCA 的土地利用精细模拟

为了使 DLPS-VCA 模型在挖掘土地利用发展规则过程中扩大样本量并检验其有效性，本书的研究在 2009～2014 年选取了非建设用地转变为其他城市用地类型（公共管理服务用地、居住用地、商业用地和工业用地）的样本作为 DLPS-VCA 的训练数据。通过计算 2009～2014 年各类土地利用所占面积比例，基于马尔可夫链预测模型进行了未来城市发展场景的模拟转换量的计算。

在基于 RFA 规则挖掘的过程中，本书的研究将训练数据集随机分成 2 个部分（包括原始土地利用变化数据和辅助地理空间数据）：60% 的数据作为训练数据，40% 的数据为用于评估模型最终精度的测试数据。在训练数据集中，本书的研究设置了 100 棵决策树和随机占比 20% 的 OOB 数据，通过 OOB 交叉验证对 RFA 迭代修正，并将随机训练和预测过程重复 100 次，以获得最可靠的平均精度结果。

作为 DPLS-VCA 模型的对比，本书的研究还采用了两个比较先进的 CA 模型对同一套数据进行土地利用变化的模拟和对比，分别是基于 RFA 的 Patch-CA 和不进行地块分裂的 RFA-VCA 模型。本书的研究使用的 RFA-Patch-CA 采用的模拟方法和策略与 10.2 节类似，但将 RFA 模型取代了原始的 Logistic-Patch-CA 多类 Logistic 回归模型计算土地利用变化的概率。对以上 3 个模型（DLPS-VCA、RFA-VCA 和 Patch-CA）2009～2014 年的土地利用模拟结果在像元尺度上进行了对比。图 10-29 显示了 2014 年土地利用的真实数据，以及 DLPS-VCA、RFA-VCA 和 Patch-CA 三个模型在 2014 年的土地利用模拟结果，表 10-19 是模拟结果和真实土地利用像元级对比的 FoM 结果。为了显示更多的细节，图 10-30 显示了福田区中心、南山区中心、坪山区和大鹏新区的真实和模拟土地利用的局部细节。

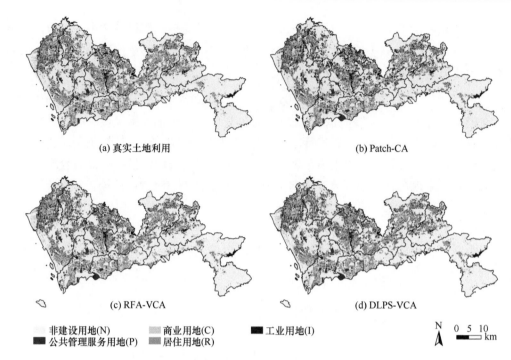

図 10-29　2014 年深圳市真实土地利用与模拟结果

表 10-19　不同城市发展模拟模型的模拟结果精度在像元级的对比

结果	PA（%）	UA（%）	FoM
DLPS-VCA	37.63	37.45	0.236
RFA-VCA	33.06	32.31	0.198
Patch-CA	30.44	29.73	0.178

　　表 10-19 显示，本书提出的 DLPS-VCA 具有最高的精度（FoM = 0.236），比未进行地块动态分裂的 RFA-VCA 和 Patch-CA 的总体精度分别高 19.19%和 32.58%。从这个结果可以体现出两点：①相比于 Patch-CA，基于真实地块进行模拟的 VCA（DLPS-VCA 和 RFA-VCA）在城市土地利用模拟中更为准确，因此具备更好的土地利用模拟精度；②在城市发展过程中，较大的城市土地斑块会逐渐破碎和分裂成较小的土地斑块，因此具有动态地块分裂能力的 DLPS-VCA 模型具备更高的模拟精度，在模拟结果中更能真实地反映城市功能结构特征。

　　表 10-20 显示了在斑块尺度上 DLPS-VCA、RFA-VCA 和 Patch-CA 的模拟结果和真实土地利用分布之间的景观指数相似性结果。通过对比三种模拟的模拟结果和 2014 年的真实土地利用数据，DLPS-VCA 的结果和实际土地利用模式具备最高的相似性（86.61%）。本书的研究根据已有的城市斑块对新分裂的地块放入面积和破碎程度进行了控制，因此与斑块属性密切相关的景观指数，如 LPI、ENN 和 PARA，DLPS-VCA 的结果相比于另外两个模型最为接近。图 10-30 选取了研究区内 4 个典型区域进行对比，本书的研究可以发现，Patch-CA 的结果明显地在边缘增长过程中直接连接临近斑块，从而导致 NP 偏小，而且还产生了椒盐噪声的现象，降低了模拟结果的精度。

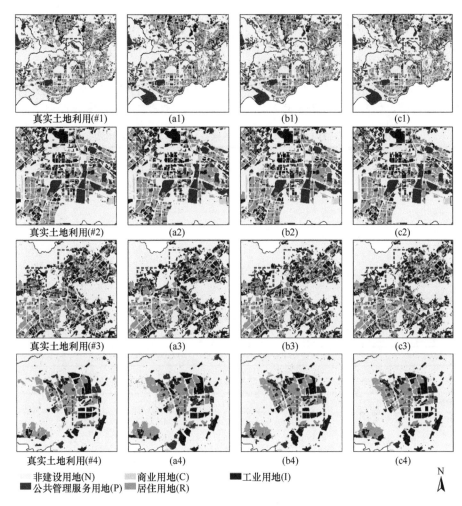

图 10-30　2014 年深圳市真实土地利用与模拟结果细节图

(#1) 福田区中心；(#2) 南山区中心；(#3) 坪山区；(#4) 大鹏新区；
(a1)～(a4) Patch-CA；(b1)～(b4) RFA-VCA；(c1)～(c4) DLPS-VCA

表 10-20　不同城市发展模拟模型的模拟结果精度在斑块级的景观指数对比

结果	NP	LPI	ENN	PARA	相似性（%）
真实土地利用	28550	67.673	124.799	906.634	—
DLPS-VCA	27980	67.167	123.835	908.812	86.61
RFA-VCA	27961	67.001	121.589	911.377	81.90
Patch-CA	26826	66.793	121.022	923.850	75.26

　　RFA-VCA 和 DLPS-VCA 在城市中心区域内的土地利用发展模拟结果极为相似，这是因为在城市中心经济较为发达的区域地块的大小都非常的稳定，不容易产生太大的分裂和变化。但从图 10-30（c1）～图 10-30（c4）中可以发现，在城市新发展的区域（原城郊区域），采用 DLPS-VCA 进行地块分裂后模拟的结果和真实土地利用对比更为准确。综上所述，本书的研究提出的 DLPS-VCA 在模拟过程中不仅更为准确地模拟出城市的

扩张过程，还合理地挖掘了各类地块的土地利用变化规则。另外，基于本书提出的动态土地利用分类，不规则非建设用地地块的分裂结果也与真实土地利用中地块非常相似，因此 DLPS-VCA 能获得更准确和相似的模拟结果。

在以行政区为基本单元的模拟中，将 DLPS-VCA 的模拟结果和 2014 年真实土地利用数据进行对比，不同行政区的 FoM 和景观指数相似性见表 10-21 和表 10-22。福田区、

表 10-21　基于 DLPS-VCA 的模拟结果各行政区精度在像素级的对比

行政区	PA（%）	UA（%）	FoM
福田区	22.78	60.49	0.198
罗湖区	18.11	27.65	0.123
南山区	21.57	43.43	0.170
盐田区	20.64	60.37	0.182
宝安区	41.45	34.39	0.234
光明区	42.51	31.41	0.223
龙岗区	25.08	35.75	0.174
龙华区	50.62	39.12	0.288
坪山区	37.66	42.19	0.253
大鹏新区	27.33	30.73	0.169
深圳市	**37.63**	**37.45**	**0.236**

表 10-22　基于 DLPS-VCA 的模拟结果各行政区精度在斑块级的景观指数对比

行政区	类型	NP	LPI	PARA	ENN	相似性（%）
福田区	真实	1368	59.220	746.733	113.124	58.48
	模拟	1366	57.566	749.205	112.931	
罗湖区	真实	1326	70.875	833.318	123.492	86.41
	模拟	1319	71.380	831.840	119.645	
南山区	真实	2199	63.139	794.401	161.124	85.96
	模拟	2089	63.646	795.437	161.750	
盐田区	真实	520	87.307	893.546	179.479	87.60
	模拟	504	87.693	895.124	165.607	
宝安区	真实	8250	60.291	970.609	111.796	77.37
	模拟	8465	59.445	981.342	109.345	
光明区	真实	2168	69.718	936.472	140.569	50.48
	模拟	2083	67.832	943.141	133.693	
龙岗区	真实	6230	59.392	893.631	119.576	91.55
	模拟	5964	59.681	888.350	119.445	
龙华区	真实	3531	50.376	936.245	117.156	62.41
	模拟	3487	48.934	944.211	112.360	
坪山区	真实	1995	73.881	883.653	131.569	94.24
	模拟	1964	73.681	885.120	129.860	
大鹏新区	真实	1242	92.088	913.509	205.705	93.58
	模拟	1238	91.869	918.449	199.671	
深圳市	真实	**28550**	**67.673**	**124.799**	**906.634**	**86.61**
	模拟	**27980**	**67.167**	**123.835**	**908.812**	

罗湖区和南山区是深圳市经济最为发达的"关内"经济发达的区域,相比经济较为落后的宝安区、龙华区、坪山区的城市土地利用变化模拟结果的精度较低。该结果说明了城市发展的复杂性,经济发达的区域以土地利用内部转变为主,而经济较为落后的区域的城市发展以城市扩张为主(Zheng et al.,2014;Wang et al.,2013a,2013b)。此外,龙岗区、光明区和大鹏新区是深圳市政府规划的新兴发展的区域,这些区域的发展受到政府政策主导作用较大,DLPS-VCA 在挖掘土地利用发展规则时难以量化政府决策的因素,所以这三个新兴发展的行政区的 FoM 或景观指数中的 NP 差异都较大,模拟精度较低。因此,在今后的研究中,如何在土地利用模拟中引入政府决策和居民活动成为提高 DLPS-VCA 模拟精度的一个关键问题。

10.3.3　基于多种未来情景的城市土地利用发展预测

本书提出的 DLPS-VCA 模型可以有效地应用于未来情景下城市发展、土地利用变化和其功能格局变化的模拟和预测。为了验证 DLPS-VCA 在未来情景模拟的有效性,本书的研究提出了 3 种深圳市发展可能存在的未来情景,这三种情景在 2020 年和 2030 年的预测面积见表 10-23。这三种情景分别如下。

(1) UDDS:没有任何约束和限制性条件的城市发展情景(urban disordered development without any restrictions);

(2) USDE:考虑到生态环境保护,以生态控制线作为限制条件的城市可持续发展情景(urban sustainable development with consideration of ecology control);

(3) USDB:考虑到在生态环境保护的基础上,实现城市居民"职住平衡"状态下的城市可持续发展情景(urban sustainable development with consideration of ecology control & "job-housing balance")(Peng,1997;Zhao et al.,2011)。

表 10-23　在不同未来情景模式下的各类用地模拟总面积　　(单位:km²)

场景	UDDS		USDE		USDB	
年份	2020 年	2030 年	2020 年	2030 年	2020 年	2030 年
非建设用地	1307.714	1228.738	1313.911	1247.750	1321.704	1258.921
公共管理服务用地	123.685	152.673	117.590	144.801	117.664	143.227
居住用地	211.614	221.244	210.388	220.266	215.154	220.007
商业用地	38.203	49.687	38.562	50.370	35.997	43.953
工业用地	306.694	335.568	307.460	324.723	297.392	321.803

在前两种城市发展情景(UDDS 和 USDE)的土地利用总变化量计算中,2014~2020 年和 2030 年,非建设用地转换为各类城市土地利用类型(居住用地、商业用地和工业用地)的转换总面积是基于无限制条件的马尔可夫链预测出来的。但在 USDE 中,本书的研究考虑了官方公布的生态控制线,即政府加入生态保护干预,对于生态控制线内的用地类型给予保护而禁止发展。

　　此外，"职住平衡"是指特定地理区域内的就业人数和住房单位之间的空间关系保持就业和住房总体达到平衡状态（Peng，1997）。前人的研究表明，当居民可以在合理的出行距离内获得工作时，并且可用的住房类型可以补充各种雇员的住房需求时，这个地区被认为是"职住平衡"的（Zhao et al.，2011）。因此，USDB 城市发展情景模式是在 USDE 的基础上，在基于 DLPS-VCA 模拟城市发展的过程中，设定一定的居住用地和工作用地（公共管理服务用地、商业用地和工业用地）占地面积比，本书研究的最终占地面积比约为 1∶1。所以，2020 年和 2030 年 USDB 的各类土地用地的转换面积是通过带有限制条件的马尔可夫模型预测的。

　　表 10-23 和图 10-31 分别是 UDDS、USDE 和 USDB 三种未来情景模拟的在 2020 年和 2030 年的模拟总量和模拟结果。图 10-32 是在 3 种未来情景下，深圳市的城市中心区域（福田区、南山区和宝安区）的模拟结果，从中可以看出更多模拟结果的细节。从图 10-31 和图 10-32 可以看出，在没有生态控制约束的情况下，城市未来发展过程中，大量的生态保护区域被工业用地侵蚀，如铁岗水库生态保护区域[图 10-32(a1)和图 10-32(b1)]。另外，在 UDDS 场景下，尤其是在罗湖区、福田区等经济发达的中心城区，平均每年约有 7.9km² 的非建用地被侵蚀和转变为城市用地。但在加入生态保护控制的情况下，城市的发展过程和区域从对外部扩张转向于内部用地转变及海滩等用地进行发展[图 10-32（a2）和图 10-32（b2）]。在考虑到"职住平衡"的情况下，工业用地增长势头减弱，而更多的非城市用地转换为居住用地，但到 2030 年居住用地占有面积和其他两个场景（UDDS 和 USDE）相似。这体现出，无论在任何场景下，在现有的城市空间格局下，深圳市的居住用地总面积的增长速度发生了变化，但到最后都会趋于稳定。

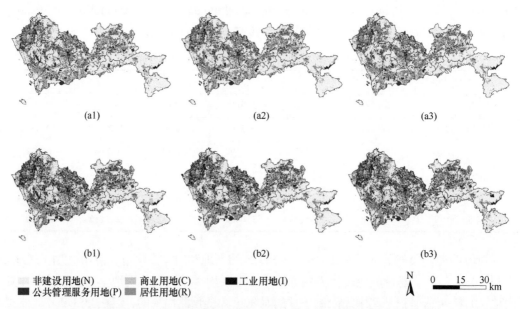

图 10-31　在不同城市发展场景下的未来城市土地利用模拟结果
（a1）UDDS（2020 年）；（a2）USDE（2020 年）；（a3）USDB（2020 年）；
（b1）UDDS（2030 年）；（b2）USDE（2030 年）；（b3）USDB（2030 年）

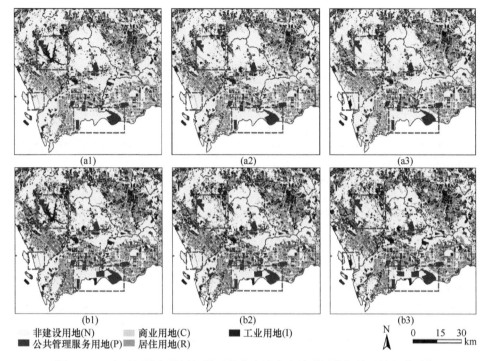

图 10-32　在不同城市发展场景下的未来城市土地利用模拟结果的细节图像
（深圳市西南部：福田区、南山区和宝安区中心）

（a1）UDDS（2020 年）；（a2）USDE（2020 年）；（a3）USDB（2020 年）；
（b1）UDDS（2030 年）；（b2）USDE（2030 年）；（b3）USDB（2030 年）

参 考 文 献

Abolhasani S, Taleai M, Karimi M, et al. 2016. Simulating urban growth under planning policies through parcel-based cellular automata (ParCA) model. International Journal of Geographical Information Science, 30(11): 1-26.

Allison P D. 2011. Survival analysis using SAS: a practical guide. Biometrics, 67(3): 1177-1183.

An L, Brown D G. 2008. Survival analysis in land change science: integrating with GIScience to address temporal complexities. Annals of the Association of American Geographers, 98(2): 323-344.

Ballestores J F, Qiu Z. 2012. An integrated parcel-based land use change model using cellular automata and decision tree. Proceedings of the International Academy of Ecology and Environmental Sciences, 2(2): 53.

Barreira-González P, Gómez-Delgado M, Aguilera-Benavente F. 2015. From raster to vector cellular automata models: a new approach to simulate urban growth with the help of graph theory. Computers, Environment & Urban Systems, 54: 119-131.

Benenson I, Omer I, Hatna E. 2002. Entity-based modeling of urban residential dynamics: the case of Yaffo, Tel Aviv. Environment & Planning B: Planning & Design, 29(4): 491-512.

Biau G. 2012. Analysis of a random forests model. The Journal of Machine Learning Research, 13(1): 1063-1095.

Breiman L. 2001. Random forests. Machine Learning, 45(1): 5-32.

Chang C C, Lin C J. 2011. LIBSVM: a library for support vector machines. ACM Transactions on Intelligent Systems and Technology, 2(3): 1-39.

Chen Y, Li X, Liu X, et al. 2016. Capturing the varying effects of driving forces over time for the simulation of urban growth by using survival analysis and cellular automata. Landscape and Urban Planning, 152: 59-71.

Cheng P, Yan H, Han Z. 2008. An algorithm for computing the minimum area bounding rectangle of an arbitrary polygon. Journal of Engineering Graphics, 1: 22.

Chowdhury P K R, Maithani S. 2014. Modelling urban growth in the Indo-Gangetic plain using nighttime OLS data and cellular automata. International Journal of Applied Earth Observation and Geoinformation, 33: 155-165.

Clarke K C, Gaydos L J.1998. Loose-coupling a cellular automaton model and GIS: long-term urban growth prediction for San Francisco and Washington/Baltimore. International Journal of Geographical Information Science, 12(7): 699-714.

Cohen E, Kaplan H. 2007. Spatially-decaying aggregation over a network. Journal of Computer and System Sciences, 73(3): 265-288.

Cox D R. 1972. Regression models and life-tables. Journal of the Royal Statistical Society. Series B (Methodological), 34(2): 187-220.

Crooks A T. 2010. Constructing and implementing an agent-based model of residential segregation through vector GIS. International Journal of Geographical Information Science, 24(5): 661-675.

Dahal K R, Chow T E. 2014. A GIS toolset for automated partitioning of urban lands. Environmental Modelling & Software, 55: 222-234.

Dahal K R, Chow T E. 2015. Characterization of neighborhood sensitivity of an irregular cellular automata model of urban growth. International Journal of Geographical Information Science, 29 (3): 475-497.

Dietzel C, Clarke K C. 2007. Toward optimal calibration of the SLEUTH land use change model. Transactions in GIS, 11(1): 29.

Fan J, Sun W, Yang Z S, et al. 2012. Focusing on the major function-oriented zone: a new spatial planning approach and practice in China and its 12th Five-Year Plan. Asia Pacific Viewpoint, 53(1): 86-96.

Fernandez-Delgado M, Cernadas E, Barro S, et al. 2014. Do we need hundreds of classifiers to solve real world classification problems. Journal of Machine Leaning Research, 15(1): 3133-3181.

Fragkias M , Seto K C. 2009. Evolving rank-size distributions of intra-metropolitan urban clusters in South China. Computers, Environment and Urban Systems, 33(3): 189-199.

García A M, Santé I, Boullón M, et al. 2012. A comparative analysis of cellular automata models for simulation of small urban areas in Galicia, NW Spain. Computers, Environment and Urban Systems, 36(4): 291-301.

Jiang S, Alves A, Rodrigues F, et al. 2015. Mining point-of-interest data from social networks for urban land use classification and disaggregation. Computers, Environment and Urban Systems, 53: 36-46.

Lei S, Cheng S , Gunson A J , et al. 2005. Urbanization, sustainability and the utilization of energy and mineral resources in China. Cities, 22(4): 287-302.

Letourneau A, Verburg P H, Stehfest E. 2012. A land-use systems approach to represent land-use dynamics at continental and global scales. Environmental Modelling & Software, 33: 61-79.

Li X, Lin J Y, Chen Y M, et al. 2013. Calibrating cellular automata based on landscape metrics by using genetic algorithms. International Journal of Geographical Information Science, 27(3): 594-613.

Li X, Liu X P. 2006. An extended cellular automation using case-based reasoning for simulating urban development in a large complex region. International Journal of Geographical Information Science, 20(10): 1109-1136.

Li X, Yang Q S, Liu X P. 2008. Discovering and evaluating urban signatures for simulating compact development using cellular automata. Landscape and Urban Planning, 86(2): 177-186.

Liu X P, Lao C H, Li X, et al. 2012. An integrated approach of remote sensing, GIS and swarm intelligence for zoning protected ecological areas. Landscape Ecology, 27(3): 447-463.

Liu X P, Li X, Shi X, et al. 2008. Simulating complex urban development using kernel-based non-linear cellular automata. Ecological Modelling, 211(1-2): 169-181.

Liu X P, Li X, Shi X, et al. 2010. Simulating land-use dynamics under planning policies by integrating artificial immune systems with cellular automata. International Journal of Geographical Information

Science, 24(5): 783-802.

Liu Y, Phinn S R. 2003. Modelling urban development with cellular automata incorporating fuzzy-set approaches, Computers, Environment and Urban Systems, 27(6): 637-658.

Long Y, Liu X J. 2016. Automated identification and characterization of parcels (AICP) with OpenStreetMap and Points of Interest. Environment and Planning B: Planning and Design, 43(2): 341-360.

Meentemeyer R K, Tang W, Dorning M A , et al. 2013. Futures: multilevel simulations of emerging urban–rural landscape structure using a stochastic patch-growing algorithm. Annals of the Association of American Geographers, 103(4): 785-807.

Moreno N, Ménard A, Marceau D J. 2008. VecGCA: a vector-based geographic cellular automata model allowing geometric transformations of objects. Environment & Planning B: Planning & Design, 35(4): 647-665.

Moreno N, Wang F, Marceau D J. 2009. Implementation of a dynamic neighborhood in a land-use vector-based cellular automata model. Computers Environment & Urban Systems, 33(1): 44-54.

Northam R M. 1979. Urban Gography. New York: John Wiley and Sons.

Nuno N P, António P A. 2010. A cellular automata model based on irregular cells: application to small urban areas. Environment & Planning B: Planning & Design, 37(6): 1095-1114.

Palczewska A, Palczewski J, Robinson R M, et al. 2014. Interpreting random forest classification models using a feature contribution method//Bouabana-Tebibel T, Rubin S H. Integration of Reusable Systems. Berlin: Springer: 193-218.

Pannell, C.W. 2002. China's continuing urban transition. Environment and Planning A, 34(9): 1571-1589.

Parker D C, Meretsky V. 2004. Measuring pattern outcomes in an agent-based model of edge-effect externalities using spatial metrics. Agriculture, Ecosystems & Environment, 101(2-3): 233-250.

Peng Z R. 1997. The jobs-housing balance and urban commuting. Urban Studies, 34(8): 1215-1235.

Pontius R G, Boersma W , Castella J C , et al. 2008. Comparing the input, output, and validation maps for several models of land change. The Annals of Regional Science, 42(1): 11-37.

Pontius R G, Millones M. 2011. Death to Kappa: birth of quantity disagreement and allocation disagreement for accuracy assessment. International Journal of Remote Sensing, 32(15): 4407-4429.

Pontius R G, Walker R, Yao-Kumah R, et al. 2007. Accuracy assessment for a simulation model of Amazonian deforestation. Annals of the Association of American Geographers, 97(4): 677-695.

Schölkopf B, Smola A J. 2005. Learning with kernels: support vector machines, regularization, optimization, and beyond. Journal of the American Statistical Association, 16(3): 781.

Silva E A, Clarke K C. 2002. Calibration of the SLEUTH urban growth model for Lisbon and Porto, Portugal. Computers, Environment and Urban Systems, 26(6): 525-552.

Stevens D, Dragicevic S, Rothley K.2007. iCity: a GIS-CA modelling tool for urban planning and decision making. Environmental Modelling & Software, 22(6): 761-773.

Su S L, Xiao R, Jiang Z L, et al.2012. Characterizing landscape pattern and ecosystem service value changes for urbanization impacts at an eco-regional scale. Applied Geography, 34: 295-305.

Sui D Z, Zeng H. 2001. Modeling the dynamics of landscape structure in Asia's emerging desakota regions: a case study in Shenzhen. Landscape and Urban Planning, 53(1-4): 37-52.

Sunde M G, He H S, Zhou B, et al. 2014. Imperviousness Change Analysis Tool (I-CAT) for simulating pixel-level urban growth. Landscape and Urban Planning, 124: 104-108.

Tong K, Granat M H. 1999. A practical gait analysis system using gyroscopes. Medical Engineering & Physics, 21(2): 87-94.

Vanegas C A, Aliaga D G, Benes B, et al. 2009. Visualization of simulated urban spaces: inferring parameterized generation of streets, parcels, and aerial imagery. IEEE Transactions on Visualization and Computer Graphics, 15(3): 424-435.

Verburg P H, Berkel D B V, Doorn A M V, et al. 2010. Trajectories of land use change in Europe: a model-based exploration of rural futures. Landscape Ecology, 25(2): 217-232.

Wang F, Marceau D J. 2013. A patch-based cellular automaton for simulating land-use changes at fine spatial resolution. Transactions in GIS, 17(6): 828-846.

Wang H, Shen Q, Tang B S, et al. 2013b. An integrated approach to supporting land-use decisions in site redevelopment for urban renewal in Hong Kong. Habitat International, 38: 70-80.

Wang N H, Brown D G, An L, et al. 2013a. Comparative performance of logistic regression and survival analysis for detecting spatial predictors of land-use change. International Journal of Geographical Information Science, 27(10): 1960-1982.

Wasikowski M, Chen X W. 2010. Combating the small sample class imbalance problem using feature selection. IEEE Transactions on Knowledge and Data Engineering, 22(10): 1388-1400.

Wickramasuriya R, Chisholm L A, Puotinen M, et al. 2011. An automated land subdivision tool for urban and regional planning: concepts, implementation and testing. Environmental Modelling & Software, 26(12): 1675-1684.

Yang Q S, Li X, Shi X. 2008. Cellular automata for simulating land use changes based on support vector machines. Computers & Geosciences, 34(6): 592-602.

Zhao P J, LÜ B, Roo G D. 2011. Impact of the jobs-housing balance on urban commuting in Beijing in the transformation era. Journal of Transport Geography, 19(1): 59-69.

Zheng H W, Shen G Q, Wang H. 2014. A review of recent studies on sustainable urban renewal. Habitat International, 41: 272-279.

第 11 章　多智能体的基本原理

11.1　多智能体的历史根源与基本概念

人类很早就认识到了事物之间的相互作用。但这种认识仅局限于一种简单的相互作用。这种相互作用被简化为各种力，相互作用的效用又简化为各种流。而力与流的关系则用数学上的线性方程来描述（任玉凤，1998）。这就是牛顿的经典力学理论。

然而，丰富多彩的现实世界是一个复杂系统，事物之间的相互作用并不具有独立性、均匀性，但具有整体性、非均衡性等特点。牛顿经典力学理论无法解释这种非线性复杂作用。于是，有些学者突破线性相互作用及局部还原论的局限性，开始研究系统整体性及非线性的相互作用。20 世纪 40 年代，L. Bertalanffy 建立了开放系统一般系统论，提出了系统具有整体性、有序性和目的性，但他并没有对有序性、目的性做出满意的解释（吴晓军等，2004）。1948 年，美国学者维纳发表了 *Cybernetics or Control and Communication in the Animal and Machine* 专著，提出了"控制论"的思想（维纳，1963），控制论以信息、反馈和控制的新观念研究系统行为。信息论是针对通信中信号的传输而提出的，它与系统论、控制论一起并称为现代系统理论中的"老三论"（汪应洛，2001）。"老三论"形成了系统科学的第一个高潮，在自动控制、工程管理、信号传输等领域取得了巨大成功，但是在社会经济领域却遭受到失败。

20 世纪 70 年代兴起的耗散结构理论、协同论、突变论，被称为"新三论"。当人们试图把"新三论"的系统思想应用于经济、社会等系统时，还是不能令人满意。在"新三论"中，虽然个体（或元素）可以有"自己的"运动，这种运动在一定条件下对整个系统的进化起着积极、建设性的作用，但这种运动仍然是盲目的、随机的，就像布朗运动那样。个体没有自己的目的、取向，不会学习和积累经验，不会改进自己的行为模式（陈禹，2001）。

20 世纪 90 年代以来，中外学者不约而同地把注意力集中到个体与环境的互动作用上（陈禹，2001）。中国学者钱学森提出"开放的复杂巨系统"的概念（钱学森等，1990）；澳大利亚学者通过大量例证，研究了生物界的涌现规律（波索马特尔和格林，1999）；许多学者从学习、认知等方面，对知识的表达和获取进行探索，通过对个体、环境相互作用下涌现现象的思考，从不同的角度揭示复杂的本质，提出了人工神经网络、案例推理、元胞自动机、多智能体系统等新的思想和方法，形成了第三代系统理论。第三代系统理论的核心就是强调个体的主动性，承认个体有自身的目标、偏好，能够与环境进行交互作用，通过这种交互作用获取知识，主动学习，并因此改变自己的行为方式，以适应周边的环境。第三代系统理论体现了个体的智能性和社会性，这预示着多智能体时代的来临。

多智能体理论和技术是在复杂适应系统理论及分布式人工智能（distributed artificial intelligence，DAI）技术的基础之上发展起来的，其自 20 世纪 70 年代末出现以来发展迅速（Weiss，1999），目前已经成为一种进行复杂系统分析与模拟的思想方法与工具。

Agent 具有丰富的内涵，其中文名词有"主体"、"智能体"、"代理人"或"节点"等，在不同的学科背景中有不同的含义。因此，Agent 并没有一个统一明确的定义，不同的研究人员都在自己的系统中赋予 Agent 不同的结构、内容和能力，以方便自己在特定方向的深入研究（罗英伟，1999）。由于 Agent 没有受制于固定的框架，用它来建立模型灵活多变，从而受到各个学科领域研究者的青睐，尤其是社会学科研究者。Agent 能够模拟人类的行为，具有自治性、社会性、适应性、智能性等人类的特性。

Maes（Maes，1995；张世武等，2003）定义多智能体为"试图在复杂的动态环境中实现一组目标的计算系统"。它能够通过传感器感知环境，并通过执行器对环境起作用。Wooldridge（Wooldridge and Jennings，1998）定义多智能体为"处于某个环境中的计算机系统，该系统有能力在这个环境中自主行动，以实现其设计目标"。Franklin 和 Graesser（1996）则定义多智能体为

（1）处于某一环境的系统；

（2）能够感知环境并对环境起作用；

（3）具有自己追求的目标；

（4）能够感知未来并做出相应的反应。

在应用 Agent 的技术中，Agent 的定义和表现各不相同。尽管目前人们对 Agent 还没有非常确切的定义，但是学者们普遍认为 Agent 应具备一定的属性特征。在有关 Agent 特性的研究中，最经典和广为接受的是 Wooldridge（Wooldridge and Jennings，1995）等学者有关 Agent 的"弱定义"和"强定义"的讨论。表 11-1 列出了智能体的一般属性，但对于一个具体的多智能体系统来说，其并不一定具有表 11-1 所列的所有属性。Wooldridge（Wooldridge and Jennings，1995）认为一个 Agent 最基本的属性应当包括表 11-1 中的前四种属性：自治性、反应性、社会性、主动性，然后再根据应用的实际情况拥有其他属性，并定义只拥有前四种属性（表 11-1）的 Agent 为弱 Agent，还可以拥有其他属性的 Agent 为强 Agent。

表 11-1　多智能体的属性

智能体的属性	属性的含义
自治性	Agent 能独立地根据内部状态和感知的环境信息决定和控制自身的行为
反应性	Agent 能感知外部环境的变化并及时做出适当的反应
社会性	Agent 拥有其他实体（Agent、人及环境）的信息，能够与这些实体进行通信
主动性	Agent 能根据承诺采取主动行为，表现出目标驱动的特性。Agent 是有目的地而不是简单地对外部环境做出反应
适应性	Agent 具有学习能力，能根据以往的经验修正自身的行为
移动性	Agent 能够将自己从一个环境移动到另一个环境，并在新环境下正常运行
协作性	Agent 可以为达到同一目标而协同工作
理性	Agent 动作和行为总是基于其内部的目标，而且有助于目标的实现
不可预测性	Agent 的行为具有不确定性和不可预测性

智能体的属性	属性的含义
持续性	Agent 是一个持续运行的实体，可以持续地产生新的目标
智能性	Agent 的状态由信念、目标、规划和意图等心智状态构成
代理性	Agent 可以代表某人或某实体获取利益或行使职权
协调性	Agent 可以与其他 Agent 共享工作环境，其行为可以通过规划、工作流和其他管理机制进行协调

根据 Agent 智能的层次性，史忠植（2002）将 Agent 分为反应型 Agent、慎思型 Agent 和复合 Agent 三类。

1. 反应型 Agent（reactive agent）

Agent 中包含了感知内外部状态变化的感知器、一组对相关事件做出反应的过程和一个依据感知器激活某过程执行的控制系统，Agent 的活动是由于受到内外部某种"刺激"而发生的。反应型 Agent 不需要知识，不需要表示，也不需要推理，Agent 可以像人类一样逐步进化，Agent 的行为只能在现实世界与周围环境的交互作用中表现出来。图 11-1 给出了一个典型的反应型 Agent 框图（史忠植，2002）。条件–动作规则将感知与动作连接起来，其基本程序如下：

Function Reactive-Agent (percept) returns action

static：state，/当前的环境状态

　　　　rules，/一组条件–动作规则

　　　　state←Interpret-put (percept)

　　　　rule←rule-match (state，rule)

　　　　action←rule-action[rule]

　　　　return action

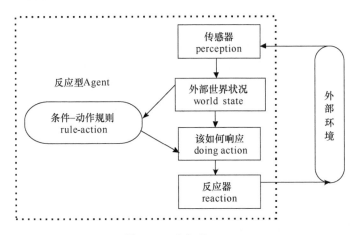

图 11-1　反应型 Agent

2. 慎思型 Agent（deliberative agent）

慎思型 Agent 的决策是通过基于模板匹配和符号操作的逻辑（或准逻辑）推理做出

的，如同人们通过"深思熟虑"后做出决定一样，因此被称为审慎型 Agent。慎思型 Agent 具有知识表示、问题求解机制，是一个基于知识的系统（knowledge-based system），包括环境和智能行为的逻辑推理能力。图 11-2 给出了一个典型的慎思型 Agent 框图（史忠植，2002）。

慎思型 Agent 通过传感器接受环境信息，根据内部状态进行信息融合，产生修改当前状态的描述，然后在知识库的支持下进一步评估和决策，最终形成一系列动作，并且通过反应器对环境发生作用。慎思型 Agent 的程序如下：

Function Deliberative -Agent (percept) returns action

static：environment，/描述当前的外部环境

　　　　KB /知识库

　　　　rules，/一组条件-动作规则

　　　　environment←update-world-model (environment，percept)/感知产生当前环境的抽象描述

　　　　state←update-mental-state (environment，state)/根据当前感知的环境，修改 Agent 内部的思维状态

　　　　action←decision-making (state，KB)/Agent 根据知识库和思维状态进行决策

　　　　environment←update-world-model (environment，action) /Agent 的决策对环境产生反馈作用

return action

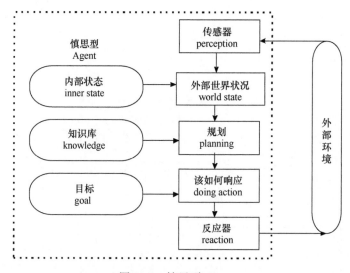

图 11-2　慎思型 Agent

3. 复合 Agent（hybrid agent）

反应型 Agent 能及时而快速地响应外来信息和环境的变化，但其智能程度较低，也缺乏足够的灵活性。慎思型 Agent 具有较高的智能，但无法对环境的变化做出快速响应，而且执行效率相对较低。复合 Agent（hybrid agent）综合了二者的优点，具有较强的灵

活性和快速响应性（刘勇，2003）。复合 Agent 一般包含了慎思型和反应型两个子系统，通常这两个子系统是分层次的，前者建立在后者的基础之上。这种体系结构的研究与实验目前在人工智能领域较为活跃。图 11-3 是史忠植（2002）提出的复合 Agent 框图。

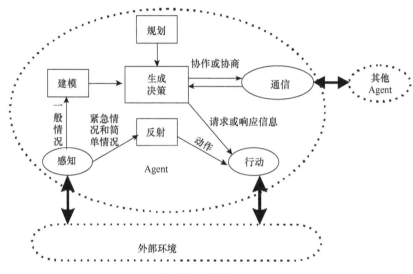

图 11-3　复合 Agent

多智能体为人工智能和复杂系统建模提供了一种新的方法，它受到生物学，特别是生态学动物行为研究的极大启发。多智能体方法适合解决在一个动态的、复杂的、不可预测的环境中通过自治达到一些目标的问题（张世武等，2003）。近年来，学者们对多个智能体交互作用的系统的研究兴趣迅速提升。Weiss 和 Dillenbourg 至少提出 3 个原因来解释学者对多智能体的兴趣（Weiss and Dillenbourg，1999；张世武等，2003）：

（1）多智能体能够应用在许多不能被集中式系统所处理的领域；

（2）多智能体反映了人们上一时代对诸如人工智能、心理学与社会学等学科的认识，即"智能与交互深入而又不可避免地联系在一起"；

（3）到目前为止，还没有一个实现复杂多智能体系统的计算机与网络技术的坚实平台。

11.2　多智能体系统的原理

虽然 Agent 具备一定的功能，但对于现实中复杂的、大规模的问题，只靠单个 Agent 往往无法描述和解决。因此，一个应用系统往往包括多个 Agent，这些 Agent 不仅具备自身的问题求解能力和行为目标，而且能够相互协作，来达到共同的整体目标。这样，多智能体系统就定义为由多个可以相互交互的 Agent 计算单元所组成的系统。

多智能体系统采用从底层"自下而上"的建模思想，与传统的"从上而下"的建模思想是不相同的。它的核心是通过反映个体结构功能的局部细节模型与全局表现之间的循环反馈和校正，来研究局部的细节变化如何突现出复杂的全局行为。多智能体系统中个体与整体的关系如图 11-4 所示（Langton，1995）。

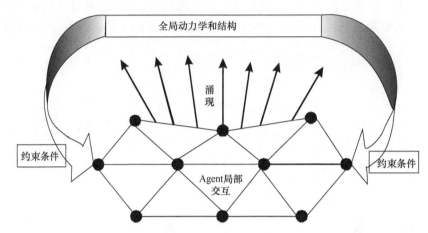

图 11-4　多智能体系统个体与整体的关系

多智能体系统根据研究问题所需的系统局部细节、Agent 的反应规则和各种局部行为就可以构造出具有复杂系统结构和功能的系统模型。虽然其中的微观个体行为可能比较简单，但通过微观个体之间交互作用而引起的全局行为可能极其复杂。在多智能体系统中，微观个体的行为和交互作用所表现出来的全局行为以非线性的方式涌现出来。个体行为的组合决定着全局行为，反而言之，全局行为又决定了个体进行决策的环境（Jari，1995；邓宏钟等，2000）。地理空间系统作为一个典型的复杂系统，它的动态发展是空间个体相互作用的结果。因此，从空间个体行为的微观角度入手，在较高的空间和时间分辨率下，"自下而上"研究地理复杂空间系统的发展变化是深入理解地理空间动态演变特征和规律的必然要求。多智能体系统则是研究地理空间系统的天然工具，但如何在多智能体系统中有效地表达地理空间是一个值得深究的问题。

11.3　基于计算机的多智能体

关于多智能体的理论和模型，目前大约有两个大的发展方向（薛领，2002）：其一是围绕分布式人工智能（DAI）展开的各种理论和技术，其二是以复杂适应系统（CAS）为理论基础的基于多智能体的建模（ABM）和应用。而分布式人工智能里的分布式计算是当今计算机技术的一个重要的研究方向，在分布式环境里，如果采用 Agent 技术，则 Agent 具有的自主性、交互性、反应性和主动性，使得它在网络通信和协作处理方面有着巨大的优势。

多智能体系统在现代计算机科学及其应用领域扮演着重要的角色。现代计算平台和计算环境不仅是开放和异质的，而且是大型分布式的，计算机不再是一个独立运行的系统，计算机之间、计算机和用户之间的密切联系使计算机和信息处理系统越来越复杂。传统的集中式计算模式不能适应大型分布式信息处理的要求，而基于 Agent 的计算和以 Agent 为主体的高层交互可以满足现代计算和分布式信息处理系统的要求。多智能体系统为分布式计算提供了一个十分方便而有效的平台。

面向 Agent 的程序设计语言（agent-oriented programming language，AOPL）是一种以计算的社会观为基础的新型程序设计语言，这种语言提供了一些用于 Agent 通信的高层原语，是一种主要面向人工智能领域的 Agent 开发环境。Agent 技术现在已融入主流计算机的各个领域，被誉为"软件开发的又一重大突破""软件界的革命"。Agent 的表示方式简单明了，软件的功能可以从其名字的寓意上推敲出来。Agent 可以被人格化，用以反映用户的偏好，并代表用户与其他类似的 Agent 交互；面向 Agent 的软件开发方法是为了更确切地描述复杂的并发系统的行为而采用的一种抽象描述形式，与面向对象一样，其是观察客观世界及解决问题的一种方法。但是 Agent 具有较强的自我控制的特点，比被动对象和主动对象有更好的封装性和模块性（罗英伟，1999）。

11.4　基于地理空间的多智能体

地理空间系统是一个典型的复杂系统，它的动态发展是基于微观空间个体相互作用的结果。传统的方法难以解释和描述地理空间系统的复杂性，如果从系统内部微观的层次出发，以一种进化的、涌现的角度来理解地理复杂系统的演化过程，也许能够为地理学的研究提供一个全新的视角。多智能体系统的核心思想就是微观个体的相互作用能够产生宏观全局的格局。可以断言，多智能体系统是研究地理空间系统的天然工具，但美中不足的是，一般的多智能体系统缺乏空间的概念。而大多数地理 Agent 的行为和结果都是空间性的，因此，如何在多智能体系统中有效地表达地理空间是一个值得深究的问题。

目前，基于空间的多智能体一般都是借助于 CA 的思想，Agent 分布在规则的二维网格上，二维网格相当于 CA 的元胞空间。利用 Agent 的局部连接规则、函数及局部细节模型，建立地理空间复杂系统的整体模型。与 CA 有所不同的是：

（1）空间 Agent 可以根据一定的移动规则在二维网格中自由移动。而 CA 的元胞本身不能移动，只能通过一定的转换规则改变自己的状态。

（2）多个 Agent 可以占据同一个网格点，不同的网格点上可以拥有不同数量的 Agent。而在 CA 的网格点上，只能拥有一个特定状态的元胞。

（3）空间 Agent 表现一定的智能性，具有空间决策能力和学习能力，能够对环境的变化做出适应性的反应。CA 只能通过一定的转换规则改变自己的状态，并不具有决策和学习能力。

多智能体系统具有天然的优势，基于空间的地理多智能体在地理模拟研究中掀起了一股浪潮，特别在城市模拟方面，取得了尤为可喜的成果。空间多智能体的雏形当属 Schelling 的隔离模型（segregation model）（Krugman，1996；薛领，2002）。这一由棋盘所模拟的"城市"经历了一个微观互动的自组织过程，充分体现了"从不稳定产生秩序"的原理。Benenson 根据居民的经济状况、房产价格变动及文化认同性等模拟了城市空间演化的自组织现象和城镇的居民种族隔离与居住分异现象（Benenson，1998；Benenson et al.，2002）。但该模型只考虑到居民 Agent，其形式比较简单。

Ligtenberg 等（2001）提出了一种基于多智能体和 CA 相结合的土地利用规划模型，该模型引入了政府的主导规划因素。然而，目前，国际上有关空间多智能体的研究尚处于初始阶段，大多数空间多智能体模型还只是概念模型，能够应用于真实世界的模型非常有限。

11.5　多智能在经济、资源环境中的应用

多智能体系统在分析和建立人类交互模型与交互理论中可以发挥重要作用。人类社会存在着复杂的多层次的交互关系，尽管我们每天生活在其中，但却很难完全理解这些交互现象。随着 Agent 理论和技术研究从个体智能体扩展到多智能体系统，要求 Agent 通过协调和交互实现问题求解，即 Agent 必须具有社会行为能力，Agent 的社会思维属性、适应群体环境的 Agent 模型、Agent 的行为规范、Agent 的社会性在经济领域方面的应用受到越来越多的关注。研究社会 Agent 及 Agent 的社会性是一种必然趋势。有的研究者认为，Agent 的社会性将成为多智能体系统未来研究和发展的理论基础。多智能体系统这种"从下而上"的建模思想为社会经济学提供了一种有效的研究方法。

现代经济中的商品和服务市场也许是科学界试图进行分析和建模的最复杂的动态系统。因为经济和社会系统由会思考、有反应能力的智能体组成，所以在用现代经济理论的数学语言描述经济行为的过程中会丢失许多东西。正因为如此，在经济学中，经济理论包括一般经济均衡理论的仿真验证一直是一个难题。多智能体系统为解决这一难题提供了新的思路和方法。基于多智能体的仿真能体现出社会系统分布交互、无全局控制者、分层组织、不断地自我调整适应、非平衡动力学的特性。多智能体和其他经济或社会系统的组成部分都可以用一定的算法和变量描述，这些算法和变量定义人工智能体的行为、记录其状态随时间的演变情况。从某种意义上讲，这种方法介于分析性建模和经验观察之间（史芬森和路纳，2004）。

Charlotte 利用多智能体系统模拟了人工经济中的周期性增长，在他的实验当中，只有工人和企业两类 Agent，两类 Agent 具有简单的行为规则，但 Agent 之间的交互作用却形成了令人惊异的复杂结果，能形成宏观经济的周期性内生增长（史芬森和路纳，2004）。Luigi 用多智能体系统对纳税人的逃税过程进行了模拟。Marco 成功模拟了垄断市场中供给造假的非线性随机动态过程。Fu 模拟了分散装配供应链中定单的履行动态过程（史芬森和路纳，2004）。

MIT 媒体实验室的 Moukas 等指出 Agent 的人性化、自主性、意动和自适应等特性，说明 Agent 特别适合于电子商务信息密集和处理密集的环境。他们建立了网站 Kasbah，买方和卖方都可访问，建立自己的 Agent，然后让这些 Agent 在一个集中式的市场中交互，完成交易任务。

人类的频繁活动越来越加剧自然界资源和环境系统的变化，因此对自然资源和环境系统的空间格局、时间演变和相互关系的研究显得十分重要，但其也有很大的难度。以往的研究方法是基于牛顿的平衡态理论，但在大多数情况下，常规的模型或一般的数学公式都很难对此进行表达。而在对资源环境的研究中，如果引入多智能体系统，则微观

Agent 的行为和交互作用所表现出来的全局行为以非线性的方式涌现出来，从而可以较好地表现出自然资源和环境系统的复杂性和非线性。多智能体系统"与生俱来"的智能性、适应性、交互性、主动性特别适合模拟各种政策或者个人决策问题，可以为自然资源的可持续利用提供最优决策。目前，运用较多的领域是运用多智能体系统来理解或者解决"公共池塘"（common-pool）资源管理问题。其研究的焦点集中于何种政策制定的规定会直接影响个体的决策并由此所导致整体收益变化的问题。Izquierdo 等（2003）提出了一个基于多智能体系统的水资源管理模型，这个模型结合经济学博弈论和多智能体系统，探讨了政府制定何种政策才能使水资源的使用达到效益最大化，该模型中牵涉到社会经济与各种角色扮演者（政府、水资源使用者）的相互影响。

11.6　多智能体与 CA 及 GIS 的集成

11.6.1　多智能体与 CA 集成的必要性

在地理学之外的多智能体系统都是基于非空间的，但是地理学中的空间概念是必不可少的，任何具有地理特性的现象或事物必然跟空间有关。因此，如何在多智能体系统中引入空间概念是当前空间多智能体必须解决的问题。而 CA 具有天然的空间自组织性，能与遥感及 GIS 数据无缝耦合，这正是多智能体系统所缺乏的。于是，很自然我们就会想到把多智能体系统和 CA 结合起来，使其既具有 CA 空间自组织性又考虑多智能体系统各主体的复杂空间决策行为，从而为地理复杂空间系统的模拟提供一种全新的思路和方法，同时也解决了多智能体系统缺乏空间概念的问题。在基于多智能体系统和 CA 结合的模型中，多智能体代表各空间决策实体，CA 模型代表影响地理变化的各种空间过程。多智能体模型提供了各种灵活的不同空间决策者，它们之间的决策行为相互影响，同时对所处的环境带来强烈的反馈作用。因此，基于多智能体系统和 CA 结合的模型非常适合各种空间过程、空间交互作用和多尺度现象的分析。由前面分析可知，多智能体系统和 CA 的集成是大势所趋，它们的集成是对各自缺陷的一个很好的弥补。

11.6.2　多智能体与 CA 及 GIS 集成的必要性

GIS 自 20 世纪 60 年代产生以来，已经成为空间相关研究最重要的工具。尤其是其空间分析功能，极大地推进了地理学的空间分析研究。但在现阶段，GIS 的空间分析功能还远远不能满足地理学分析的要求。大多数 GIS 只能描述和处理静态的空间信息，对动态的空间信息显得无能为力，尤其是对时空动态信息。并且，许多地理现象的时空动态发展过程往往比其最终形成的空间格局更为重要，这就强烈要求 GIS 增强其时空分析能力。

在 GIS 中融合时空动态模型是增强其时空分析能力的一个重要途径。而多智能体系统和 CA 是典型的时空动态分析模型，因此将多智能体、CA 及 GIS 进行有机的集成，可以大大提高 GIS 的时空分析能力，从而为地理学的进一步研究和发展提供良好的技术支撑。

与此同时，多智能体、CA 及 GIS 的有机集成也是多智能体系统本身在地理空间系统应用的必然要求。GIS 能够为多智能体系统提供大量的空间信息和优秀的空间数据处理平台，借助 GIS 强大的可视化功能，可以及时显示和反馈多智能体系统在各种情景下的模拟情形和计算结果。更为重要的是，GIS 还能对多智能体系统产生的模拟结果进行空间分析。因此，多智能体、CA 及 GIS 的集成既可以提高 GIS 的空间分析能力，也能够完善多智能体系统在地理空间系统中的表达能力，它们相互补充，相得益彰。

11.6.3　多智能体与 CA 及 GIS 集成的可行性

多智能体系统与 CA 的集成是通过 Agent 和 CA 的元胞共同占据相同的规则网格实现的，在集成系统里面，Agent 和元胞同时分布在规则的网格中。元胞布满整个规则网格，而 Agent 则可能是比较稀疏地分布在规则网格空间中，因为它只是面向分布在网格空间上的 Agent 实体。

Agent 和 CA 的元胞共同占据相同的规则网格与栅格 GIS 之间有非常显著的相似性，这揭示着它们具有集成的强大潜力。它们都用离散的二维区域单元进行空间的组织和表达，以及通过层来进行属性或状态的组织，并通过一定的算法来操作空间和属性。因此，这种规则网格与栅格数据在空间结构数据上可以很容易地转换和统一。

同时，Agent 与 Agent 或 Agent 与环境之间的连接或联系可以很方便地通过矢量 GIS 来表达，如城市与城市之间的联系通过路网或飞行路线进行沟通；一个人与亲戚朋友的联系也是通过他家到亲戚朋友家的路径进行联系的。此外，Agent 在二维空间网格上的移动规则也能通过矢量 GIS 来设定。例如，紧急事件疏散时，人群沿着事故地点到出口之间的路线进行疏散；一个人日常的出行也是在家庭、工作地点、超市、学校、图书馆、体育馆等之间的路径。

11.7　多智能体系统的公共建模平台

许多进行复杂性科学研究的学者往往会碰到这样一个问题：需要花费大量的时间来构建和实现他们的模型。这些专业的科学家也许在其本身领域是非常出色的，但在程序开发方面并没有太多的经验。这样，在科学思想和具体实现之间就形成了一个壁垒，为了突破这个壁垒，让科学研究者能更快地实现他们的多智能体思想和模型，一些机构研制了多智能体系统建模的公共平台，从而为研究者节省了不少宝贵的时间。

评价一个多智能体系统公共建模平台的标准有如下几条（Parker et al.，2002）：

（1）平台能够表示空间概念（离散的、连续的、栅格、矢量）和拓扑关系；

（2）具有事件发生的时序机制；

（3）能与其他程序进行交互；

（4）具有分布式的处理能力；

（5）易于编写代码和程序打包；

（6）具有多层次性或多尺度性，能表示多层组织关系；

（7）具有一定数量的用户群体在使用这个平台。

目前，有关多智能体系统的公共建模平台主要有四个——SWARM、Repast、Ascape 及 CORMAS，各个平台的一些基本情况见表 11-2（Parker et al.，2002）。

表 11-2 多智能体系统公共建模平台的对比

属性	SWARM	Repast	Ascape	CORMAS
研制单位	Santa Fe Institute	University of Chicago	Brooking Institute	CIRAD，France
开始研制时间	1994 年	1999 年	1997 年	1996 年
语言	Objective C/Java	Java	Java	Smalltalk
操作系统	Unix/Linux，Mac OSX，Windows	Windows，Unix/Linux，Mac	Windows，Unix/Linux，Mac OSX	Windows，Unix/Linux，Mac
需要的编程经验	比较强的编程技能	一些 Java 程序的基础	需要基本的编程技能，对模型进行改造和扩展	一般的编程技能即可
是否事件驱动	是	是	否	否
GIS 的接口	http://www.gis.usu.edu/swarm/	发展中	Beta 版本	具有一般的输入输出 GIS 数据功能
可扩展接口	没有	有	有	有
主要应用方向	自然和社会科学、战争、商业应用	社会科学	社会和经济系统	经济和生态模拟及自然资源管理
Demo 模型	在 SWARM 的网站上有	六个 Demo 模型	20～30 个 Demo 模型	网站、文章中有大量的模型描述
文本说明	有	有	有	有
手册	有	有	没有	有
培训班	没有	不久将有	没有	每年都有培训课程

SWRAM 是由美国新墨西哥州的 Santa Fe 研究所于 1994 年开始开发的，SWRAM 的标准类库里面包括许多可重用的类，以支持计算机模拟实验的进程控制、参数调整、数据分析及图形显示。用户可以更专注于具体研究领域的问题和算法，利用 SWRAM 提供的类库构建多智能体模拟系统，系统中的各个智能体通过离散事件相互作用，相应的调度机制保证了模拟过程中各个时间步骤依次得到执行，并且支持按照随机的序列方式调用各种多智能体类的多个实例（Parker et al.，2002；薛领，2002）。SWRAM 是一个功能强大而又复杂的多智能体系统公共建模平台，其缺点是需要较强的编程技能。

Repast 是由美国芝加哥大学经济科学实验室开发的。它提供创造模拟环境并运行、显示结果、收集数据的类库。Repast 能够对模拟过程中的每一个瞬时状态进行捕捉，记录下当时的各个数据。在很多方面，Repast 继承了 SWARM 的功能。Repast 的最初版本是在 SWRAM 的基础上完全用 Java 语言写的（Parker et al.，2002；薛领，2002）。

Ascape 是由 Brooking 研究所开发的，也是完全用 Java 语言写的，其设计非常灵活，容易使用。Ascape 与 SWRAM 及 Repast 的重要区别是：Ascape 使用起来更为简单，并且有一个非常友好的界面。此外，Ascape 也不是事件驱动，每运行一次，多智能体就执行动作一次。

CORMAS（common-pool resources multi-agent system），顾名思义，是一个公共资源管理多智能体系统建模平台，它是由法国的 CIRAD 所开发的，是用基于对象的语言 Smalltalk 写的。

参 考 文 献

史芬森, 路纳. 2004. SWARM 中的经济仿真: 基于智能体建模与面向对象设计. 景体华, 景旭, 凌宁, 等译. 北京: 社会科学文献出版社.

陈禹. 2001. 复杂适应系统(CAS)理论以及应用——由来、内容与启示. 系统辩证学学报, 9(4): 35-36.

邓宏钟, 谭跃进, 迟妍. 2000. 一种复杂系统研究方法——基于多智能体的整体建模仿真方法. 系统工程, 18(4): 73-78.

刘勇. 2003. 多 Agent 系统理论和应用研究. 重庆大学博士学位论文.

罗英伟. 1999. 基于 Agent 的分布式地理信息系统研究. 北京大学博士学位论文.

钱学森, 于景元, 戴汝为. 1990. 一个科学新领域——开放的复杂巨系统及其方法论. 自然杂志, 13(1): 3-10.

任玉凤. 1998. 协同学理论对非线性相互作用的方法论分析. 内蒙古大学学报(人文社会科学版), 6: 97-103.

史忠植. 2002. 高级人工智能. 北京: 科学出版社.

波索马特尔, 格林. 1999. 沙地上的图案. 陈禹译. 南昌: 江西教育出版社.

汪应洛. 2001. 系统工程理论方法与应用. 北京: 高等教育出版社.

维纳. 1963. 控制论. 2 版. 郝季仁译. 北京: 科学出版社.

吴晓军, 薛惠锋, 李慜. 2004. 复杂性科学理论框架. 西北大学学报(自然科学网络版), 2(12): 0114.

薛领. 2002. 基于多主体(multi-agent)的城市空间演化模拟研究. 北京大学博士学位论文.

张世武, Liu J M, 靳小龙, 等. 2003. 多智能体模型与实验. 北京: 清华大学出版社.

Benenson I. 1998. Multi-agent simulations of residential dynamics in the city. Computers, Environment and Urban Systems, 22(1): 25-42.

Benenson I, Omer I, Hatna E. 2002. Entity-based modeling of urban residential dynamics: the case of Yaffo , Tel Aviv. Environment and Planning B: Planning and Design , 29: 491-512.

Dillenbourg P. 2000. Collaborative learning: cognitive and computational approaches//Weiss G, Dillenbourg P. What Is "Multi" in Multiagent Learning? Oxford: Pergamon Press: 64-80.

Franklin S, Graesser A. 1996. Is it an Agent, or Just a Program? A Taxonomy for Autonomous Agents. Proceedings of the Third International Workshop on Agent Theories, Architectures, and Languages, Spring-Verlag.

Izquierdo L R, Gotts N M, Polhill J G. 2003. An Agent-Based Model of River Basin Land Use and Water Management. http://www.macaulay.ac.uk/fearlus.

Jari V. 1995. Modeling adaptive self-organization. Artificial LIFE IV.

Krugman P R. 1996. The Self-Organizing Economy. New York: Blackwell Oxford.

Langton C. 1995. Swarm Presentation for the 1995 Santa Fe Institute Complex Systems Summer School.

Ligtenberg A, Bregt A K, Lammeren R V. 2001. Multi-actor-based land use modeling: spatial planning using agents. Landscape and Urban Planning, 56: 21-33.

Maes P. 1995. Modeling adaptive autonomous agents//Langton C G. Artificial Life: An Overview. Cambridge: The MIT Press: 135-162.

Parker D C, Manson S M, Janssen M A, et al. 2003. Multi-agent systems for the simulation of land-use and land-cover change: a review. Annals of rhe Association of American Geographers, 93(2): 314-337.

Weiss G. 1999. Multiagent Systems: A Modern Approach to Distributed Artificial Intelligence. Cambridge: The MIT Press.

Wooldridge M J, Jennings N R. 1998. Pitfalls of agent-oriented development//Sycara K P, Wooldridge M. Proceedings of the 2nd International Conference on Autonomous Agents (Agents-98). New York: ACM Press: 385-391.

Wooldridge M, Jennings N R. 1995. Intelligent agents: theory and practice. The Knowledge Engineering Review, 10(2): 115-152.

第12章 基于多智能体系统的空间决策行为及土地利用格局演变的模拟

本章探讨了基于多智能体系统的城市土地利用动态变化模拟的新方法。其模型是由相互作用的环境层和多智能体层组成的，旨在探索城市中居民、房地产商、政府等多智能体之间，以及多智能体与环境之间的相互作用而导致的城市空间结构演化过程。以广州市海珠区为实验区，模拟了其 1995～2004 年的土地利用动态变化情况，并与 CA 模型进行了对比研究，结果表明，MAS 在模拟较为复杂的城市时比 CA 具有更高的精度和更接近实际的空间格局。

12.1 引　　言

许多资源、环境和大气模拟与预测模型都涉及土地利用变化及空间格局演变信息的输入。因此，模拟和预测土地利用演变过程有重要的理论和应用意义。近年来，越来越多的研究致力于建立模型来探讨土地利用时空变化的理论与方法（Riebsame et al.，1994；de Komng et al.，1999；Verburg et al.，1999；Bacon et al.，2002）。最早的模型是使用数学方程，这种方法严格来说是一种静态模型，不能有效地反映土地利用变化的复杂性（Dawn et al.，2002）。经验统计模型应用最为广泛，它是基于大量的土地利用变化数据和社会经济统计数据（Mertens and Lambin，1997）。系统动力学模型是建立在控制论、系统论和信息论基础上的，其突出特点是能够反映复杂系统结构、功能与动态行为之间的相互作用关系（Sklar and Costanza，1991）。然而，它也是基于经验和方程式的表达，并且难以与空间信息融合（Sklar and Costanza，1991；Muller and Zeller，2002）。

CA 在模拟复杂空间系统时有很多优势（Batty and Xie，1994；Coucelis，1997；Li and Yeh，2002），在一些领域正慢慢补充或取代一些"从上至下"的分析模型。例如，学者们正逐渐发现基于局部个体相互作用的模型比传统的宏观城市模型更具有优势。但 CA 主要是基于城市增长的模式模拟，而对于城市增长的过程、成因缺乏解释（Torrens and O'Sullivan，2001）。此外，CA 只考虑周围的自然环境，这些元胞是不能移动的。CA 几乎没有考虑到对城市土地利用变化起决定作用的动态社会环境及它们的相互作用（Benenson et al.，2002），而后者则包括能移动的居民、房地产商、政府等。

为了克服 CA 的局限性，基于多智能体系统建模的方法被引入城市模拟中。MAS 是复杂适应系统理论、人工生命及分布式人工智能技术的融合，目前已经成为进行复杂系统分析与模拟的重要手段（Chebeane and Echalier，1999）。国外已经开展了这方面工作的研究（Benenson，1998；Benenson et al.，2002；Sanders et al.，1997；Webster and Wu，

2001；Brown et al.，2003；Ligtenberg et al.，2001；Otter et al.，2001），但还只是处于初始阶段，应用于真实城市的模型非常有限（Benenson et al.，2002）。例如，Benenson 根据居民的经济状况、房产价格变动及文化认同性等模拟了城市空间演化的自组织现象和城镇的居民种族隔离与居住分异现象（Benenson，1998；Benenson et al.，2002）。Ligtenberg 等（2001）提出了一种基于多智能体和 CA 相结合的土地利用规划模型，该模型引入了政府的主导规划因素。然而，目前尚缺乏一个比较完整的多智能体模型来模拟城市演化过程。在城市演化中，居民、政府、房地产商等各种智能体应扮演着最重要的角色，它们之间及其与周围环境（自然环境和社会环境）相互作用、协商合作而形成区域宏观结构的城市发展模式。但这方面的研究不够深入，国内有关研究十分有限。

本章试图提出一种较为完整的基于多智能体的城市土地利用变化模型。该模型除了包含局部个体相互作用的多智能体层外，还包含从 GIS 获取的环境要素层。不同类型的多智能体层之间存在相互影响、信息交流、合作的关系，以达到共同理解和采取一定的行动影响其所处的环境。而环境要素层的变化也反馈于多智能体层，多智能体层根据环境层的变化采取相应的措施和行动，以谋求双方关系达到平衡。这种模型将比单纯的 CA 更能反映复杂的人文因素及其与环境的相互作用。但到目前为止，多智能体层还是局限于数据容易收集的小区域模拟。针对大区域的模拟，如省级和国家级，甚至全球尺度的土地利用变化模拟，多智能体层还是无能为力。

12.2　基于多智能体的城市土地利用变化模拟模型

本章着重研究城市中的各种微观智能体之间及其与周围环境之间的相互作用，并分析这种相互作用与宏观空间结构形成的关系。该模型包含了一系列环境要素层和若干具有移动特点的多智能体。多智能体在相互作用过程中"学习"和"积累经验"，并根据经验改变自身的结构和行为。

12.2.1　环境要素层

土地利用/覆盖层：土地利用/覆盖层及其变化是该模型模拟的核心。其动态变化是各类多智能体之间及其与环境相互作用的产物。土地利用/覆盖层是各类多智能体所处的重要环境之一，其对多智能体的空间决策行为有着重要的影响。

交通通达层：交通通达性体现了交通方便的程度，可以通过某位置到道路及市中心的距离等来反映。在评价交通通达性时，把道路分为高速公路和一般公路，它们的影响权重不一样。在模型中均采用指数距离衰减函数来表达其对位置的空间吸引力：

$$E_{\text{traffic}} = c_1 \cdot A_1 \cdot e^{-B_1 \cdot D_{\text{eroad}}} + c_2 \cdot A_2 \cdot e^{-B_2 \cdot D_{\text{hway}}} + c_3 \cdot A_3 \cdot e^{-B_3 \cdot D_{\text{center}}} \tag{12-1}$$

式中，E_{traffic} 为交通通达性评价指数；c_1、c_2、c_3 为各距离影响因子的权系数，$c_1+c_2+c_3=1$；A_1、A_2、A_3 为空间影响的强度系数；B_1、B_2、B_3 为空间影响的衰减系数；D_{eroad} 为到高速公路的距离；D_{hway} 为到一般公路的距离；D_{center} 为到城市中心的距离。

土地价格层：地价往往决定住房价格，不同收入的居民受本身支付能力的制约，对住房价格的关注程度表现不一。高收入居民具有较高的支付能力，对居住的环境条件和交通条件要求较高，倾向于在地价高的地段居住；而低收入居民受支付能力的限制，只选择地价便宜的地段居住。

公共设施效用（utility）层：公共设施效用评价因素包括到医院、娱乐设施、公园、商业中心的距离，均采用指数距离衰减函数表达其空间吸引力。

环境质量层：研究区域内的人均绿地面积和距江（水）的距离是环境质量评价的重要因子。人均绿地面积用 9×9 邻域窗口内绿地网格数与居民用地网格数的比例来表示：

$$E_{\text{green}} = \begin{cases} 100 & \text{如果} N\left[H\left(L_{ij}\right)\right] = 0 \\ \dfrac{N\left[G\left(L_{ij}\right)\right]}{N\left[H\left(L_{ij}\right)\right]} & \text{其他} \end{cases} \qquad (12\text{-}2)$$

式中，E_{green} 为绿地评价指数；L_{ij} 为 $n×m$ 二维空间网格内其中一个网格，$i \in [1, N]$，$j \in [1, M]$；$N[G(L_{ij})]$ 为以 L_{ij} 为中心的 9×9 邻域窗口内绿地网格数目；$N[H(L_{ij})]$ 为以 L_{ij} 为中心的 9×9 邻域窗口内居民用地网格数目。水体对环境质量的影响同样采用指数距离衰减函数来表示，因此环境质量评价可用式（12-3）表达：

$$E_{\text{environment}} = C_{\text{g}} \cdot E_{\text{green}} + C_{\text{w}} \cdot A_{\text{w}} \cdot \text{e}^{-B_{\text{w}} \cdot D_{\text{w}}} \qquad (12\text{-}3)$$

式中，$E_{\text{environment}}$ 为环境质量评价指数；C_{g}、C_{w} 分别为绿地和水体影响环境质量的权系数；A_{w} 为水体空间影响的强度系数；B_{w} 为水体空间影响的衰减系数；D_{w} 为到水体的距离。

教育资源层：教育资源主要是指学校和图书馆，教育资源本来应该归于公共设施效用层，但是它对居民 Agent 在选择居住位置时有着非常大的影响，故单独作为一个层来考虑。该模型在实际应用时，由于数据的限制，只考虑居民 Agent 有无小孩及收入这两个属性。该模型也采用指数距离衰减函数表达其对位置的空间影响力。

12.2.2　多智能体及决策行为

Agent 是虚拟环境中具有自主能力、可以进行有关决策的实体。这些实体可以代表动物、人类或机构等。一个实体并不仅仅限于代表某个个体，也可以代表一群个体，如代表某一阶层的人。本章中每个 Agent 也只代表一个计算实体，其只是反映了比例关系，可以对应多个居民或多个家庭，以及多个房地产开发商。本章中政府 Agent 起到宏观调控的作用，它是没有空间属性的。房地产商 Agent 作为投资开发的一个群体，难以确定其空间位置，在模型中把它们当作一个整体 Agent，没有赋予其空间属性。居民 Agent 的空间位置的初始状态是随机分布在研究区域上，该模型运行后，居民 Agent 根据自己的偏好及与政府 Agent、房地产商 Agent 共同协商后，选择较为满意的空间位置居住。

1. 居民 Agent 及其决策行为

居民的决策行为主要有两种：居住位置决策和再选择。居住位置决策是指新增居民购房的决策行为，再选择是指城市居民的迁居行为。城市居民居住位置决策与再选择行为直接影响着居住空间结构的形成和变化，同时也影响着城市社会分异、空间组织结构和城市发展方向等的演化过程。

　　本章在居民个人追求效用最大化假设的前提下，结合动态随机效用模型（Quigley，1976）和离散选择模型（McFadden，1974），研究居民 Agent 的位置选择决策行为的内在机理。某一候选位置 L_{ij} 对第 t 个居民 Agent 的位置效用（Utility）可用式（12-4）表示：

$$U(t, ij)=a \cdot E_{\text{environment}}+b \cdot E_{\text{education}}+c \cdot E_{\text{traffic}}+d \cdot E_{\text{price}}+e \cdot E_{\text{convenience}}+\varepsilon_{tij} \qquad (12\text{-}4)$$

式中，$a+b+c+d+e=1$；$E_{\text{environment}}$、$E_{\text{education}}$、E_{traffic}、E_{price}、$E_{\text{convenience}}$ 分别为候选位置 L_{ij} 的环境质量、教育资源、交通通达程度、住房价格和公共设施便利性；a、b、c、d、e 分别为第 t 个居民 Agent 对各个影响因子的偏好系数（权重）；ε_{tij} 为随机扰动项。

　　居住位置决策与再选择反映了城市居民住房消费行为在空间上的价值取向，因此，受居住地空间位置属性及居民社会属性的影响（表 12-1），不同类型的居民 Agent 由于其自身的属性相异而表现出对位置选择迥异的偏好，从而表现出不同的空间决策行为。这些不同的偏好可通过式（12-4）的偏好系数来反映。

表 12-1　居住位置决策与再选择影响因子

居民 Agent 价值取向	影响因子
位置属性	交通通达性
	公共设施便利性
	教育资源
	环境质量
	住房价格
社会属性	经济能力
	职业
	家庭结构（有无小孩）
	年龄
	教育程度

　　离散选择模型是一种复杂、非线性的多元统计分析方法和市场研究技术，主要用于测量消费者在实际或模拟的市场竞争环境下如何在不同产品/服务中进行选择，这与居民选址行为异常吻合。为此，我们把离散选择模型引入居民选址的行为中。许多学者认为，效用模型中的随机扰动项 ε_{tij} 服从韦伯（Weibull）分布（Quigley，1976；McFadden，1974，1978），即 $F(\varepsilon_{tij})=\exp[-\exp(-\varepsilon_{tij})]$，根据 McFadden（1974，1978）的证明，第 t 个居民 Agent 随机选择位置 L_{ij} 的概率等于对第 t 个居民 Agent 来说位置 L_{ij} 的效用（吸引力）大于或等于其他任何可选择位置 $L_{i'j'}$ 的效用概率，即

$$P(t,ij) = \Pr\left[U(t,ij) \geqslant U(t,i'j')\right] = \frac{\exp\left[U(t,ij)\right]}{\sum_{t}\exp\left[U(t,ij)\right]} \qquad (12\text{-}5)$$

式中，$\Pr[U(t, ij) \geqslant U(t, i'j')]$ 为第 t 个居民 Agent 的位置 L_{ij} 的效用（吸引力）大于或等于

其他任何可选择位置 $L_{i'j'}$ 的效用概率；$\sum_t \exp[U(t,ij)]$ 为候选位置效用指数函数之和，这就是著名的离散选择模型。式（12-5）表明居民根据个人偏好并遵循效用最大化选择居住位置。

利用 Monte Carlo 方法从若干候选位置中确定最终位置，从而能够实现更为真实的随机效用决策，这与现实中居民的居住选择行为相符。在居民 Agent 选择好自己满意的地理位置后，并不代表该居民 Agent 就可以入住，有可能碰到下面三种情况：

（1）该房子已经被他人占用；

（2）该房子没有被占用，为空房；

（3）该地理位置还没有被房地产商开发。

对于第一种情况，则可与占用该房子的居民 Agent 协商，若协商失败，继续搜索合适的地理位置。若遇到第二种情况，则选择成功，居民 Agent 入住空房。第三种情况是本章研究的重点。因为一个城市的发展及扩张，主要是房地产商在不违背政府规划的情况下，根据居民的需要开发非城市用地的过程。房地产商的开发不是盲目的，必须考虑到购房者的意愿。在该模型中，通过不同类型的 Agent 相互沟通来满足各自的需要，采用"自下而上"的方式来形成有序的城市空间结构。

2. 房地产商 Agent 及其决策行为

房地产商在开发新的居住用地前，首先得考虑居民的位置选择特点来调整投资策略，从而选择合适的投资地域。如果新开发的居住用地位置与居民的意愿相左，很显然，开发的房地产将难以销售出去。不同类型的居民对住房有着相异的偏好，他们在选择住房时会根据房子所处的环境（社会环境及自然环境）、本身的属性及偏好作出决策，因此房地产商必须根据居民的位置选择偏好选择正确的投资地域。其次，房地产商需要考虑其本身的利益，分析投资之后所获取的利润是否达到某一期望值，可用式（12-6）和式（12-7）表达：

$$D_{\text{profit}} = H_{\text{price}} - L_{\text{price}} - D_{\text{cost}} \tag{12-6}$$

$$D_{\text{profit}} \begin{cases} > D_{\text{threshold}}, & \text{则投资} \\ < D_{\text{threshold}}, & \text{则不投资} \end{cases} \tag{12-7}$$

式中，D_{profit} 为投资所获取的利润；H_{price} 为住房销售价格；L_{price} 为土地价格；D_{cost} 为住房建造成本；$D_{\text{threshold}}$ 为房地产商的利润期望界限值。

最后，房地产商拟开发的用地需征得政府的批准。政府根据所申请的用地是否与政府规划相符而作出判断。

3. 政府 Agent 及其决策行为

政府的宏观城市规划及调控对城市的土地利用变化起着决定作用，其引导了整个城市的演化过程，也决定了城市发展模式。因此，在研究城市土地利用变化时，政府是一个不容忽略的主导因素。特别是在中国，政府的宏观规划在城市发展中显得尤为重要。

当房地产商向政府申请开发用地时，政府会根据该地点目前的土地利用状况和未来规划的土地利用情况进行对比，给出不同的接受概率。当一个区域被申请的次数越多时，它被接受的概率就会增加；一个区域的申请被政府接受之后，该区域附近地区被接受的概率也会增加。这充分体现了政府在宏观规划的同时也全面考虑了公众的意愿及房地产商的要求，调控政府规划与真实世界发展细节的差距，实现了宏观和微观的统一。其公式表达如下：

$$P_{\text{Accept}_{ij}^*} = P_{\text{Accept}_{ij}} + g \cdot \Delta P_1 + h \cdot \Delta P_2 \qquad (i \in [1,n], j \in [1,m]) \qquad （12\text{-}8）$$

式中，$P_{\text{Accept}_{ij}^*}$ 为地理位置 L_{ij} 被政府接受的概率；$P_{\text{Accept}_{ij}}$ 为政府原始接受概率；g 为该地被申请的次数；ΔP_1 为每申请一次，政府所增加的接受概率；h 为以 L_{ij} 为中心 3×3 邻域窗口内已经被政府接受的网格数；ΔP_2 为 3×3 邻域窗口内每增加一个被政府接受的网格，政府所增加的接受概率。

政府另一种决策行为是进行基础设施和公共设施建设，政府投资进行基础设施和公共设施建设主要是因为两方面的需要：一是居民的需要，一个地区随着居民的增加，其基础设施及基础设施就显得匮乏，这必将要求政府投资进行建设；二是政府规划的需要，为了使城市的真实发展与规划接轨，政府必须在其所规划的区域内进行基础设施和公共设施建设，以增加其空间吸引力，从而达到规划的目的。

12.3 模型的应用

12.3.1 实验区及数据处理

选取广州市海珠区作为实验区，利用该模型模拟该地区 1995～2004 年的土地利用动态变化。空间数据包括遥感数据和 GIS 数据。遥感数据为 1995 年 12 月 30 日和 2004 年 6 月 13 日两个时相的 TM 影像。GIS 数据包括广州市 1996～2010 年的城市总体规划图、海珠区土地价格图、1995 年及 2004 年海珠区土地利用图、海珠区道路交通图，以及海珠区学校、医院、公园分布图。社会数据是从广州市统计局、《广州统计年鉴 2004》及第五次全国人口普查数据中获取的，主要包括人口数据及经济统计数据，社会数据以街道为单位。

所有空间数据都转成 grid 栅格数据格式，并通过空间配准后叠加在一起，grid 数据的分辨率为 100m。各 grid 数据层包括：1995 年海珠区土地利用层、广州市 1996～2010 年的城市总体规划层、交通通达层、土地价格层、公共设施便利层、环境质量层、教育资源层等。其中，交通通达层、公共设施便利层、环境质量层、教育资源层是通过 12.2.1 中所提出的方法求得的。

12.3.2 模型的简化

由于模型较复杂，有的数据无法收集，需要对其进行简化才能运行。在简化模型中，我们只考虑常住居民 Agent 的行为，因为流动人口经济能力有限，一般没有能力购买房子，并且由于本身的流动性及不稳定性，他们也较少考虑购房。对于居民 Agent 的行为，我们只考虑 12.2.2 节中所提到的第三种情况，即只考虑居民对 1995～2004 年新增居住地的居住位置决策和再选择。一个城市的土地利用变化主要是新增居民地的扩张。对于房地产商 Agent，由于数据的缺乏，我们难以得到其投资所获取的利润。但是，一般而言，房地产商更倾向于在居民较集中的、开发风险较小的区域投资（Bradley and Payne，2005），这是因为在居民较集中的区域，由于基础设施较为完备，各方面条件比较成熟，房地产商并不需要在基础设施方面进行投资，这样可以减少投资的资金，降低开发风险；在居民较为零散的区域，基础设施一般较为落后，对居民的吸引力不大，而基础设施建设则需要大量的资金投入。所以，在简化模型中，把邻域的影响作为房地产商是否愿意开发的一个度量，用 3×3 邻域窗口内居民用地像元数与该邻域窗口内除中心像元以外所有像元数的比值来表示房地产商的接受开发概率。其公式表示如下：

$$P_{\mathrm{dev}_{ij}} = \frac{\sum\limits_{3\times3} N\big[\mathrm{urban}(ij)\big]}{3\times3-1} \tag{12-9}$$

若 $\sum\limits_{3\times3} N\big[\mathrm{urban}(ij)\big]=0$，则 P_{dev} 取 0.05，其中，P_{dev} 为房地产商的接受开发概率；$\sum\limits_{3\times3} N\big[\mathrm{urban}(ij)\big]$ 为 3×3 邻域窗口内居民用地像元数。

对于政府 Agent，在简化模型中，由于数据的限制，我们暂时只考虑其宏观规划及调控行为，不考虑基础设施建设行为。所以，候选位置 L_{ij} 被第 t 个居民 Agent 随机选择，并被政府批准，且房地产商愿意开发的概率可用式（12-10）表达：

$$P_{ij}^t = A \cdot P(t,ij) \cdot P_{\mathrm{Accept}_{ij}^*} \cdot P_{\mathrm{dev}} \tag{12-10}$$

式中，A 为模型的调整参数；$P(t, ij)$ 为第 t 个居民 Agent 在效用最大化下随机选择地理位置 L_{ij} 的概率；$P_{\mathrm{Accept}_{ij}^*}$ 为侯选位置 L_{ij} 被政府接受的概率；P_{dev} 为房地产商愿意开发的概率。

12.3.3　模型的应用

1. 居民 Agent 的分类及权重确定

根据居民属性的不同，对居民 Agent 进行分类。考虑到模型的简便可行和数据的限制，本章只考虑居民的收入及居民 Agent 有无小孩这两个属性，居民收入分为低收入（年收入小于 9600 元）、中等收入（年收入大于 9600 元、小于 60000 元）、高收入（年收入大于 60000 元）三个等级；家庭结构分为有小孩和无小孩两个等级。因此，居民 Agent 可分为 6 类，即低收入无小孩、低收入有小孩、中等收入无小孩、中等收入有小孩、高收入无小孩、高收入有小孩。根据广州市统计局、《广州统计年鉴 2004》及第五次全国人口普查数据，可求得这 6 类居民的大致比例，见表 12-2。

表 12-2 居民 Agent 类型及各居民类型所占比例（%）

项目	无小孩			有小孩		
	低收入	中等收入	高收入	低收入	中等收入	高收入
所占比例	9	39	9	6	31	6

不同类型的居民由于其自身的属性相异而表现出对位置选择偏好的迥异，从而作出不同的空间决策。本书采用主客观综合赋权的方法来确定居民 Agent 的位置选择偏好权重。首先，利用专家打分法，根据专家的经验判断，针对不同类型居民 Agent，对各居住位置选择影响因子进行打分，采用多准则判断（MCE）模型，求出位置选择影响因子的主观偏好权重。为避免在确定权重的过程中主观意识太强，采用熵化权方法对得到的偏好权重进行修正（徐建华，2002），以得到更加客观、合理的结果。在确定位置选择影响因子客观权重前，需要消除各影响因子量纲的影响，由于影响因子中既包含正向因子（交通通达性、公共设施便利性、教育资源、环境质量），又包含逆向因子（住房价格），因此影响因子的"好""坏"在很大程度上带有模糊性，可以采用模糊隶属度函数对各影响因子的贡献进行量化。对于正向影响因子，采用半升梯形模糊隶属度函数模型，即

$$a'_{mk} = \begin{cases} 1 & a_{mk} \geqslant \text{Max}_k \\ \dfrac{a_{mk} - \text{Min}_k}{\text{Max}_k - \text{Min}_k} & \text{Min}_k \leqslant a_{mk} \leqslant \text{Max}_k \\ 0 & a_{mk} \leqslant \text{Min}_k \end{cases} \quad (12\text{-}11)$$

对于逆向影响因子，采用半降梯形模糊隶属度函数模型：

$$a'_{mk} = \begin{cases} 1 & a_{mk} \leqslant \text{Min}_k \\ \dfrac{\text{Max}_k - a_{mk}}{\text{Max}_k - \text{Min}_k} & \text{Min}_k \leqslant a_{mk} \leqslant \text{Max}_k \\ 0 & a_{mk} \geqslant \text{Max}_k \end{cases} \quad (12\text{-}12)$$

式中，a_{mk} 为第 m 个位置第 k 个影响因子的值；Max_k、Min_k 为第 k 个影响因子中的最大值、最小值；a'_{mk} 为消除量纲影响后的第 m 个位置第 k 个影响因子的值。

熵是信息论中关于"不确定性"的度量，信息量越大，不确定性就越小，熵也越小。根据信息熵的定义，第 k 个影响因子的信息熵可由式（12-13）计算：

$$E_k = -N \cdot \sum_{m=1}^{M} \left(f_{mk} \cdot \ln f_{mk} \right) \quad (12\text{-}13)$$

式中，M 为总的位置数；$N = \dfrac{1}{\ln M}$；$f_{mk} = \dfrac{|a'_{mk}|}{\displaystyle\sum_{m=1}^{M} |a'_{mk}|}$，并假定当 $f_{mk}=0$ 时，$f_{mk} \cdot \ln f_{mk} =0$。

第 k 个影响因子信息熵权可用式（12-14）表示：

$$H_k = \dfrac{1 - E_k}{K - \displaystyle\sum_{k=1}^{K} E_k} \quad (12\text{-}14)$$

式中，K 为影响因子的总个数，从式（12-13）、式（12-14）可以看出，当某个影响因子在各样点上的值相差较大时，熵值较小，熵权较大，说明该影响因子的"贡献"较大，由此确定各影响因子的权重。求出各影响因子的客观权重后，就可以对主观偏好权重进行修正，修正公式如下：

$$w_z = u_z \cdot H_z \Big/ \sum_{z=1}^{K} u_z \cdot H_z \qquad (12\text{-}15)$$

式中，u_z 为用 MCE 方法得到的权重；H_z 为信息熵权重；w_z 为修正后的主客观综合偏好权重。

最后所求得的主客观综合偏好权重见表 12-3。这些偏好权重反映在式（12-4）的计算中，分别代表不同居民对交通通达性、土地价格、公共设施便利性、环境质量、教育资源的偏好。

表 12-3　各种居民 Agent 的位置选择综合偏好权重

居民 Agent 类型	权重				
	交通通达性	土地价格	公共设施便利性	环境质量	教育资源
低收入无小孩	0.287	0.447	0.095	0.058	0.113
低收入有小孩	0.209	0.393	0.048	0.049	0.301
中等收入无小孩	0.268	0.206	0.139	0.276	0.111
中等收入有小孩	0.215	0.241	0.093	0.187	0.264
高收入无小孩	0.324	0.058	0.104	0.394	0.120
高收入有小孩	0.265	0.094	0.052	0.302	0.287

2. 模型的应用及结果

该模型中，首先需要确定海珠区 1995~2004 年城市增长的总量，这可以从 1995 年和 2004 的 TM 遥感影像中获取。假设每一个新增城市化网格上容纳一个居民 Agent，则根据城市增长总量可以确定模型所需的居民 Agent 数目。这里一个 Agent 只反映了比例关系，并不是只代表一个人或一个家庭，在本章中的实际含义为 100m×100m 的一个网格内平均容纳的居民。该模型的流程如图 12-1 所示，该模型运行机制如下：

（1）根据海珠区 1995~2004 年城市增长总量确定该模型所需的居民 Agent 数目。

（2）根据表 12-2 中各居民类型所占的比例，运用 Monte Carlo 方法，按比例随机生成模型所需的不同类型居民 Agent。

（3）据式（12-4）及表 12-3，计算对应居民 Agent 的位置效用值，首先选择效用值最高的位置，据式（12-10），计算最高效用值位置在居民 Agent、房地产商 Agent、政府 Agent 相互协商下被开发的概率。

（4）运用 Monte Carlo 方法判断最高效用值位置是否被开发，若该居民的最高效用值位置被接受开发，则该居民位置选择完成，轮到下一个居民 Agent 进行位置选择。若最高效用值位置没有被房地产商 Agent 及政府 Agent 接受开发，则选择次高效用值位置，直到该居民 Agent 找到满意的位置为止。

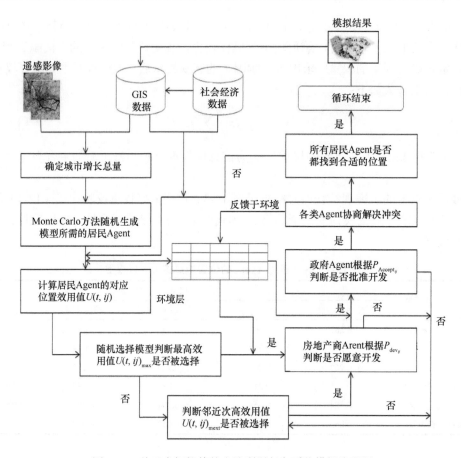

图 12-1　基于多智能体的土地利用复杂系统模拟流程图

　　模拟中，将 1995 年海珠区土地利用层、海珠区 1996~2010 年的城市总体规划层、交通通达层、土地价格层、公共设施便利层、环境质量层、教育资源层作为输入层，根据前面的参数设定，应用该模型进行模拟。图 12-2 是不同模拟时间的居民用地空间演变的模拟过程。其中，新增加居民用地是指从 $T=0$ 时刻起到该时刻城市所增加的居民用地，T 代表模型运行的次数，$T=0$ 表示模型处于初始状态，即 1995 年海珠区土地利用情况，$T=1400$ 表示模型运行了 1400 次，达到终止状态，即 2004 年海珠区土地利用情况。

　　最终获得 2004 年海珠区居民用地的模拟结果 [图 12-3（a）]。与实际居民用地情况 [图 12-3（b）] 相比较可以看出，模拟结果与海珠区实际土地利用变化大致相符。略有差别的是，实际的土地利用模式显得较为有规则，模拟结果有些杂乱，在果园及绿地中间有少数点状居民地存在。产生点状居民地的主要原因是该地区地价很便宜，受到了低

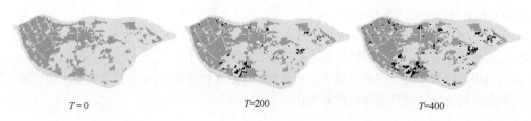

$T=0$　　　　　　　　　　$T=200$　　　　　　　　　　$T=400$

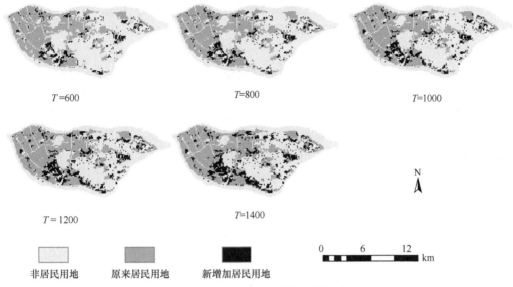

图 12-2　居民用地空间演变的模拟过程

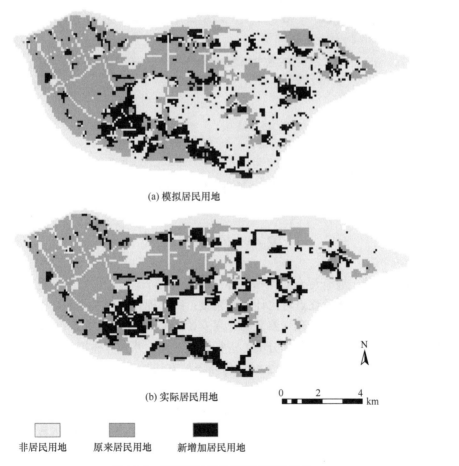

图 12-3　模拟居民用地和实际居民用地

收入居民的青睐，但由于政府及房地产商不支持，据式（12-10）可知，开发概率较低，但如果应用 Monte Carlo 方法进行判断是否开发，还是会有少数点被接受，从而导致点状居民地的存在。

图 12-4 是模拟的各种土地利用类型随时间变化的曲线图。从图 12-4 可知，海珠区在 1995 年（模拟时间 $T=0$）至 2004 年（模拟时间 $T=1400$），居民用地保持着稳定的上升趋势，但居民用地的开发是以果园或绿地、菜地被占用为代价的，特别是果园或绿地面积迅速下降，这将导致环境质量逐渐恶化，政府应适当控制；开发用地的减少说明房地产商开发的盲目性也在降低，滥用土地行为在减少，烂尾楼在逐渐消失；交通用地没有变化，这是因为模型中没有考虑政府的基础设施建设行为；海珠区四面为珠江航道所包围，其水体面积基本不变。

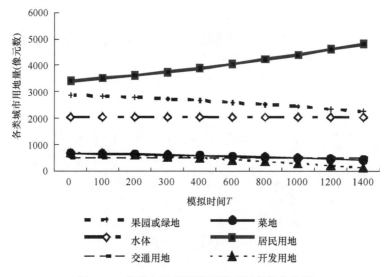

图 12-4　各种土地利用类型随时间变化曲线图

12.4　模型的检验

模型检验方法一般有逐点对比和整体对比两种方法。前一种方法是将模拟的结果和实际情况叠合起来，然后逐点对比计算其精度；后一种方法所关注的是模拟出来的整个空间格局，因此显得更为合理（黎夏和叶嘉安，2004）。首先，将 2004 年海珠区居民用地的模拟结果与实际情况（遥感分类）进行逐点对比，并计算模拟精度。其转变的精度为 67.9%，总精度为 78.6%（表 12-4）。另外一种方法是采用 Moran's I 指数进行对比。Moran's I 指数一般用来描述空间的自相关性，但该指数也反映了空间集中和分散的程度（黎夏和叶嘉安，2004；Wu，2002）。Moran's I 指数的最大值为 1，它的值越大，表示所反映的空间集中程度越大。从表 12-5 可知，模拟结果的 Moran's I 指数值为 0.6644，实际情况的 Moran's I 指数值为 0.6876，两者的值相差不远，这证明模拟结果的空间格局和实际情况较为接近。

表 12-4 逐点对比的模拟精度

		模拟		精度（%）
		不转变	转变	
实际	不转变	2305	437	84.1
	转变	452	954	67.9
	总精度			78.6

表 12-5 Moran's I 指数对比

1995 年（初始）	2004 年	
实际	实际	模拟
0.6894	0.6876	0.6644

此外，也用一般的 CA 模型模拟了海珠区 1995～2004 年的城市土地利用变化情况。其逐点对比精度为 0.5103，Moran's I 值为 0.5967。其效果比多智能体模型差。这说明在城市复杂系统的模拟中，必须考虑各种群体（多智能体）的人文因素才能取得较好的模拟效果。CA 模型只考虑周围环境和邻域内的"元胞"状态，对于较为简单的城市发展模式模拟，其具有较高的精度，但在模拟较为成熟、复杂的城市时有一定的局限性。

12.5 结　　论

城市是一个异常复杂的巨系统，而基于多智能体的建模方法则是一种进行复杂系统分析与模拟的重要手段，它既考虑到环境的影响及环境中智能体微观的决策行为，又不失强大的空间自组织能力，因此在模拟城市土地利用动态变化时有着巨大的优势。多智能体模型的关键是如何定义复杂系统中的多智能体及其行为。模型中多智能体类型过多，整个系统变得非常复杂，导致计算速度很慢，实用性不强；多智能体类型过少，又体现不了系统的复杂性。多智能体的行为也需要经过适当的抽象和简化才能更为实用。

本章通过对城市多智能体的适当简化，选取影响城市发展最主要的三类 Agent（居民 Agent、房地产商 Agent、政府 Agent）作为研究对象，构建了一个比较完整的基于多智能体的城市模型。在该模型中，不同类型的 Agent 之间相互影响、协商合作，共同理解所处的环境，并采取一定的行动影响其所处的环境。而环境的变化也反馈于多智能体。城市的宏观空间就是由这些能够通过经验和环境不断适应的智能体在相互作用中产生的。

以广州市海珠区为实验区，模拟了其 1995～2004 年的土地利用动态变化情况，与实际土地利用变化情况相对比，该模型的逐点对比精度达到 67.9%，总精度达到 78.6%。模拟用地的 Moran's I 指数值与实际情况的 Moran's I 指数值比较接近，证明其模拟的空间格局与实际情况吻合较好，并与 CA 进行了对比研究，结果表明，多智能体模型在模拟较为成熟、复杂的城市时，比 CA 有更高的精度和更接近实际的空间格局。

参 考 文 献

黎夏, 叶嘉安. 2004.知识发现及地理元胞自动机. 中国科学(D 辑), 34(9): 865-872.

徐建华. 2002. 现代地理学中的数学方法. 北京: 高等教育出版社.

Bacon P J, Cain J D, Howard D C. 2002.Belief network models of land manager decisions and land use change. Journal of Environmental Management, 65(1): 1-23.

Batty M, Xie Y. 1994. From cells to cities. Environment and Planning B, 21: 531-548.

Benenson I. 1998. Multi-agent simulations of residential dynamics in the city. Computers, Environment and Urban Systems, 22(1): 25-42.

Benenson I, Omer I, Hatna E. 2002.Entity-based modeling of urban residential dynamics: the case of Yaffo, Tel Aviv. Environment and Planning B, 29: 491-512.

Bradley T E, Payne J E. 2005. The response of real estate investment trust returns to macroeconomic shocks. Journal of Business Research, 58(3): 293-300.

Brown D G, Page S E, Riolo R L, et al. 2003. Agent-based and analytical modeling to evaluate the effectiveness of greenbelts. Environmental Modeling & Software, 19(12): 1097-1109.

Chebeane H, Echalier F. 1999. Towards the use of a multi-agents event based design to improve reactivity of production systems. Computers & Industrial Engineering, 37: 9-13.

Couclelis H. 1997. From cellular automata to urban models: new principles for model development and implementation. Environment and Planning B, 24: 165-174.

Dawn C P, Steven M, Janssen M A, et al. 2002. Multi-agent systems for the simulation of land-use and land-cover change: a review. Annals of the Association of American Geographers, 93(2): 314-337.

de Komng G H J, Verburg P H, Veldkamp A, et al. 1999. Multi-scale modeling of land use change dynamics in Ecuador. Agricultural Systems, 61: 77-93.

Li X, Yeh A G O. 2002. Neural-network-based cellular automata for simulating multiple land use changes using GIS. International Journal of Geographical Information Science, 16(4): 323-343.

Ligtenberg A, Bregt A K, Lammeren R V. 2001. Multi-actor-based land use modeling: spatial planning using agents. Landscape and Urban Planning, 56: 21-33.

McFadden D. 1974. Conditional logit analysis of qualitative choice behavior//Zarembka P. Frontiers in Econometrics. New York: Academic Press: 105-142.

McFadden D. 1978. Modeling the choice of residential location in spatial interaction theory and planning models//Karlqvist A, Lundqvist L, Snickars F, et al.Spatial Interaction Theory and Planning Models. Amsterdam: North Holland: 75-96.

Mertens B, Lambin E F. 1997. Spatial modeling of deforestation in southern Cameroon. Applied Geography, 17(2): 143-162.

Muller D, Zeller M. 2002. Land use dynamics in the central highlands of Vietnam: a spatial model combining village survey data with satellite imagery interpretation. Agricultural Economics, 27(3): 333-354.

Otter H S, Veen A, Vriend H J. 2001. ABLOoM: location behaviour, spatial patterns, and agent-based modeling. Journal of Artificial societies and Social Simulation, 4(4): 1-21.

Quigley J M. 1976. Housing demand in the short run: analysis of polytomous choice. Exploration in Economic Research, (3): 76-102.

Riebsame W E, Parton W J, Galvin K A, et al. 1994. Integrated modeling of land use and cover change. Bioscience, 44(5): 350-356.

Sanders L, Pumain D, Mathian H, et al. 1997. SIMPOP: a multiagent system for the study of urbanism. Environment and Planning B, 24: 287-305.

Sklar F H, Costanza R. 1991. The Development of Dynamic Spatial Models for Landscape Ecology: A Review and Prognosis. New York: Wiley.

Torrens P M, O'Sullivan D. 2001. Cellular automata and urban simulation: where do we go from here? Environment and Planning B: Planning and Design, 28: 163-168.

Verburg P H, Veldkamp A, Bouma J. 1999. Land use change under conditions of high population pressure:

the case of java GLob. Environ Change, 9(4): 303-312.

Webster C J, Wu F. 2001. Coarse spatial pricing and self-organizing cities. Urban Studies, 38: 2037-2054.

Wu F. 2002. Calibration of stochastic cellular automata: the application to rural-urban land conversions. International Journal of Geographical Information Science, 16(8): 795-818.

第 13 章　CA 和 MAS 结合的城市土地资源可持续发展的规划模型

本章提出将 CA 和 MAS 相结合对城市土地资源可持续发展进行规划的新方法，该模型由相互作用的多智能体层、元胞自动机层和环境要素层组成，根据环境经济学资源分配原理和可持续发展理论，结合多智能体及元胞自动机的微观模型，在时间和空间上合理规划城市土地资源，以避免浪费不可再生的土地资源，使城市土地资源发展具有可持续性。以广州市海珠区为实验区，在可持续发展为前提的规划下，模拟了 1995~2010 年城市扩展的动态变化，并讨论了在不同规划情景下城市土地资源的利用效率。

13.1　可持续发展与城市土地资源规划

可持续发展是指既满足现代人的需求，又不损害后代人满足需求的能力的发展（Brundtland，1987）。城市作为人类文明的集中体现，其创造的财富和消耗的资源占据了社会的重要份额，因此，城市可持续发展显得尤为重要（Stephan and Friedrich，2000；Nguyen et al.，2002）。城市可持续发展包含了很多部分，土地的可持续发展则是其中很重要的一部分（黎夏和叶嘉安，1999），因为土地是人类赖以生存的基础，是一种不可再生资源，如果不适当地利用土地，将会导致严重的后果（黎夏和叶嘉安，1999）。然而，近年来对城市土地资源可持续发展的研究大多停留在概念层面上，缺少在实际规划中贯彻这一理念（Corrado and Bruno，2000）。许多学者认为，城市规划是实施城市土地资源可持续发展战略的有效工具（Forbes，1996；Hurtado and Perello，1999）。土地可持续发展的城市规划不仅仅要合理进行土地资源配置，考虑现时发展的合理性，也要预留未来发展的可能性，并且还要充分考虑城市居民的需求，使城市规划更具有人文性。

13.2　城市发展预测的微观模型

城市是一个异常复杂的巨系统，它的发展并不一定按照政府"从上而下"的规划进行。如果规划者能够预测在不同规划方案下城市未来发展的大体趋势，从而选择最优的规划方案，使城市的发展具有可持续性，则对指导城市规划有非常重要的意义。因此，在规划城市土地资源时，有必要对城市的发展进行预测。

较早的城市发展预测模型是使用数学方程或经验统计模型，这些方法严格说来是一种静态模型，不能有效地反映城市发展的复杂性（Parker et al.，2002；Mertens and Lambin，

1997）。此后的系统动力学模型是建立在控制论、系统论和信息论基础上的，其突出特点是能够反映复杂系统结构、功能与动态行为之间的相互作用关系（Sklar and Costanza，1991）。然而，它也是基于经验和方程式的表达，并且难以与空间信息融合（Sklar and Costanza，1991；Muller and Zeller，2002）。

CA 在模拟复杂空间系统时有很多优势（Couclelis，1997）。但 CA 主要是基于城市增长模式的模拟，而对于城市增长的过程、成因缺乏解释（Torrens and O'Sullivan，2001）。此外，CA 只考虑周围的自然环境，这些元胞是不能移动的。CA 几乎没有考虑到对城市土地利用变化起决定作用的动态社会环境及它们的相互作用（Benenson et al.，2002），而后者则包括能移动的居民、起规划作用的政府等。

为了克服 CA 的局限性，基于多智能体系统（MAS）建模的方法被引入城市模拟中。MAS 是复杂适应系统理论、人工生命及分布式人工智能技术的融合，目前已经成为进行复杂系统分析与模拟的重要手段（Chebeane and Echalier，1999）。国外已经开展了这方面工作的研究（Benenson，1998；Benenson et al.，2002；Sanders et al.，1997；Webster and Wu，2001；Brown et al.，2003），但还只是处于初始阶段，往往限于理论上的探讨，应用于真实城市的模型非常有限（Benenson et al.，2002），并且目前尚缺乏一个比较完整的多智能体模型来模拟城市演化过程。在城市演化过程中，居民、政府等各种智能体应扮演最重要的角色，它们之间及其与周围环境（自然环境和社会环境）相互作用、协商合作而形成区域宏观结构的城市发展模式。

基于 MAS 建模的方法虽然具有 CA 所不可比拟的优势，但 MAS 往往忽视了地理因素及空间影响的重要性（Benenson and Torrens，2004），并且 CA 具有天然的空间自组织性，这也是 MAS 所缺乏的。因此，本书的研究试图结合多智能体和 CA 来模拟城市的发展，该模型中考虑政府的规划行为和城市居民的住房选择行为，政府根据环境经济资源学分配理论和可持续发展观念对土地资源进行规划。该模型通过对城市发展的模拟来讨论在不同规划情景下城市土地资源的利用效率。

13.3　基于 CA 和 MAS 的城市土地资源可持续发展及规划模型

本书的研究提出了利用多智能体和 CA 对城市土地资源可持续发展进行规划的新方法。该模型包含了一系列环境要素层和若干具有移动特点的多智能群体及不可移动的元胞自动机层（图 13-1）。环境要素层是指多智能体和 CA 所处的自然环境和社会环境；多智能体层包括政府 Agent 和居民 Agent，政府 Agent 具有规划土地资源和批准土地资源使用行为，居民 Agent 具有住房选择行为。智能体之间存在相互影响、信息交流、合作的关系，以达到共同理解和采取一定的行动影响其所处环境。而环境要素层的变化也反馈于多智能体层，多智能体层根据环境要素层的变化采取相应的措施和行动，以谋求双方关系达到平衡。这将比单纯的 CA 更能反映复杂的人文因素及其与环境的相互作用，并且与现实更为符合，尤其是可以把政府的规划决策行为、环境经济资源学分配理论及可持续发展理论融合到整个模型中，为城市土地资源可持续发展规划提供了可靠有效的辅助工具；元胞自动机层包括元胞状态、元胞邻域及元胞转换规则。

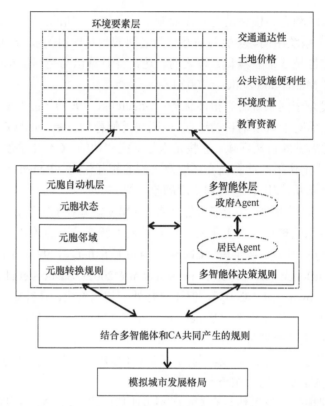

图 13-1　基于 CA 和 MAS 结合的城市土地资源可持续发展的规划模型

13.3.1　多智能体及决策行为

Agent 是在虚拟环境中具有自主能力、可以进行有关决策的实体。这些实体可以代表动物、人类或机构等。一个实体并不仅仅限于代表某个个体，也可以代表一群个体，如代表某一阶层的人。本书的研究中每个 Agent 也只代表一个计算实体，其只是反映了比例关系，可以对应多个居民或多个家庭。政府 Agent 起到宏观调控的作用，它是没有空间属性的。居民 Agent 的空间位置的初始状态随机分布在研究区域上，该模型运行后，居民 Agent 根据自己的偏好及与政府 Agent 共同协商后，选择较为满意的空间位置居住。多智能之间存在相互影响、信息交流、合作的关系，它们对所遇到的问题共同作出决策，以达到相互理解，并采取一定的行动影响其所处环境，而环境的变化也反馈于多智能体层（图 13-2）。

1. 政府 Agent 对土地资源的规划行为及其决策行为

政府 Agent 行为包括政府的宏观总体规划、合理分配土地资源开发的时间准则、政府和居民协商微观调控土地资源的开发。

政府宏观城市总体规划对城市的土地利用变化起着决定作用，引导了整个城市的演化过程，也决定了城市发展模式。特别是在中国，政府的宏观规划在城市发展中显得尤为

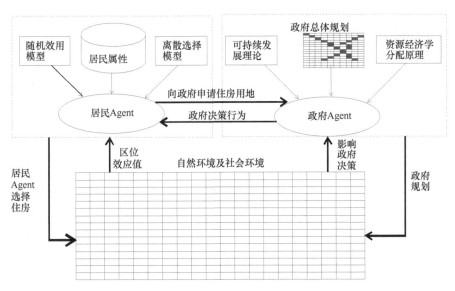

图 13-2　多智能体交互作用及决策行为

重要。政府宏观城市规划在这里主要是指对未来几十年城市发展所需用地的总体空间分布进行规划。政府在进行宏观规划时应结合可持续发展理论，根据可持续发展理论，城市土地资源规划应该遵循以下几条最大空间效益准则（Yeh and Li，1998；黎夏和叶嘉安，1999）。

（1）城市的发展应该尽量避开侵占优质的农田和果园，以保障粮食的稳定生产和城市生态系统的平衡。

（2）城市发展用地的选择要有合理性，要先开发最具有发展适宜性的土地。

（3）土地开发要有规划，要防止出现零乱的空间布局，避免浪费宝贵的土地资源。

最大空间效益准则是为了节省土地资源，土地资源发展要具有可持续性，可以通过土地资源的评价来获得研究地区城市发展适宜性的空间分布情况，城市发展适宜性的计算考虑了土壤、地形、交通、土地利用、生态平衡及城市紧凑性等要素。

根据可持续发展理论，不仅要合理地进行土地资源配置，考虑现时发展的合理性，也要预留未来发展的可能性，因此，如何合理分配土地资源开发的时间准则也是土地可持续发展的一个重要部分。环境经济学把资源的使用与商品经济联系起来，认为人们消耗自然资源时会获得一定的效益，但同时也需要付出一定的成本（cost），随着资源消耗量的增加，边际效益（marginal benefit）曲线在下降，人们可以根据边际效益曲线和边际成本（marginal cost）曲线分配资源的使用，找到能产生最大纯效益的资源消耗量（图13-3）。Tietenberg（1992）根据这个原理提出了有效使用自然资源的动态时间模型。他把牵涉时间因素的贴现率放进了模型里，对于一定量的不可再生资源，如何在时间上安排它的分配，以获得最大的效益。在 n 年里最有效地分配 Q 总量的资源应该满足如下的最大值条件（Tietenberg，1992）：

$$\max_{q_T} \sum_{T=1}^{n} (aq_T - bq_T^2/2 - cq_T)/(1+r)^{T-1} + \lambda\left[Q - \sum_{T=1}^{n} q_T\right] \tag{13-1}$$

式中，Q 为所提供的资源总量；a 为边际效益曲线的截距；b 为边际效益曲线的斜率，可选为 1；c 为边际成本曲线的常数，其值比 a 小，可选 $c=a/2$；r 为贴现率；T 为时间；λ 为极值公式的常数。黎夏和叶嘉安对该模型进行改进，把人口增长的因素放进模型中，用来分配未来土地资源的使用，以获得最大的纯效益值，于是建立了下面的方程（Yeh and Li，1998；黎夏和叶嘉安，1999）：

$$(a - bq_T / P_{Ta} - c) / (1+r)^{T-1} - \lambda = 0$$
$$T = 1, \cdots, n \qquad\qquad (13\text{-}2)$$
$$Q - \sum_{T=1}^{n} q_T = 0$$

式中，Q 为所提供的土地资源总量；P_{Ta} 为 T 年所新增加的人口；q_T 为 T 年所对应的土地使用量，该模型给出了如何有效地使用土地资源的理论依据，对土地资源可持续发展及规划具有指导意义。

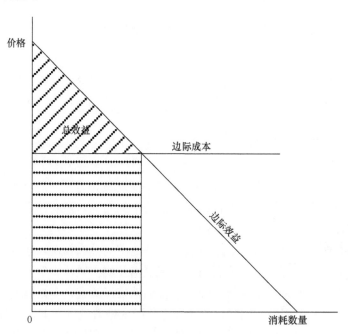

图 13-3　自然资源消耗最大纯效益示意图

政府的决策行为还包括跟居民协商、微观调控土地资源的开发。当居民向政府申请开发用地时，政府会根据该地点目前的土地利用状况和未来规划的土地利用情况进行对比，给出不同的接受概率。当一个区域被申请的次数越多时，它被接受的概率就会增加；一个区域的申请被政府接受之后，该区域附近地区被接受的概率也会增加。这充分体现了政府在宏观规划的同时也全面考虑公众意愿的要求，调控政府规划与真实世界发展细节的差距，实现了宏观和微观的统一，从而使政府的规划更具有人文性。其公式表达如下：

$$P_{\text{Accept}_{ij}}^* = P_{\text{Accept}_{ij}} + g \cdot \Delta P_1 + h \cdot \Delta P_2 \qquad \left(i \in [1, n], j \in [1, m] \right) \qquad (13\text{-}3)$$

式中，$P_{\text{Accept}_{ij}^*}$ 为地理位置 L_{ij} 被政府接受的概率；$P_{\text{Accept}_{ij}}$ 为政府原始接受概率；g 为该地被申请的次数；ΔP_1 为每申请一次，政府所增加的接受概率；h 为以 L_{ij} 为中心 3×3 邻域窗口内已经被政府接受的网格数；ΔP_2 为 3×3 邻域窗口内每增加一个被政府接受的网格，政府所增加的接受概率。

2. 居民 Agent 及其决策行为

居民的决策行为主要有两种：居住位置决策和再选择。居住位置决策是指新增居民购房的决策行为，再选择是指城市居民的迁居行为。城市居民居住位置决策与再选择行为直接影响着居住空间结构的形成和变化，同时也影响着城市社会分异、空间组织结构和城市发展方向等的演化过程。

本章在居民个人追求效用最大化的前提下，结合动态随机效用模型（Quigley，1976）和离散选择模型（McFadden，1974），来表达居民 Agent 的位置选择决策行为。某一候选位置 L_{ij} 对第 t 个居民 Agent 的位置效用（utility）可用式（13-4）表示：

$$U(t, ij)=w_{\text{envi}}\cdot E_{\text{environment}}+w_{\text{edu}}\cdot E_{\text{education}}+w_{\text{tra}}\cdot E_{\text{traffic}}+w_{\text{pri}}\cdot E_{\text{price}}+w_{\text{con}}\cdot E_{\text{convenience}}+\varepsilon_{tij} \qquad (13\text{-}4)$$

式中，$w_{\text{envi}}+w_{\text{edu}}+w_{\text{tra}}+w_{\text{pri}}+w_{\text{con}}=1$，$E_{\text{environment}}$、$E_{\text{education}}$、$E_{\text{traffic}}$、$E_{\text{price}}$、$E_{\text{convenience}}$ 分别为候选位置 L_{ij} 的环境质量、教育资源、交通通达程度、土地价格和公共设施便利性；w_{envi}、w_{edu}、w_{tra}、w_{pri}、w_{con} 分别为第 t 个居民 Agent 对各个影响因子的偏好系数；ε_{tij} 为随机扰动项。

居住位置决策与再选择反映了城市居民住房消费行为在空间上的价值取向，因此，受居住地空间位置属性及居民社会属性的影响，不同类型的居民 Agent 由于其自身的属性相异而表现出对位置选择迥异的偏好，从而表现出不同的空间决策行为。这些不同的偏好可通过上述效用公式的偏好系数来反映。

离散选择模型是一种复杂、非线性的多元统计分析方法和市场研究技术，主要用于测量消费者在实际或模拟的市场竞争环境下如何在不同产品/服务中进行选择，这与居民选址行为异常吻合。为此，我们把离散选择模型引入居民选址的行为中。许多学者认为，效用模型中的随机扰动项 ε_{ij} 服从韦伯（Weibull）分布（Quigley，1976；McFadden，1974，1978），即 $F(\varepsilon_{tij})=\exp[-\exp(-\varepsilon_{tij})]$，根据 McFadden（1974，1978）的证明，第 t 个居民 Agent 随机选择位置 L_{ij} 的概率等于对第 t 个居民 Agent 来说位置 L_{ij} 的效用（吸引力）大于或等于其他任何可选择位置 $L_{i'j'}$ 的效用概率，即

$$P(t,ij) = \Pr\left[U(t,ij) \geqslant U(t,i'j')\right] = \frac{\exp\left[U(t,ij)\right]}{\sum\limits_{t}\exp\left[U(t,ij)\right]} \qquad (13\text{-}5)$$

式中，$\Pr\left[U(t,ij) \geqslant U(t,i'j')\right]$ 为第 t 个居民 Agent 的位置 L_{ij} 的效用（吸引力）大于或等于其他任何可选择位置 $L_{i'j'}$ 的效用概率；$\sum\limits_{t}\exp\left[U(t,ij)\right]$ 为候选位置效用指数函数之和，式（13-5）表明居民根据个人偏好并遵循效用最大化选择居住位置。

居民 Agent 选择好自己满意的地理位置后，并不代表该居民就可以入住，有可能碰到下面三种情况：

（1）该房子已经被他人占用；

（2）该房子没有被占用，为空房；

（3）该地理位置还没有被房地产商开发。

对于第一种情况，则可与占用该房子的居民 Agent 协商，若协商失败，继续搜索合适的地理位置。若遇到第二种情况，则选择成功，居民 Agent 入住空房。第三种情况是本章的重点。因为一个城市的发展及扩张，主要是在政府的规划下，居民根据个人偏好选择自己最想居住的位置，但是需要向政府申请，得到政府的批准，该位置才能被开发。这个过程是共同协商、相互作用的过程，既要考虑到政府的规划，又要考虑到居民的要求。

13.3.2　元胞自动机层

元胞自动机层主要包括元胞状态、元胞邻域、元胞转换规则（图 13-1），CA 具有模拟复杂系统时空演化过程的能力，它的一个重要特点是复杂系统可以由一些简单的局部规则来产生。它这种"自下而上"的研究思路充分体现了复杂系统局部个体行为产生全局、有秩序模式的理念，非常适用于复杂地理现象的模拟和预测，如城市发展的模拟和预测。CA 具有天然的自组织性（White and Engelen，1993；Batty and Xie，1994），许多学者研究表明，城市的发展也具有较强的自组织性（White and Engelen，1993；Batty and Xie，1994；Clarke et al.，1997），而多智能体系统往往忽视了地理因素影响的重要性（Benenson and Torrens，2004），也缺乏空间自组织的特性。因此，结合多智能体和CA 模拟城市的发展，既考虑了城市各个主体（居民 Agent、政府 Agent）决策行为对城市发展的影响，也考虑了城市本身的空间自组织性，同时还能与地理因素很好地结合。

元胞转换规则的定义是 CA 的核心，本书选择最简单的 Logistic 方法来自动获取 CA 的转换规则（Wu，2002），选取的空间变量包括到高速公路、一般公路、铁路及市中心的距离等。最后获得的转换规则的形式如下：

$$P_{ca} = \frac{1}{1+\exp[-(d+\sum_h D_h \cdot x_h)]} \cdot con(ij) \cdot \Omega(ij) \quad (13\text{-}6)$$

式中，P_{ca} 为位置 L_{ij} 的转换概率；d 为 Logistic 回归的常数；x_h 为距离变量；D_h 为距离变量权系数；$con(ij)$ 为自然约束条件；$\Omega(ij)$ 为邻域影响值。

结合多智能体系统和 CA 模型，则候选位置 L_{ij} 被第 t 个居民 Agent 随机选择，并被政府批准开发的最终概率可用式（13-7）表达：

$$P_{ij}^t = A \cdot P(t,ij) \cdot P_{Accept_{ij}^*} \cdot P_{ca} \quad (13\text{-}7)$$

式中，A 为模型的调整参数；$P(t,ij)$ 为第 t 个居民 Agent 在效用最大化下随机选择地理位置 L_{ij} 的概率；$P_{Accept_{ij}^*}$ 为候选位置 L_{ij} 被政府接受的概率；P_{ca} 为该位置元胞的转换概率。

13.4　模型的应用

13.4.1　实验区及数据

选取广州市海珠区作为实验区，利用该模型模拟该地区 1995～2010 年的城市扩展，并设定不同的规划场景，以选择最佳的规划方案，使城市的土地资源发展具有可持续性。空间数据包括遥感数据和 GIS 数据。遥感数据为 1995 年 12 月 30 日和 2004 年 6 月 13 日两个时相的 TM 影像。GIS 数据包括广州市 1996～2010 年的城市总体规划图、海珠区土地价格图、1995 年及 2004 年海珠区土地利用图、海珠区高程图、海珠区道路交通图，以及海珠区学校、医院、公园分布图。社会数据是从广州市统计局、《广州统计年鉴 2004》及第五次全国人口普查数据中获取的，主要包括人口数据及经济统计数据，社会数据以街道为单位。所有空间数据都转成 grid 删格数据格式，并通过空间配准后叠加在一起，grid 数据的分辨率为 100m。

13.4.2　城市土地资源可持续发展需求预测

在城市土地资源消耗总量 Q 一定的情况下，根据式（13-2）可以确定 1995～2010 年每年分配的土地资源使用量，以获得最大的纯效益值，使土地资源的发展具有可持续性。由式（13-2）可知，只有知道 1995～2010 年每年人口增加的数量，才能确定每年分配的土地资源使用量。采用灰色预测法预测城市人口的增长，人口数据为 1990～1999 年海珠区的总人口数（表 13-1）。根据表 13-1 和灰色预测法得到人口预测方程式：

$$Y(T+1)=673300.46e^{0.0166T} \tag{13-8}$$

式中，$Y(T+1)$ 为第 $T+1$ 年（以 1990 年为基准）预测的人口数，图 13-4 是实际值与预测值的对比。

表 13-1　海珠区 1990～1999 年实际的人口　　　　（单位：人）

年份	1990	1991	1992	1993	1994	1995	1996	1997	1998	1999
人口	684887	691557	702004	710153	727045	738910	751486	759256	763959	778984

利用修改后的 Tietenberg 模型动态分配土地资源的使用量，以产生最大的效益，使土地资源的发展具有可持续性。以 1995 年遥感监测数据为依据，海珠区总面积为 101.40 km²，1995 年居民用地总量为 34.09 km²，占研究区总面积的 33.62%，本书假设到 2010 年居民用地占研究区总面积的 50%，则可确定 1995～2010 年城市土地资源消耗的总量。表 13-2 是由 Tietenberg 模型计算出来的对应不同贴现率的各个时期的用地量。

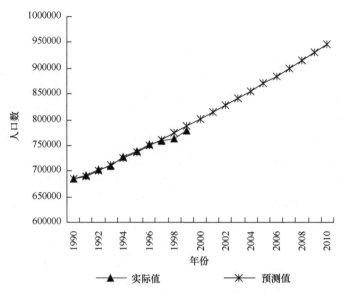

图 13-4　海珠区（1990～2010 年）人口预测

表 13-2　区域增加人口和不同贴现率（r）所对应的不同时期的土地消耗量

年份	增加的人口（人）	土地消耗量（km^2）		
		$r=0.0$	$r=0.02$	$r=0.1$
1995～2000	63880	5.08	6.04	7.66
2000～2005	69420	5.52	5.39	5.08
2005～2010	75439	6.01	5.18	3.87

13.4.3　模型的应用及结果

假设每一个新增城市化网格上容纳一个居民 Agent，则根据式（13-2）可以确定不同时期土地消耗量，从而也确定了不同时期居民 Agent 的数目。本书一个 Agent 只反映了比例关系，并不是只代表一个人或一个家庭。模型运行机制如下：

（1）根据式（13-2）确定模型不同时期所需的居民 Agent 数目，根据表 12-2 中各居民类型所占的比例，运用 Monte Carlo 方法，按比例随机生成模型所需的不同类型居民 Agent。

（2）据公式（13-4）及表 12-3，计算对应居民 Agent 的位置效用值，首先选择效用值最高的位置，根据式（13-7），计算最高效用值位置在居民 Agent、政府 Agent 相互协商下被开发的概率。

（3）运用 Monte Carlo 方法判断最高效用值位置是否被开发，若最高效用值位置被接受开发，则该居民位置选择完成，轮到下一个居民 Agent 进行位置选择。若最高效用值位置没有被政府 Agent 接受开发，则判断次高效用值位置是否被开发。

模拟中，以 1995 年海珠区土地利用层、海珠区 1996～2010 年的城市总体规划层、城市发展适宜性层、交通通达层、土地价格层、公共设施便利层、环境质量层、教育资源层作为输入层。贴现率取 $r=0.1$，元胞自动机层的转换规则根据 Logistic 回归方法自动获得，通过 1995 年和 2004 年的数据对转换规则进行校正，并分别设定以下几种规划情景。

情景 1：根据可持续发展理论和环境经济资源分配理论，城市发展尽量避开侵占优质的农田和果园，先开发最具有发展适宜性的土地；在微观调控上，政府需要全面考虑公众的意愿和要求，与居民相互协商，调控政府规划与真实世界发展细节的差距，实现宏观和微观的统一，使政府的规划更具有人文性。

情景 2：城市严格按照政府的规划进行发展，政府的微观调控并不考虑公众的意愿和要求。

情景 3：以保护绿地为目的，城市发展禁止占用绿地，以保障城市生态系统的平衡，政府的微观调控考虑公众的意愿和要求。

情景 4：城市发展处于无政府状态，完全根据居民的喜好和意愿进行土地资源的开发。

图 13-5 是在上述不同规划情景下城市发展的模拟过程，从图 13-5 我们可以清楚地看出，对于规划情景 1，城市的发展尽量避免了侵占优质的农田和果园，但是城市的形态稍微显得有一点凌乱，这是因为政府考虑到居民的意愿和要求，在政府所规划的居民用地之外的一些区域被开发了；对于规划情景 2，城市的形态显得非常紧凑，完全按照政府的规划进行发展，这与真实城市的发展并不相符；在规划情景 3 下，城市的绿地几乎没有损失，城市的形态也比较紧凑；对于规划情景 4，城市的发展显得非常凌乱，并且侵占了大量的绿地，土地资源浪费严重，城市土地不是可持续发展。为了能够更加定量地描述不同规划情景下城市土地资源的利用效率，本书采用 Moran's I 指数对不同规划情景下产生的城市空间格局进行评价，Moran's I 指数一般用来描述空间的自相关性，此外，该指数也反映了空间集中和分散的程度（Wu，2002；黎夏和叶嘉安，2004）。Moran's I 指数的最大值为 1，它的值越大，表示所反映的空间集中程度越大。从表 13-3 可知，规划情景 2 及规划情景 3 的 Moran's I 指数值最大，表示城市发展较为集中，规划情景 4 Moran's I 指数值最小，表明城市的发展比较分散、混乱。规划情景 3 绿地所占的比例最大，规划情景 4 绿地所占的比例最小，表明城市发展侵占了大量的绿地，这不利于城市的可持续发展。

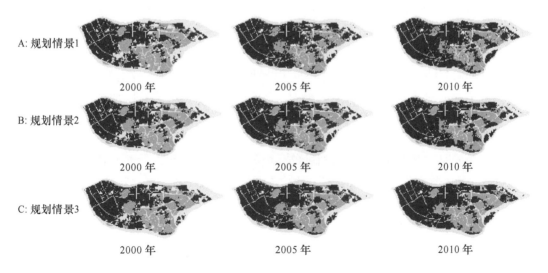

A: 规划情景1　　　2000 年　　　　　　　2005 年　　　　　　　2010 年

B: 规划情景2　　　2000 年　　　　　　　2005 年　　　　　　　2010 年

C: 规划情景3　　　2000 年　　　　　　　2005 年　　　　　　　2010 年

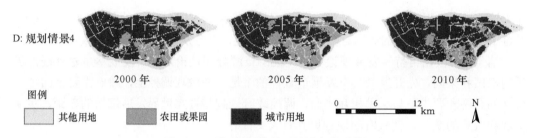

D: 规划情景4

2000 年　　　　　　2005 年　　　　　　2010 年

图例

| | 其他用地 | | 农田或果园 | | 城市用地 |

0　6　12 km

N

图 13-5　不同规划情景下的城市发展模拟

表 13-3　不同规划情景下城市的 Moran's I 指数及绿地比例

规划情景	年份	Moran's I 指数	绿地所占比例
规划情景 1	2000	0.694	0.239
	2005	0.676	0.213
	2010	0.643	0.179
规划情景 2	2000	0.700	0.237
	2005	0.697	0.217
	2010	0.687	0.194
规划情景 3	2000	0.697	0.242
	2005	0.698	0.224
	2010	0.690	0.217
规划情景 4	2000	0.686	0.223
	2005	0.671	0.200
	2010	0.610	0.157

13.5　结论和讨论

　　城市的土地资源是不可再生资源，如果不适当地利用土地，城市的发展则会受到很大的限制。因此，政府在对城市进行规划时，应充分认真考虑如何使土地资源可持续发展。但是城市是一个异常复杂的巨系统，它的发展并不一定按照政府的规划进行。如果规划者能够预测在不同规划方案下城市发展的大体趋势，从而选择出最优的规划方案，使城市的发展具有可持续性，则对城市规划具有重要的指导意义。

　　本书的研究结合 CA 和 MAS，根据可持续发展理论和资源经济分配理论，构建了一个城市土地资源可持续发展的规划模型，该模型由相互作用的多智能体层、元胞自动机层和环境要素层组成，在时间和空间上合理规划城市土地资源，以避免浪费不可再生的土地资源。在该模型中，不同类型的 Agent 之间相互影响、协商合作，共同理解所处的环境，并采取一定的行动影响其所处的环境。而环境的变化也反馈给多智能体。

　　以广州市海珠区为实验区，在以可持续发展为前提的规划下，模拟了 1995～2010 年的城市扩展的动态变化，并讨论了在不同规划情景下城市土地资源的利用效率，为城市规划提供了有意义的依据。

参 考 文 献

黎夏, 叶嘉安. 1999. 基于遥感和 GIS 的辅助规划模型——以珠江三角洲可持续土地开发为例. 遥感学报, 3(3): 215-220.

黎夏, 叶嘉安. 2004. 知识发现及地理元胞自动机. 中国科学(D 辑), 34(9): 865-872.

徐建华. 2002. 现代地理学中的数学方法. 北京: 高等教育出版社.

Batty M, Xie Y. 1994. From cells to cities. Environment and Planning B , 21: 531-548.

Benenson I. 1998. Multi-agent simulations of residential dynamics in the city. Computers, Environment and Urban Systems, 22(1): 25-42.

Benenson I, Omer I, Hatna E. 2002. Entity-based modeling of urban residential dynamics: the case of Yaffo, Tel Aviv. Environment and Planning B, 29: 491-512.

Benenson I, Torrens P M. 2004. Special issue: geosimulation: object-based modeling of urban phenomena. Computers, Environment and Urban Systems, 28: 1-8.

Brown D G, Page S E, Riolo R, et al. 2003. Agent-based and analytical modeling to evaluate the effectiveness of greenbelts. Evironmental Modeling & Software, 19(12): 1097-1109.

Brundtland G H. 1987. Our Common Future. Oxford: Oxford University Press.

Chebeane H, Echalier F. 1999. Towards the use of a multi-agents event based design to improve reactivity of production systems. Computers & Industrial Engineering, 37: 9-13.

Clarke K C, Hoppen S, Gaydos L. 1997. A self-modifying cellular automaton model of historical urbanization in the San Francisco Bay area. Environment and Planning B: Planning and Design, 24: 247-261.

Corrado D, Bruno Z. 2000. Planning the urban sustainable development the case of the plan for the province of Trento, Italy. Enviromental Impact Assessment Review, 20: 299-310.

Couclelis H. 1997. From cellular automata to urban models: new principles for model development and implementation. Environment and Planning B, 24: 165-174.

Forbes D. 1996. Planning for performance: requirements for sustainable development. Habitat Intl, 20(4): 445-462.

Hurtado C, Perello C. 1999. Sustainable development of urban underground space for utilities. Urban Planning and Development, 14(3): 335-340.

McFadden D. 1974. Conditional logit analysis of qualitative choice behavior//Zarembka P. Frontiers in Econometrics. New York: Academic Press: 105-142.

McFadden D. 1978. Modelling the choice of residential location in spatial interaction theory and planning models//Karlqvist A, Lundqvist L, Snickars F, et al. Spatial Interaction Theory and Planning Models. Amsterdam: North Holland: 75-96.

Mertens B, Lambin E F. 1997. Spatial modelling of deforestation in southern Cameroon. Applied Geography, 17(2): 143-162.

Muller D, Zeller M. 2002. Land use dynamics in the central highlands of Vietnam: a spatial model combining village survey data with satellite imagery interpretation. Agricultural Economics, 27(3): 333-354.

Nguyen X T, Gunter A, Heber B, et al. 2002. Evaluation of urban land-use structures with aview to sustainable development. Enviromental Impact Assessment Review, 22: 475-492.

Parker D C, Manson S, Janssen M. et al. 2002. Multi-agent systems for the simulation of land-use and land-cover change: a review. Annals of the Association of American Geographers, 93(2): 314-337.

Quigley J M. 1976. Housing demand in the short run: analysis of polytomous choice.Exploration in Economic Research, (3): 76-102.

Sanders L, Pumain D, Mathian H. 1997. SIMPOP: a multiagent system for the study of urbanism. Environment and Planning B, 24: 287-305.

Sklar F H, Costanza R. 1991. The Development of Dynamic Spatial Models for Landscape Ecology: A Review and Prognosis. New York: Wiley.

Stephan P, Friedrich D. 2000. Assessing the environmental performance of land cover types for urban planning. Landscape and Urban Planning, 50: 1-20.

Tietenberg T. 1992. Environmental and Natural Resource Economics. New York: Harper Collins.

Torrens P M, O' Sullivan D. 2001. Cellular automata and urban simulation: where do we go from here? Environment and Planning B: Planning and Design, 28: 163-168.

Webster C, Wu F. 2001. Coase spatial pricing and self-organising cities. Urban Studies, 38: 2037-2054.

White R, Engelen G. 1993. Cellular automata and fractal urban form: a cellular modelling approach to the evolution of urban land-use patterns. Environment and Planning A, 25: 1175-1199.

Wu F. 2002. Calibration of stochastic cellular automata: the application to rural-urban land conversions. International Journal of Geographical Information Science, 16(8): 795-818.

Yeh A G O, Li X. 1998. Sustainable land development model for rapid growth areas using GIS. International Journal of Geographical Information Science, 12(2): 169-189.

第14章 CA和MAS结合的城市工业及基本就业空间增长过程的微观模拟

本章介绍了将 CA 和 MAS 结合来模拟城市工业及基本就业空间增长过程的方法。城市工业及基本就业空间增长是城市空间增长的动力源。有效模拟和预测城市基本就业空间增长对城市系统的调控有着重要的作用。传统的 CA 模拟城市系统时，主要反映自然的宏观城市发展过程，对模拟涉及人类决策行为的城市空间增长过程具有一定的局限性。引进城市工业及基本就业空间增长过程中的决策主体——工业企业商和政府决策者，并将它们作为多智能体。多智能体相互之间的交流、竞争和协作，多智能体和环境间的交互作用，决定工业区位的迁移和工业空间区位的选择，形成城市工业及基本就业空间的动态增长的微观模型。以珠江三角洲东部城市快速发展的樟木头镇为例，采用提出的方法模拟了该地区 1988～2004 年的工业及基本就业的空间增长，并获得了良好的模拟结果。

14.1 引　　言

城市化是人地关系的焦点，城市空间增长和空间格局的演变是城市化扩展的体现。有效地预测和模拟城市空间的增长过程对城市系统调控有非常重要的意义（陈述彭，1999）。城市空间增长的基本驱动力是经济增长，城市增长的空间形式表现为不同类型的城市用地在空间上的投影。城市空间增长由四个层次的增长过程组成：一是基本产业增长所带来的基本就业空间的增长，其是城市空间增长的动力源；二是居住–房地产的空间增长；三是服务消费流空间增长–服务设施规模空间增长–服务业价格的空间增长；四是交通流和污染流的空间增长。不同层次的城市空间增长过程由不同个体的行为主宰：基本就业的空间增长由工业企业商的行为所决定，居住的空间增长由居民的居住空间选择及其迁移行为所决定，服务消费流的空间格局由居民服务消费的空间选择行为所决定，交通流的格局受到个体出行行为的影响（Bertuglia et al.，1990；Mills and Hamilton，1989；Northman，1979；Watts，1980；许学强等，1997；Haggett et al.，1997；Harvey，1998）。

城市空间格局和空间增长过程的模拟研究主要有城市生态学模型、Leslis 的人文模型、Lowry 的社会物理模型、Wilson 的 Hertbert-Sterens 城市经济模型、城市与区域空间行为模型、系统动力学模型等（Wilson，1974；Allen，1997；陈述彭，1999）。这些模型主要通过空间较大尺度的统计资料模拟城市空间格局及其增长过程。由于模型所应用的空间尺度（如行政区）较大，无法用详细的空间资料体现城市增长过程中空间上的微观变化。

CA 是一种通过简单的局部运算模拟空间上离散、时间上离散的复杂性现象的模型（Batty and Xie，1994）。它可以通过简单的局部运算形成复杂的、全局的模式。CA 的模拟是在离散的元胞空间上进行的。CA 在地学模拟中，离散的元胞空间一般定义为规则的格网。在 CA 中，可以通过局部的交互作用形成复杂的全局城市形态。CA 的这种特点，使它已越来越广泛地应用到城市系统的模拟研究中，并取得了许多有意义的研究成果（Ward et al.，2000；周成虎等，1999；Batty and Xie，1997；White and Engelen，1997；Silva and Clarke，2002；何春阳等，2003，2005；马修军等，2004）。例如，Clarke 等（1997）模拟了美国旧金山地区的城市发展；White 和 Engelen（1993，1997）运用约束性 CA 模拟了辛辛那提土地利用的变化；黎夏和叶嘉安（1999）模拟了东莞市的城市发展；Batty 和 Xie（1994）模拟了美国纽约州 Baffalo 地区 Amherst 镇郊区的扩张；Wu（2002）模拟了广州市的城市扩张。这些研究表明，CA 能模拟出与真实城市非常接近的特征，其模拟结果与实际非常吻合。

在实际应用中，为了更好地模拟真实城市的实际扩张过程，往往对传统的 CA 进行了扩展（Li and Yeh，2000；黎夏和叶嘉安，2001，2002，2004；Wu and Webster，1998；Wu，1998）。特别是在 CA 的转换规则方面，除了 CA 传统的局部状态变量外，还要在转换规则中引入影响城市发展的区域变量和全局变量。城市 CA 的局部变量主要是 t 时刻元胞的土地利用类型、坡度等属性特征及 t 时刻元胞邻近范围已经城市化的元胞数。区域变量主要是区域尺度上与城市布局和城市扩展相关的变量，这些变量主要是一些距离变量，如到交通路网的最短距离、到商业中心的最短距离、到居住中心的最短距离等。全局变量主要是研究范围内的社会经济变量，如区域总人口数、国民生产总值等。

基于 CA 的城市空间增长模拟主要反映城市增长的自然特征。该方法往往只能反映较为宏观的相互作用，对涉及各种更为微观的人类复杂决策行为的城市模拟具有一定的局限性。本节将 MAS 和 CA 相结合，以城市空间增长中的工业企业增长及带来的基本就业空间增长为研究对象，在 CA 中引进主宰基本就业空间增长的智能体——工业企业商，以及与工业增长关系紧密的智能体——政府决策者。通过多智能体间的交流、竞争、合作等相互影响，以及多智能体与环境之间的相互制约，研究城市工业及基本就业空间增长的过程和格局的微观模拟方法。采用所提出的方法，以东莞市樟木头镇为例，从微观上模拟了区域 1988～2004 年的工业及其基本就业的空间增长过程。

14.2　工业企业及基本就业空间增长的 CA-MAS 微观模型

14.2.1　工业企业及基本就业空间增长

工业企业及基本就业空间增长主要由其原来空间规模的扩大、迁移和新增企业的空间区位选择构成。基于古典城市经济学理论，工业企业选择理想的位置，主要有如下考虑：工业企业商希望工厂的位置接近货运站或交通非常便利的地区，这样可以节省原料和产品在区内的运费，降低成本，增加利润。工业企业商希望工厂的位置接近市中心，这样可以为企业员工提供便利的生活条件。但越接近货运站、市中心的地区，土地的租金就越高，成本会增加。工业的空间选择其实是在两者间进行权衡，寻找土地租金和区内运费最低、离市中心较近的生活非常便利而环境优美的区位（陈述彭，1999；许学强等，1997；Haggett et al.，1997）。

假设工业企业的原材料从区域外输入，而产品同时向市区和外部地区输出，企业的员工购买日常消费品需要到市中心地区，同类工业企业去除设备成本、工资等后选择(i, j)区位的总费用 U 如下：

$$U = S \cdot p(i, j) + (Q_1 + M) \cdot T(i, j) + (\text{pop} + Q_2) \cdot \text{distown}(i, j) \tag{14-1}$$

式中，U 为企业选择(i, j)位置的总费用；S 为企业的面积；$p(i, j)$为元胞(i, j)的地价；Q_1为企业输出到区域外部的产品产量；Q_2为企业输出到市中心的产品产量；M 为企业所需原料的产量；$T(i, j)$为元胞(i, j)到货运站运送单位产品的费用；pop 为企业员工数量；distown(i, j)为元胞(i, j)到市中心运送单位产品的费用。

企业选址时，首先考虑总费用最小的位置，即

$$\min U = S \cdot p(i, j) + (Q_1 + M) \cdot T(i, j) + (\text{pop} + Q_2) \cdot \text{distown}(i, j) \tag{14-2}$$

考虑到环境条件对企业选址有重要的影响，在式（14-2）中加入环境舒适度 Envir(i, j)。企业选址时，按式（14-3）选择总费用最小、环境非常舒适的地区，即

$$\min U = S \cdot p(i, j) + (Q_1 + M) \cdot T(i, j) + (\text{pop} + Q_2) \cdot \text{distown}(i, j) + [1 - \text{Envir}(i, j)] \tag{14-3}$$

式（14-3）求出的位置 (x_0, y_0) 为企业选择的理想位置，但企业并不一定能得到这个位置，若由于某种原因无法得到这个位置，那么企业会选择另外一个位置 (x, y)，该位置的总费用与理想位置的总费用之差 ΔU 最小，即

$$\min \Delta U(x, y) = \\ \left| S \cdot p(x, y) + (Q_1 + M) \cdot T(x, y) + (\text{pop} + Q_2) \cdot \text{distown}(x, y) + [1 - \text{Envir}(x, y)] - U(x_0, y_0) \right| \tag{14-4}$$

在研究区域交通非常便利的状况下，工业企业选择理想的位置时，除了考虑原材料和产品的运输费用及地租外，工业企业商更多地要考虑聚集作用产生的聚集效益。聚集作用产生的聚集效益主要来源于关联工业间的相互推动作用和便捷的交通、可以共享的工业基础设施和公用设施等（郭鸿懋等，2002）。考虑到在聚集效益的状况下，工业企业业按下列方式选择最佳区位：

$$\min \Delta U(x, y) = \\ \left| S \cdot p(x, y) + (Q_1 + M) \cdot T(x, y) + (\text{pop} + Q_2) \cdot \text{distown}(x, y) + [1 - \text{Envir}(x, y)] - U(x_0, y_0) \right| \times k_{ij}^t \tag{14-5}$$

式中，k_{ij}^t 为工业企业商在聚集作用下得到的聚集收益，为使工业企业商在区位选择时得到最大的聚集效益，模型中 k_{ij}^t 取反值。

企业空间位置的选择还受到用地规模、环保因素、自然条件、政府政策等因素的制约。原有工业企业规模的扩大在空间上体现为原有工业企业周围企业用地规模的扩大及其原企业寻找新的区位设立分厂的过程。工业企业规模的扩大主要通过工业企业职工的数量来度量，如果工业企业职工的数量扩大到原来规模的一倍以上，那么工业企业将会

扩大用地规模。如果工业企业的邻近范围有足够多的用地可以扩充为工业用地，则在原工业用地的周围发展新的工业用地，发展为工业用地的数量由企业新增的用地规模确定。反之，如果原工业企业周围没有足够数量的土地可以扩展为工业用地，则企业在区域内通过设立分厂的模式扩充工业规模。

原有工业企业的迁移。影响工业企业迁移的因素非常复杂，除了工业企业本身的经营状况外，还要考虑到政策因素、规划因素等。绝大多数工业企业迁移后，还保持原来的厂房等设施，所以土地利用类型变化较小。本书的研究中主要考虑由于城市的扩张，离市中心较近的地区需要发展商业、服务业，而让工业企业迁移至郊区的工业企业迁移行为。

14.2.2　工业企业及基本就业空间增长的多智能体和环境

工业企业及基本就业空间增长中的智能体主要有企业商、政府决策者。他们之间通过相互的交流、竞争、合作，通过与环境的相互作用，经过自主决策，确定工业企业规模的扩大、工业企业的迁移行为及工业空间区位的选择，完成工业企业及基本就业空间动态增长过程。

工业企业智能体主要是工业企业商。工业企业商根据自身的经济状况、企业的性质，综合考虑区域的环境特点和政策后，通过对比不同区域的差异，选择进入某一区域。进入该区的企业商，通过式（14-5）选择理想的工业空间位置。

区域内的工业企业反过来又作用于政府制定的相关政策。如果已有的企业在区域发展中起到了非常重要的作用，而且这类企业适合继续在区域发展，政府可通过制定相关的优惠政策鼓励扩大企业的规模或继续招商引资，引入同类企业，反之，政府通过约束性政策限制该类企业的扩展，重新制定新的企业发展政策，引进新的企业，调整企业的空间增长过程。政府考虑企业的需求后，可进一步调整道路等基础设施的建设，以及学校、医院、广场等公共设施的建设，鼓励或约束工业空间的发展。工业企业的发展同时也改善了基础设施的建设和公用设施的利用率，这种变化使政府通过调整地价等经济手段又作用于企业空间区位的选择。工业布局的集中和分散的现状可以使政府做出新工业园区的规划方案，这种规划直接影响着工业企业空间位置的选择。

政府决策智能体主要是一些政府决策部门。城市政府为了城市的健康发展，制定了产业发展政策。政府利用经济和政策手段来约束和规范城市工业企业的空间增长。政府在工业企业及基本就业空间增长中的决策主要表现在以下方面：政府在不同时期需要制定不同的产业发展政策，这些政策直接决定了招商引资的力度和企业的性质、规模大小。同时，政府通过各项优惠政策或者限制政策来吸引或限制不同门类的工业企业进入该区。政府的发展政策决定了进入该区企业的特点，如在工业发展初期，一般可引进依托当地资源的资源密集型工业；在资源缺乏地区及工业发展中期，在保证劳动力的前提下，可以引进劳动密集型工业；离大城市近的地区或环境优美的地区，引进技术密集型工业。工业类型差异、工业规模差异对区域环境的影响及城市发展的影响差别很大。

同时，政府通过改变环境条件来约束和影响工业企业的空间区位选择。政府通过城市规划，划定农田保护区、城市绿地、工业园区，约束工业在空间上的布局。政府可通过改善交通，降低工业区内的运费来引导工业空间区位的选择，改变工业企业的空间布局。政府通过改变或新建学校、医院、图书馆、广场等公共设施的空间位置引导劳动力在空间上的移动和商业中心的转移，间接影响工业企业的空间区位选择。另外，政府的区域产业政策（如退二进三，即市区的第二产业迁移到郊区、市区发展第三产业）对工业企业的迁移行为起着决定性作用。

环境层主要是自然环境和配套的基础设施、公用设施等要素。环境条件对工业企业空间位置的选择有非常重要的影响。按工业企业性质的差异，选择空间位置时，要充分考虑风向、河流流向、地质状况及道路通达度、便捷性和环境舒适度等因素的作用。基础设施和公用设施的完备程度是工业企业空间区位选择时的主要因素。环境层的空间分布是动态变化的。

工业企业对环境具有重要的影响。工业企业对环境的污染和保护直接关系着区域是否可以协调发展。对于非协调发展的状况，环境通过给政府反馈信息限制该类企业在区域内的发展，政府制定新的产业发展政策，调整工业企业的空间增长。工业企业同时改变了基础设施的负荷和公共设施的利用率，促使政府改善道路等基础设施状况或规划建设新的公共设施。工业企业商智能体、政府决策智能体与环境之间相互作用的复杂关系，如图 14-1 所示。

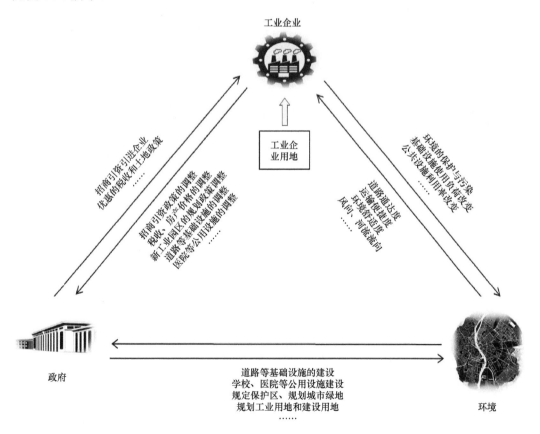

图 14-1　工业企业商智能体、政府决策智能体与环境之间相互作用的复杂关系

14.2.3 工业企业及基本就业空间增长的 CA-MAS 模拟模型

该模型利用 CA 和 MAS 来模拟工业企业及基本就业的空间增长过程。首先利用 CA 管理和模拟环境的动态变化。而政府决策智能体对工业空间区位的选择一部分通过政府对环境的改变而间接作用于工业空间区位选择，另一部分通过对工业空间区位选择的约束性反映在式（14-5）模型中。工业企业商对工业空间区位的选择也是通过式（14-5）起作用。另外，工业企业商可通过对环境的作用，以及直接与政府智能体的交流、协作来作用于工业空间区位的选择。原有工业企业的规模扩大和工业企业的迁移通过工业企业商多智能体行为决策模拟体现。

模拟过程中，首先由 CA 确定每次迭代过程中发展为城市的元胞，某元胞 t 时刻发展为城市用地的概率 $p_{d,ij}^t$ 为

$$
\begin{aligned}
p_{d,ij}^t &= P_{c,ij}^t \\
&= \frac{1}{1+\exp(-z_{ij})} \times \mathrm{con}(s_{ij}^{t-1}) \times \Omega_{ij}^{t-1}
\end{aligned}
\tag{14-6}
$$

式中，$z_{ij} = a_0 + a_1 x_1 + a_2 x_2 + \cdots + a_m x_m$，$x_1$，$x_2$，$\cdots$，$x_m$ 为空间变量，如离公路的最短距离、离铁路的最短距离、离商业中心的最短距离、离居住中心的最短距离等，a_0，a_1，$\cdots$，a_m 为空间变量的权重；Ω_{ij}^{t-1} 为 $t-1$ 时刻 (i, j) 元胞的 3×3 邻域影响值；$\mathrm{con}()$ 为条件函数，若元胞满足条件，则值为 1，否则为 0。

Ω_{ij}^{t-1}、$\mathrm{con}(s_{ij}^{t-1})$ 随着时间 t 的变化而动态计算。在每次循环中，将该发展概率与预先给定的阈值 $P_{\mathrm{threshold}}$ 进行比较，确定该元胞是否发生状态的转变，即

$$
\begin{cases}
P_{d,ij}^t \geqslant P_{\mathrm{threshold}}, & \text{则} \quad \mathrm{urban}(i, j) = 1, & \text{转换为城市用地} \\
P_{d,ij}^t < P_{\mathrm{threshold}}, & \text{则} \quad \mathrm{urban}(i, j) = 0, & \text{不转换为城市用地}
\end{cases}
\tag{14-7}
$$

传统 CA 中，为了反映城市的不确定性，式（14-6）中引入随机变量 RA。在该模型中，这种随机性的体现主要通过工业企业空间区位的选择模型实现。基于多智能体的工业企业空间位置选择，首先从政府规划的工业园区中选择符合工业企业特点的理想位置，并按企业规模配置相应的用地，如果因各种原因无法从工业园区中选到理想的位置，则从 CA 同期迭代模拟转换为城市用地空间选择理想的位置。每个工业企业选择的实际位置如下：

$$
\begin{aligned}
&U_{(x,y),\mathrm{Industry}_k^t} \\
&= \min \Delta U(x, y), \mathrm{Industry}_k^t \\
&= \min \left| S_k \cdot p^t(x, y) + (Q_{1k} + M_k) \cdot T^t(x, y) + (\mathrm{pop}_k + Q_{2k}) \cdot \mathrm{distown}(x, y) + \left[1 - \mathrm{Envir}(x, y)\right] - U(x_0, y_0) \right| \times \left(1 - \Omega_{xy,7\times7}^{t-1}\right) \\
&\qquad (x, y) \in \mathrm{PlanIndustryDis}^t \quad \text{or} \quad (x, y) \in \left\{\mathrm{UrbanCA}_{i,j}^t = 1\right\}
\end{aligned}
\tag{14-8}
$$

式中，$U_{(x,y),\mathrm{Industry}_k^t}$ 为第 t 次迭代过程中，第 k 个工业企业选择的实际空间区位判别值；(x, y) 为第 k 个工业企业实际选择的空间区位位置，(x, y) 要在政府规划的工业园区中，如

果在工业园区中，无法选到理想的位置，则从 CA 模拟的同期迭代过程转换为城市用地的元胞中选择理想的位置，这种约束条件明确体现了政府决策对工业企业空间增长和布局的影响；k 为第 t 次迭代过程中新进入研究区的企业，取值范围为 1 至第 t 次迭代过程中新进入研究区的企业总数，在不同的迭代期内，新进入研究区企业总数的动态变化反映了政府决策智能体对工业企业空间增长的作用，也体现了不同时期工业企业用地在空间上增长的速度；$p^t(x, y)$ 为第 t 次迭代过程中的元胞(x, y)的地价，其随迭代次数的变化而动态变化，$p^t(x, y)$ 的变化体现了政府决策智能体的决策行为，同时，也反映了环境的动态变化对工业企业空间区位选择的作用；$T^t(x, y)$ 为第 t 次迭代过程中的元胞(x, y)到货运站的运输费用，其随迭代次数的变化而动态变化；$U(x_0, y_0)$ 为在没有约束的条件下，工业企业选择理想区位的效用值；$\Omega_{xy,7\times 7}^{t-1}$ 为元胞(x, y) 7×7 邻近范围体现的聚集作用，按式（14-9）计算：

$$\Omega_{xy,7\times 7}^{t} = \frac{\text{sum}\left(\text{NB}_{xy,7\times 7}^{t,s=\text{industry}}\right)}{48} \tag{14-9}$$

模拟过程中，地形、用地类型等的约束条件在政府规划的工业区及 CA 模型中实现。

考虑到工业企业之间的差异，不同类型的工业企业选择空间区位时，会重点考虑不同的要素，为此在模型中加入权重变量 w_i，即

$$
\begin{aligned}
&U_{(x,y),\text{Industry}_k^t} \\
&= \min \Delta U(x, y), \text{Industry}_k^t \\
&= \min \left| w_1 \cdot S_k \cdot p^t(x, y) + w_2 \cdot (Q_{1k} + M_k) \cdot T^t(x, y) + w_3 \cdot (\text{pop}_k + Q_{2k}) \cdot \text{distown}(x, y) + w_4 \cdot \left[1 - \text{Envir}(x, y)\right] - U(x_0, y_0) \right| \times \left(1 - \Omega_{xy,7\times 7}^{t-1}\right) \\
&(x, y) \in \text{PlanIndustryDis}^t \quad \text{or} \quad (x, y) \in \left\{\text{UrbanCA}_{i,j}^t = 1\right\}
\end{aligned}
$$

$$\tag{14-10}$$

权重变量 w_i 按工业企业的用地规模、劳动力数量、固定资产投资额、企业的部门性质（资源密集型、劳动密集型、资金密集型、技术密集型），通过专家打分法确定（Pratap，1985；陈淮，1990；刘再兴，1997）。

每次迭代过程中的第 k 个工业企业选择了实际的空间位置(x, y)后，按用地规模 S_k 在实际选择的空间位置(x, y)邻近范围，按就近原则和约束条件选取相应数量的元胞（$\text{NumCell}_k = \dfrac{s_k}{50 \times 50}$），并将其发展为工业用地。

原有工业企业规模的扩大主要由工业企业增加的人口规模和工业企业邻近范围内的用地状况综合确定，即

If

$$\text{Pop}_k^t \geqslant 2 \times \text{Pop}_k^{t=0} \quad \text{and} \quad \text{sum}\left[\text{NB}(k)_{ij,7\times 7}^{t-1,s=\text{PossiableForIndus}}\right] \geqslant \text{NumCell}_k \tag{14-11}$$

Then

$$\text{urban}(i', j') \in \{\text{NB}(k)_{ij,7\times 7}^{t-1,s=\text{PossiableForIndus}}\} = 1$$

式中，Pop_k^t 为第 k 个工业 t 时刻的人口总数；$\text{Pop}_k^{t=0}$ 为第 k 个工业 $t=0$ 时刻的人口总数；$\text{NB}(k)_{ij,7\times 7}^{t-1,s=\text{PossiableForIndus}}$ 为 $t-1$ 时刻第 k 个工业中心元胞 i，j 的 7×7 邻近范围内可以发展为工业用地元胞的数量；NumCell_k 为 t 时刻第 k 个工业需要新增的用地规模；$\text{urban}(i', j') = 1$，

表示元胞(i', j')转变为工业用地。其中，(i', j')为元胞i, j的邻近范围元胞，邻近范围的大小以新的(i', j')元胞的总和等于$\mathrm{NumCell}_k$为条件。

原有工业企业的迁移主要考虑由于城市的扩张，离市中心较近的地区需要发展商业、服务业，而让工业企业迁移至郊区的行为。如果$t-1$时刻中心元胞周围7×7邻近范围内有20个元胞已经发展为商业、服务业元胞，那么t时刻该中心元胞所在的工业企业将迁移，迁移的工业新区位的选择按新进入区域的工业企业对待，即

$$\text{if} \quad \mathrm{sum}(\mathrm{NB}_{ij,7\times7}^{t-1,s=\mathrm{Service}}) \geqslant 20 \quad \text{then}$$
$$\mathrm{Urban}_{ij}^{s=\mathrm{industry}} = 0 \quad\quad\quad (14\text{-}12)$$
$$\mathrm{Industry}(k).\mathrm{move} = \mathrm{true}$$

式中，$\mathrm{sum}(\mathrm{NB}_{ij,7\times7}^{t-1,s=\mathrm{Service}})$为$t-1$时刻元胞$i$, j的7×7邻近范围内已发展为商业、服务业用地的数量；$\mathrm{Urban}_{ij}^{s=\mathrm{industry}} = 0$，表示元胞$i$, j转变为非工业用地；$\mathrm{Industry}(k).\mathrm{move} = \mathrm{true}$为$t$时刻元胞$i$, j的7×7邻近范围内的第k个工业需要迁移。发生位置迁移的工业按式（14-10）选择新的区位。

基于多智能体和 CA 的工业及基本就业空间增长模拟流程如图 14-2 所示。

14.3　应　　用

在 CA-MAS 模型中，由 CA 确定的元胞状态变化（如转变为城市用地）跟一系列空间距离变量、邻近范围的城市化元胞数、元胞本身的属性等关系密切。结合研究区的实际情况，本书的研究选取了以下空间变量。这些变量及获取情况见表 14-1。

表 14-1　CA 空间变量及获取方法

变量	获取方法
因变量（是否转变为城市元胞）	遥感分类，重分类
全局变量：	
政府规划因子（x_1）	政府规划资料
空间距离变量：	
离汽车站的距离（x_2）	
离镇中心的距离（x_3）	
离公路的距离（x_4）	利用 ArcGIS 的 Eucdistance 获取
离火车站的距离（x_5）	
离铁路的距离（x_6）	
局部变量：	
3×3 邻域已城市化元胞数（x_7）	利用 ArcGIS 的 focal 函数
元胞的土地利用类型（x_8）	遥感分类
坡度（x_9）	利用 ArcGIS 的 DEM 模型

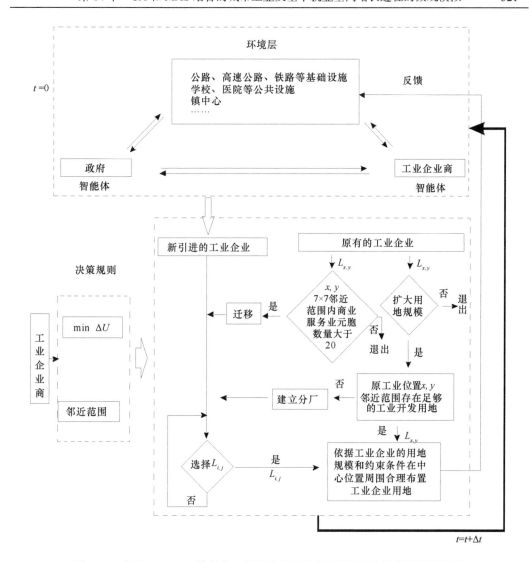

图 14-2　基于 CA-MAS 模型的工业及基本就业空间增长及空间增长模拟流程

为了在研究区获取 CA 的转换规则，需要用历史数据来校正。本书的研究选取樟木头镇 1988 年和 1993 年的 TM 遥感图像，通过遥感分类，获取不同时段元胞的土地利用类型。TM 的分辨率是 30m，在模拟中重采样成 50m 分辨率。选取历史数据时，本书的研究运用随机分层取样的方法，分别从转换为城市用地的元胞和可以转换为城市元胞而尚未转换的元胞中选择 20% 的样点，并获取这些样点的空间坐标。运用 Arc/INFO 的 Sample 功能分层读取对应的城市发展和空间变量数据，形成训练数据集。基于遗传算法优化的 CA 的参数见表 14-2。

表 14-2　CA 模拟所用的基本参数

a_0	a_2	a_3	a_4	a_5	a_6	a_9
1.24	−0.0032	−0.048	−0.153	−0.0053	−0.0001	−0.0039

工业空间区位选择模型中，主要涉及的变量如下：

（1）1988～2004 年各年度修订的地价；

（2）1988～2004 年各年度进入研究区的工业企业数量；

（3）1988～2004 年新进入研究区每个工业企业的性质、用地规模、固定资产投资、劳动力数量等；

（4）1988～2004 年动态规划的工业园区、保护区等；

（5）1988～2004 年交通等基础设施的动态变化；

（6）1988～2004 年公共设施等动用设施的动态变化；

（7）1988～2004 年政府制定的与工业发展相关的其他政策。

樟木头镇 1988～2004 年工业企业增长的数量见表 14-3。

表 14-3　樟木头镇 1988～2004 年工业企业增长的数量

	1988～1993 年	1993～1997 年	1997～2004 年
新增工业企业数（个）	47	93	172

环境舒适度是综合指标，为研究便利，本书的研究以植被覆盖状况来反映环境舒适度。环境舒适度用归一化植被指数（NDVI）表示。

模拟时，初始的环境层和归一化地价如图 14-3 和图 14-4 所示。

模拟时，需要设置约束条件。约束条件的设置从初始的土地利用类型和政府规划资料中获取。例如，林地的城市发展概率非常小，约束值设置较小；河流、湖泊等水体和城市绿地的城市发展概率极小，约束值可设为 0；政府确定的开发区的城市发展概率很大，约束值可设为 1。

Agent 和 CA 模型需要循环迭代运算多次才能获得最终的模拟结果。但对循环迭代运算次数的多少，目前并没有统一的意见。在每次循环迭代运算中，局部的相互作用是模拟的关键。循环迭代运算次数太少，就很难产生较真实的空间分布细节（Li，2005）。

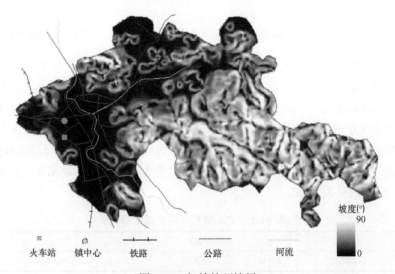

图 14-3　初始的环境层

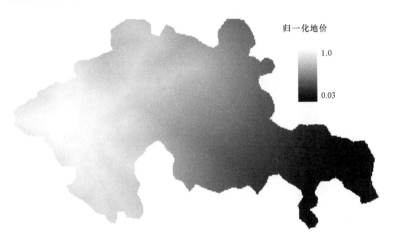

图 14-4　初始时的归一化地价

Benenson 和 Torrens（2004）的研究表明，采用 Agent 模拟企业的空间增长时，每月迭代一次比较合理，这样既有利于形成真实的空间分布细节，又可以按照每月企业的经济指标动态模拟 Agent 的决策行为。本书的研究在实验的基础上，确定了 CA 的迭代次数，每月进行一次迭代运算。

获取模型的参数后，以 1988 年初时的工业用地为初始状态，Agent 和 CA 分别经过 60 次、48 次和 84 次迭代模拟研究区 1988～1993 年、1993～1997 年、1997～2004 年的工业及基本就业空间的增长状况。在每次迭代过程中，首先对原有的工业企业按决策行为判断是否需要扩大规模或迁移，确定需要扩大规模的企业，并判断原企业周围是否有足够的土地可发展为工业用地，进一步判断这些企业的迁移状况。判断原有企业是否需要迁移时，需要考虑商业用地的空间位置。本书的研究中，商业用地的增长通过 CA 和离市中心的距离确定。在 CA 每次迭代转换的城市用地中，离市中心一定距离范围内随机确定 40% 的城市用地为商业用地。对需要建立分厂扩大规模的企业、需要迁移的工业企业以及新引进的企业作为需要区位选择的工业企业。在每次迭代过程中需要在原工业企业位置扩大规模的工业企业，按用地规模在原企业中心位置 (x, y) 的邻近范围按就近原则和约束条件选择相应数量的元胞，转换为城市工业用地。对需要区位选择的工业企业，按式（14-10）确定选取的空间位置 (x, y)，并按用地规模在 (x, y) 的邻近范围按就近原则和约束条件选择相应数量的元胞，转换为城市工业用地。基于 CA-MAS 模型的樟木头镇工业及基本就业空间增长的模拟过程如图 14-5 所示。

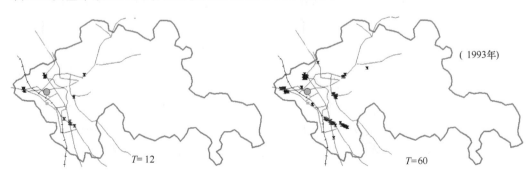

（1993年）

$T=12$　　　　　　　　　　　　　　　$T=60$

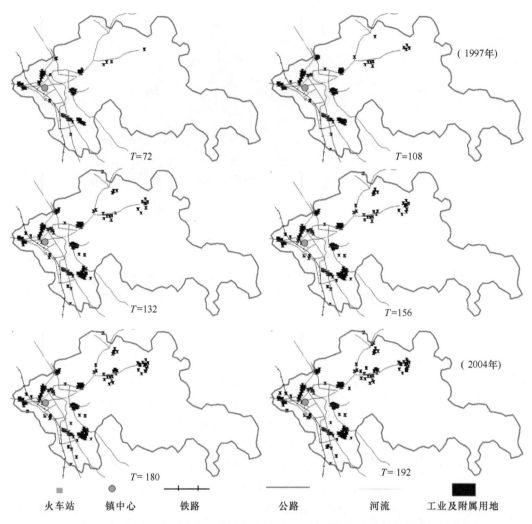

火车站　　　　镇中心　　　　铁路　　　　　　　公路　　　　　　河流　　　　工业及附属用地

图 14-5　基于 CA-MAS 模型的樟木头镇工业及基本就业空间增长的模拟过程

　　模拟结果表明，1988～1993 年及 1993～1997 年，樟木头镇引进的工业企业在空间位置选择时，主要选取了离火车站和市中心距离较近的政府规划的工业园区。这与这些工业企业的特点密切相关，这些企业主要是劳动密集型企业，工业企业商选择空间区位时，主要考虑原材料和产品在区内的运费和地价，考虑到工业发展初期工业园区的优惠政策，于是形成了这期间靠近火车站和工业园区的选择模式。1997～2004 年，政府进一步调整工业引进政策，这期间引进的工业资金密集型和技术密集型的较多，尤其是大量房地产商的进入，使工业空间区位的选择更为灵活，离市区较远，但环境优美、交通便利的地区被更多的工业企业选择为理想的位置。同时，这种变化也反映了工业企业智能体、政府智能体与环境之间的动态交互作用。

　　对模拟结果的精度评价，用实际工业用地与模拟工业用地对比的方法进行了检验。实际的工业空间分布主要来源于地图数据，通过对结果的分析比较，2004 年的模拟精度达到 76%。这表明，提出的多智能体结合 CA 的方法能较好地模拟工业企业及基本就业空间的微观增长过程。同时，模拟结果可以反映不同的工业项目在空间上的集聚形态和不同时期工业用地增长的速度。这种精度评价属于比较原始的评价方法，地图数据中主要表示比较聚集的工业区位，如工业园，缺少用地规模较小的工业用地，以后需要用更详细的实际工业分布与模拟结果进行比较。

14.4　结　　论

工业企业及基本就业空间增长是城市空间增长的源动力。客观地模拟和预测工业企业及其基本就业空间增长对城市发展调控具有重要的作用。传统的 CA 模型利用简单的局部规则可以模拟出城市宏观格局形成的过程。但工业企业及基本就业空间增长与工业企业商的决策行为、工业企业的特点、政府的决策行为和区域环境等众多因素相关，属于微观的过程，传统的 CA 模型在模拟涉及决策行为的工业企业及基本就业的空间增长时，具有一定的局限性。

本书的研究利用 CA 与 MAS 结合的方法来实现工业企业及基本就业空间增长过程的模拟。利用多智能体来反映工业企业及基本就业空间增长的决策者（工业企业商、政府决策者）的决策行为。多智能体之间通过相互的交流、竞争、协作及与环境的相互作用，完成工业企业的规模扩大及空间区位的选择。该方法充分考虑了城市空间增长过程中决策者的决策行为，模拟的结果反映了多智能体之间、多智能体和环境之间的交互作用，模拟的结果同时反映了工业企业空间区位的分异规律。将该方法运用到珠江三角洲东部樟木头镇的工业企业空间增长模拟中，取得了良好的效果。对模拟结果的评价表明，实际工业用地与模拟工业用地的空间分布格局十分接近，2004 年的模拟精度达到 76%。

参 考 文 献

陈淮. 1990. 工业部门结构学导论. 北京: 中国人民大学出版社.

陈述彭. 1999. 城市化与城市地理信息系统. 北京: 科学出版社.

郭鸿懋, 江景琦, 陆军, 等. 2002. 城市空间经济学. 北京: 经济科学出版社.

何春阳, 陈晋, 史培军, 等. 2003. 大都市城市扩展模型——以北京城市扩展模拟为例. 地理学报, 58(2): 294-304.

何春阳, 史培军, 陈晋, 等. 2005. 基于系统动力学模型和元胞自动机模型的土地利用情景模型研究. 中国科学(D 辑: 地球科学), 35(5): 464-473.

黎夏, 叶嘉安. 1999. 约束性单元自动演化 CA 模型及可持续发展城市形态的模拟. 地理学报, 54(4): 289-298.

黎夏, 叶嘉安. 2001.主成分分析与 CA 在空间决策与城市模拟中的应用. 中国科学(D 辑: 地球科学), 31(8): 683-690.

黎夏, 叶嘉安. 2002. 基于神经网络的单元自动机 CA 模拟及真实和优化城市的模拟.地理学报, 57(2): 159-166.

黎夏, 叶嘉安. 2004. 知识发现及地理元胞自动机. 中国科学(D 辑: 地球科学), 34(9): 865-872.

刘再兴. 1997. 工业地理学. 北京: 商务印书馆.

马修军, 邬伦, 谢昆青. 2004. 空间动态模型建模方法. 北京大学学报(自然科学版), 40(2): 279-486.

许学强, 周一星, 宁越敏. 1997. 城市地理学. 北京: 高等教育出版社.

周成虎, 孙战利, 谢一春. 1999.地理元胞自动机研究. 北京: 科学出版社.

Allen P M. 1997. Cities and Regions as Self-Organizing Systems: Models of Complexity. Amsterdam: Gordon and Breach Science Publishers.

Arai T, Akiyama T. 2004. Empirical analysis for estimating land use transition potential functions-case in the Tokyo metropolitan region. Computers, Environment and Urban Systems, 28: 65-84.

Batty M, Xie Y. 1994.From cells to cities. Environment and Planning B: Planning and Design, 21: 531-548.

Batty M, Xie Y. 1997. Possible urban automata. Environment and Planning B, 24: 175-192.

Benenson I, Torrens P M. 2004. Geosimulation: Automata-based Modeling of Urban Phenomena. Chichester: John Wiley & Sons, Ltd.

Bertuglia C S, Leonardi G, Wilson A. G. 1990. Urban Dynamics: Designing an Integratedmodel. New York: Chapman and Hall, Inc.

Clarke K C, Hoppen S, Gaydos L. 1997. A self-modifying cellular automaton of historical urba-nization in the San Francisco Bay area. Environment and Planning B, 24: 247-261.

de Nijs Ton C M, de Niet R, Crommentuijn L. 2004. Constructing land-use maps of the Netherlands in 2030. Journal of Environmental Management, 72: 35-42.

Haggett P, Cliff A, Frey A. 1977. Locational Analysis in Human Geography. London: Edward Arnold Ltd.

Harvey J. 1998. Urban Land Economic. London: Macmillan Education Ltd.

Li X. 2005.Advanced GIS Modelling Techniques and Applications. Beijing: China Education & Culture publishing Company.

Li X, Yeh A G O. 1998. Principal component analysis of stacked multi-temporal images for monitoring of rapid urban expansion in the Pearl River Delta.International Journal of Remote Sensing, 19(8): 1501-1518.

Li X, Yeh A G O. 2000. Modelling sustainable urban development by the integration of constrained cellular automata and GIS. International Journal of Geographical Information Science, 14(2): 131-152.

Mills E, Hamilton B W. 1989. Urban Economics. 4th ed. London, Scott: Foresman and Company.

Northman R M. 1979. Urban Geography. New York: John Willey and Sons.

Pratap R. 1985. Growth and Regional Pattern of Industry Complexes. Naurang Rai: Concept Publishing Company.

Silva E A, Clarke K C. 2002. Calibration of the SLEUTH urban growth model for Lisbon and Porto, Portugal. Computers, Environment and Urban Systems, 26: 525-552.

Ward D P, Murray A T, Phinn S R. 2000. A stochastically constrained cellular model of urban growth. Computers, Environment and Urban Systems, 24 : 539-558.

Watts H D. 1980. The Large Industrial Enterprise: Some Spatial Perspective. London: Croom Helm.

White R, Engelen G. 1993. Cellular automata and fractal urban form: a cellular modelling approach to the evolution of urban land-use patterns. Environment and Planning A, 25: 1175-1199.

White R, Engelen G. 1997. Cellular automata as the basis of integrated dynamic regional analysis. Environment and Planning B: Planning and Design, 24: 235-246.

Wilson A G. 1974. Urban and Regional Models in Geography and Planning. New York: John Wiley & Sons Ltd.

Wu F. 1998. SimLand: a prototype to simulate land conversion through the integrated GIS and CA with AHP-derived transition rules. International Journal of Geographical Information Science, 12(1): 63-82.

Wu F. 2002. Calibration of stochastic cellular automata: the application to rural-urban land conversions. International Journal of Geographical Information Science, 16(8): 795-818.

Wu F, Webster C J. 1998. Simulation of land development through the integration of cellular automata and multicriteria evaluation. Environment and Planning B , 25: 103-126.

第 15 章 地理模拟与优化系统：软件及其应用

15.1 地理模拟与优化系统

前面章节已分别介绍了 CA 和 MAS 的原理、方法及应用案例，然而 CA 和 MAS 的研究大多都是分散进行的，没有形成统一的理论和技术框架体系。更重要的是，目前模拟与优化是割离的，这在应用中存在较大的弊端，如城市扩张、水文侵蚀等地理过程演变及发展趋势的研究通常利用 CA、MAS 等模型，通过空间模拟的方法来进行。而对于涉及设施选址、道路选线、生态保护区划分等空间优化问题，则可以引入蚁群、粒子群等群智能模型来获取多目标条件下效益最优的空间优化结果。而在现实地理问题的研究中，通常空间模拟和优化的结果相互影响、不可割裂，如交通选线和沿线土地利用的变化、区域城市扩张和生态控制区的划定等问题都存在着互为制约、协调发展的目标，迫切需要将空间模拟与优化进行协同研究。为了推进 GIS 的进一步发展，有必要寻求一种新的理论和技术来开展地理空间系统的复杂性及其演化过程研究。为此，我们进一步提出了地理模拟与优化系统（geographical simulation and optimization system，GeoSOS）的框架体系，把地理元胞自动机、多智能体系统和生物群智能整合到统一的平台 GeoSOS 中，以模拟复杂动态环境下的地理过程与格局的演变，支撑人–地系统的优化调控、资源管理和评价等。GeoSOS 为地理过程模拟和空间优化等问题的解决提供了一种尝试的工具，可以弥补 GIS 对过程分析功能的严重不足，服务于区域资源的有效管理和空间规划的制定。

GeoSOS 系统由三部分构成，包括元胞自动机模拟子系统、多智能体模拟子系统和基于智能的优化子系统。该系统提供了一般 GIS 所不能提供的高级空间分析功能，能较好地满足对复杂资源环境及演变的模拟和优化需求。由此开发的 GeoSOS、GeoSOS-FLUS 软件（http：//www.geosimulation.cn）已经应用于全球土地利用变化（Li et al.，2017a）、城市扩张模拟（Chen et al.，2014）、公共设施选址选线（Li et al.，2009）、违章建筑查找（Li et al.，2013）、农田保护区划定与预警（陈逸敏等，2010）、景观模拟与规划（Li，2011）及城市增长边界划定（Ma et al.，2017）等地理模拟和空间优化方面，并为地理国情分析、"三区三线"智能识别、"三规合一"等方面提供理论与技术基础，以及为城市规划、国土管理与生态建设等提供可靠的定量决策支撑。本节重点介绍 GeoSOS 的理论与方法、应用案例及软件操作方法。

15.1.1　GeoSOS 理论与方法

1. GeoSOS 的基本原理

GeoSOS 主要用于模拟、预测、优化并显示地理格局和过程。与 GIS 不同的是，GeoSOS 采用了"自下而上"的策略来模拟复杂的非线性动态系统。其目的是提供强大的模拟与优化功能，弥补现有 GIS 在这方面功能的不足。通过引入微观个体来反映环境演化过程中自然、生态及社会系统间的相互作用。这个系统中包含着很多能够直接反映地理对象的离散实体，如树木、河流、学校、机场等。系统中包含着两类实体：静止元胞与可移动智能体。可移动智能体可进一步细分为社会智能体和动物智能体。前一类智能体可以用来表示人群或机构，而后一类则可以表示一些人工动物，如人工蚂蚁或鸟群之类。这类智能体可以为系统提供人工智能，用于解决复杂的空间优化问题。

在 GeoSOS 中，CA、MAS 和 SI 被整合到统一的平台中。GeoSOS 的一般表达形式定义如下：

$$(S_i^{t+1}, L_i^{t+1}, E^{t+1}) = F(S_i^t, L_i^t, E^t) \tag{15-1}$$

式中，S_i^t 和 L_i^t 分别为实体 i 的状态和位置，如一个固定的元胞、一个社会智能体或动物智能体；E^t 和 F 分别用来表征环境和相互作用规则集。

通过定义三类相互作用规则来实现模拟和优化。传统 CA 的转换规则不能完全满足 MAS 和 SI 的要求，需要一个更加普遍的相互作用规则 F 来满足现实世界中模拟优化的广泛应用。GeoSOS 的核心即这些相互作用的规则集，它们包括三个子集：

$$F \sim (F_{CA}, F_{SocialAgent}, F_{AnimalAgent}) \tag{15-2}$$

式中，F_{CA} 用来表示 CA 的互作用规则（转换规则），主要是对自然因子的综合考虑；$F_{SocialAgent}$ 用来表示社会智能体（人群或机构）和它们所处的环境之间的相互作用规则，可以借助城市和经济学理论来定义这类智能体的行为；$F_{AnimalAgent}$ 用来表示人工动物与其环境之间的相互作用规则，其本质是通过简单的人工智能来解决复杂的空间优化问题。

GeoSOS 的实现包括如下五个步骤（图 15-1）：①从训练数据来挖掘和定义相互作用规则；②获取初始条件，如状态和环境；③通过应用相互作用规则来进行模拟和优化；④通过迭代来更新状态、位置和环境；⑤将模拟与优化进行耦合。

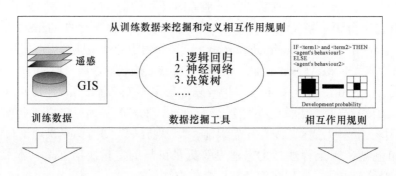

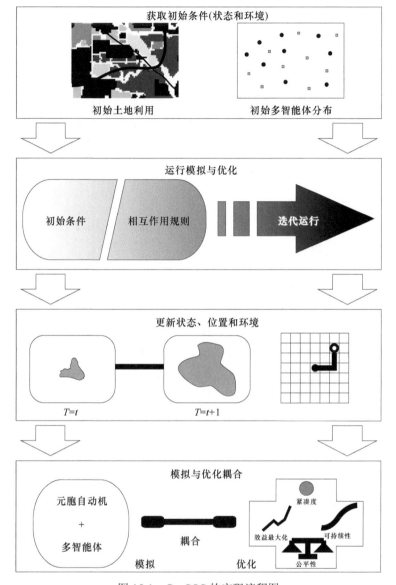

图 15-1 GeoSOS 的实现流程图

上述模拟优化过程通过下述公式来实现：

$$M: \ D \rightarrow (F_{\text{CA}}, \ F_{\text{SocialAgent}}, \ F_{\text{AnimalAgent}}) \tag{15-3}$$

$$D \rightarrow (\ S_i^0, \quad E_i^0\ ) \tag{15-4}$$

$$(S_i^{t+1}, E^{t+1}) = F_{\text{CA}}(S_i^t, L_i^t, E^t) \tag{15-5}$$

$$(S_i^{t+1}, L_i^{t+1}, E_{\text{simulated}}^{t+1}) = F_{\text{SocialAgent}}(S_i^t, L_i^t, E_{\text{simulated}}^t) \tag{15-6}$$

$$(S_i^{t+1}, L_i^{t+1}, E_{\text{optimized}}^{t+1}) = F_{\text{AnimalAgent}}(S_i^t, L_i^t, E_{\text{optimized}}^t) \tag{15-7}$$

当需要将模拟模型与优化模型进行耦合时，式（15-6）和式（15-7）可以进一步修改为

$$(S_i^{t+1}, L_i^{t+1}, E_{\text{simulated}}^{t+1}) = F_{\text{SocialAgent}}(S_i^t, L_i^t, E_{\text{optimized}}^t) \tag{15-8}$$

$$(S_i^{t+1}, L_i^{t+1}, E_{\text{optimized}}^{t+1}) = F_{\text{AnimalAgent}}(S_i^t, L_i^t, E_{\text{simulated}}^t) \quad (15\text{-}9)$$

定义相互作用规则是 GeoSOS 运行的关键，可以利用一些数据挖掘工具（M）来从训练数据（D）中获取这些规则（F_{CA}, $F_{\text{SocialAgent}}$, $F_{\text{AnimalAgent}}$）。数据挖掘工具（M）包括 Logistic 回归、神经网络和机器学习等（Li and Yeh，2004），可以通过 GIS 和遥感方法来获取这些训练数据。一般通过逐点对比方法来计算模拟格局和实际格局的吻合度。很多情形下也可以通过一系列景观指数来验证模拟的有效性（Wu，2002）。下面介绍 GeoSOS 每部分实现的具体方法。

2. 挖掘和定义 GeoSOS 的互作用规则

1）CA 的相互作用规则

CA 通过转换规则来决定元胞的状态变化。$t+1$ 时刻某元胞的状态由其 t 时刻的状态和其邻域状态所决定。式（15-10）可以表征其动态变化过程：

$$S_{t+1} = f(S_t, N) \quad (15\text{-}10)$$

式中，S 为 CA 中所有可能状态的集合；N 为某元胞的邻域；f 为转换规则。

在模拟真实的地理现象时，需要定义更加具体的转换规则。在过去的 20 多年内，为了满足不同的应用需求，学者们建立了各种 CA 模型。事实上，CA 的转换规则（F_{CA}）往往是根据专业知识或专家经验来启发式地定义的。例如，SLEUTH 模型依靠 5 个系数来控制。其他一些用来定义转换规则的方式包括多准则评估法（Wu and Webster，1998）、Logistic 回归法（Wu，2002）、神经网络法（Li and Yeh，2002）和数据挖掘法（Li and Yeh，2004）。

2）MAS 的相互作用规则

在许多情形下，经济学和城市理论可以作为启发式定义多智能体行为的指导思想。例如，城市的动态变化模拟是基于各类型的智能体（如城市居民、政府和开发商）相互作用进行的。这种相互作用规则可以通过发展概率来表达。根据对发展概率的估算，智能体可以综合判别一个地点是否适于城市发展。

对于 Logistic 回归、神经网络、机器学习和基因算法支撑下的 CA 模型来说，相对而言，其更易于校正。但目前缺乏其对智能体行为进行表达的核心架构模型，缺乏对 MAS 进行模型校正的研究。有个别学者开始尝试建立更加有效的定义 MAS 行为规则的方法。例如，Li 和 Liu（2007）提出基于多准则技术的智能体校正模型，其可以判定其中的一些参数。从 GIS 中获取的经验数据可以用来定义智能体的属性。该模型的一个重要部分在于通过 Saaty 的两两对比技术来判断多组智能体的权重。居民智能体使用效用函数来评估潜在的选址地点。函数由各种自然因素线性加权得到，其中权重和智能体的社会经济现状有关：

$$U(k, ij) = w_{\text{price}} \cdot B_{\text{price}} + w_{\text{env}} \cdot B_{\text{env}} + w_{\text{access}} \cdot B_{\text{access}} + w_{\text{facil}} \cdot B_{\text{facil}} + w_{\text{edu}} \cdot B_{\text{edu}} + \varepsilon_{tij} \quad (15\text{-}11)$$

式中，$w_{\text{price}} + w_{\text{env}} + w_{\text{access}} + w_{\text{facil}} + w_{\text{edu}} = 1$；$B_{\text{price}}$、$B_{\text{env}}$、$B_{\text{access}}$、$B_{\text{facil}}$ 和 B_{edu} 分别为地价因子、周边环境因子、可达性因子、公共设施供给因子和周边教育福利因子（ij）；w_{price}、w_{env}、w_{access}、w_{facil} 和 w_{edu} 为居民智能体 k 对于每一个因子的权重；ε_{tij} 为一个随机值。

通过人口资料可以得到不同智能体类型的真实比例，权重集可以用来表征一组居民智能体唯一位置的选择结果。例如，高收入者通常关注居住质量（周边环境因子），低收入者则更侧重于房价（地价因子）。家庭成员较多的（有孩子）会更加注重周边教育水平。这些居民倾向都会反映在效用函数的权重上。

3）群体智能优化算法的互作用规则

GeoSOS 的另一个独特之处在于其对生物群智能（SI）的集成。生物智能算法可以模拟如蚁群、鸟群及细菌等生物行为，以期解决一系列复杂优化问题。优化是基于简单的人工智能来进行的，包括利用个体之间及个体和环境之间的相互作用。这些智能体遵循简单规则，它们之间的局部相互作用导致了全局格局的出现。

GeoSOS 主要集成了蚁群智能来获得复杂空间优化的能力。蚁群智能优化（ant colony optimization，ACO）是一种解决组合优化问题的计算机算法。ACO 是通过模拟寻找蚁类巢穴和食物之间的最佳路径来达到优化目的的。在模拟时，人工蚁群一边探索其周边环境，一边彼此交换信息素。这个算法基于人工蚁群的正反馈，蚁群之间的协调性基于 Stigmergic 通信机制来达到。

GeoSOS 将 ACO 方法集成进来，通过蚁群挖掘算法来解决点和线的复杂优化问题。在 N 点优化问题中，优化地点可以通过人工蚁群的信息素浓度和能见度（距离）来启发式地寻找到。元胞（x）在 t 时刻被 k_{th} 蚂蚁造访的可能性定义如下：

$$p_x^k(t) = \begin{cases} \dfrac{[\tau_x(t)]^{\alpha} \cdot [\eta_x(t)]^{\beta}}{\sum\limits_{x \in \text{allowed}_k} [\tau_x(t)]^{\alpha} \cdot [\eta_x(t)]^{\beta}}, & \text{if } x \in \text{allowed}_k \\ 0 & \text{otherwise} \end{cases} \tag{15-12}$$

式中，$\text{allowed}_k = \{C\text{-tabu}_k\}$，表示蚂蚁 k 下一次允许选择的元胞；α 为信息启发式因子，反映蚂蚁在运动过程中所积累的信息在蚂蚁运动时所起的作用，其值越大，则蚂蚁越倾向于选择其他蚂蚁经过的路径；β 为期望启发式因子，反映蚂蚁在运动过程中启发信息在蚂蚁选择路径中的受重视程度；$\eta_x(t)$ 为启发函数，其表达式如下：

$$\eta_x(t) = p_{\text{den}}(x) \tag{15-13}$$

式中，$p_{\text{den}}(x)$ 为元胞 x 的人口密度。

具有简单群智能的人工蚂蚁也能够用于确定地铁和高速公路等的最优路线。在大多数情况下，最佳线路选择需要涉及多目标，如最小总交通成本和最大人口覆盖等，传统的 Dijkstra 等算法无法求解这种复杂的组合优化问题。

在 ACO 线路优化算法中，定义 8 个方向栅格（v_i）作为中心元胞（c）的邻域。v_1，v_2，v_3，v_4，v_5，v_6，v_7 和 v_8 用于表示其 8 邻域中 8 个可能的行进方向。在起点和终点之间，通过不同的组合，可以得到无穷个人工蚂蚁行走线路的方案。为了达到更好的收敛效果，将传统的启发式函数用方向函数 $\left[\xi\left(\theta_{cv_i}\right)\right]$ 所取代。转移概率使用式（15-14）进行修正：

$$p_{cv_i}^k(t) = \begin{cases} \dfrac{[\tau_{cv_i}(t)]^{\alpha} \cdot \left[\xi\left(\theta_{cv_i}(t)\right)\right]^{\beta}}{\sum\limits_{v_i \in \text{allowed}_k} [\tau_{cv_i}(t)]^{\alpha} \cdot \left[\xi\left(\theta_{cv_i}(t)\right)\right]^{\beta}}, & \text{if } v_i \in \text{allowed}_k \\ 0 & \text{otherwise} \end{cases} \tag{15-14}$$

式中，c 为中心元胞（即蚂蚁 k 的当前位置）；v_i 为 t 时刻的某个邻域元胞（移动方向）。

3. CA、MAS 和 SI 的集成方法

1）CA 和 MAS 的集成

CA 和 MAS 的集成包括两个步骤：①分别根据 CA 和 MAS 计算各自的转换概率；②综合这两种概率来计算转换总概率。可以用住宅用地发展的模拟来阐述这个集成过程。首先，通过 Logistic-CA 模型来估计与自然因素相关的发展概率：

$$P_{ca}^t(ij) = \frac{1}{1+\exp[-(d+\sum_h D_h \cdot x_h)]} \cdot con^t(ij) \cdot \Omega^t(ij) \qquad (15\text{-}15)$$

式中，$P_{ca}^t(ij)$ 为发展概率；(ij) 为元胞位置；d 为 Logistic 回归模型中的常量；x_h 为第 h 个空间变量；D_h 为该变量的权重；$con^t(ij)$ 为综合自然约束条件；$\Omega^t(ij)$ 为邻域发展元胞的百分比。

根据式（15-11）的效用函数来估算基于 MAS 的转换概率。对居民 k 来讲，位置(ij)被选中的概率等于效用概率，即效用值比其他地点的效用值大或者相等的概率（Li and Liu，2007）：

$$P_{\text{resident}}^t(k,ij) = P\left[U(k,ij) \geqslant U(k,i'j')\right] = \frac{\exp\left[U(k,ij)\right]}{\sum_k \exp\left[U(k,ij)\right]} \qquad (15\text{-}16)$$

式中，$P_{\text{resident}}^t(k,ij)$ 为居民智能体 k 在 t 时刻、(ij)处的发展概率。

最后，由政府智能体、居民智能体和开发商智能体相互之间及与他们的环境之间的作用来确定转换概率。一个元胞的住宅发展概率由 CA 和 MAS 的结果综合得出：

$$P_{ij}^t = A \cdot P_{\text{resident}}^t(k,ij) \cdot P_{\text{developer}}^t(k,ij) \cdot P_{\text{gov}}^t(ij) \cdot P_{ca}^t(ij) \qquad (15\text{-}17)$$

式中，A 为调整系数。

2）优化与模拟的耦合

GeoSOS 提供了模拟与优化耦合的统一平台，即模拟的结果可以作为优化的输入，或者优化的结果可以作为模拟的输入。其有两种耦合方式：松散耦合和紧密耦合。松散耦合意味着两个模块之间的交互通过一个稳定的接口来完成，不需要考虑其他模块的内在实现方式。这样的耦合方式是相当方便的，因为当一个模块发生改变时，不需要另一个模块的实现做相应的改动。然而，对于紧密耦合来说，一个模块发生变化会导致其他模块发生连锁反应。而且由于模块之间是紧密连接的，很难重复使用和测试各自的模块。

因此，GeoSOS 是基于信息交换的松散耦合系统。耦合通过三步来实现：①首先执行模拟模块，其模拟结果作为优化模块的输入；②执行优化模块，将其结果作为模拟模块的输入；③交替执行上述步骤（图 15-2）。

15.1.2　GeoSOS 软件介绍

目前，GeoSOS 软件包括独立的程序包和在 ArcGIS 平台运行的插件版本 GeoSOS for ArcGIS，可以在 GeoSOS 网站（http://www.geosimulation.cn）免费下载使用。独立 GeoSOS

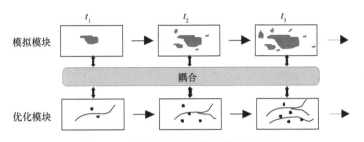

图 15-2　基于信息交换的松散耦合系统

软件使用 Microsoft.NET Framework 2.0 和 C#编程语言开发，GeoSOS for ArcGIS 使用 C#
编程语言开发，其运行在 ArcGIS for Desktop 10.X 中的 ArcMap 软件上，可在 ArcGIS
环境中即插即用，实现了与 ArcGIS 其他工具包的有效整合，提供了完整的 GeoSOS 功
能，同时又可以充分利用 ArcGIS 平台已有的其他空间分析工具。图 15-3、图 15-4 为独
立 GeoSOS 软件界面及 GeoSOS for ArcGIS 软件界面。

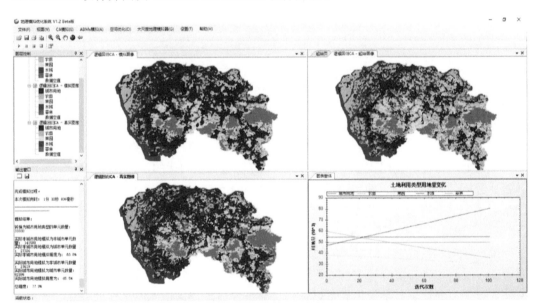

图 15-3　独立 GeoSOS 软件界面

　　GeoSOS 软件系列作为目前唯一耦合了地理模拟和空间优化的软件工具，可以用于
模拟、预测和优化复杂地理格局和过程，能够有效补充目前 GIS 软件在地理模拟与优化
方面的不足，比国际上著名的地理模拟软件，如 CLUE-S、SLEUTH 等具备更加完善的
分析功能。目前所提供的模块包括神经网络 CA、决策树 CA、Logistic 回归 CA 等基于
CA 的多种地理模拟模型和基于群集智能的空间优化模型。GeoSOS for ArcGIS 插件运行
在 ArcGIS for Desktop 10.X 平台的 ArcMap 程序中，其提供了完整的 GeoSOS 功能，同
时又可以充分利用 ArcGIS 平台已有的其他空间分析工具，有效补充目前 GIS 软件在地
理模拟与优化方面的不足。目前，全球已有 20 余个国家和地区的用户将其用于超过 100
个地理研究实例中。

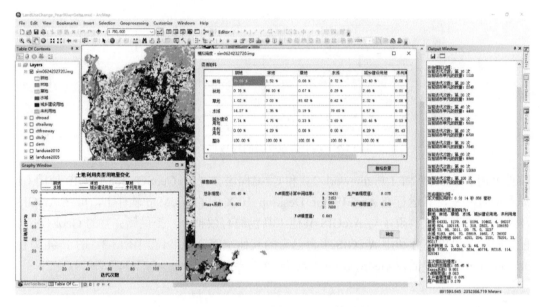

图 15-4　GeoSOS for ArcGIS 软件界面

15.1.3　GeoSOS 与地理国情分析

　　地理国情监测是指对国土疆域概况、地形地貌特征、江河湖海分布等自然要素和土地利用与土地覆盖、道路交通网络、城市布局和城镇化扩张等人文要素构成的基本国情，利用空天地一体化等现代测绘技术进行动态、定量化和空间化的监测（李德仁等，2012），并统计分析其分布特征、地域差异、变化量和变化趋势等（徐德明，2011），形成各类国情要素空间分布及发展变化规律的监测数据，从地理空间信息的角度获取国情国力（陈俊勇，2012；李德仁等，2016）。目前，首次地理国情普查工作已基本完成，并取得了一批重要的监测数据。对监测的地理国情信息进行分析应用，获取地理要素的时空分布特征、发展趋势与演变规律，可为国家重大战略实施、区域空间规划制定、加快生态文明建设等方面提供科学依据和数据保障，其是今后地理国情监测工作的重点之一。

　　城市化作为我国改革开放以来最重要的地理空间现象之一，其格局和发展趋势与土地集约利用、区域协调互补、生态环境保护和城市可持续发展密切相关，一直是地理学者研究的重点和热点问题。"十三五"时期，我国面临经济发展模式转换、区域协调发展、生态文明建设的深刻背景，区域政策及资源约束（如"十三五"规划、主体功能区划、全国土地利用总体规划纲要等）对区域发展提出约束性指标，同时"多规合一"工作模式的转变等也将成为城市空间发展的重要影响因素，因此城市化的格局和趋势必然面临着较大程度的改变，需要进一步进行深入研究。当前地理国情普查和动态监测为城市发展研究提供了基础的数据来源，而对其发展格局和过程趋势的分析应用则需要相关理论和工具的支撑。

　　本书提出的地理模拟优化系统 GeoSOS 耦合了地理模拟和空间优化等模型，可以用于模拟、预测和优化复杂地理格局和过程，可以弥补 GIS 在空间过程模拟和优化方面的功能不足。以全国城市化发展最快的区域广东省为例，通过多时段土地利用地理国情数据，获取区域城市化发展的时空动态特征，并利用该软件预测未来发展趋势及其与主体功能区划和生态环境保护的冲突，从而模拟约束条件下未来发展情景，为科学合理地制定区域城市发展政策服务。

1. 研究方法

城乡建设用地扩张是近 40 年来我国最为显著的土地利用变化过程，也是地理国情监测的重点内容。本节以此为例，探讨 GeoSOS 理论在地理国情信息分析中的应用。自 1980 年开始的历次五年计划时期，全国城镇化进程发展迅速，但同时也造成了多种人地关系矛盾问题，原有的城镇化发展模式亟待改变。因此，"国民经济和社会发展第十三个五年规划纲要"在继续约束 18 亿亩①以上耕地保有量的前提下，提出新增建设用地规模的约束性指标，并将空气质量和地表水质量等生态环境质量纳入约束性指标范畴，以形成和贯彻绿色发展的理念。

在操作层面，主体功能区划、土地利用总体规划、生态文明建设规划等提出了具体的约束性指标，因此需要在空间上合理地分配土地资源，获得资源集约利用、生态友好的协调发展目标。地理模拟优化系统能够为上述问题提供有效的解决框架，约束性 CA 模型能够模拟和预测约束条件下新增城市用地的扩张趋势，从而确定城市增长边界；蚁群智能等空间优化方法则能够合理划定生态保护区、农田保护区等限制性发展区域，两者协同可以进行经济与环境多目标下的空间布局，为省级空间规划等相关工作提供合理的研究思路。从约束条件下新增城市用地扩张的角度出发，在获取多时段地理国情信息的基础上，分析其历史发展状况，并在城乡建设用地扩张数量约束及生态环境质量约束的条件下，预测合理的新增城乡建设用地布局，为"十三五"时期区域协调发展提供空间决策支持。

1）城乡建设用地扩张历史趋势分析

分析城乡建设用地扩张的历史趋势可以从用地数量变化和景观形态改变两方面进行。对用地数量的分析使用城乡建设用地增长率、扩张强度指数、土地开发强度等量化指标来衡量。城乡建设用地增长率体现历史时期城乡建设用地的增加比例，其公式为

$$A = (A_i - A_j) \div A_j \tag{15-18}$$

式中，A_j 为初期的城乡建设用地面积；A_i 为末期的城乡建设用地面积。

扩张强度指数用于获取城乡建设用地的年均增长速度，便于不同历史时期间进行比较（马荣华等，2004；马晓冬等，2008），其公式为

$$SI = \frac{A_{add}}{A_{all} \times \Delta t} \times 100 \tag{15-19}$$

式中，Δt 为所研究的时间跨度，通常以年份为单位；A_{add} 为该时段内城乡建设用地的增加面积；A_{all} 为研究区的土地总面积。

全国及省级主体功能区规划采用开发强度指标，即用一个区域内建设空间面积占该区域总面积的比例来表示建设空间面积的比重。

---

① 1 亩≈666.7m²，全书同。

　　景观形态可以使用景观水平上的多种指数来表征，从景观数量、形态、连通性和均匀性等角度选取了斑块数量（NP）、斑块密度（PD）、平均形状指数（SHAPE_MN）、面积周长分维度指数（PAFRAC）、蔓延度指数（CONTAG）、Shannon 多样性指数（SHDI）和 Shannon 均匀度指数（SHEI）来衡量不同时期研究区的土地利用景观变化。

　　2）基于决策树 CA 的城乡建设用地扩张模拟

　　使用 CA 模型进行土地利用变化模拟和预测时，通常采取数据挖掘方法获取类型间转换规则（Li et al.，2017b），其中决策树元胞自动机（decisiontree-CA）模型使用基于决策树的方法，能够提取清晰的城乡建设用地转换规则（黎夏和叶嘉安，2004），避免对扩张规律的"黑箱"认知，便于空间管理者根据规则发现规律并制定合理的空间决策，其适合用于城乡建设用地扩张的研究。

　　3）基于最小累积阻力模型的生态安全格局构建

　　最小累积阻力模型（minimal cumulative resistance，MCR）源于物种扩散过程研究，认为物种在扩散至异质景观类型时需克服一定的阻力，最小累积阻力的通道即最适宜的通道（Knaapen et al.，1992；李晶等，2013）。俞孔坚在国内最早将其用于生态安全格局优化（Yu，1995）和遗产廊道的适宜性分析（俞孔坚等，2005）。因该模型能直观表现某类型景观向其他类型扩散的阻力，因此该模型被广泛应用于生态安全格局构建（Knaapen et al.，1992）、生态用地规划（张继平等，2017）、城镇土地空间重构（钟式玉等，2012）和城市扩张与生态保护协调发展（马世发和艾彬，2015）等研究中。其计算公式如下（Yu，1995）：

$$\text{MCR} = f_{\min} \sum_{j=n}^{i=m} \left(D_{ij} \times R_i \right) \tag{15-20}$$

式中，D_{ij} 为从源点 j 到某景观类型点 i 的距离；R_i 为点 i 所在位置对于扩散的阻力。

　　该模型通过确定生态用地的"源"、扩散的阻力因素和阻力系数，从而得到生态用地扩散的阻力面，用于生态安全的评估。因此，可以将研究区的生态安全保障用地作为"源"，将现有土地利用类型和人为活动因素的影响作为阻力因素，从而构建研究区的生态安全格局。

2. 研究区及数据

　　本书选取广东省为研究区，获取了 2000 年、2005 年、2010 年和 2015 年土地利用现状遥感监测数据，这些数据来源于中国科学院资源环境科学数据中心。原始数据包括耕地、林地、草地、水域、城乡工矿居民用地、未利用地和海洋 7 个一级用地类型，每个一级用地类型下包含一个到多个二级用地类型。该数据的原始分辨率为 30m，整个广东省陆地为 27184×20890 的栅格空间，为减少运算量和运算时间，将数据重采样到 250m 分辨率，栅格数量减少为（3405×2753）个，以便进行全省的模拟和预测。影响土地利用变化过程的因素主要包括自然因素和人为因素，自然因素选取地形和栅格到河流的空间距离，人为因素主要选取栅格到聚居区和交通线路的距离，包括到各市级和县级行政中心的距离、到铁路的距离、到高速公路的距离、到省道的距离和到普通公路的距离。地形数据为 DEM 数字高程数据，其来源于地理空间数据云，各城镇中心和交通线路数据来源于国家基础地理信息中心，并进行了数据更新。在 250m 分辨率下进行各空间影响因子的计算及归一化，为后续的模拟和预测做好数据准备。

3. 研究结果及分析

1）城乡建设用地扩张历史趋势分析

分析 2000～2015 年广东省土地利用变化状况，见表 15-1。2000～2015 年，城乡建设用地经历了快速的扩张过程，土地开发强度不断增大。我们发现，2000～2005 年是城乡建设用地增长速度最快的时期，城乡建设用地增长率达到了 28.69%，随着可利用土地资源的减少和集约利用土地政策的执行，2005～2010 年和 2010～2015 年两个时期的城乡建设用地增长速度不断下降，扩张强度和扩张强度指数也保持了同样的变化。

表 15-1 广东省历史时期土地利用变化状况

	2000 年	2005 年	2010 年	2015 年
耕地面积（km²）	47423.56	45690.00	45025.75	44609.31
林地面积（km²）	107479.88	107284.50	107209.69	106345.19
草地面积（km²）	7410.50	7185.94	6948.63	7274.00
水域面积（km²）	7071.31	7029.06	7140.63	7012.69
城乡建设用地面积（km²）	7708.25	9920.06	10821.81	11710.38
未利用地面积（km²）	143.63	133.94	117.81	116.06
土地开发强度（%）	4.35	5.60	6.10	6.61
城乡建设用地增长率（%）		28.69	9.09	8.21
扩张强度		0.287	0.091	0.082

结合 Fragstats 4.2 软件，对 4 个时期的土地利用分类数据进行了景观指数的计算，结果见表 15-2。2000～2015 年，斑块数量、斑块密度、平均形状指数、Shannon 多样性指数和 Shannon 均匀度指数不断上升，面积周长分维度指数和蔓延度指数不断下降，表明整个时期土地利用斑块的分散性不断上升，人为活动的影响不断加剧，景观的破碎度提升，应采取更为集约的用地方式。

表 15-2 广东省历史时期景观指数统计表

项目	2000 年	2005 年	2010 年	2015 年
NP	140702	140968	142877	145283
PD	0.792	0.794	0.804	0.819
SHAPE_MN	179.825	179.975	180.511	183.071
PAFRAC	1.399	1.399	1.398	1.397
CONTAG	51.771	51.123	50.858	50.204
SHDI	1.060	1.078	1.084	1.097
SHEI	0.591	0.602	0.605	0.612

2）基于历史发展趋势的城镇扩张模拟与预测

通过 2005 年和 2010 年的土地利用分类数据，以及各空间影响因子数据，获取该历史时期的土地利用变化规律，并基于 2010 年的数据模拟了 2010～2015 年广东省的城乡建设用地扩张，使用 2015 年土地利用分类数据验证模拟的精度。利用基于 DecisionTree-CA 模型执行模拟，城乡建设用地的模拟精度为 89.50%，非建设用地的模拟精度为 99.3%，模拟的总精度为 96.73%，Kappa 值为 0.942。较高的精度表明，DecisionTree-CA 能够有效模拟该区域土地利用变化的历史趋势，因此可以对未来情景下城乡建设用地扩张进行预测。

2010～2015 年广东省城乡建设用地的增长率为 8.21%，研究首先假定 2015～2020 年城乡建设用地的扩张仍然保持基本相似的历史趋势，即采用 8%的增长率，获取无约束条件下城乡建设用地的未来发展状况。利用提取的 2010～2015 年城乡建设用地转换规则，使用 2015 年土地利用变化数据，根据增长率得到城乡建设用地增量并进行预测，其模拟和预测结果如图 15-5 所示。

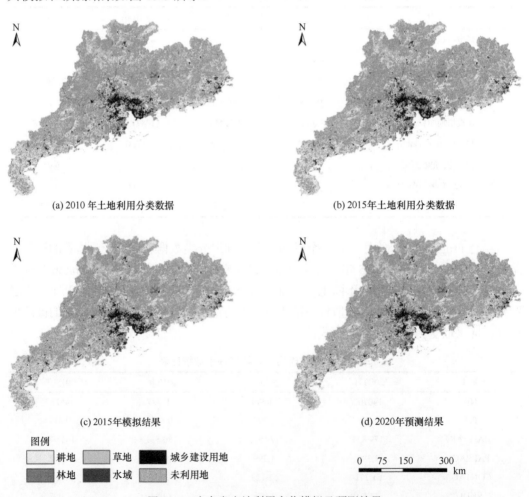

图 15-5 广东省土地利用变化模拟及预测结果

3）基于主体功能区划约束的城镇扩张预测

我国于 2011 年底启动全国主体功能区划规划编制工作，并将其作为国土空间开发的战略性、基础性和约束性规划（樊杰，2015）。广东省于 2012 年 9 月正式公布《广东省主体功能区规划》，将全省国土空间分为优化开发、重点开发、生态发展和禁止开发四类区域，其中生态发展区域又分为农产品主产区和重点生态功能区两类。前 3 类区域主要以行政区界线限定其范围，禁止开发区域则主要为分布在 3 类区域中的自然保护区、风景名胜区等面积较小的单元，因此本书的研究未引入禁止开发区域，而使用优化开发区域、重点开发区域、农产品主产区、重点生态功能区这四类国土空间划分方法，其详细情况如图 15-6 所示。

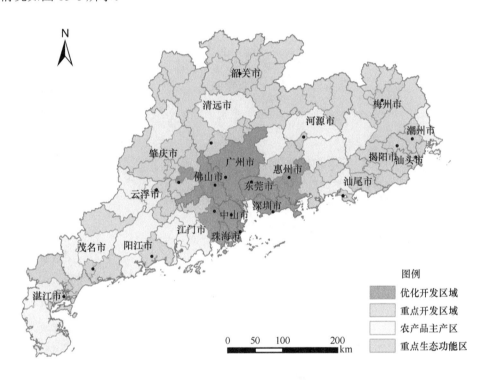

图 15-6　广东省主体功能区划分

2016 年广东省通过的"十三五"规划纲要明确规定将各主体功能区 2020 年的土地开发强度作为约束性指标，分别是优化开发区域 27.44%、重点开发区域 13.76%、农产品主产区 15.51%、重点生态功能区 4.82%。将该指标与基于历史增长趋势的 2020 年城乡建设用地预测结果进行对比，情况见表 15-3。可以发现，该结果中优化开发区域的土地开发强度将超出约束指标，其他区域则满足约束条件，表明优化开发区域在后续的发展中必须严格按照约束指标的土地开发数量进行。因此，研究采用分区预测的方法，优化开发区域按照约束指标，其他区域按照 2010～2015 年的城乡建设用地增长率进行了约束性 CA 的预测，预测结果如图 15-7 所示。其结果对比情况见表 15-3，表明各区域预测结果均满足主体功能区的约束条件，除优化开发区域外的其他区域的开发强度与原结果基本一致。

表 15-3 历史增长趋势及主体功能区约束下城乡建设用地预测结果与约束性指标对比

	2010~2015年城乡建设用地扩张速率（%）	历史趋势2020年预测结果土地开发强度（%）	"十三五"规划土地开发强度约束指标（%）	比较结果	基于约束的2020年预测结果土地开发强度（%）	比较结果
优化开发区域	6.08	27.53	27.44	超出	27.29	满足约束条件
重点开发区域	8.58	8.78	13.76	满足约束条件	8.67	满足约束条件
农产品主产区	10.82	3.50	15.51	满足约束条件	3.48	满足约束条件
重点生态功能区	16.55	1.57	4.82	满足约束条件	1.64	满足约束条件

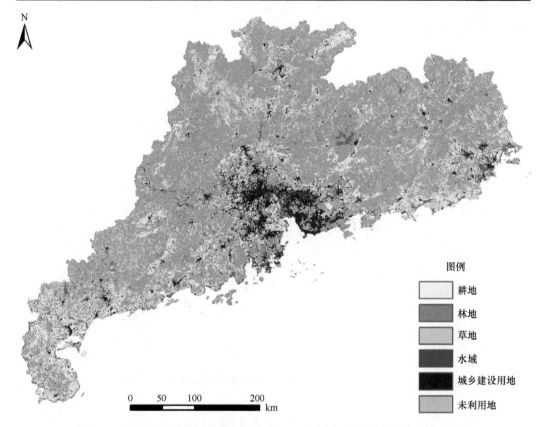

图 15-7 基于主体功能区约束的广东省 2020 年城乡建设用地增长率预测结果

4）基于生态用地保护约束的城镇扩张预测

"十三五"时期城镇扩张进程需要在生态保护约束的条件下进行，因此选择生态用地为"源"，应用最小累积阻力模型获取生态用地扩散的最小阻力面，划分不同的生态用地保护程度，以此为约束条件，使城乡建设用地扩张的同时保持良好的生态环境质量。

根据用地类型的生态价值，选取 2015 年原始 30m 分辨率土地利用分类数据二级分类中的有林地、灌木林、疏林地、高覆盖度草地、中覆盖度草地、河渠、湖泊、滩涂、滩地类型为生态"源"，以生态空间单元的实际用地类型及到市县级城镇中心的距离和到各级道路的距离为阻力因素，确定各阻力系数，计算广东省生态空间扩展的阻力面。

生态"源"面积占广东省陆地面积的 64.03%，包含林地、草地、水体等多种生态类型，能够满足广东省"十三五"规划纲要提出的 2020 年森林覆盖率达到 60.5%的约束性指标的条件。阻力系数作为分级指标，无实际的物理意义，因此将其设置为 5 级，分别用 1、2、3、4、5 代表阻力值不断升高，具体见表 15-4。得到阻力面计算结果后，可以根据栅格值的频率分布进行分级划分，因此根据自然断裂法，选取阻力值 3841、11764 及 26526 为断裂点，将阻力面分为四个等级。根据阻力越大生态用地保护压力越大的原则，将国土空间划分为生态用地保护四个压力等级，如图 15-8 所示。

表 15-4　广东省生态用地扩展阻力因子与阻力系数

阻力因子	阻力因子分类/分级	阻力系数	阻力因子	阻力因子分类/分级	阻力系数
土地利用类型编码			53	其他建设用地	4
11	水田	3	61	沙地	3
12	旱地	3	63	盐碱地	3
21	有林地	1	64	沼泽地	3
22	灌木林	1	65	裸土地	3
23	疏林地	1	66	裸岩石砾地	3
24	其他林地	2	67	其他	3
31	高覆盖度草地	1		<10	5
32	中覆盖度草地	1	距市县级城镇中心距离（km）	10~20	4
33	低覆盖度草地	2		20~30	3
41	河渠	1		30~40	2
42	湖泊	1		>40	1
43	水库坑塘	2		<100	5
45	滩涂	1		100~500	4
46	滩地	1	距各类道路距离（m）	500~1000	3
51	城乡建设用地	5		1000~5000	2
52	农村居民点	4		>5000	1

将四个主体功能区域基于土地开发强度约束性指标预测的城乡建设用地扩张结果与生态用地保护等级空间进行叠加分析显示，各区域均存在大量城乡建设用地生态保护压力高和较高等级的现象，面积比例分别为 81.19%、81.54%、90.50%和 91.13%，均达到 80%以上，表明在未考虑生态保护的前提下，城乡建设用地的扩张将占用大量的生态空间，因此需在生态保护约束的条件下进行城镇化发展。

以生态保护压力高和较高的区域为限制发展区，并基于主体功能区土地开发强度的约束，进行了 2020 年城乡建设用地扩张的模拟，模拟结果见表 15-5。结果表明，在两种约束条件下，优化开发区域、重点开发区域、农产品主产区可以在不占用生态保护用地的情况下完成同样规模的城乡建设用地扩张，而重点生态功能区则无法同时满足两种约束指标。在满足生态保护约束的情况下，重点生态功能区的城乡建设用地扩张规模为原有的 70.01%，表明该区域的生态保护压力较大，不宜遵照历史发展趋势，而应严格控制建设规模，以保持良好的生态环境质量。同时研究发现，在满足两种约束的条件下，城乡建设用地的空间分布更为紧凑，体现出更好的景观格局，图 15-9 显示了四类主体功能区部分区域两种约束条件下的模拟结果对比。对两种情景下的模拟结果进行了景观指数计算，表 15-5 显示，在加入生态环境保护约束的条件下，土地利用斑块的分散性下降，景观的破碎度降低，形成更为集约的用地方式。同时该结果满足了土地开发强度和生态保护的约束，是更符合绿色发展理念的新型城镇化扩张模式。

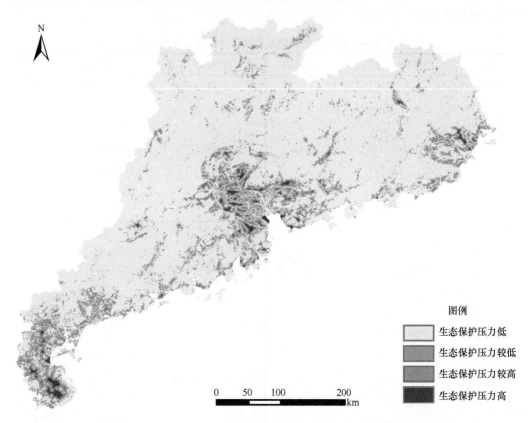

图 15-8　基于最小累积阻力模型的广东省生态用地保护压力分级

表 15-5　不同约束条件下模拟结果对比

	优化开发区域		重点开发区域		农产品主产区		重点生态功能区	
	数量约束	双重约束	数量约束	双重约束	数量约束	双重约束	数量约束	双重约束
城乡建设用地扩张规模（km²）	4791	4791	4211	4211	3091	3092	2300	1612
NP	22729	22479	45683	36368	45683	45306	42720	42109
PD	0.981	0.970	1.005	0.989	0.822	0.815	0.707	0.700
SHAPE_MN	1.151	1.150	1.137	1.135	1.132	1.131	1.127	1.127
PAFRAC	1.396	1.395	1.399	1.397	1.400	1.401	1.401	1.402
CONTAG	39.348	39.432	43.837	43.951	53.740	53.751	62.480	62.602
SHDI	1.358	1.359	1.229	1.230	0.994	0.995	0.787	0.786
SHEI	0.758	0.758	0.686	0.686	0.555	0.555	0.439	0.439

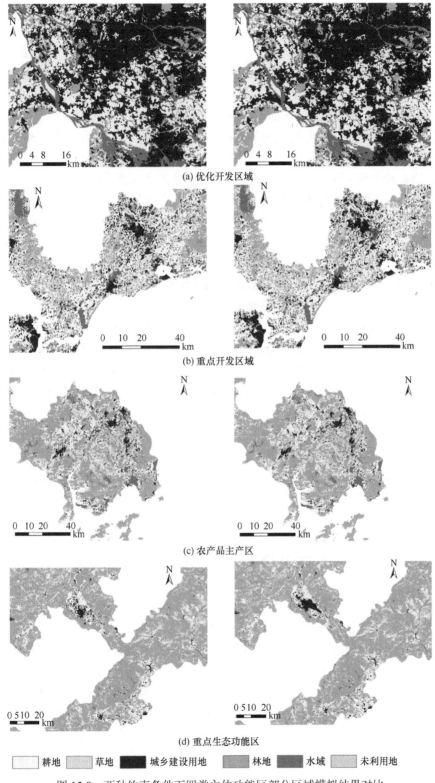

(a) 优化开发区域

(b) 重点开发区域

(c) 农产品主产区

(d) 重点生态功能区

耕地　草地　城乡建设用地　林地　水域　未利用地

图 15-9　两种约束条件下四类主体功能区部分区域模拟结果对比

左侧为主体功能区划数量指标约束；右侧为数量及生态保护双重约束

4. 结论与讨论

开展地理国情监测是测绘地理信息部门一次重要的业务转型升级（李维森，2013），通过该工作，能够获取各类自然要素和人工设施的基本国情信息（王家耀和谢明霞，2016）。在今后地理国情监测成为常态化工作后，我们开发的地理模拟优化系统（GeoSOS）及其 ArcGIS 插件（http://www.geosimulation.cn）能够通过其耦合地理空间过程模拟与预测、空间多目标优化的能力，为地理国情信息的分析统计、制定和实施国家及区域发展战略与空间规划（许景权等，2017）、优化国土空间开发格局等提供理论和技术支持，如预测主体功能区潜在冲突和需要调整优化的地方，从而形成科学合理的空间决策依据，促进区域社会经济发展的同时协调自然生态系统和环境保护，实现绿色可持续发展模式。

在利用地理国情监测数据进行空间模拟与优化时还应注意以下几个问题：

（1）使用 GeoSOS 进行空间模拟，需要获取多时段的地理国情信息监测数据，从而挖掘地理过程的规律并进行模拟及预测。因此，在地理国情数据获取方面，今后宜采用分类更新的普查工作机制，对人文因素等快速变化要素进行基于年或更短时段的更新，对变化较少的自然因素进行固定年份频率的更新。

（2）地理模拟优化系统的空间优化能力适用于生态控制区、基本农田的划定，同时与约束性 CA 耦合也适于确定城市增长边界。当前我国已开展省级空间规划工作，要求基于生态控制线、基本农田保护线和城市增长边界划定生态、农业和城镇空间，并将其作为典型的空间模拟与优化问题，地理模拟优化系统能够为区域空间规划提供理论和工具支撑（樊杰，2017），也可为基于"多规合一"的新工作模式提供参考（谢英挺和王伟，2015）。

（3）目前，地理时空大数据的应用和分析越来越广泛，特别是基于个体的群时空行为及活动模式研究日渐增多，适宜引入多智能体系统模型与群智能结合的分析方式，地理模拟与优化系统同样可以为其提供支持。在涉及省级和国家尺度进行精细化地理国情模拟和优化时，计算能力常常成为制约研究进行的瓶颈，基于 GPU 的高性能计算模式可以作为未来发展的主流方式（李丹等，2012）。

15.1.4　GeoSOS 与"三规合一"信息服务

1. 背景与意义

1)"三规合一"的国家需求

目前，我国政府编制的各类规划是体现中央和地方未来发展愿景及其发展方式的行动方案，是国家和地方治理体系的重要内容（陈雯等，2015）。据不完全统计，我国经法律授权编制的规划有 83 种之多（王向东和刘卫东，2012）。在这些规划中，我国在城市经济社会发展、资源优化配置等方面起主导作用的三种主要空间规划类型包括：①国民经济规划和社会发展；②土地利用总体规划；③城乡规划（沈迟和许景权，2015）。特别是 20 世纪 80 年代土地利用总体规划体制确立、三规并行已经成为我国城市治理的政策工具。但由于这些规划分属于不同的主管部门，出现了"各成体系，互不衔接"的现象，包括在工作目标、规划内容、技术标准、规划范围与时限等方面存在众多差异和矛盾，由此影响了各类规划的具体实施与管理（顾朝林，2015）。

如何加强规划间的协调和衔接，是规划编制与实施过程中不可避免的关键问题。规划融合也进行过不少的努力，包括早期依靠单个部门推动的探索时期和地方政府"自下而上"向国家部委争取空间管理权限的试点。2013 年底，中央城镇化工作会议提出的"建立空间规划体系，推进规划体制改革"任务；《国家新型城镇化规划（2014-2020 年）》提出的探索县市层面经济社会发展、土地利用规划及城乡规划"三规合一"或"多规合一"，标志在国家层面上，规划融合已经得到了政策的全面支持（朱江等，2015）；2014年 12 月，国家发展和改革委员会、国土资源部、环境保护部与住房和城乡建设部联合下发的《关于开展市县"多规合一"试点工作的通知》，选取了全国 28 个市县开展"三规合一"的试点工作（苏涵和陈皓，2015）。由于政府积极地推进城镇化，规划融合实践的进程进入了一个新阶段，也为如何科学地进行"三规合一"提出了需求。

在实践过程中，GIS 已经在各种规划中发挥了重要的作用，并进行了"三规合一"有用的探索。广州、云浮、上海等城市探索了城乡规划、土地利用总体规划和经济社会发展规划等的统筹协调，利用 GIS 技术构建了一个"三规合一"的基础地理信息平台（王俊和何正国，2011）；厦门市在"三规合一"实践的基础上，率先开展了"多规合一"工作，将环保、林业、水利等多部门的规划进一步进行统筹，形成了"多规合一"的"一张图"，构建了空间规划管理信息系统（王唯山和魏立军，2015）等。但这些工作还处于初步探索阶段，理论和方法还缺乏强有力的支撑。

2）GIS 在城市和土地利用规划中的应用

"三规合一"的一个基础技术手段就是针对空间信息进行定量分析发展起来的 GIS。GIS 是借助计算机软、硬件的支持，对地球表层空间的有关地理空间分布的数据进行采集、存储、管理、分析和显示（Yeh，1991）。GIS 目前已经在城市和土地利用规划中得到广泛的应用。早在 20 世纪 70 年代，美国弗吉尼亚州 Fairfax 县政府就将 GIS 作为信息可视化的工具，并随后对其进行升级改造，建成集合交通、规划、环境、统计等 20多个部门的多功能政府 GIS 管理系统，以便规划管理部门查询、调用城市相关信息，以辅助规划决策（Somers，1991）。另外，GIS 在城市和土地利用规划的应用研究也已不鲜见。在规划设计过程中，GIS 特有的空间分析功能大大提高了规划的合理性。Thomson和 Hardin（2000）利用遥感影像确定曼谷都市圈低收入群体的居住位置，并结合其他相关的社会经济信息进行 GIS 空间分析，从而找出适宜居住地发展的地块。此外，WebGIS及三维 GIS 的发展与应用提高了规划过程中公众的参与度。Al-Kodmany（2000）介绍了伊利诺伊大学在芝加哥 Pilsen 社区规划和城市设计中，在网络上构建了关于该社区相关信息的可视化 WebGIS 系统，通过它居民不仅可以了解相关位置的现状，还可以提出对未来规划的设想意见，这些意见会汇总到后台数据库供规划人员查阅及分析。

在我国，虽然 GIS 应用于我国城市规划界起步较晚，但自 1987 年以来，GIS 经过了近 30 年的发展，也取得了一定程度的发展和进步（宋小冬和钮心毅，2010）。在城市规划管理方面，20 世纪 90 年代以来，南京、上海、广州等经济发达城市纷纷建立了基于 GIS 平台的城市建设和信息管理系统，对海量的规划空间数据进行建库管理，逐步实现城市规划管理的自动化和规范化（叶强等，2013）；在城市规划编制决策方面，GIS

的应用目前仍以学术探索为主，离实用性还有一定的差距（龙瀛等，2010）。对于城市扩张和城市景观格局分析、城市建设用地适宜性评价、城市公共设施选址及交通网络等问题的研究，传统的分析方法以 GIS 的空间量测、缓冲区分析、叠加分析等空间分析功能为主。近年来，除传统的空间分析功能以外，GIS 空间分析及其与区位-配置模型（Yeh and Chow，1996）、CA（龙瀛等，2010；黎夏和刘小平，2007）、多智能体模型（刘小平等，2006）等的结合为城市规划中的决策支持定量研究提供了新的思路和方法。

3）多种规划的冲突和矛盾，需要 GIS 的高级空间分析和优化方法

当前，GIS 在"三规合一"或"多规合一"实践中的应用主要是建立规划的统一空间管理信息平台，具体体现在统一地理坐标，即对各类基础数据确定统一的地理坐标系统；规范数据标准，即确定数据结构、数据转换格式及文件命名规则等内容，便于数据库建设和数据转换；集成多源数据，即按照 GIS 服务规范要求，整合成具有统一坐标系和服务接口的数据共享平台，实现多源数据在空间上的无缝集成（张少康和罗勇，2015）。在这同一管理平台上，发展和改革委员会部门开展建设项目立项审批、核查及备案等工作；国土资源部门开展土地审批、登记及执法监察等工作；规划部门则进行分区详细规划、办法选址意见书、建设用地规划许可证等工作；建设部门进行建筑工程管理等工作。各部门在"统一规划""一张图"上共同开展监管工作（尹明，2014）。但实际上，"三规合一"内涵非常复杂，对于实践工作中的诸多问题尚未达成共识，仍然存在较大争议，如针对当前各类规划的矛盾部分如何进行数据和模型方面融合的问题。上海、武汉、深圳等大城市首先进行"规土整合"，即将规划部门及国土部门的职能进行整合，然后进行规划的变革衔接（黄叶君，2012）。然而，针对每一个空间差异图斑进行多部门辩论式的整合显然费时费力。所以，探索"三规合一"的组织形式、管理机制和技术标准等问题，总结"可复制、可推广"的工作途径及编制方法，从而提升城镇化发展质量和空间管理质量，迫切需要发展针对"三规合一"的 GIS 高级分析功能和模型，以解决目前多部门干预、人工介入等弊端。

2. 地理模拟与优化技术在规划中的应用

1）生态控制线

划定生态控制线可以明确城市生态保护界线，对城市有限的自然资源进行强制性保护，可以有效防止城市无序蔓延引起的各类生态安全问题（Li and Liu，2008；Seto et al.，2002；Snyder et al.，2005）。目前，有关生态控制线划定的相关研究可以分为三种：第一种是基于 GIS 的常规研究，第二种是基于地理模拟优化方法的研究，第三种是基于优化选址方法的研究。

基于 GIS 的常规研究，借助 GIS 强大的空间分析优势，结合多准则分析方法及权重分配法，评估各要素综合影响生态环境的情况，最终圈出生态保护范围。这种研究体现出两种趋势：一种是方法、评价原则多样化及数据多源化（Tulloch et al.，2003；Lathrop and Bognar，1998），另一种则是从单一到"分类-分级"层次的生态控制线划定的趋势。

这些基于 GIS 方法的研究并没有考虑邻近约束，形成的生态控制线格局往往过于破碎，不利于物种的长期持续性（Önal and Briers，2002）。采用地理模拟的方法，如 CA

模型可以弥补其不足。黎夏和叶嘉安（2005）用 Logistic 回归 CA 对城市用地和非城市用地进行模拟，预测出东莞市未来触及生态控制线的违规城市用地。Li 和 Yeh（2000）在城市 CA 模型中加入了农田适宜性约束因子，估算出多情景城市扩张模式下，东莞市农田的流失情况，为当地的农田保护提供了决策支持。

但通过模拟方法得到的保护区格局很难达到理想结果。近年来，一些学者采用优化算法，如精确算法（Church et al.，2003；Cocks and Baird，1989）和启发式算法（Bos，1993；Brookes，2001），求得最优的保护区方案。这些优化算法可以获得较高的时效性，但对资源配置要求较高，且只能处理有限的数据或斑块（何晋强等，2009），对大城市进行生态控制线划定时，往往需要搜索几万个邻域像元，这样该算法就会遇到瓶颈。为了解决现有算法的不足，Li 等（2011a）尝试修改蚁群算法，同时将城市变化对生态控制线的影响加入 Modified-ACO 模型中，提出了一种高效率的可用于大面积区域土地资源优化分配问题的模型——Modified-ACO-CA 模型，改进后的模型在广州的生态控制线动态划定中得到了很好的应用。

定期对生态控制线内的违规用地进行动态监测与预警，预先判断并阻止潜在的违章用地的出现，相较于划定生态控制线，其作用更加明显。目前，对违章用地预警的研究主要集中在违章用地监测、产生的原因和预警系统的评估和分析上，只有少数学者对违章用地预警进行了建模，如 Gong 等（2009）采用 CA 对城市的生态安全进行评估。Li 等（2013）整合 CA 和人工神经网络模型提出了 Multi-Model 模型用于违法用地预警。

2）城市增长边界

国际规划方面的经验表明，划定城市增长边界可以有效地控制城市的无序蔓延，是实现城市精明式增长（smart growth）最为成功的技术手段之一，而且城市增长边界（UGBs）也已经成为一种规划的文化符号象征（Abbott，2008）。Jaeger 等（2010）认为，城市蔓延的界定应该把现象本身在空间形态上发生的变化作为核心，他认为在不同的地区与环境下，蔓延的成因与后果往往存在差异，应该严格地将蔓延的成因与蔓延这种现象本身区分开来。他给出了确定城市增长边界简单而鲜明的定义："城市蔓延是一种在景观上容易被察觉的现象，主要表现为城市建成区的面积扩大与分散布局。"在应用方面，Bhatta（2009）以印度加尔各答作为案例区，尝试通过遥感和 GIS 技术的融合分析城市增长模式。他将统计方法应用于识别和分析这种模式，结果显示，越来越分散的开发导致城市人口的增长率下降。

另外一种作为分析城市增长边界的有效分析方法是基于过程模型来进行的，包括通过 CA 来模拟合理的城市增长边界。CA 作为一种复杂系统时空动态模拟的工具，目前已经在城市空间增长模拟中得到了一系列的应用（龙瀛等，2009；Tobler，1970；White，1993）。基于约束性 CA 来制定城市增长边界的方法，能结合城市发展过程中的各种因素，较为客观、相对全面地揭示城市增长的时空动态变化。有关例子包括以北京市域为实证研究，划定北京中心城、新城和乡镇三个层次的城市增长边界（龙瀛等，2009）。李咏华（2011）尝试从生态角度构建了一个 GIA-CA 空间模型，这个模型从将生态保护策略由被动防御转变为主动控制的模式出发，然后城市存量土地的"质"进行生态分级和以"量"的供给设定空间增长模拟的约束条件，划定城市增长边界。选取杭州为研究区，使用这个模型划定的城市增长边界基本可以破解当前城市蔓延等城市增长过程中的一些问题，从而保障城镇化和城市化顺利进行。Tayyebi 等（2011）结合人工神经网络（ANN）、GIS 和遥感技术，构建城市增长边界模型，模拟了德黑兰（伊朗）的城市增长边界。模拟的结果表明，城市增长边界模型预测的准确性达到了 80%～84%。刘小平等（2006）使用多智能体和 CA 对城市土地资源的可持续利用进行了探索，在环境经济学资源分配原理和可持续发展理论的基础上，提出了结合多智能体和 CA 的城市土地利用规划微观模型。以广州市海珠区为实验区，在可持续发展的前提下，尝试模拟 1995～2010 年的广州市海珠区的扩展变化，同时尝试讨论在不同的规划情景下城市土地资源的利用效率及合理性。

3）永久基本农田保护

进行科学的农田规划是为了给粮食危机、城市扩张及环境恶化等社会问题提供决策依据（Coughlin et al.，1994；Dunford et al.，1983）。例如，Ferguson 等（1991）提出的"土地评价和立地分析"系统（land evaluation and site assessment）是当前农地划定中比较成熟的理论和方法体系，其成为当前世界上农地划定和保护的典范。相较于其他国家，我国存在着人口多耕地少、耕地后备资源不足等问题，同时维护国家粮食安全、保持社会稳定是我国始终面临的重大问题，因此划定永久基本农田工作就显得尤为迫切，中国学者对永久基本农田进行了一些探索。例如，袁枫朝等（2008）借助 GIS 技术，以北京市房山区为案例区，充分考虑城市建设、生态和环境保护对农田保护的影响，同时结合地类、坡度、土地污染、地质灾害、城镇和基础设施建设等影响因子，使用空间分析，优化房山区基本农田规划。胡辉等（2009）以基本农田数据为基础，根据农用地分等定级，使用 GIS 进行分析、处理，以江西省安义县为例，划定永久基本农田。

当前中国城市化的进程正在不断提速，都市郊区的优质耕地被建设用地占用的速度和可能性最大（Klein and Reganold，1997），以至于都市郊区的永久农田保护相较于传统的耕地保护显得更迫切。大都市郊区基本农田划定不同于一般区域，除了具备基本农田规划和保护的共性特征之外，其生产功能和社会保障功能正在弱化，而生态服务功能、阻隔功能等正在逐渐加强，因而保护这部分农田变成较为迫切的需求（Meier，1997；Imhoff et al.，2004）。如何保护大都市区域的优质耕地？如何规划大都市郊区基本农田？一些学者进行了这方面的探索。例如，Liu 等（2011）融合遥感、GIS 和人工免疫系统，提出了一个基于人工免疫系统的分区模型（AIS-based zoning model），该方法被应用于广州市，可对都市郊区的农田保护情景进行圈定。实验结果表明，这个模型有较强的适用性，能应用在较大范围的地区，对农田保护区的划定也有较大的借鉴意义。

3. "三规合一"的解决方案

1）支撑"三规合一"的技术手段

为应对国民经济和社会发展规划、土地利用总体规划和城乡规划都为法定规划等出现的"三规分离"，相互之间的冲突，国家层面肯定了"三规合一"的作用，鼓励各地在实践中积极进行多规融合并总结可推广的经验。总体来说，针对"三规"中位于宏观战略高度的规划内容，如城乡发展方向和战略等，进行"大重合"，其由三个部门共同编制；针对"三规"实际运作中存在的交叉现象有一定的协调要求，但不影响全局发展的规划内容，如建设与非建设区域的内部土地性质划分等，进行"小衔接"，交由各部门在协调机制的辅助下完成编制。例如，上海、厦门、广州、深圳、武汉等地陆续开展了一系列试点工作，并在"三规"的编制、管理和实施方面积累了宝贵的实践经验，分别从统一规划名称、规划标准和期限、管理程序和规程等角度推进"三规合一"工作的顺利进行（尹明，2014）。汪子茗（2015）指出，国内"三规合一"的实践开展已指向"三规叠合"的发展方向，即在编制过程中，将经济社会发展规划、土地利用总体规划和城乡规划的内容，按照"大重合、小衔接"的原则和方法进行充分整合与衔接。一些学者为了解决规划过程中的"三规分离"等问题，进行了初步的尝试，其解决方案包括：①基于 Pareto 的多目标解决方案；②高性能计算的大区域（省级尺度）解决方案；③耦合环境生态模型解决方案；④基于耦合地理模拟和优化的 GeoSOS 解决框架等。

　　2）多规划目标协调的 Pareto 解决方案

　　"三规合一"空间冲突的解决本质就是一个多目标空间优化问题，即在同一个地理框架下协调不同部门的发展需求，这自然就涉及多个目标的空间协调处理问题，如地理位置的目标（如用地适宜性、开发成本、环境影响等）（Cova and Church，2000）。为了解决土地利用规划中多个矛盾目标相互权衡的问题，Pareto 在 1971 年首次提出了多目标优化理论和 Pareto 前端的概念。许多学者尝试结合接近 Pareto 最优解的集合，许多求解多目标优化问题（multi-objective optimization problem，MOP）的改进启发式算法被提出，如 Pareto 模拟退火算法（Pareto simulated annealing，PSA）（Czyżżak，1998）、非支配排序遗传算法（non-dominated sorting genetic algorithm，NSGA）（Konak et al.，2006）、Pareto 进化策略（Pareto archive evolutionary strategy，PAES）（Knowles and Corne，2000）、多目标粒子群优化（multi-objective particle swarm optimization，MOPSO）（Coello et al.，2004）和多目标免疫系统算法（multi-objective immune system algorithm，MOISA）（Coello and Cortés，2005）等。特别是，Huang 等（2013）提出了多目标人工免疫土地规划算法（multi-objective artificial immune-based land-use allocation，MAI-LA），该算法集成了人工免疫算法高度并行、自适应、分布式的启发式学习机理的优势，同时尝试改良人工免疫算法，从而获得 Pareto 最优集，完成对土地格局的优化。

　　3）高性能计算的大区域（省级尺度）解决方案

　　当进行高分辨率数据的大尺度土地利用变化模拟时，其数据量非常大，运算过程复杂，运算时间超长，如所涉及的空间数据的存储大小通常达到数百兆乃至数吉，普通计算机和基于 CPU 的串行计算模式受计算能力的制约几乎无法进行相关的模拟实验。因此，有必要将并行计算模式、网格计算技术与 GPU 高性能计算等引入土地利用变化模拟中，以解决计算能力的限制。Li 等（2010）通过减少等待并行处理器之间的时间，提出了负载均衡线扫描的方法。该方法被应用在城市快速发展的珠江三角洲地区。实验结果表明，当模拟复杂区域的城市发展时，并行计算与负载平衡技术可以显著改善 CA 的适用性和提高 CA 的性能。刘涛（2010）尝试将网格计算技术与 CA 结合来对珠江三角洲地区的土地利用变化进行模拟。在前两位学者研究的基础上，李丹等（2012）尝试联合 GPU 高性能计算与 CA 模型，提出了基于 GPU-CA 的大尺度土地利用变化模拟模型，并将其应用于模拟广东省的土地利用变化。实验表明，GPU-CA 模型可以将原有一般

CA 模型的运行效率提高 30 倍以上，能够有效地应用于省级的土地利用变化模拟中。

4）耦合环境生态模型解决方案

近几十年来，中国城市化进程显著加剧，然而"三规"的分立及相互间矛盾冲突的现状，导致城市规划建设缺乏有效的协调衔接和统筹机制，城市空间形态无序蔓延，建设项目触及生态用地及占用生态资源的现象时有发生，这带来了一系列日益尖锐化的环境和生态问题（Seto et al.，2002）。因此，如何解决各方面的冲突、协调城市扩张与生态环境保护之间的矛盾，构建环境友好型城市建设方案是"三规合一"实施过程中必须解决的关键问题。然而，过于强调城市扩张，将导致生态环境遭受到严重的破坏和威胁，而过于强调生态保护又难以满足现实城市发展的多目标协同发展需求，故构建有效的耦合环境生态城市扩张时空模型（刘耀彬等，2005；乔标和方创琳，2005；王少剑等，2015），为"三规合一"政策的有效实施提供决策支持，是极其迫切而必要的。

首先，构建具有代表性的环境生态评价指标体系（Astaraie-Imani et al.，2012；Li et al.，2012；刘艳艳和王少剑，2015），通过生态环境压力模型（Yu，1995）明确各地的生态保护压力；其次，利用 CA、MAS 模型模拟城市扩张空间范围，探讨城市扩张趋势对生态敏感区的潜在影响；最后，综合两者的结果，调整"三规合一"城市规划布局方案，形成生态保护与城市扩张相协调的优化规划方案。

5）耦合地理模拟和优化的 GeoSOS 解决框架

本书提出的 GeoSOS 可以作为"三规合一"的一个重要的解决方案。该系统提供了一般 GIS 所不能提供的高级空间分析功能，能较好地满足对复杂资源环境及演变的模拟和优化需求（黎夏等，2009）。陈逸敏等（2010）耦合农田保护区规划与城市发展模拟，开展农田保护区预警研究。以广东省番禺区为实验区，通过 GeoSOS 对研究区 2025 年的城市发展格局进行三个情景的模拟：低速增长情景、基准情景和高速增长情景。然后，使用 ArcGIS 将预测结果与农田保护区叠加，获得农田保护与城市扩张产生冲突的区域。相关主管部门可以根据冲突区域大小、空间位置等特征，采取一些措施，以便于农田保护与地方利益之间的平衡。马世发和艾彬（2015）通过 GeoSOS，以我国珠江三角洲地区的广州市为案例区，协调城市扩张与生态敏感区保护之间的矛盾，分析城市惯性扩张模式对生态敏感区的潜在影响，进而根据生态敏感区保护和城市空间扩张的协调性发展目标进行生态适宜性评价，最终利用蚁群智能空间优化配置模型产生一种优化的城市空间布局方案。最终的实验结果表明，整合了城市发展惯性与生态敏感区保护双重目标的空间优化布局方案，比单纯基于地理模拟进行规划布局更符合生态型城市建设需求，研究所提出的城市与生态二元空间协调分析框架可为城市规划提供可靠的定量决策支撑。

以上对"三规合一"涉及的地理模拟与优化技术及其有关应用进行了总结。在过去的 20 多年中，一些学者通过地理模拟和优化的方法，已经对生态控制线划定、城市增长边界界定和永久性基本农田保护等进行了积极有效的探索，并取得了一定成果。这些研究包括尝试使用地理空间优化方法，对永久农田保护与城市发展的协调、城市扩张与生态敏感区保护等方面的研究进行探索。从优化的结果看，地理空间优化方法能够很好地协调人与地、人与环境、人与社会的关系。这些研究为开展"三规合一"工作提供有效的理论和技术支撑。更为重要的是，随着大数据时代的到来，人类对自然、社会的认识，乃至对自身社会的认识，正向着精细化的方向发展。大数据在"多规合一"方面具有优势：①反映了社会内部的精细社会空间；②提供了认识和分析社会问题新的思维和技术方法；③能够使我们更加清楚地观察社会的发展及变化过程；④强化了对规划调研、空间分析、公众参与及空间协调规划、空间预测和可视化过程的科学把握。在此背景下，借鉴地理模拟和优化，结合大数据在国民经济和社会发展规划、土地利用总体规划及城乡规划等方面的优势，使新一轮"三规合一"，甚至"多规合一"的研究更加科学化。

15.2　GeoSOS-FLUS 模型与应用

　　土地利用/土地覆盖变化（LUCC）模拟模型是分析各种情景下未来景观动态变化的有效工具。目前的模拟模型很少考虑到背景气候的影响，但气候变化对土地利用变化的影响却是不可忽视的。因此，在 GeoSOS 基本功能框架的基础上，我们专门开发了人类活动与自然影响下的未来土地利用变化情景模拟模型（future land use simulation，FLUS）去解决这个问题（Liu et al.，2017）。该模型能同时模拟多种土地利用变化类型的相互作用及空间动态变化。在模拟预测过程中，该模型耦合了"自顶向下"的系统动力学模型（SD）和"自底向上"的 CA 模型，提高了模型模拟未来土地利用格局的能力。此外，在 CA 模型中引入一种自适应惯性竞争机制，用以处理不同土地利用类型之间的复杂竞争和相互作用。该模型首先应用于中国大陆 2000~2010 年的土地利用变化模拟。结果表明，该模型的模拟精度高于先前常用的模型（如 CLUE-S 和 ANN-CA 模型）。该模型进一步应用于 2010~2050 年中国区域内的四种在不同社会经济和自然气候因素影响下的发展情景。模拟结果表明，提出的模型能有效模拟未来各种情景下的土地利用变化。

15.2.1　GeoSOS-FLUS 模型与方法

　　土地利用/土地覆盖变化是人类活动与自然环境之间的关键环节。众多国际科学研究计划一直将土地利用变化作为重要的研究内容。而时空土地利用变化模拟模型是用于分析社会经济和自然环境驱动力与土地利用变化间相互作用的有效工具。这些模型中的大多数只能模拟单类土地利用的动态（城市、林地），而在许多生态过程中，我们更关注不同的土地利用类型相互作用的过程。然而，在一个过程模型中进行多种用地类型的模拟是具有挑战性的，因为不同土地利用之间存在相互作用和竞争，从而导致模型的转换规则变得非常复杂。当前多类土地利用变化模型：①不能很好地处理多类土地利用变化的相互竞争，②不能客观有效地考虑气候背景对土地利用分布的影响，③当前模型往往忽略了"自顶向下"的大尺度模型与"自底向上"的模拟模型的紧密耦合。

　　为解决以上问题，我们提出一种未来土地利用变化情景模拟模型（FLUS），该模型通过耦合人类活动和自然效应来实现未来多个情景下的土地利用变化的模拟。FLUS 模型紧密耦合了"自顶向下"的 SD 模型和"自底向上"的 CA 模型。SD 模型用于区域尺度，在各种社会经济和自然环境驱动因素下对土地利用情景需求进行投影。另外，我们在 CA 模型中提出了一种自适应惯性竞争机制，用以处理不同土地利用类型之间的复杂竞争和相互作用。FLUS 模型的结构如图 15-10 所示。

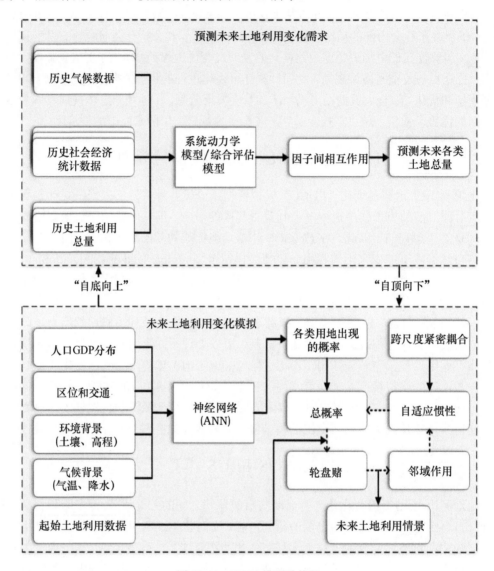

图 15-10　FLUS 模型结构图

SD 模型通过拟合历史社会经济自然统计数据来构建，能有效用于预测未来每年各类用地的数量，所用 SD 模型如图 15-11 所示。

此外，我们还提出了一个基于 CA 的模型——FLUS 模型，通过耦合人类和自然效应对中国范围内多类土地利用转换进行建模（图 15-10）。该模型纳入了气候因素（年降水和温度等）和土壤因素等多种影响因素，并在建模过程采用自适应惯性和竞争机制（图 15-12）。在这种机制中，每个土地利用类型的自适应惯性系数能够根据宏观需求与当前土地利用数量之间的差异自动调整每个网格单元上土地利用的关系。综合各类用地的出现概率（由神经网络计算获得）、自适应惯性系数、邻域影响和转换限制条件，在 CA 迭代过程中得到每个网格单元对各类用地的总体转换概率，再通过轮盘机制将土地利用类型分配给该网格单元。

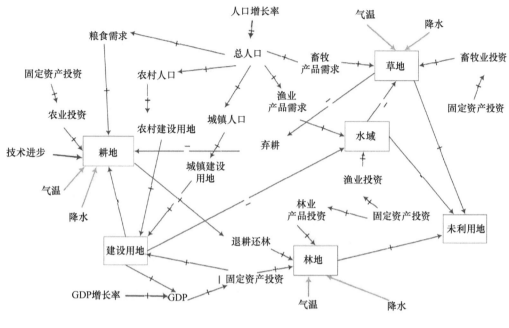

图 15-11 　系统动力学（SD）模型

15.2.2 　GeoSOS-FLUS 软件介绍

我们提供了一套封装了 FLUS 模型的 GeoSOS-FLUS 软件，可以方便地探索人与自然影响下多种土地利用变化的情况（可从 http：//www.geosimulation.cn/flus.html 免费下载）。FLUS 软件是一款基于 Windows 系统运行，免费，免安装，无限制，运行快速，操作方便，能直接读写，显示 tiff 格式影像，并进行多类或单类（城市）土地利用变化模拟的软件。

该软件在 Visual Studio 2010 平台上使用 C++语言及一系列 C++开源库开发。软件的输入输出采用遥感影像处理底层库 GDAL 1.9.2（http：//www.gdal.org/），因而软件可以读入各种格式的遥感影像数据及其投影坐标，并输出带坐标和投影的 tiff 格式的影像模拟结果；软件界面采用 Qt 4.8.5（https：//www.qt.io/download/）与 qwt 6.1.2（https：//sourceforge.net/projects/qwt/）搭建，能实时显示模拟区域的土地利用变化过程，方便用户使用；软件采用的神经网络算法来自强大的 Shark 3.1.0 库（http：//image.diku.dk/shark/），能较快地获得各类土地分布的适宜性概率。

GeoSOS-FLUS 软件能较好地应用于土地利用变化模拟与未来土地利用情景的预测和分析中，是进行地理空间模拟、参与空间优化、辅助决策制定的有效工具。FLUS 模型可直接用于：①城市发展模拟及城市增长边界划定；②城市内部高分辨率土地利用变化模拟；③环境管理与城市规划；④大尺度土地利用变化模拟及其效应分析；⑤区域土地利用类型适宜性分析；⑥农田或自然用地类型损失预警；⑦土地利用分布格局变化及

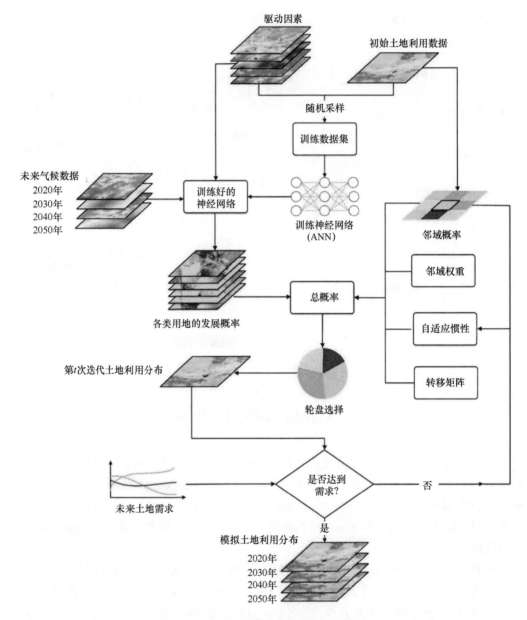

图 15-12　FLUS 模型中改进的 CA 模型

热点分析等方面。其还可以进一步推广使用到气候变化及其效应、碳循环、水文分析、生态变化与生物栖息地变化等各方面的研究当中。

15.2.3　FLUS 模型与土地利用情景模拟

以 Kappa 系数与 FoM 系数为评价指标，将 FLUS 模型与现有常用模型（CLUE-S、ANN-CA、Logistic-CA）进行对比，FLUS 模型的模拟精度高于其他常用的模型，模拟结果对比如图 15-13 所示。

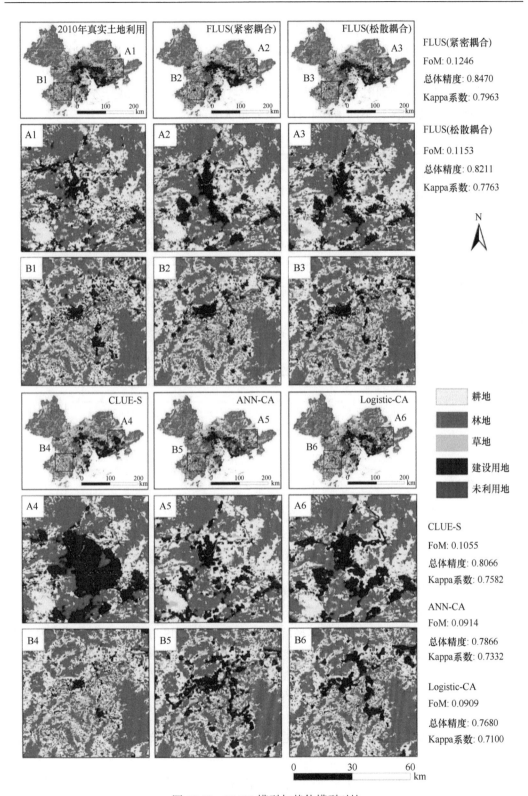

图 15-13　FLUS 模型与其他模型对比

基于系统动力学，结合联合国政府间气候变化专门委员会（IPCC）提供的未来气候信息，生成四个未来土地利用情景（图 15-14），并获得这四个情景下的各类土地利用类型的数量。以四个情景的各类土地利用类型的总量为目标，FLUS 模型成功对 2050 年 1km 分辨率的中国大陆土地利用分布进行模拟。图 15-15～图 15-17 分别展示了中国大陆三个土地利用变化热点地区在不同情景下的未来分布状况。

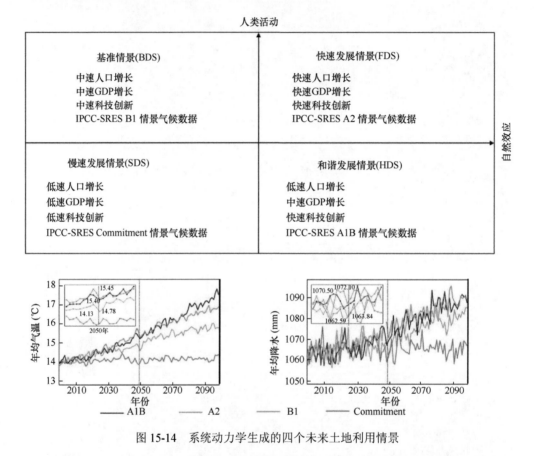

图 15-14　系统动力学生成的四个未来土地利用情景

研究结果表明，FLUS 模型可以有效地识别土地利用变化的热点地区，以分析未来土地利用动态的起因及其效应。这些优势可以帮助研究者和决策者制定适当的政策，以更好地适应全球气候变暖背景下自然环境的快速变化。FLUS 模型适用于探索气候变化和人类活动对未来土地利用动态变化的影响。中国未来的土地利用发展将会受到气候变化和经济、人口增长的影响，应采取有效措施来提前预防可能发生的变化，以确保未来中国的土地利用得以保持可持续发展的态势。

15.2.4　FLUS 模型与城市增长边界划定

城市增长边界（UGBs）是规划者用于控制城市发展的有效工具，它能有效保护优质的耕地，提高城市管理效率，并且能提高城市服务密度和减少城市基础设施建设成本。

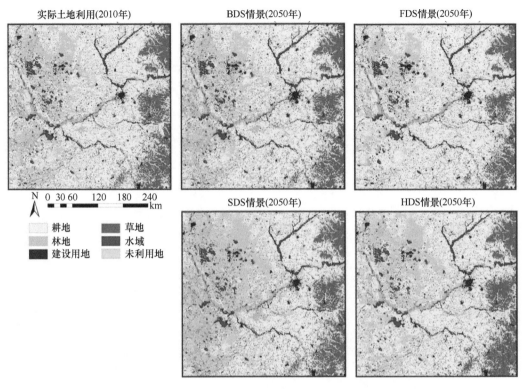

图 15-15　中国东北不同情景下的土地利用变化

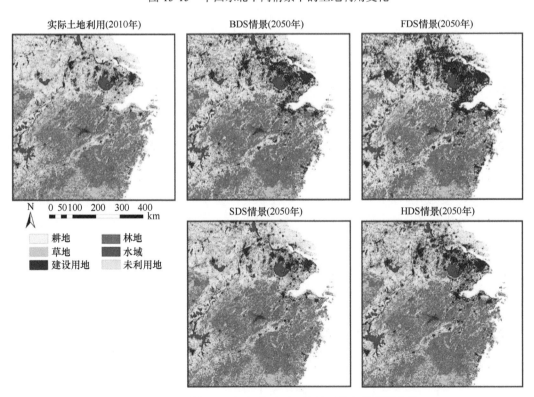

图 15-16　中国长江三角洲地区不同情景下的土地利用变化

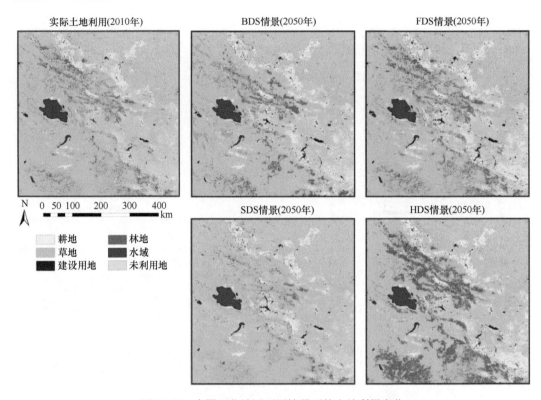

图 15-17　中国西北地区不同情景下的土地利用变化

此外，城市增长边界的控制功能在城市发展过程中随着时间的推移而增强，而且城市郊区的城市增长边界效应明显强于中心城市。因此，城市增长边界在未来新城市土地管理中将发挥越来越重要的作用。

从前的城市增长边界划定方法很少考虑宏观政策（如未来城市需求）和空间政策（如总体规划）对区域城市增长的影响，并且很少有研究去尝试划定多种情景下的城市增长边界。为了更高效地划定城市增长边界，我们的研究进行了以下工作：

（1）采用 SD 模型预测了未来宏观政策和社会经济状况影响下的珠江三角洲地区的城市发展情景。

（2）采用改进的 FLUS 模型，将生态控制线、基本农田、规划交通与总体规划的驱动作用考虑到城市发展模拟中，获得不同情景不同规划政策影响下的城市发展分布。

（3）采用基于膨胀腐蚀的二值图开闭运算方法，对未来城市发展分布的模拟结果进行整合，去掉不适合划入城市增长边界的斑块，整合适合划入城市增长边界的斑块，自动生成易于管理的城市增长边界。

本节以珠江三角洲为例，基于 FLUS 模型进行城市增长边界划定研究。珠江三角洲地区面积 54000km^2，是华南地区的经济、文化和交通中心，同时也是中国最发达的地区之一（图 15-18）。其包括广州、深圳、佛山、东莞、惠州、江门、肇庆、珠海、中山共 9 个城市。改革开放以来，珠江三角洲的飞速发展引发了永久性农用地流失等一系列土地问题。采用的珠江三角洲研究数据见表 15-6。

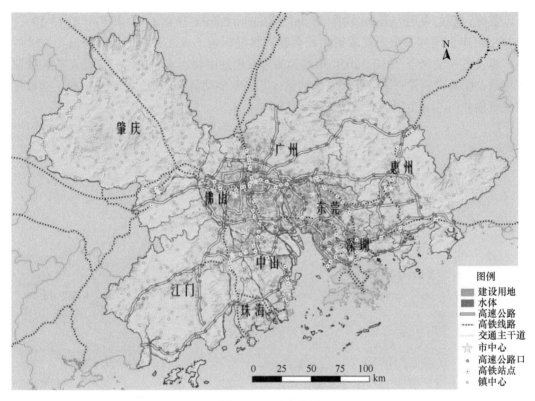

图 15-18　研究区域

表 15-6　研究数据列表

类型	数据	年份	数据来源
土地利用	土地利用数据	2010	中国科学院
社会经济数据	人口	2010	2000 年和 2010 年人口普查
	GDP	2000～2016	2000～2016 年统计年鉴
位置	机场	2016	百度地图 API 接口服务
	城镇中心	2016	
地形	数字高程	2010	数字高程模型
	方位	2010	根据数字高程模型计算
	坡度	2010	根据数字高程模型计算
各级道路	国道省道	2015	2014～2020 年珠江三角洲总体规划
	公路		
	铁路		
	城市道路网	2016	OSM 公开地图
规划数据	规划高铁站	2030	2013～2030 年广东省交通规划
	规划高速公路		
	2020 年总体规划	2020	2014～2020 年珠江三角洲总体规划
	基本农田		
	生态控制线		

首先，我们采用 Vensim 软件（http：//vensim.com/）建立了 SD 模型（图 15-19），该模型可用于预测未来宏观政策和社会经济状况影响下珠江三角洲地区的城市发展情景，以及各个情景下 2010～2050 年增加的建设用地面积。本书的研究共设置了 6 种发展情景：①基准情景；②经济开发区情景；③高铁驱动情景；④总规驱动情景；⑤可持续发展情景；⑥城市极端发展情景（表 15-7）。

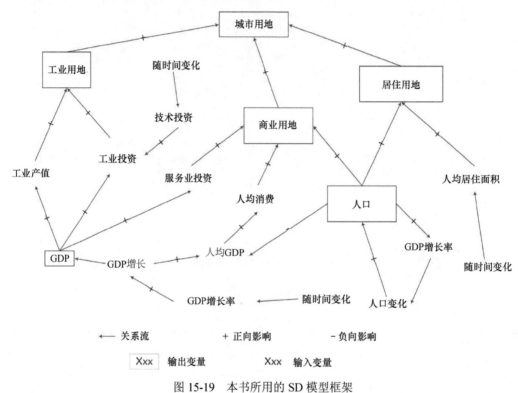

图 15-19 本书所用的 SD 模型框架

表 15-7 不同规划情景的参数设置及增长的城市面积表

2010～2050 年不同情景	规划政策	情景参数	增长率（情景变量）	城市需求（km²）（SD 输出）
基准情景	无	人口增长率	4‰～5‰（中速）	11498.83
		GDP 增长率	7%～16%（中速）	
		技术进步	0.3%（中速）	
经济开发区情景	经济开发区	人口增长率	4‰～5‰（中速）	11509.42
		GDP 增长率	>16%（高速）	
		技术进步	0.3%（中速）	
高铁驱动情景	高铁站和高铁线路	人口增长率	>6‰（高速）	12231.42
		GDP 增长率	7%～16%（中速）	
		技术进步	>0.7%（高速）	
总规驱动情景	2020 年总体规划	人口增长率	3‰～4‰（低速）	11540.09
		GDP 增长率	>16%（高速）	
		技术进步	0.7%（高速）	

2010～2050 年不同情景	规划政策	情景参数	增长率（情景变量）	城市需求（km²）（SD 输出）
可持续发展情景	基本农田	人口增长率	3‰～4‰（低速）	
	基本农田保护区	GDP 增长率	7%～16%（中速）	10099.89
	生态控制线	技术进步	>0.7%（高速）	
城市极端发展情景	高速铁路	人口增长率	>6‰（高速）	
	基本农田	GDP 增长率	>16%（高速）	13217.96
	经济发展	技术进步	>0.7%（高速）	

　　然后，在未来城市面积的驱动下，我们考虑了多种空间规划政策：①发展潜力地区；②总体规划；③生态控制线；④基本农田；⑤规划高铁与站点（图 15-20），应用改进的 FLUS 模型（图 15-21），对未来城市分布进行动态的模拟和预测。对 FLUS

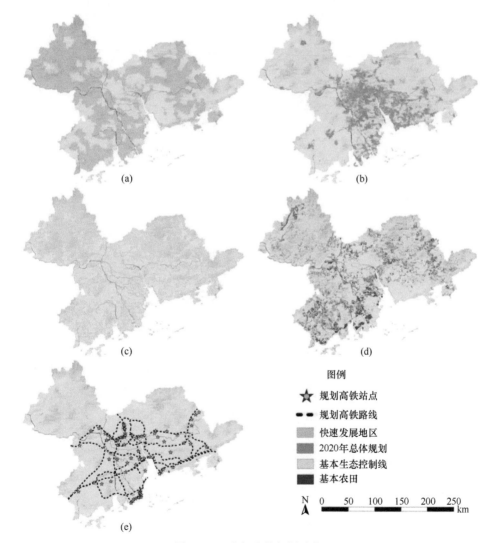

图 15-20　空间上的规划政策

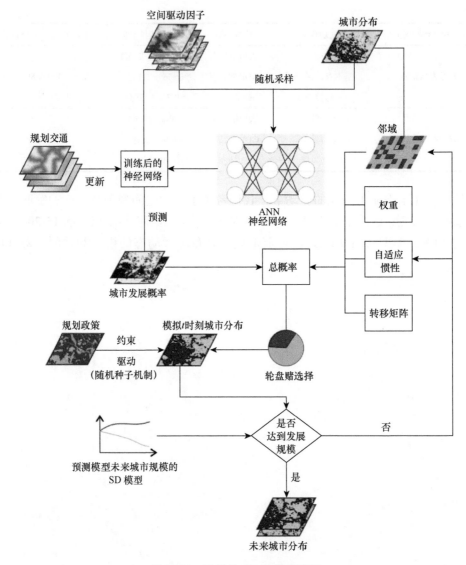

图 15-21　改进的 FLUS 模型流程

模型的改进分为两步：①考虑规划交通。在 FLUS 模型中的神经网络（ANN）训练过程中，采用历史交通数据进行训练，并在 ANN 的预测过程中将规划交通数据代替历史交通数据进行预测。②考虑规划开发区。在重点开发区内生成随机城市种子，提升FLUS 模型运行过程中的城市发展概率。最终模型输出未来多种情景下的城市发展分布模拟数据。

　　最后，基于形态学膨胀腐蚀方法对城市发展模拟数据进行处理，其具体步骤为：膨胀→腐蚀→腐蚀→膨胀。其中，先膨胀后腐蚀是一次闭运算，后接一次腐蚀膨胀是一次开运算。通过对城市-非城市二值数据进行一次闭运算和一次开运算，可以获得栅格结构的城市增长边界，然后在 GIS 软件中将栅格转化成矢量，获得最终的城市增长边界结果（图 15-22）。

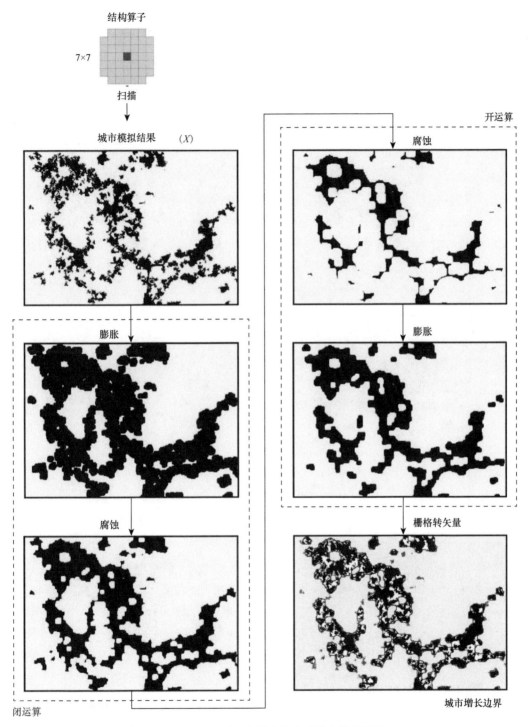

图 15-22 采用形态学方法生成城市增长边界

模型运行结果如图 15-23~图 15-25 所示。图 15-23、图 15-24、图 15-25 分别为珠江三角洲地区 6 种规划情景下的城市发展模拟结果、城市增长边界划定以及城市增长边界区域细节展示。

(a)　　　　　　　　　　　　　　(b)

(c)　　　　　　　　　　　　　　(d)

(e)　　　　　　　　　　　　　　(f)

■ 模拟新增建设用地(2010~2050年)

■ 原有建设用地(2010年)

图 15-23　珠江三角洲地区 6 种规划情景下的城市发展模拟结果

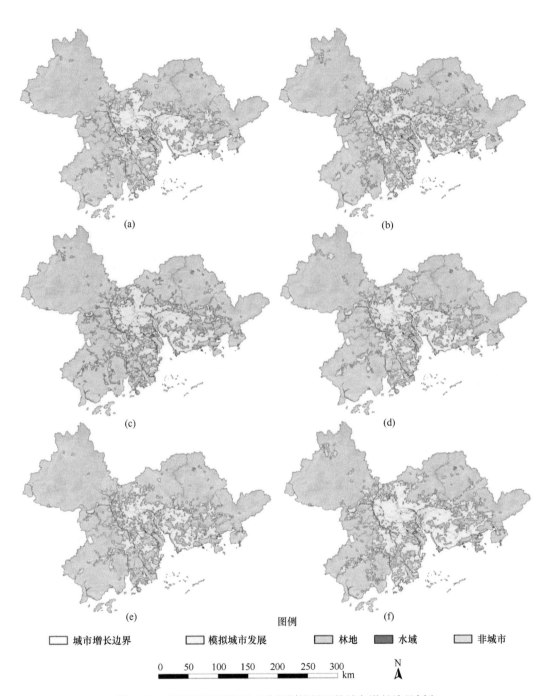

图 15-24　珠江三角洲地区 6 种规划情景下的城市增长边界划定

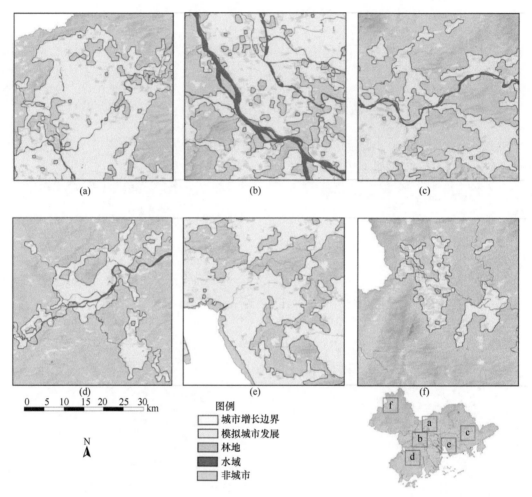

图 15-25 珠江三角洲地区 6 种规划情景下的城市增长边界区域细节展示

结果表明,改进的 FLUS 模型较好地模拟了不同发展政策下城市发展的形态和趋势。而且,我们提出的形态学方法不仅可以较好地包含高密度城市地区,还可以包含城区边缘不规则的城市块。此外,该方法保留了不少被城市包围的优越的农业用地和林地,这些保留的非城市用地有利于调整城市生态环境,提升居民生活质量。另外,该方法成功地去除了紧凑度较低的小而分散的城市地块,并有效地将聚集的城市地块整合到城市增长边界中。

本书的研究提出的划定城市增长边界的方法可用于识别总体规划区域内发展潜力较高和较低的地区。此外,在高密度城市地区,该方法划定的城市增长边界与规划者划定的城市增长边界比较接近（图 15-26）。

本书的研究所提出的 UGB-FLUS 方法可以有效地根据不同的规划政策划定城市增长边界,可以满足城市快速发展地区（如珠江三角洲城市群地区）的城市增长边界划定需求。在各种规划政策下,社会发展和环境风险有很大不同,UGB-FLUS 方法框架可以为区域规划提供重要的决策信息。

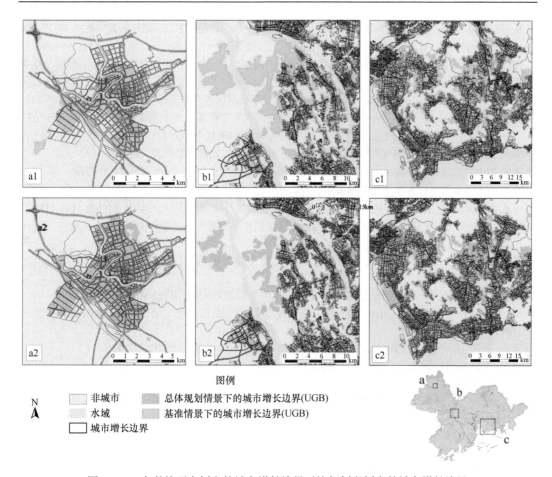

图 15-26　本书的研究划定的城市增长边界对比规划者划定的城市增长边界

参 考 文 献

陈俊勇. 2012. 地理国情监测的学习札记. 测绘学报, 41(5): 633-635.

陈雯, 闫东升, 孙伟. 2015. 市县"多规合一"与改革创新: 问题, 挑战与路径关键. 规划师, 31(2): 17-21.

陈逸敏, 黎夏, 刘小平, 等. 2010. 基于耦合地理模拟优化系统 GeoSOS 的农田保护区预警. 地理学报, 65(9): 1137-1145.

樊杰. 2015. 中国主体功能区划方案. 地理学报, 70(2): 186-201.

樊杰. 2017. 我国空间治理体系现代化在"十九大"后的新态势. 中国科学院院刊, 32(4): 396-404.

顾朝林. 2015. 论中国"多规"分立及其演化与融合问题. 地理研究, 34(4): 601-613.

何晋强, 黎夏, 刘小平, 等. 2009. 蚁群智能及其在大区域基础设施选址中的应用. 遥感学报, (2): 246-256.

胡辉, 谢梅生, 蔡斌, 等. 2009. GIS 技术在县级土地利用总体规划修编基本农田划定中的应用——以江西省安义县为例. 中国土地科学, 23(12): 28-32.

黄叶君. 2012. 体制改革与规划整合——对国内"三规合一"的观察与思考. 现代城市研究, 27(2): 10-14.

黎夏, 李丹, 刘小平, 等. 2009. 地理模拟优化系统 GeoSOS 及前沿研究. 地球科学进展, 24(8): 899-907.

黎夏, 刘小平. 2007. 基于案例推理的元胞自动机及大区域城市演变模拟. 地理学报, 62(10): 1097-1109.

黎夏, 叶嘉安. 2004. 知识发现及地理元胞自动机. 中国科学(D 辑: 地球科学), 34(9): 865-872.

黎夏, 叶嘉安. 2005. 基于神经网络的元胞自动机及模拟复杂土地利用系统. 地理研究, 24(1): 19-27.

李丹, 黎夏, 刘小平, 等. 2012. GPU-CA 模型及大尺度土地利用变化模拟. 科学通报, 57(11): 959-969.

李德仁, 丁霖, 邵振峰. 2016. 关于地理国情监测若干问题的思考. 武汉大学学报(信息科学版), 41(2): 143-147.

李德仁, 眭海刚, 单杰. 2012. 论地理国情监测的技术支撑. 武汉大学学报(信息科学版), 37(5): 505-512.

李晶, 蒙吉军, 毛熙彦. 2013. 基于最小累积阻力模型的农牧交错带土地利用生态安全格局构建——以鄂尔多斯市准格尔旗为例. 北京大学学报(自然科学版), 49(4): 707-715.

李维森. 2013. 地理国情监测与测绘地理信息事业的转型升级. 地理信息世界, 20(5): 11-14.

李咏华. 2011. 生态视角下的城市增长边界划定方法——以杭州市为例. 城市规划, (12): 83-90.

刘涛. 2010. 基于网格计算环境的地理模拟系统. 中山大学博士学位论文.

刘小平, 黎夏, 艾彬, 等. 2006. 基于多智能体的土地利用模拟与规划模型. 地理学报, 61(10): 1101-1112.

刘艳艳, 王少剑. 2015. 珠三角地区城市化与生态环境的交互胁迫关系及耦合协调度. 人文地理, 30(3): 64-71.

刘耀彬, 李仁东, 宋学锋. 2005. 中国区域城市化与生态环境耦合的关联分析. 地理学报, 60(2): 237-247.

龙瀛, 韩昊英, 毛其智. 2009. 利用约束性 CA 制定城市增长边界. 地理学报, 64(8): 999-1008.

龙瀛, 沈振江, 毛其智, 等. 2010. 基于约束性 CA 方法的北京城市形态情景分析. 地理学报, 65(6): 643-655.

马荣华, 陈雯, 陈小卉, 等. 2004. 常熟市城镇用地扩展分析. 地理学报, 59(3): 418-426.

马世发, 艾彬. 2015. 基于地理模型与优化的城市扩张与生态保护二元空间协调优化. 生态学报, 35(17): 5874-5883.

马晓冬, 朱传耿, 马荣华, 等. 2008. 苏州地区城镇扩展的空间格局及其演化分析. 地理学报, 63(4): 405-416.

乔标, 方创琳. 2005. 城市化与生态环境协调发展的动态耦合模型及其在干旱区的应用. 生态学报, 25(11): 3003-3009.

沈迟, 许景权. 2015. "多规合一"的目标体系与接口设计研究——从"三标脱节"到"三标衔接"的创新探索. 规划师, 31(2): 12-16.

宋小冬, 钮心毅. 2010. 城市规划中 GIS 应用历程与趋势——中美差异及展望. 城市规划, (10): 23-29.

苏涵, 陈皓. 2015. "多规合一"的本质及其编制要点探析. 规划师, 31(2): 57-62.

汪子茗. 2015. 由 "三规合一" 走向 "三规叠合" 的路径与策略. 规划师, 31(2): 22-26.

王家耀, 谢明霞. 2016. 地理国情与复杂系统. 测绘学报, 45(1): 1-8.

王俊, 何正国. 2011. "三规合一"基础地理信息平台研究与实践——以云浮市"三规合一"地理信息平台建设为例. 城市规划, 1: 74-78.

王少剑, 方创琳, 王洋. 2015. 京津冀地区城市化与生态环境交互耦合关系定量测度. 生态学报, 35(7): 2244-2254.

王唯山, 魏立军. 2015. 厦门市"多规合一"实践的探索与思考. 规划师, 31(2): 46-51.

王向东, 刘卫东. 2012. 中国空间规划体系: 现状、问题与重构. 经济地理, 5: 7-15.

谢英挺, 王伟. 2015. 从"多规合一"到空间规划体系重构. 城市规划学刊, 3: 15-21.

徐德明. 2011. 监测地理国情服务科学发展. 人民日报, 3(29): 16.

许景权, 沈迟, 胡天新, 等. 2017. 构建我国空间规划体系的总体思路和主要任务. 规划师, 33(2): 5-11.

叶强, 谭怡恬, 赵学彬, 等. 2013. 基于 GIS 的城市商业网点规划实施效果评估. 地理研究, 32(2): 317-325.

尹明. 2014. 经济社会发展、土地利用和城市总体规划"三规合一"路径. 工业建筑, (8): 167-170.

俞孔坚, 李伟, 李迪华, 等. 2005. 快速城市化地区遗产廊道适宜性分析方法探讨——以台州市为例. 地理研究, 24(1): 69-76.

袁枫朝, 严金明, 燕新程. 2008. GIS 支持下的大都市郊区基本农田空间优化. 农业工程学报, (S1):

61-65.

张继平, 乔青, 刘春兰, 等. 2017. 基于最小累积阻力模型的北京市生态用地规划研究. 生态学报, (19): 1-9.

张少康, 罗勇. 2015. 实现全面"三规合一"的综合路径探讨——广东省试点市的实践探索与启示. 规划师, 31(2): 39-45.

钟式玉, 吴箐, 李宇, 等. 2012. 基于最小累积阻力模型的城镇土地空间重构——以广州市新塘镇为例. 应用生态学报, 23(11): 3173-3179.

朱江, 邓木林, 潘安. 2015. "三规合一": 探索空间规划的秩序和调控合力. 城市规划, (1): 41-47.

Abbott C M J. 2008. Imagining portland's urban growth boundary: planning regulation as cultural icon. Journal of the American Planning Association, 74(2): 196-208.

Al-Kodmany K. 2000. Public participation: technology and democracy. Journal of Architectural Education, 53(4): 220-228.

Astaraie-Imani M, Kapelan Z, Fu G B D. 2012. Assessing the combined effects of urbanisation and climate change on the river water quality in an integrated urban wastewater system in the uk. Journal of Environmental Management, 112: 1-9.

Bhatta B. 2009. Analysis of urban growth pattern using remote sensing and gis: a case study of kolkata, India. International Journal of Remote Sensing, 30(18): 4733-4746.

Bos J. 1993. Zoning in forest management: a quadratic assignment problem solved by simulated annealing. Journal of Environmental Management, 37(2): 127-145.

Brookes C J. 2001. A genetic algorithm for designing optimal patch configurations in GIS. International Journal of Geographical Information Science, 15(6): 539-559.

Chen Y M, Li X, Liu X P, et al. 2014. Modeling urban land-use dynamics in a fast developing city using the modified logistic cellular automaton with a patch-based simulation strategy. International Journal of Geographical Information Science, 28(2): 234-255.

Church R L, Gerrard R A, Gilpin M S P. 2003. Constructing cell-based habitat patches useful in conservation planning. Annals of the Association of American Geographers, 93(4): 814-827.

Cocks K D, Baird I A. 1989. Using mathematical programming to address the multiple reserve selection problem: an example from the eyre peninsula, south australia. Biological Conservation, 49(2): 113-130.

Coello C A C, Cortés N C. 2005. Solving multiobjective optimization problems using an artificial immune system. Genetic Programming and Evolvable Machines, 6(2): 163-190.

Coello C A C, Pulido G T, Lechuga M S. 2004. Handling multiple objectives with particle swarm optimization. IEEE Transactions on Evolutionary Computation, 8(3): 256-279.

Coughlin R E, Pease J R, Steiner F, et al. 1994. The status of state and local lesa programs. Journal of Soil and Water Conservation, 49(1): 6-13.

Cova T J, Church R L. 2000. Exploratory spatial optimization in site search: a neighborhood operator approach. Computers, Environment and Urban Systems, 24(5): 401-419.

Czyzżak P J A. 1998. Pareto simulated annealing-a metaheuristic technique for multiple-objective combinatorial optimization. Journal of Multi‐Criteria Decision Analysis, 7(1): 34-47.

Dorigo M. 1992. Optimization, Learning and Natural Algorithms. Milano: Department of Electronics.

Dunford R W, Roe R D, Steiner F R, et al. 1983. Implementing lesa in whitman county, washington. Journal of Soil and Water Conservation, 38(2): 87-89.

Ferguson C A, Bowen R L, Kahn M A. 1991. A statewide lesa system for hawaii. Journal of Soil and Water Conservation, 46(4): 263-267.

Gong J, Liu Y, Xia B Z G. 2009. Urban ecological security assessment and forecasting, based on a cellular automata model: a case study of guangzhou, china. Ecological Modelling, 220(24): 3612-3620.

Huang K, Liu X, Li X, et al. 2013. An improved artificial immune system for seeking the pareto front of land-use allocation problem in large areas. International Journal of Geographical Information Science, 27(5): 922-946.

Imhoff M L, Bounoua L, deFries R, et al. 2004. The consequences of urban land transformation on net primary productivity in the united states. Remote Sensing of Environment, 89(4): 434-443.

Jaeger J A G, Bertiller R, Schwick C, et al. 2010. Suitability criteria for measures of urban sprawl. Ecological Indicators, 10(2): 397-406.

Klein L R, Reganold J P. 1997. Agricultural changes and farmland protection in western washington. Journal of Soil and Water Conservation, 52(1): 6-12.

Knaapen J P, Scheffer M, Harms B. 1992. Estimating habitat isolation in landscape planning. Landscape and Urban Planning, 23(1): 1-16.

Knowles J D, Corne D W. 2000. Approximating the nondominated front using the pareto archived evolution strategy. Evolutionary Computation, 8(2): 149-172.

Konak A, Coit D W, Smith A E. 2006. Multi-objective optimization using genetic algorithms: a tutorial. Reliability Engineering & System Safety, 91(9): 992-1007.

Lathrop R G, Bognar J A. 1998. Applying GIS and landscape ecological principles to evaluate land conservation alternatives. Landscape and Urban Planning, 41(1): 27-41.

Li X. 2011. Emergence of bottom-up models as a tool for landscape simulation and planning. Landscape and Urban Planning, 100(4): 393-395.

Li X, Chen G Z, Liu X P, et al. 2017a. A new global land-use and land-cover change product at a 1-km resolution for 2010 to 2100 based on human-environment interactions. Annals of the American Association of Geographers, 107(5): 1040-1059.

Li X, Chen Y M, Liu X P, et al. 2017b. Experiences and issues of using cellular automata for assisting urban and regional planning in China. International Journal of Geographical Information Science, 31(8): 1606-1629.

Li X, He J Q, Liu X P. 2009. Ant intelligence for solving optimal path-covering problems with multi-objectives. International Journal of Geographical Information Science, 23(7): 839-857.

Li X, Lao C H, Liu X P, et al. 2011a. Coupling urban cellular automata with ant colony optimization for zoning protected natural areas under a changing landscape. International Journal of Geographical Information Science, 25(4): 575-593.

Li X, Lao C H, Liu Y L, et al. 2013. Early warning of illegal development for protected areas by integrating cellular automata with neural networks. Journal of Environmental Management, 130: 106-116.

Li X, Liu X P. 2007. Defining agents' behaviors to simulate complex residential development using multicriteria evaluation. Journal of Environmental Management, 85: 1063-1075.

Li X, Liu X P. 2008. Embedding sustainable development strategies in agent - based models for use as a planning tool. International Journal of Geographical Information Science, 22(1): 21-45.

Li X, Shi X, He J Q. 2011b. Coupling simulation and optimization to solve planning problems in a fast-developing area. Annals of the American Association of Geographers, 101(5): 1032-1048.

Li X, Yeh A G O. 2000. Modelling sustainable urban development by the integration of constrained cellular automata and GIS. International Journal of Geographical Information Science, 14(2): 131-152.

Li X, Yeh A G O. 2002. Neural-network-based cellular automata for simulating multiple land use changes using GIS. International Journal of Geographical Information Science, 16(4): 323-343.

Li X, Yeh A G O. 2004. Data mining of cellular automata's transition rules. International Journal of Geographical Information Science, 18(8): 723-744.

Li X, Zhang X H, Yeh A G O, et al. 2010. Parallel cellular automata for large-scale urban simulation using load-balancing techniques. International Journal of Geographical Information Science, 24(6): 803-820.

Li Y, Li Y, Zhou Y, et al. 2012. Investigation of a coupling model of coordination between urbanization and the environment. Journal of Environmental Management, 98: 127-133.

Liu X P, Li X, Tan Z Z, et al. 2011. Zoning farmland protection under spatial constraints by integrating remote sensing, GIS and artificial immune systems. International Journal of Geographical Information Science, 25(11): 1829-1848.

Liu X P, Liang X, Li X, et al. 2017. A future land use simulation model(FLUS)for simulating multiple land use scenarios by coupling human and natural effects. Landscape and Urban Planning, 168: 94-116.

Ma S F, Li X, Cai Y M. 2017. Delimiting the urban growth boundaries with a modified ant colony optimization model. Computers, Environment and Urban Systems, 62: 146-155.

Meier R L. 1997. Food futures to sustain chinese cities. Futures, 29(4): 419-434.

Önal H, Briers R A. 2002. Incorporating spatial criteria in optimum reserve network selection. Proceedings of the Royal Society of London B: Biological Sciences, 269(1508): 2437-2441.

Seto K C, Woodcock C E, Song C, et al. 2002. Monitoring land-use change in the pearl river delta using landsat TM. International Journal of Remote Sensing, 23(10): 1985-2004.

Snyder S A, Haight R G, ReVelle C S. 2005. A scenario optimization model for dynamic reserve site selection. Environmental Modeling & Assessment, 9(3): 179-187.

Somers R. 1991. Special feature: GIS and urban management gis in us local government. Cities, 8(1): 25-32.

Tayyebi A, Pijanowski B C, Tayyebi A H. 2011. An urban growth boundary model using neural networks, GIS and radial parameterization: an application to tehran, iran. Landscape and Urban Planning, 100(1/2): 35-44.

Thomson C N, Hardin P. 2000. Remote sensing/GIS integration to identify potential low-income housing sites. Cities, 17(2): 97-109.

Tobler W R. 1970. A computer movie simulating urban growth in the detroit region. Economic Geography, 46: 234-240.

Tulloch D L, Myers J R, Hasse J E, et al. 2003. Integrating gis into farmland preservation policy and decision making. Landscape and Urban Planning, 63(1): 33-48.

White R E G. 1993. Cellular automata and fractal urban form: a cellular modelling approach to the evolution of urban land-use patterns. Environment and Planning A, 25(8): 1175-1199.

Wu F. 2002. Calibration of stochastic cellular automata: the application to rural-urban land conversions. International Journal of Geographical Information Science, 16(8): 795-818.

Wu F, Webster C J. 1998. Simulation of land development through the integration of cellular automata and multicriteria evaluation. Environment and Planning B: Planning and Design, 25: 103-126.

Yeh A G O. 1991. The development and applications of geographic information systems for urban and regional planning in the developing countries. International Journal of Geographical Information System, 5(1): 5-27.

Yeh A G, Chow M H. 1996. An integrated gis and location-allocation approach to public facilities planning-an example of open space planning. Computers, Environment and Urban Systems, 20(4): 339-350.

Yu K J. 1995. Ecological security patterns in landscapes and GIS application. Geographic Information Sciences, 1(2): 88-102.